中国水利教育协会　组织

全国水利行业"十三五"规划教材（职业技术教育）

工程地质与
土工技术（新版）

主　编　谢永亮　刘苍　邢芳
副主编　唐岳灏　钟红霞　李毓军　刘宇利
主　审　刘亚军

·北京·

内 容 提 要

本书按照"项目导向、任务驱动"的教学组织方式进行编写,用真实的工程案例将任务导入,逐步展开知识,再通过技能应用将理论知识与实践技能结合,便于学生掌握工程地质与土工技术的主要内容,学习目标明确、重难点突出、条理清晰、简单易懂。本书共分为八个项目,主要内容包括工程地质评价、水利工程地质问题处理、土的基本指标检测与运用、土体渗透变形防治、地基变形计算、地基强度计算、挡土墙的稳定验算、阅读工程地质勘察报告。

本书既可作为水利水电工程、市政工程、道路桥梁、工程监理、建筑工程、工程造价等专业的教材,也可供相关专业工程技术人员参考使用。

图书在版编目(CIP)数据

工程地质与土工技术:新版 / 谢永亮,刘苍,邢芳主编. -- 北京:中国水利水电出版社,2016.12(2022.6重印)
 全国水利行业"十三五"规划教材. 职业技术教育
 ISBN 978-7-5170-4947-0

Ⅰ. ①工… Ⅱ. ①谢… ②刘… ③邢… Ⅲ. ①工程地质—高等职业教育—教材②土工学—高等职业教育—教材 Ⅳ. ①P642②TU4

中国版本图书馆CIP数据核字(2016)第325150号

书　　名	全国水利行业"十三五"规划教材(职业技术教育) **工程地质与土工技术(新版)** GONGCHENG DIZHI YU TUGONG JISHU
作　　者	主编　谢永亮　刘苍　邢芳 副主编　唐岳灏　钟红霞　李毓军　刘宇利 主审　刘亚军
出版发行	中国水利水电出版社 (北京市海淀区玉渊潭南路1号D座　100038) 网址:www.waterpub.com.cn E-mail:sales@mwr.gov.cn 电话:(010)68545888(营销中心)
经　　售	北京科水图书销售有限公司 电话:(010)68545874、63202643 全国各地新华书店和相关出版物销售网点
排　　版	中国水利水电出版社微机排版中心
印　　刷	天津嘉恒印务有限公司
规　　格	184mm×260mm　16开本　17.25印张　409千字
版　　次	2016年12月第1版　2022年6月第4次印刷
印　　数	7001—10000册
定　　价	**49.00元**

凡购买我社图书,如有缺页、倒页、脱页的,本社营销中心负责调换
版权所有·侵权必究

前言

本书按照高等职业技术教育的要求和水利类及其相关专业的教学目标，考虑了水利类各专业及其他专业的就业岗位（群）和该岗位（群）要求的职业能力，在充分采纳了企业合理化要求和意见的基础上，采用最新的各类规范、技术标准、规程编写，以能力和素质培养为主线，带动理论知识的学习和技能的提高，体现了高职高专专业特色。

本书由具有丰富教学经验和实践经验的教学及工程技术人员共同编写，教材的内容组织采用"逆向推导"的思维方法，按照任务驱动模式，模拟工作环境，从任务中的技能需求向理论方向寻求既定相关知识的外延和内涵，最后通过技能应用将知识串联，突出岗位操作能力，考虑到与教学实践活动的结合，并重视职业活动的真实性。本书在编写过程中，将工程案例、基本知识、实验技能有机地融为一体，充分体现本学科的实用性和技能应用性。每一个项目内容自成体系，掌握该项目相关的理论、技能可以独立完成一项工程任务，同时，各项目又是紧密联系的整体，共同形成完整的"工程地质与土工技术"知识框架，使知识内容系统化。

本书由长江工程职业技术学院谢永亮（项目三任务一、任务二）、湖南水利水电职业技术学院刘苍（项目二）、河南水利与环境职业学院邢芳（项目一）任主编，长江工程职业技术学院唐岳灏（项目六）、湖南水利水电职业技术学院钟红霞（项目五）、长江工程职业技术学院李毓军（项目四）、湖南水利水电职业技术学院刘宇利（项目八）任副主编，湖南水利水电职业技术学院谢锦（项目七）、焦作市引沁灌区管理局许佳（项目三任务三）任参编。全书由湖南水利水电职业技术学院刘亚军担任主审。

中国葛洲坝集团股份有限公司朱福余、周俊，国电大渡河流域水电开发有限公司尹林果，国电新疆开都河流域水电开发有限公司郑丽娜，水利部小浪底水利枢纽管理中心党永超，河南省新乡市水利局朱雅男，广西玉林水利电力勘测设计研究院邓承若等在本书编写过程中提出了许多宝贵的意见和建议，在此一并表示感谢。本书在编写过程中参考了大量的文献，因篇幅有限，未能在参考文献中一一列出，在此对有关作者表示感谢。

由于编者水平有限，书中难免存在不足之处，敬请广大读者批评指正。

编者

2016 年 12 月

目录

前言

项目一　工程地质评价 ……………………………………………………………… 1
　　任务一　岩石及其工程地质性质评价 ………………………………………… 1
　　任务二　地质构造现象识别与地质图识读 …………………………………… 22
　　任务三　不良地质现象评价 …………………………………………………… 37
　　任务四　水文地质条件评价 …………………………………………………… 54

项目二　水利工程地质问题处理 …………………………………………………… 74
　　任务一　坝区工程地质问题及处理 …………………………………………… 74
　　任务二　库区工程地质问题及处理 …………………………………………… 79
　　任务三　引水建筑物工程地质问题及处理 …………………………………… 82
　　任务四　病险水库的除险加固 ………………………………………………… 86

项目三　土的基本指标检测与运用 ………………………………………………… 92
　　任务一　土的物理性质指标检测 ……………………………………………… 92
　　任务二　土的物理状态判定 …………………………………………………… 112
　　任务三　土方工程压实检测 …………………………………………………… 119
　　任务四　土的工程分类的判定 ………………………………………………… 124

项目四　土体渗透变形防治 ………………………………………………………… 134
　　任务一　土体渗透系数的测定 ………………………………………………… 134
　　任务二　土体的渗透变形及防治技术 ………………………………………… 143

项目五　地基变形计算 ……………………………………………………………… 153
　　任务一　土体的应力计算 ……………………………………………………… 153
　　任务二　土的压缩性指标测定 ………………………………………………… 169
　　任务三　地基的变形计算 ……………………………………………………… 176

项目六　地基强度计算 ……………………………………………………………… 188
　　任务一　确定土的抗剪强度指标 ……………………………………………… 188
　　任务二　判断土体的极限平衡状态 …………………………………………… 197
　　任务三　地基土抗剪强度特征 ………………………………………………… 203

项目七　挡土墙的稳定验算 ………………………………………………………… 213
　　任务一　挡土墙土压力计算 …………………………………………………… 213

任务二　挡土墙的地基稳定验算 ·· 224
　　任务三　土坡稳定分析 ·· 230

项目八　阅读工程地质勘察报告 ·· 244
　　任务一　了解工程地质勘察的内容与方法 ·· 244
　　任务二　阅读工程地质勘察报告 ·· 259

参考文献 ·· 270

项目一 工程地质评价

任务一 岩石及其工程地质性质评价

❖ 任务导入 ❖

水利史上有个非常著名的失事事故,1926 年建成的美国加利福尼亚州高约 70m 的圣·弗朗西斯混凝土坝,两年后被冲垮。事后查明,坝基一部分位于倾向河谷的片岩上,另一部分位于黏土充填的砾岩上,砾岩含有石膏脉。水库蓄水后,砾岩中的石膏遇水溶解,砾岩中的胶结物很快崩解,渗透水流将其淘蚀冲刷,引起大坝失事。

可见,岩石性质不同,对水利工程地质环境的影响也不同,我们要在地壳上建造水工建筑物,就要对组成地壳的各种矿物和岩石的性质非常熟悉。

任务:1. 认识常见的造岩矿物。
2. 认识和评价常见的岩石。

❖ 知识准备 ❖

(1) 矿物的物理性质。
(2) 常见的造岩矿物。
(3) 三大类岩石的定义及其形成过程。
(4) 三大类岩石的特征。
(5) 三大类岩石的相互转化。

模块一 地球概述

地球是宇宙中沿一定轨道运转的由不同状态的不同物质的同心圈层组成的椭球体。按组成地球物质的形态不同,可将地球划分为内圈层和外圈层。

1. 地球内圈层

地球的内部分为三个圈层,从外到内分别是地壳、地幔和地核,如图 1-1 所示。

(1) 地壳——地球内圈层最外部的一层薄壳,约占地球体积的 0.5%,平均厚度为 33km,主要由固体岩石组成。组成地壳的物质主要是地球中比较轻的硅、镁、铝等物质。地壳最薄处约 1.6km(在海底海沟沟底处),海底部分厚约 6~10km。

(2) 地幔——地壳与地幔的分界面称为莫霍面,自莫霍面以下至深度约 2900km 的范围,约占地球体

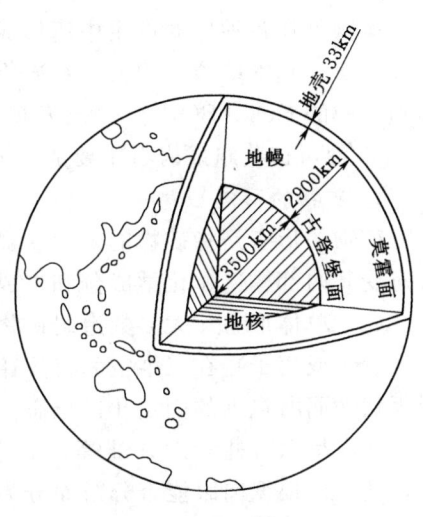

图 1-1 地球内部构造

积的83.3%，主要由含铁、锰较多的硅酸盐组成。

(3) 地核——地幔以下为地核，被分为外地核、过渡层和内地核三层。地核的总质量约占整个地球质量的31.5%，体积占16.2%。

组成地壳的化学元素有百余种，但各元素的含量极不均匀，其中最主要的是下列10种，它们占地壳总质量的99.96%，它们的质量百分率如下：氧（O）46.95%，硅（Si）27.88%，铝（Al）8.31%，铁（Fe）5.17%，钙（Ca）3.65%，钠（Na）2.78%，钾（K）2.58%，镁（Mg）2.06%，钛（Ti）0.62%，氢（H）0.14%；其余的是磷、锰、氮、硫、钡、氯等近百种元素。

地壳中的化学元素常随环境的改变而不断地变化。元素在一定地质条件下形成矿物。矿物的自然集合体则是岩石。组成地壳的岩石按成因可分为岩浆岩（火成岩）、沉积岩和变质岩三大类。它们在地壳中的分布并不均匀。从各类岩石在地壳表面的分布面积看，沉积岩约占陆地面积的75%，变质岩和岩浆岩占25%。从地表往下，沉积岩所占比例逐渐减小。若按质量百分比计算，沉积岩仅占地壳质量的5%，变质岩占6%，而岩浆岩占89%。不同成因的岩石的形成条件、物质成分、结构和构造各不相同，故它们的物理力学性质也不一样。这些都关系到工程建设的规划、设计和施工。

2. 地球外圈层

地球外圈层分为大气圈、水圈和生物圈三部分。

(1) 大气圈：氮气约占空气总容积的78%，氧气约占空气总容积的21%。地球的大气圈按距离地球表面由近至远依次划分为对流层、平流层、中间层、热层和散逸层。

(2) 水圈：地球上的水是由地球诞生初期弥漫在大气层中的水蒸气慢慢凝结形成的，总水量约$1.4 \times 10^9 \text{km}^3$。水圈主要由海洋构成，海洋的面积约占地球表面积的71%，海洋水约占地球总水量的97.3%。

(3) 生物圈：地球上动物、植物和微生物所存在和活动的范围称为生物圈。

模块二 造 岩 矿 物

矿物是在各种地质作用中所形成的具有相对固定化学成分和物理性质的均质物体，是组成岩石的基本单位。绝大多数矿物为固态，只有极少数呈液态（自然汞）和气态（如火山喷气中的CO_2、SO_2等）。已发现的矿物约有3000多种，但组成岩石的主要矿物仅为20~30种，这些组成岩石主要成分的矿物称为造岩矿物，如石英、方解石及正长石等。

1. 矿物的形态

矿物的形态是指矿物的外形特征，一般包括矿物单体及同种矿物集合体的形态。矿物形态受其内部构造、化学成分和生成时的环境制约。

(1) 单体形态。大多数造岩矿物是结晶质，少数为非晶质。结晶质矿物内部质点（原子、分子或离子）在三维空间有规律重复排列，若无外界条件限制、干扰，则可生成被若干天然平面所包围的固定几何形态。这种有固定几何形态的结晶称为晶体，如岩盐呈立方体，水晶呈六方柱和六方锥等。上述的黏土矿物也是典型的结晶质矿物。在结晶质矿物中，还可以根据肉眼能否分辨而分为显晶质和隐晶质两类。

非晶质矿物的内部质点排列无规律性，故没有规则的外形。常见的非晶质矿物有玻璃矿物和胶体矿物两种，如火山玻璃是高温熔融状的火山物质经迅速冷却而成的，蛋白石是由硅胶凝聚而成的。

常见的矿物单晶体形态有：①片状、鳞片状——如云母、绿泥石等；②板状——如长石、板状石膏等；③柱状——如角闪石（长柱状）、辉石（短柱状）等；④立方体状——如岩盐、方铅矿、黄铁矿等；⑤菱面体状——如方解石、白云石等。

（2）矿物集合体形态。同种矿物多个单体聚集在一起的整体就是矿物的集合体。矿物的集合体的形态取决于单体的形态和它们的集合方式。集合体按矿物结晶粒度大小进行分类，肉眼可分辨其颗粒的叫显晶质矿物集合体，肉眼不能辨认的则叫做隐晶质矿物集合体或非晶质矿物集合体。

常见的矿物集合体形态有：①粒状——如橄榄石等；②纤维状——如石棉、纤维石膏等；③肾状、鲕状——如赤铁矿等；④钟乳状——如褐铁矿等；⑤土状——如高岭石等；⑥块状——如石英等。

2. 矿物的物理性质

由于成分和结构的不同，每种矿物都有自己特有的物理性质。所以矿物物理性质是鉴别矿物的主要依据。

（1）颜色。颜色是矿物对不同波长可见光吸收程度不同的反映。它是矿物最明显、最直观的物理性质。根据成色原因可分为自色和他色等。自色是由矿物本身固有的成分、结构所决定的颜色，具有鉴定意义，例如黄铁矿的浅铜黄色。他色则是某些透明矿物混有不同杂质或其他原因引起的。

（2）条痕。条痕是矿物粉末的颜色，一般是指矿物在白色无釉瓷板（条痕板）上划擦时所留下的粉末的颜色。某些矿物的条痕与矿物的颜色是不同的，如黄铁矿的颜色为浅黄铜色，而条痕为绿黑色。条痕比矿物的颜色更为固定，但只适用于一些深色矿物，对浅色矿物无鉴定意义。

（3）透明度。透明度是指矿物允许光线透过的程度。肉眼鉴定矿物时，一般可分成透明、半透明、不透明三级。这种划分无严格界限，鉴定时以矿物的边缘较薄处为准。透明度常受矿物厚薄、颜色、包裹体、气泡、裂隙、解理以及单体和集合体形态的影响。

（4）光泽。光泽是矿物表面反射光线时表现的特点。根据矿物表面反光能力的强弱，用类比方法常分为四个等级：金属光泽、半金属光泽、金刚光泽及玻璃光泽。另外，由于矿物表面不平或集合体形态的不同等，可形成某种独特的光泽，如丝绢光泽、脂肪光泽、蜡状光泽、珍珠光泽、土状光泽等。矿物遭受风化后，光泽强度就会有不同程度的降低，如玻璃光泽变为脂肪光泽等。

（5）解理和断口。矿物在外力作用（敲打或挤压）下，沿着一定方向破裂并产生光滑平面的性质称为解理。这些平面称为解理面。根据解理产生的难易和肉眼所能观察的程度，可将矿物的解理分成五个等级：最完全解理、完全解理、中等解理、不完全解理、最不完全解理。不同种类的矿物，其解理发育程度不同，有些矿物无解理，有些矿物有一向或数向程度不同的解理。如云母有一向解理，长石有二向解理，方解石则有三向解理。

如果矿物受外力作用，无固定方向破裂并呈各种凹凸不平的断面，则称为断口，断口有时可呈一种特有的形状，如贝壳状、锯齿状、参差状等。

（6）硬度。硬度指矿物抵抗外力的刻划、压入或研磨等机械作用的能力。在鉴定矿物时常用一些矿物互相刻划比较来测定其相对硬度，一般用10种矿物分为10个相对等级作为标准，称为摩氏硬度计，见表1-1。实际工作中还可以用常见的物品来大致测定矿物的相对硬度，如指甲硬度为2~2.5度，玻璃约为5.5~6度，小钢刀为5~5.5度。

表1-1　　　　　　　　　　　　　摩氏硬度计　　　　　　　　　　　　　单位：度

硬度	1	2	3	4	5	6	7	8	9	10
矿物	滑石	石膏	方解石	萤石	磷灰石	长石	石英	黄玉	刚玉	金刚石

（7）其他性质。相对密度、磁性、电性、发光性、弹性和挠性、脆性和延展性等性质对于鉴定某些矿物有时也是十分重要的。利用与稀盐酸反应的程度，对于鉴定方解石、白云石等矿物是有效的手段之一。

3. 造岩矿物简易鉴定方法

正确地识别和鉴定矿物，对于岩石命名、鉴定和研究岩石的性质，是一项不可或缺且非常重要的工作。准确的鉴定方法需借助各种仪器或化学分析，最常用的为偏光显微镜、电子显微镜等。但对于一般常见矿物，用简易鉴定方法（或称肉眼鉴定方法）即可进行初步鉴定。所谓简易鉴定方法，即借助一些简单的工具，如小刀、放大镜、条痕板等，对矿物进行直接观察、测试。为了便于鉴定，表1-2列出了常见造岩矿物的主要特征。

表1-2　　　　　　　　　　常见造岩矿物的主要特征

编号	矿物名称	形状	颜色	光泽	硬度	解理	相对密度	其他特征
1	石英	块状、六方柱状	无色、乳白色	玻璃、油脂	7	无	2.6~2.7	晶面有平行条纹、贝壳状断口
2	正长石	柱状、板状	玫瑰色、肉红色	玻璃	6	完全	2.3~2.6	两组晶面正交
3	斜长石	柱状、板状	灰白色	玻璃	6	完全	2.6~2.8	两组晶面斜交，晶面上有条纹
4	辉石	短柱状	深褐色、黑色	玻璃	5~6	完全	2.9~3.6	
5	角闪石	针状、长柱状	深绿色、黑色	玻璃	5.5~6	完全	2.9~3.6	
6	方解石	菱形六面体	乳白色	玻璃	3	三组完全	2.6~2.8	滴稀盐酸起泡
7	云母	薄片状	银白色、黑色	珍珠、玻璃	2~3	极完全	2.7~3.2	透明至半透明，薄片具有弹性
8	绿泥石	鳞片状	草绿色	珍珠、玻璃	2~2.5	完全	2.6~2.9	半透明，鳞片无弹性
9	高岭石	鳞片状	白色、淡黄色	暗淡	1	无	2.5~2.6	土状断口，吸水膨胀滑黏
10	石膏	纤维状、板状	白色	玻璃、丝绢	2	完全	2.2~2.4	易溶解于水产生大量 SO_4^{2-}

注　1. 硬度是指其抵抗外力刻划的能力，硬度等级越高，硬度越大。
　　2. 解理是指矿物受外力作用后沿一定方向裂开成光滑平面的性质，无解理即称为断口。

4. 对水工建筑影响较大的几种矿物特征

在实际工作中，对水工建筑影响较大的几种造岩矿物的特征，在评价岩石性质时，有着特别重要的意义。如黑云母比白云母容易风化，风化后失去弹性而呈松散状态，降低了岩石的强度。当岩石含云母多且呈定向排列时，则沿此方向易产生滑动，直接影响水工建筑物的稳定。绿泥石的特性与云母类似，薄片状具有挠性，抗滑性能很低。石膏与硬石膏皆能溶于水，当石膏呈夹层状于岩层之间、形成软弱夹层时，在流水的作用下，可被溶解带走，岩石强度显著降低，透水性大大增强；硬石膏遇水作用后变为石膏，体积将膨胀60%。因此，含有石膏和硬石膏夹层的岩石要避免作为水工建筑物地基。黄铁矿易风化而析出硫酸，对钢筋和混凝土具有侵蚀作用，故含黄铁矿较多的岩石不宜作为建筑物的地基和建筑材料。黏土矿物（包括高岭石、蒙脱石和水云母等）硬度小、吸水性强，吸水后体积膨胀，易软化，具有可塑性，上述性质中的吸水性以蒙脱石吸水后体积膨胀为最大。因此，黏土矿物具有高压缩性，易于引起建筑物较大的沉降，吸水后其强度大大降低，因而由黏土质岩石构成的斜坡和地基在水的作用下容易失稳破坏。

模块三 岩 浆 岩

1. 岩浆岩的成因与产状

岩浆岩又称火成岩，是由岩浆凝固后形成的岩石。岩浆是上地幔或地壳深处部分熔融的产物，绝大多数岩浆成分以硅酸盐为主，含有挥发组分，也可以含有少量固体物质，是高温黏稠的熔浆流体。根据岩浆中 SiO_2 的相对含量的多少，可以把岩浆分为酸性岩浆、中性岩浆、基性岩浆和超基性岩浆。基性岩浆的特点富含铁、镁氧化物，而钠、钾氧化物和硅酸含量较少，黏性小、温度高、流动性大。酸性岩浆的特点是富含钾、钠氧化物和硅酸，而铁、镁和钙的氧化物较少，黏性较大、温度低、流动性小。

岩浆主要通过地壳运动，沿地壳薄弱地带上升、冷却、凝结。其中侵入到周围岩层（简称围岩）中形成的岩浆岩称为侵入岩。根据形成深度，侵入岩又可分为深成岩（形成深度约大于5km）和浅成岩（形成深度约小于5km）。而岩浆喷出地表形成的岩浆岩则称为喷出岩，包括火山碎屑岩和熔岩。其中，后者是岩浆沿火山通道喷溢地表冷凝固结而形成的。

岩浆岩的产状是指岩浆岩体的形态、规模、与围岩接触关系、形成时所处的地质构造环境及距离当时地表的深度等方面的特征。所谓岩体是指在天然产出条件下，含有诸如裂隙、节理、层理、断层等的原位岩石。岩浆岩的产状可分为两大类（图1-2）。

(1) 侵入岩体产状。

1) 岩基。岩基是规模庞大的岩浆岩体，其分布面积一般大于$100km^2$，与围岩接触面不规则。构成岩基的岩石多是花岗岩或花岗闪长岩等，岩性均匀稳定，是良好的建筑地基，如三峡坝址区就是选定在面积约200多 km^2 的花岗岩-闪长岩岩基的南部。

2) 岩株。岩株是形体较岩基小的岩浆岩体，面积小于$100km^2$，平面上成圆形或不规则状，岩株边缘常有一些不规则的树枝状岩体冲入围岩中，岩株有时是岩基的一部分，主要由中、酸性岩组成，也常是岩性均一的良好地基。

3) 岩盘。又称岩盖，是一种中心厚度较大，底部较平，顶部穹隆状的层间侵入体，由中、酸性岩构成。岩体边缘与围岩岩层是平行的，分布范围可达数平方公里。

4) 岩床。岩浆沿原有岩层层面侵入、延伸且分布厚度稳定的层状侵入体称为岩床，主要由基性岩构成。常见的厚度多为几十厘米至几米，延伸长度多为几百米至几千米。

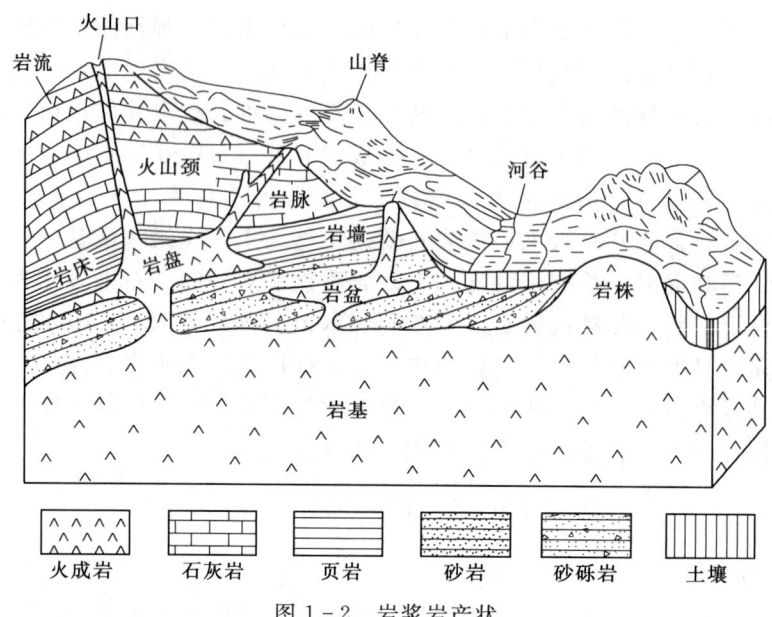

图 1-2 岩浆岩产状

5) 岩脉和岩墙。岩脉是沿岩体裂隙侵入形成的狭长形岩浆岩体,与围岩层理等斜交。岩墙是沿岩层裂隙或断层侵入形成的近于直立的板状岩浆岩体。岩墙与围岩之间通常没有成因上的联系。而近似岩墙的岩脉与围岩之间有成因上的密切关系。

(2) 喷出岩体产状。

喷出岩的产状与火山喷发方式和喷出物的性质有关,主要有以下两种类型:

1) 中心式喷发。指岩浆沿着一定的圆管状管道喷出地表,它是近代火山活动最常见的喷发形式之一。随着中、酸性熔浆喷发常有强烈的爆炸现象。而基性熔浆则属于宁静式喷发。常见的形状是火山喷发物——熔岩和火山碎屑物围绕火山通道堆积形成的锥状体,称为火山锥。火山锥全部由火山碎屑物质组成的称为火山碎屑锥;全部由熔岩组成的称为熔岩锥;有火山碎屑也有熔岩的称为混合锥或层状火山锥。黏度较小的基性熔岩常自火山口沿某一方向流出,形成熔岩流。

2) 裂隙式喷发。岩浆沿一定方向的断裂活动溢出地表,若喷发的是黏度小的基性熔浆,则常常沿地面流动,形成面积广大的熔岩被,如云、贵、川交界处面积广泛的峨嵋玄武岩。黏度较大的熔浆可形成火山锥,或熔渣堤、熔岩脊。

岩浆冷凝会使体积收缩,从而在岩体中产生一些裂隙,这些裂隙称为原生节理,它们常有一定的规律性和一定的形态、排列、分布,如玄武岩中常有直立的六边形等柱状节理。

节理的存在,为地下水提供了贮存和运移的通道,破坏了岩体的完整性,加速了岩体的风化,从而导致岩体物理力学性质的降低。这对建筑物的稳定不利。此外,岩浆岩体与围岩的接触带也常是节理发育、岩性较差的地带。

2. 岩浆岩的矿物成分

岩浆岩主要由 SiO_2、Al_2O_3、Fe_2O_3、FeO、MgO、CaO、Na_2O、K_2O 和 H_2O 等氧化物组成。其中 SiO_2 是最多且最重要的,它是反映岩浆性质和直接影响岩浆岩矿物成分变化的主要因素。常依 SiO_2 含量,将岩浆岩划分为超基性岩（SiO_2 含量小于 45%）、基性岩（SiO_2含量为45%～52%）、中性岩（SiO_2含量为52%～65%）和酸性岩（SiO_2含量大于65%）。

从超基性岩至酸性岩，随着SiO_2含量的增加，FeO、MgO的含量逐渐减少；K_2O、Na_2O的含量逐渐增加；CaO和Al_2O_3的含量由超基性的纯橄榄岩至基性的辉长岩增加较多，随后向酸性的花岗岩则减少。

岩浆岩的矿物成分既反映岩石的化学成分和生成条件，是岩浆岩分类命名的主要依据之一，同时，矿物成分也直接影响岩石的工程地质性质。所以，在研究岩石时要重视矿物的组成和识别鉴定。组成岩浆岩的常见矿物大约有20多种，按其颜色及化学成分的特点可分为浅色矿物和深色矿物两类。浅色矿物富含硅、铝成分，如正长石、斜长石、石英、白云母等；深色矿物富含铁、镁物质，如黑云母、辉石、角闪石、橄榄石等。但对某一具体岩石来讲，并不是这些矿物都同时存在，而是通常仅由两到三种主要矿物组成。例如，辉长岩主要由斜长石和辉石组成；花岗岩则主要由正长石、石英和黑云母组成。

3. 岩浆岩的结构

岩浆岩的结构是指岩石中矿物的结晶程度、晶粒大小、晶粒形状以及它们的相互组合关系。岩浆岩的结构特征，是岩浆成分和岩浆冷凝时的物理环境的综合反映。它是区分和鉴定岩浆岩的重要标志之一，同时也直接影响岩石的力学性质。岩浆岩的结构分类如下。

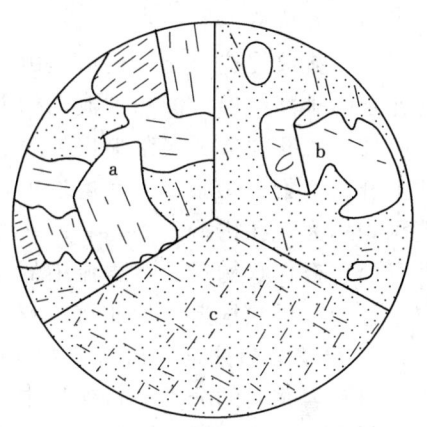

（1）按岩石中矿物结晶程度划分。

1）全晶质结构。岩石全部由结晶矿物所组成，如图1-3中的a所示，多见于深成岩中，如花岗岩。

2）半晶质结构。由结晶的矿物和非晶质矿物组成，如图1-3中的b所示，这种结构主要为浅成岩具有的结构，有时在喷出岩中也能见到。

图1-3 按结晶程度划分的三种结构
a—全晶质结构；b—半晶质结构；
c—玻璃质结构

3）玻璃质（非晶质）结构。岩石几乎全部由玻璃质所组成，如图1-3中的c所示，多见于喷出岩中，如黑曜岩、浮岩等，是岩浆迅速上升至地表时由于温度骤然下降，来不及结晶所致。

（2）按岩石中矿物颗粒的绝对大小划分。

1）显晶质结构。凭肉眼观察或借助于放大镜能分辨出岩石中的矿物晶体颗粒。按矿物颗粒的直径大小划分如下：

粗粒结构——晶粒直径>5.0mm。

中粒结构——1.0mm≤晶粒直径≤5.0mm。

细粒结构——0.1mm<晶粒直径<1.0mm。

2）隐晶质结构。晶粒直径小于0.1mm，肉眼和放大镜均不能分辨，在显微镜下才能看出矿物晶粒特征，岩石呈致密状。这是浅成侵入岩和熔岩中常有的一种结构。

（3）按岩石中矿物颗粒的相对大小划分。

1）等粒结构。是岩石中同种主要矿物的颗粒粗细大致相等的结构。

2）不等粒结构。是岩石中同种主要矿物的颗粒大小不等，且粒度大小成连续变化系列的结构。

3）斑状结构及似斑状结构。岩石由两组直径相差甚大的矿物颗粒组成，其大晶粒散布在细小晶粒中，大的叫作斑晶，细小的和不结晶的玻璃质叫作基质。基质为隐晶质及玻璃质的，称为斑状结构；基质为显晶质的，则称为似斑状结构。斑状结构为浅成岩及部分喷出岩所特有的结构。其形成原因是斑晶先形成于地壳深处，而基质是后来含斑晶的岩浆上升至地壳较浅处或喷溢地表后才形成的。似斑状结构主要分布于某些深成侵入岩中。似斑状结构的斑晶和基质，同时形成于相同环境。

4. 岩浆岩的构造

岩浆岩的构造是指岩石中的矿物集合体的形状、大小、排列和空间分布等所反映出来的岩石构成的特征。常见的岩浆岩构造有如下几种。

（1）块状构造。其特点是岩石在成分和结构上是均匀的，无定向排列，是岩浆岩中最常见的一种构造。

（2）流纹构造。流纹构造是由不同颜色的矿物、玻璃质和拉长的气孔等沿熔岩流动方向作定向排列所形成的一种流动构造。它是酸性熔岩中最常见的一种构造。

（3）气孔构造。岩浆喷出地表后，由于压力骤降导致挥发组分的大量出溶，出溶的气体上升、汇集、膨胀，可在熔岩中，尤其是熔岩流的上部形成大量的圆形、椭圆形或管状孔洞，称为气孔构造。

（4）杏仁状构造。熔岩流中的气孔被石英、方解石、绿泥石等次生矿物充填，形似杏仁，称为杏仁状构造。如北京三家店一带的辉绿岩就具有典型的杏仁状构造。

5. 岩浆岩的分类及简易鉴定方法

（1）岩浆岩的分类。自然界中的岩浆岩种类繁多，它们之间存在着矿物成分、结构、构造、产状及成因等方面的差异，因而其工程地质性质也有明显的差别。因此，将岩浆岩进行分类，对鉴定、识别和了解岩浆岩的工程地质特性，具有重要的意义。

岩浆岩的分类依据，主要为岩石的化学成分、矿物组成、结构、构造、形成条件和产状等。首先，根据岩浆岩的化学成分（主要是 SiO_2 的含量）及由化学成分所决定的岩石中矿物的种类与含量关系，将岩浆岩分成酸性岩、中性岩、基性岩及超基性岩。其次，根据岩浆岩的形成条件将岩浆岩分为喷出岩、浅成岩和深成岩。在此基础上，再进一步考虑岩浆岩的结构、构造、产状等因素。据此划分的岩浆岩的主要类型见表 1-3。

（2）岩浆岩的简易鉴定方法。在野外进行鉴定时，首先观察岩体的产状等，判定是不是岩浆岩及属何种产状类型。然后观察岩石的颜色以初步判断岩石的类型。含深色矿物多、颜色较深的，一般为基性或超基性岩；含深色矿物少、颜色较浅的，一般为酸性或中性岩。相同成分的岩石，隐晶质的较显晶质的颜色要深一些。应注意岩石总体的颜色，并应在岩石的新鲜面上观察。接着观察岩石中矿物的成分、组合及特征，并估计每种矿物的含量，即可初步确定岩石属于何种大类。进一步观察岩石的结构、构造特征，区别是喷出岩还是浅成岩或深成岩。最后综合分析，据表 1-3 确定岩石的名称。

上述直接观察鉴定岩石的方法，可简便快速地大致鉴定出大多数岩石的类别和名称，但有些岩石，特别是结晶颗粒细小的岩石，用这种方法是难以鉴别的。这时，若要准确地

表 1-3　　　　　　　　　　　　岩 浆 岩 分 类 表

岩石类型				酸性	中性		基性	超基性
化学成分特点				富含 Si、Al			富含 Fe、Mg	
SiO₂含量/%				＞65	65～52		52～45	＜45
颜色				浅色（灰白、浅红、褐等）→深色（深灰、黑、暗绿等）				
成因	矿物成分			主要的	正长石 石英	正长石	斜长石 角闪石	斜长石 辉石	橄榄石 辉石
	构造	结构		次要的	黑云母 角闪石	角闪石 黑云母	黑云母 辉石	角闪石 橄榄石	角闪石
喷出岩	流纹状 气孔状 杏仁状 块状	玻璃质 隐晶质 火山碎屑 斑状		黑曜岩、浮岩、火山凝灰岩、火山角砾岩、火山集块岩				
				流纹岩	粗面岩	安山岩	玄武岩	苦橄岩
侵入岩	浅成岩	块状	隐晶质 似斑状 细粒	伟晶岩、细晶岩、煌斑岩等各种脉岩类				
				花岗斑岩	正长斑岩	闪长玢岩	辉绿岩	苦橄玢岩
	深成岩	块状	全晶质 等粒状	花岗岩	正长岩	闪长岩	辉长岩	橄榄岩 辉石岩

定出岩石的名称，则必须借助于一些精密仪器，最常用的是偏光显微镜。

6. 主要岩浆岩的特征

（1）深成岩。深成岩常形成岩基等大型侵入体，岩性一般较均一，以中、粗粒结构为主，致密坚硬，孔隙率小，透水性弱，抗水性强，故深成岩体常被选为理想的水工建筑场地。但有些岩体风化层很厚（＞100m），须采取处理措施。此外，深成岩经过多期地壳变动影响，其完整性和均一性受到破坏，且有些节理、裂隙被黏土矿物充填，可形成软弱夹层或泥化夹层。

1）花岗岩。属酸性深成岩，多呈肉红色、浅灰色。其主要矿物成分为钾长石、酸性斜长石、石英，次要矿物为黑云母、角闪石等。全晶质等粒状结构，块状构造。产状多为岩基、岩株，可作为良好的建筑物地基及天然建筑石料。但在进行水工建设时，要注意查明风化层厚度及断裂破碎带发育情况。在我国约占所有侵入岩出露面积的 80%。我国的长江三峡、湖南东江、四川龚嘴等水电工程均建在花岗岩地基上。

2）正长岩。常呈浅灰色、浅肉红色、浅灰红色等，其主要矿物成分为正长石，次要矿物有角闪石、斜长石、黑云母等。呈等粒状结构，块状构造。其物理力学性质与花岗岩类似，但不如花岗岩坚硬，且易风化，常呈酸性、基性岩边缘小岩株产出。

3）闪长岩。属中性深成岩，浅灰至灰绿、肉红色，其主要矿物成分为斜长石、角闪石，其次为黑云母、辉石及石英等。呈等粒状结构，块状构造，分布广泛，多为小型侵入体产出。可作为各种建筑物的地基和建筑材料。

4）辉长岩。属基性深成岩，呈黑色或黑灰色，矿物成分以斜长石和辉石为主，也含有少量的角闪石、橄榄石等。呈辉长结构或中、粗粒结构，块状构造。常呈小侵入体或岩盘、岩床、岩墙产出。

(2) 浅成岩。浅成岩多以岩床、岩墙、岩脉等状态产出，有时相互穿插。颗粒细小的岩石强度高，不易风化。这些小型侵入体与围岩接触部位的岩性不均一，节理裂隙发育，岩石破碎，风化蚀变严重，透水性增大。选作大型水利工程地基时，应进行细致的勘探试验工作。

1) 花岗斑岩。属酸性浅成岩，成分与花岗岩相同。呈似斑状结构，斑晶和基质均主要由正长石、石英组成，若斑晶以石英为主，则称为石英斑岩。

2) 闪长玢岩。属中性浅成岩，其矿物成分与闪长岩相同。呈斑状或似斑状结构，斑晶以斜长石和角闪石为主。常为灰色，如有次生变化，则多为灰绿色，块状构造。常呈岩脉或在闪长岩体边部产出。

3) 辉绿岩。属基性浅成岩，呈暗绿或黑色，矿物成分与辉长岩相同。一般为辉绿结构——由斜长石晶体（长条状或针状）构成格架，辉石填入其中的特殊结构。呈块状构造。多呈岩床、岩脉产出。具良好的物理力学性质，但常因节理发育，较易风化。

4) 脉岩类。脉岩是呈脉状或岩墙状产出的浅成侵入岩。常位于深成侵入体内部或附近围岩中，充填在裂隙内。根据矿物成分和结构特征，可分为伟晶岩、细晶岩和煌斑岩等三类。

伟晶岩是巨粒浅色脉岩，颗粒大小一般在 $1\sim 2cm$ 以上，有的可达几米至几十米。按矿物成分可分为花岗伟晶岩、正长伟晶岩、辉长伟晶岩等，但仅花岗伟晶岩常见，故一般所指的伟晶岩，即为花岗伟晶岩。一般呈灰白色、肉红色等，常呈伟晶结构等。

细晶岩是细粒结构的浅色脉岩。不同的细晶岩成分相差很大，最常见的是花岗细晶岩，其他的还有辉长细晶岩、闪长细晶岩、斜长细晶岩等。以细粒石英和长石为主要成分的细晶岩，也称为长英岩。

煌斑岩是深色脉岩类岩石的总称。其特点是全晶质，常具有明显的斑状结构。矿物成分以黑云母和角闪石为主，也有辉石、橄榄石以及斜长石等。最常见的是云母煌斑岩，其次是闪辉煌斑岩等。

(3) 喷出岩。喷出岩一般原生孔隙和节理发育，产状不规则，厚度变化大，岩性很不均一。因此，强度低，透水性强，抗风化能力差。但对于安山岩和流纹岩等，如果孔隙、节理不发育，颗粒细或呈致密玻璃质，则强度高，抗风化能力强，也属于良好建筑物地基。需注意的是喷出岩覆盖在其他岩层之上的特点。

1) 流纹岩。流纹岩属于酸性喷出岩，呈岩流状产出，大都为灰、灰白和灰红等较浅颜色。斑状结构，细小的斑晶为正长石和石英等矿物，基质为隐晶或玻璃质，常见流纹构造。因其岩性坚硬、强度较高，可作为良好建筑材料。但要注意，下伏岩层和两次或多次喷出之间是否存在松散软弱的土层或风化层。

2) 粗面岩。粗面岩常呈浅灰、浅褐黄、浅紫褐等颜色。斑状结构，斑晶为正长石，基质为隐晶质。表面常有粗糙感。常为块状构造，也有气孔构造。断口粗糙不平。斑晶中若有石英，可称为石英粗面岩。

3) 安山岩。安山岩是分布较广的中性喷出岩，呈灰色、红褐色或浅褐色。斑状结构，斑晶为斜长石、角闪石和辉石等，基质为隐晶或玻璃质。常为块状或气孔状、杏仁状构造。有不规则的板状或柱状原生节理，常呈岩流产出。

4) 玄武岩。玄武岩是分布较广的基性喷出岩，呈黑、灰绿及暗褐等颜色。其主要矿物成分与辉长岩相同，多呈斑状结构、细粒结构或无斑隐晶质结构。气孔状构造及杏仁状构造较普遍，岩性致密坚硬，但多孔时强度较低，较易风化。玄武岩的柱状节理很普遍。

5) 火山碎屑岩类。火山碎屑岩是火山活动时形成的火山碎屑物质，如火山灰（粒径为 0.05～2.00mm）、火山砾（粒径为 2～64mm）、火山渣、火山弹及火山岩块（粒径大于 64mm）等，在火山口附近就地堆积，或在空气或水中搬运、降落、沉积、固结形成的岩石，如凝灰岩、火山（砾）角砾岩、集块岩等。其中，凝灰岩最为常见。

凝灰岩一般由小于 2mm 的火山灰和碎屑固结而成。碎屑物质有岩屑、矿物晶屑、玻璃碎屑等，胶结物为火山灰等物质。岩石外貌有粗糙感。具有典型的凝灰结构，呈块状层理、粒序层理等构造。这种岩石孔隙率大，重度小，性质软弱，强度低，易风化。风化后常形成以蒙脱石为主的膨润土，因其具有很高的可塑性和膨胀性，所以常给工程建设带来困难和危害。

模块四 沉 积 岩

沉积岩是在地壳表层常温、常压条件下，由风化产物、有机物质和某些火山作用产生的物质，经搬运、沉积和成岩等一系列地质作用而形成的层状岩石。沉积岩广泛分布于地表，占陆地面积的 75%。因此，许多工程都选在沉积岩地区建设。沉积岩也是被应用得最广的一种建筑材料。

1. 沉积岩的形成

沉积岩的形成是一个长期而复杂的地质作用过程，一般可分为四个阶段。

（1）先成岩石的破坏阶段。地表或接近地表的岩石受温度变化、水、大气和生物等因素作用，在原地发生机械崩解或化学分解，形成松散碎屑物质、新的矿物或溶解物质的作用，称为风化作用。风化产物是沉积岩的重要物质来源之一。风、流水、地下水、冰川、湖泊、海洋等各种外力在运动状态下对地面岩石及风化产物的破坏作用称为剥蚀作用。可分为机械剥蚀作用和化学剥蚀作用（溶蚀作用）两种方式。

（2）搬运阶段。搬运作用是指风化作用和剥蚀作用的产物，被水流、风、冰川、重力及生物等搬运到其他地方。搬运方式包括机械搬运和化学搬运两种。流水的搬运使得碎屑物质颗粒逐渐变细，并从棱角状变成浑圆形。化学搬运是将胶体和溶解物质带到湖海中去。

（3）沉积阶段。当搬运能力减弱或物理化学环境改变时，被搬运的物质脱离搬运介质而停止运移，这种作用称为沉积作用。沉积作用环境包括海洋沉积和大陆沉积，前者又分为滨海、浅海、半深海和深海沉积，后者又分为河流、湖泊、沼泽、冰川、风力等沉积。沉积作用一般可分为机械沉积、化学沉积和生物化学沉积。机械沉积作用是受重力支配的，碎屑物质通常按颗粒大小顺序沉积，即沿搬运方向依次沉积砾粒、砂粒、粉粒和黏粒，这种现象称为分选作用。例如在同一条河流上，上游沉积物质颗粒较粗，往中、下游逐渐变细。化学沉积包括胶体溶液和真溶液的沉积，如氧化物、硅酸盐、碳酸盐等的沉积。生物化学沉积主要是由生物遗体沉积及生物活动所引起的，如藻类进行光合作用，吸收 CO_2，促进碳酸盐的沉淀。

(4) 成岩阶段。即松散沉积物转变成坚硬沉积岩的阶段。成岩作用主要有三种：

1) 压固作用：即上覆沉积物的重力作用，导致下伏沉积物孔隙减小，水分挤出，从而变得紧密坚硬。

2) 胶结作用：其他物质充填到碎屑沉积物粒间孔隙中，从而将分散的颗粒黏结在一起。

3) 重结晶作用：沉积物在压力和温度逐渐增大情况下，可以溶解或局部溶解，导致物质质点重新排列，使非晶物质变成结晶物质，这种作用称为重结晶作用。

2. 沉积岩的矿物成分

组成沉积岩的常见矿物仅有 20 多种，按成因类型可分为以下几种。

(1) 碎屑矿物。碎屑矿物也称原生矿物，是原岩风化破碎后残存下来的矿物，如石英、长石、白云母等一些耐磨损而抗风化性较强和较稳定的矿物。

(2) 黏土矿物。黏土矿物是原岩经风化分解后生成的次生矿物，如高岭石、蒙脱石、伊利石等。

(3) 化学沉积矿物。化学沉积矿物是从真溶液或胶体溶液中沉淀出来的或是由生物化学沉积作用形成的矿物，如方解石、白云石、石膏、石盐、铝、铁和锰的氧化物或氢氧化物等。

(4) 有机质及生物残骸。有机质及生物残骸是由生物残骸或经有机化学变化而形成的矿物，如贝壳、硅藻土、泥炭、石油等。

在以上矿物中，石英、长石及白云母也是岩浆岩中常见的矿物，其他矿物则是在地表条件下形成的特有矿物。岩浆岩中的橄榄石、辉石、角闪石、黑云母等暗色矿物，由于易于化学风化，所以在沉积岩中极少见到。

3. 沉积岩的结构

沉积岩的结构是指沉积岩组成物质的形状、大小和结晶程度等特征。主要有下列三种。

(1) 碎屑结构。碎屑结构是碎屑物质被胶结物黏结起来而形成的一种结构，其特征有以下三点。

1) 颗粒大小。按碎屑粒径大小，可将碎屑结构分为下列几类：

砾状结构——碎屑粒径>2.0mm。

粗砂结构——0.5mm≤碎屑粒径≤2.0mm。

中砂结构——0.25mm≤碎屑粒径<0.5mm。

细砂结构——0.05mm≤碎屑粒径<0.25mm。

粉砂质结构——0.005mm≤碎屑粒径<0.05mm。

2) 颗粒圆度。据碎屑颗粒的磨圆程度，可分为棱角状、次棱角状、次圆状和圆状四种，如图 1-4 所示。颗粒磨圆程度受颗粒硬度、相对密度的大小及搬运历程等因素的

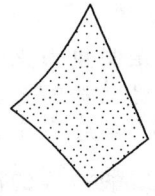 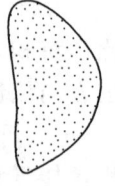 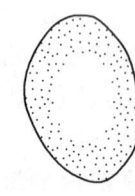

(a) 棱角状　(b) 次棱角状　(c) 次圆状　(d) 圆状

图 1-4　碎屑颗粒的形状

影响。

3）胶结物及胶结方式。胶结物的性质及胶结类型对碎屑岩类的物理力学性质有显著的影响。常见的胶结物有以下几种：

硅质——玉髓、蛋白石、石英等。颜色浅，岩性坚固，强度高，抗水性及抗风化性强。

铁质——赤铁矿、褐铁矿等。常呈红色或棕色，岩石强度次于硅质胶结的。

钙质——方解石、白云石等。呈白灰、青灰等颜色。岩石较坚固，强度较大，但性脆，具可溶性，遇盐酸起泡。

泥质——黏土矿物。多呈黄褐色，性质松软、易破碎，遇水后易泡软、松散。

其他——石膏、海绿石等。

胶结类型指胶结物与碎屑颗粒之间的相对含量和颗粒之间的相互关系。常见的有三种胶结类型（图1-5）：

基底胶结——胶结物含量多，碎屑颗粒孤立地散布于胶结物中，彼此互不接触。这种胶结方式的坚固程度视胶结物性质而定。

孔隙胶结——碎屑颗粒紧密接触，胶结物充填于粒间孔隙中。这种胶结方式通常不很坚固。

接触胶结——胶结物含量极少，碎屑颗粒互相接触，胶结物仅存在于颗粒的接触处。这种胶结方式最不牢固。

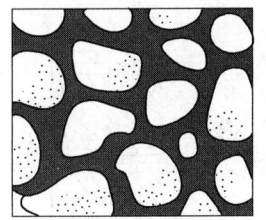 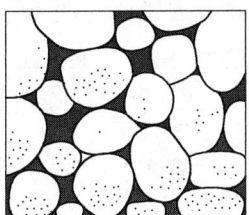 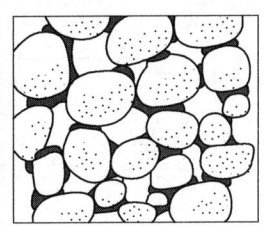

（a）基底胶结　　　（b）孔隙胶结　　　（c）接触胶结

图1-5　沉积岩的胶结类型

（2）泥质结构。泥质结构是几乎全部由小于0.005mm的黏土颗粒组成，比较致密均一和质地较软的结构。这种结构是黏土岩的主要特征，主要由黏土矿物组成，此外还有石英等。

（3）化学结构。化学结构是由岩石中的颗粒在水溶液中结晶（如方解石、白云石等）或呈胶体形态凝结沉淀（如燧石等）而成的。可分为鲕状、结核状、纤维状、致密状和晶粒状结构等。

（4）生物结构。生物结构几乎全部是由生物遗体或生物碎片所组成的，如生物碎屑结构、贝壳结构等。

4．沉积岩的构造

沉积岩的构造是指沉积岩各种物质成分形成的特有的空间分布和排列方式。

（1）层理构造。层理是沉积岩在形成过程中，由于沉积环境的改变所引起的沉积物质的成分、颗粒大小、形状或颜色在垂直方向发生变化而显示成层的现象。层理是沉积岩最重要的一种构造特征，是沉积岩区别于岩浆岩和变质岩的最主要标志。

层或岩层是在较大区域内生成条件基本一致的情况下沉积的一个单元，其成分、结构、内部构造和颜色基本均一。层与层之间的分界面，叫作层面。从顶面到底面的垂直距离为岩层的厚度。层的厚度是沉积岩的重要描述标志。根据单层厚度，层可分为巨厚层（>1.0m）、厚层（1.0~0.5m）、中厚层（0.5~0.2m）、薄层（0.2~0.05m）、极薄层（<0.05m）。

根据层理的形态，可将层理分为下列几种类型（图1-6）：

1）水平层理。水平层理是由平直且与层面平行的一系列细层组成的［图1-6（a）］。主要见于细粒岩石（黏土岩、粉细砂岩、泥晶灰岩等）中。它是在比较稳定的水动力条件下（如河流的堤岸带、闭塞海湾、海和湖的深水带），从悬浮物或溶液中缓慢沉积而成的。

2）单斜层理。单斜层理是由一系列与层面斜交的细层组成的，细层向同一方向倾斜并大致相互平行［图1-6（b）］。它与上下层面斜交，上下层面互相平行。它是由单向水流所造成的，多见于河床或滨海三角洲沉积物中。

3）交错层理。交错层理是由多组不同方向的斜层理互相交错重叠而成的［图1-6（c）］，是由于水流的运动方向频繁变化所造成的，多见于湖滨、滨海、浅海地带或风成堆积层中。

此外，还有粒序层理（递变层理）和块状层理等。

有些岩层一端较厚，另一端逐渐变薄以至消失，这种现象称为尖灭层，若在不大的距离内两端都尖灭，而中间较厚，则称为透镜体［图1-6（d）］。

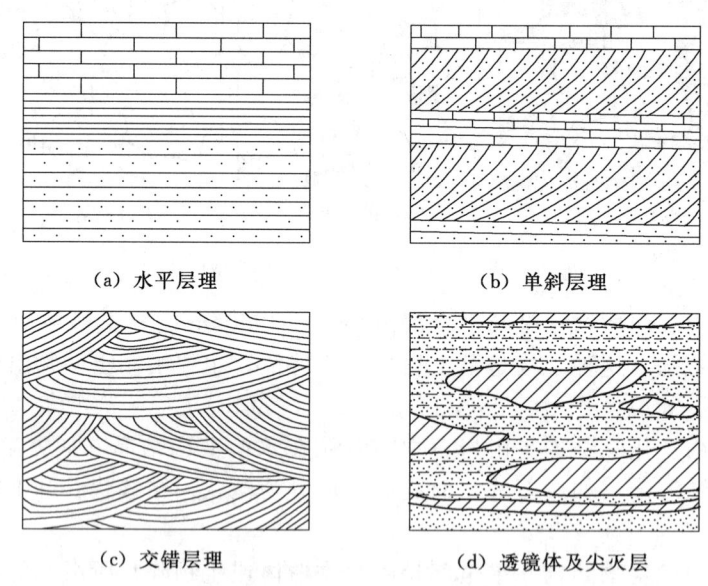

(a) 水平层理　　　(b) 单斜层理

(c) 交错层理　　　(d) 透镜体及尖灭层

图1-6　沉积岩的层理类型

（2）层面构造。层面构造指岩层层面上由于水流、风、生物活动等作用留下的痕迹，如波痕、泥裂、雨痕等。

波痕——由于风力、流水、波浪和潮汐的作用，在沉积层表面所形成的波状起伏现象。

泥裂——主要是由于沉积物在尚未固结时即露出水面，经暴晒后形成张开的裂缝。刚形成时泥裂是空的，以后常被砂、粉砂或其他物质填充。

（3）结核。结核是成分、结构、构造及颜色等与围岩成分有明显区别的某些矿物质团块。结核形态很多，有球状、椭球状、不规则状等。如石灰岩中常见的燧石结核，主要是 SiO_2 在沉积物沉积的同时以胶体凝聚方式形成的。黄土中的钙质结核，是地下水从沉积物中溶解 $CaCO_3$ 后在适当地点再结晶凝聚形成的（图 1-7）。

（4）生物成因构造。由于生物的生命活动和生态特征，而在沉积物中形成的构造称为生物成因构造，如生物礁体、叠层构造、虫迹、虫孔等。

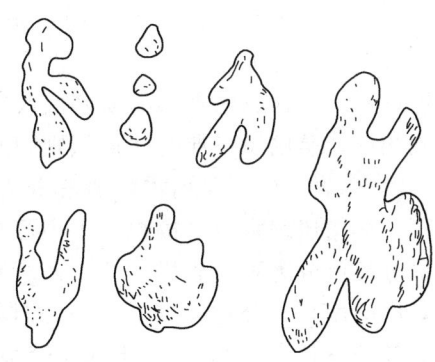

图 1-7 钙质结核

在沉积过程中，若有各种生物遗体或遗迹（如动物的骨骼、甲壳、蛋卵、足迹及植物的根、茎、叶等）埋藏于沉积物中，后经石化保存于岩石中，则称为化石。根据化石种类可以确定岩石形成的环境和地质年代。

5. 沉积岩的分类及主要沉积岩的特征

根据沉积岩的组成成分、结构、构造和形成条件，可分为碎屑岩、黏土岩、化学岩及生物化学岩类，见表 1-4。

表 1-4 主要沉积岩分类表

岩类	结构		主要矿物成分	主要岩石
碎屑岩	砾状结构（颗粒粒径 $d>2.00$mm）		岩石碎屑或岩块	角砾岩
				砾岩
	砂质结构（0.05mm$\leqslant d\leqslant 2.00$mm）		石英、长石、云母、角闪石、辉石、磁铁矿等	石英砂岩、长石砂岩
	粉砂质结构（0.005mm$\leqslant d<0.05$mm）		石英、长石、黏土矿物、碳酸盐矿物	粉砂岩
黏土岩	泥质结构（$d<0.005$mm）		黏土矿物为主，含少量石英、云母等	泥岩、页岩
化学岩及生物化学岩	化学结构及生物结构	致密状、粒状、鲕状	方解石为主，白云石、黏土矿物	泥灰岩、石灰岩
			白云石、方解石	白云质灰岩、白云岩
		结核状、鲕状、纤维状、致密状	石英、蛋白石、硅胶	燧石岩、硅藻岩
			钙、钾、钠、镁的硫酸盐及氯化物	石膏岩、石盐岩、钾盐岩
			碳、碳氢化合物、有机质	煤、油页岩

（1）碎屑岩类。碎屑岩类具有碎屑结构，即岩石由粗粒的碎屑和细粒的胶结物两部分组成。鉴别碎屑岩时，先观察碎屑粒径的大小，区分是砾岩、砂岩还是粉砂岩；其次分析胶结物的性质和碎屑物质的主要矿物成分，判断所属的亚类，并确定岩石的名称。

1）砾岩和角砾岩。砾岩和角砾岩是由占碎屑总量达 50% 以上的大于 2mm 的碎屑颗粒胶结而成的岩石。少见层理，呈厚层-巨厚层。由磨圆较好的砾石胶结而成的称为砾岩；由带棱角的角砾胶结而成的称为角砾岩。角砾岩是由带棱角的岩块搬运距离不远即沉积胶结而成的。砾岩可能是在海滨潮间带由海浪反复冲刷磨蚀堆积而成，分选和磨圆都较好，成分较单纯；也可能是由河流短距离搬运而成，分选和磨圆度都较差，砾石成分也较复杂。砾石成分可能是矿物碎屑，但主要是岩屑。胶结物的成分与胶结类型对砾岩的物理力学性质有很大的影响。如硅质基底胶结的石英砾岩非常坚硬、难以风化。而泥质胶结的砾岩则相反，美国圣·弗兰西斯坝则因此种砾岩泥化而失事。

2) 砂岩。砂岩是由占碎屑总量达50%以上的2.00～0.05mm粒级的颗粒胶结而成的岩石。交错层理发育。按粒度大小可细分为粗粒、中粒及细粒砂岩。根据其主要碎屑的矿物成分又可分为石英砂岩、长石砂岩和岩屑砂岩。石英砂岩中90%以上的碎屑物质是石英，磨圆度高，分选性好。一般为硅质胶结，呈白色等，质地坚硬。在长石砂岩的碎屑中，长石含量大于25%，岩屑含量小于10%，常为红色或棕黄色，一般为中粒、粗粒，分选性和磨圆度变化大，为钙质或铁质胶结。岩屑砂岩中的岩屑占碎屑总量的25%以上，长石含量小于10%，碎屑的分选、磨圆不好，颜色较深，呈灰、灰绿、灰黑等色。

砂岩随胶结物成分和胶结类型的不同，力学性质也不同。由于多数砂岩岩性坚硬而质脆，在地质构造应力作用下张性裂隙发育，所以，常具有较强的透水性。

3) 粉砂岩。粉砂岩是0.05～0.005mm粒级的颗粒含量大于50%的岩石，质地致密，成分以石英为主，长石次之，碎屑的磨圆度差，分选时好时差，常见颜色为棕红色或暗褐色，常具有薄的水平层理。粉砂岩的性质介于砂岩与黏土岩之间。

(2) 黏土岩类。黏土岩是主要由粒径小于0.005mm的黏土矿物组成的岩石。常见的黏土矿物有高岭石、蒙脱石、水云母等。黏土岩中的其他成分有粉粒级的石英、长石、云母等陆源碎屑，还有褐铁矿等胶体或化学沉积物。黏土岩致密均一，不透水，性质软弱，强度低，易产生压缩变形，抗风化能力较低，尤其是含蒙脱石等矿物的黏土岩，遇水后具有膨胀、崩解等特性，不适合作为大型水工建筑物的地基。主要的黏土岩有以下两大类：

1) 泥岩。泥岩是由95%以上的泥质物组成的，其特点是固结不紧密、不牢固；层理不发育，常呈厚层状、块状；强度较低，一般干试样的抗压强度约为5～35MPa，遇水易泥化，强度显著降低，饱水试样的抗压强度可降低50%左右。泥岩多形成于较新的地质时期。

2) 页岩。页岩是由黏土脱水胶结而成，大部分有明显的薄层理，能沿层理分成薄片，这种特征也称页理，页理主要是鳞片状黏土矿物层层累积、平行排列并压紧而成的。页岩风化后多成碎片状或泥土状。根据混入物的成分或岩石的颜色可分为钙质页岩、铁质页岩、硅质页岩、黑色页岩及炭质页岩等。除硅质页岩强度稍高外，其余的页岩易风化，性质软弱，浸水后强度显著降低。致密，不透水。在地形上常表现为低山、低谷。

(3) 化学岩及生物化学岩。最常见的是由碳酸盐矿物组成的岩石，以石灰岩和白云岩分布最为广泛。鉴别这类岩石时，要特别注意对盐酸试剂的反应。石灰岩在常温下遇稀盐酸剧烈起泡；泥灰岩遇稀盐酸起泡后留有白色泥点；白云岩在常温下遇稀盐酸不起泡，但加热或研成粉末后则起泡。多数岩石结构致密，性质坚硬，强度较高。但其主要特征是具有可溶性,在水流的作用下形成溶蚀裂隙、洞穴、地下河等岩溶现象,影响水工建筑物安全的主要工程地质问题有塌陷、渗漏等。

1)石灰岩。石灰岩简称灰岩,在深海或浅海等环境中形成,矿物成分以方解石为主,有时还可含有白云石、燧石等硅质矿物和黏土矿物等。常呈深灰、浅灰色,纯质灰岩呈白色,多呈致密状,具有隐晶质结构,叫作结晶灰岩,另外在形成过程中,由于风浪振动,常形成一些特殊结构,如鲕状结构、生物结构和碎屑结构(如竹叶状灰岩)。

2)白云岩。白云岩的矿物成分主要为白云石,其次含有少量的方解石等。形成环境同灰岩,常为浅灰色、灰白色,呈隐晶质或细晶粒状结构。硬度较灰岩略大。岩石风化面上常有刀砍状溶蚀沟纹。纯白云岩可作耐火材料。

石灰岩与白云岩之间的过渡类型有灰云岩、白云质灰岩等。

3)泥灰岩。当石灰岩中黏土矿物含量达25%~50%时,称为泥灰岩。岩石致密,呈微粒或泥质结构。颜色有灰色、黄色、褐色、红色等。强度低、易风化。泥灰岩可作水泥原料。

其他的化学岩包括铝土岩、铁质岩、锰质岩、燧石岩、磷块岩、石盐岩、钾盐岩及石膏岩等。此外,还有煤等可燃有机岩。

模块五 变 质 岩

地壳中原有的岩浆岩、沉积岩或变质岩,由于地壳运动和岩浆活动等造成物理化学环境的改变,受高温、高压及其他化学因素作用,使原来岩石的成分、结构和构造发生一系列变化,所形成的新的岩石称为变质岩(图1-8)。这种改变岩石的作用,称为变质作用。

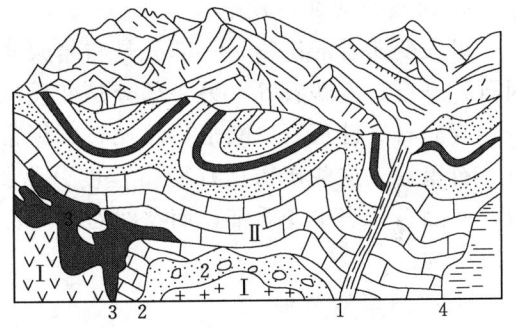

图1-8 变质岩类型示意图
Ⅰ—岩浆岩;Ⅱ—沉积岩;1—动力变质岩;
2—热接触变质岩;3—接触交代变质岩;
4—区域变质岩

1. 变质作用的因素及类型

引起变质作用的因素有温度、压力及具有化学活动性的流体。变质温度的基本来源包括地壳深处的高温、岩浆及地壳岩石断裂错动产生的高温等。温度可导致岩石发生重结晶作用和产生新的矿物。引起岩石变质的压力包括上覆岩石重量引起的静压力、侵入于岩体空隙中的流体所形成的压力,以及地壳运动或岩浆活动产生的定向压力。化学活动性流体则是以岩浆、H_2O、CO_2、HCl为主,并含有其他一些易挥发、易流动的物质。

根据变质作用的地质成因和变质作用因素,将变质作用分为下列几种类型。

(1)接触变质作用。接触变质作用是指发生在侵入岩与围岩之间的接触带上,主要由温度、热液和挥发性物质所引起的变质作用。围岩距侵入体越近,变质程度则越高;距离越远,变质程度则越低,并逐渐过渡到不变质的岩石。其中热接触变质作用中引起变质的主要因素是温度。岩石受热后发生矿物的重结晶、脱水、脱炭以及物质的重新组合,形成新矿物与变晶结构。在接触交代变质作用中引起变质的因素除温度以外，主要还有从岩浆中分异出来的挥发性物质和热液所产生的交代作用。故岩石的化学成分有显著变化，产生大量新矿物。形成的岩石有大理岩、角岩、矽卡岩等。

接触变质带的岩石一般较破碎，裂隙发育，透水性大，强度较低。

（2）区域变质作用。区域变质作用泛指在广大范围内发生，并由温度、压力以及化学活动性流体等多种因素引起的变质作用。包括区域中、高温（550～900℃）变质作用，区域动力热流变质作用，埋深（又称静力、负荷、埋藏）变质作用等类型。例如，黏土质岩石可变为板岩、千枚岩、片岩和片麻岩。

区域变质岩的岩性，在很大范围内是比较均匀一致的，其强度则决定于岩石本身的结构和成分等。

（3）区域混合岩化作用。在区域变质作用的基础上，地壳内部热流继续升高，便产生深部热液和局部重熔熔浆的渗透、交代、贯入于变质岩中，形成混合岩，这种作用称为区域混合岩化作用，简称为混合岩化作用。

（4）动力变质作用。在地壳构造变动时产生的强烈定向压力使岩石发生的变质作用称为动力变质作用。其特征是常与较大的断层带伴生，原岩挤压破碎、变形并常伴随一定程度的重结晶现象，可形成断层角砾岩、碎裂岩、糜棱岩等，并可有叶蜡石、蛇纹石、绢云母、绿泥石、绿帘石等变质矿物产生。

2. 变质岩的矿物成分

组成变质岩的矿物，一部分是与岩浆岩或沉积岩所共有的，如石英、长石、云母、角闪石、辉石、方解石等；另一部分是变质作用后产生的特有的变质矿物，如红柱石、夕线石、蓝晶石、硅灰石、刚玉、绿泥石、绿帘石、绢云母、滑石、叶蜡石、蛇纹石、石榴子石、石墨等。这些矿物具有变质程度分带指示作用，如绿泥石、绢云母多出现在浅变质带，蓝晶石代表中变质带，而夕线石则存在于深变质带中。这类矿物可作为鉴别变质岩的标志矿物。

3. 变质岩的结构

（1）变晶结构。岩石在固体状态下发生重结晶或变质结晶所形成的结构称为变晶结构。这是变质岩中最常见的结构。

1）按变晶矿物颗粒的相对大小可分为等粒变晶结构、不等粒变晶结构及斑状变晶结构；按变晶矿物颗粒的绝对大小可分为粗粒变晶结构（$\phi>3mm$）、中粒变晶结构（$\phi=3\sim1mm$）、细粒变晶结构（$\phi<1mm$）。

2）按变晶矿物颗粒的形状，可分为粒状变晶结构、鳞片状变晶结构及纤维状变晶结构等。

（2）碎裂结构。岩石受定向压力作用，当压力超过其强度极限时发生破裂，形成碎块甚至粉末后又被胶结在一起的结构称为碎裂结构。常具有条带和片理，是动力变质岩中常见的结构。根据破碎程度可分为碎裂结构、碎斑结构、糜棱结构等。

（3）变余结构（残余结构）。原岩在变质作用过程中，由于重结晶、变质结晶作用不完全，原岩的结构特征被部分保留下来，称为变余结构。如变余斑状结构、变余花岗结构、变余砾状结构、变余砂状结构、变余泥质结构等。

4．变质岩的构造

岩石经变质作用后常形成一些新的构造特征，它是区别于其他两类岩石的特有标志，是变质岩的最重要特征之一。

（1）片理构造。片理构造指岩石中矿物定向排列所显示的构造，是变质岩中最常见、最具有特征性的构造。

1）板状构造。岩石具有由微小晶体定向排列所造成的平行、较密集而平坦的破裂面，沿此面岩石易于分裂成板状体。板理面常微有丝绢光泽。这种岩石常具变余泥质结构。它是岩石受较轻的定向压力作用而形成的。

2）千枚状构造。岩石常呈薄板状，其中各组分基本已重结晶并呈定向排列，但结晶程度较低而使得肉眼尚不能分辨矿物，仅在岩石的自然破裂面上见有强烈的丝绢光泽，系由绢云母、绿泥石造成。有时具有挠曲和小褶皱。

3）片状构造。在定向挤压应力的长期作用下，岩石中所含大量柱状或片状矿物（如云母、绿泥石、滑石等），都呈平行定向排列。岩石中各组分全部重结晶，而且肉眼可以看出矿物颗粒。有此种构造的岩石，各向异性显著，沿片理面易于裂开，其强度、透水性、抗风化能力等也随方向而改变。

4）片麻状构造。以粒状变晶矿物为主，其间夹以鳞片状、柱状变晶矿物，并呈大致平行的断续带状分布。它们的结晶程度都比较高，是片麻岩中常见的构造。

（2）块状构造。岩石中的矿物均匀分布，结构均一，无定向排列，这是大理岩和石英岩常有的构造。

（3）变余构造。变余构造是因变质作用不彻底而保留下来的原岩构造。如变余层理构造、变余气孔构造等。

5．变质岩的分类及主要变质岩的特征

（1）变质岩的分类。变质岩的分类与命名，首先是根据其构造特征，其次是结构和矿物成分。其分类见表1-5。

表1-5　　　　　　　　　　　主要变质岩分类表

变质作用	构造、结构	岩石名称	主要矿物成分	原　岩
区域变质	片麻状构造 变晶结构	片麻岩	石英、长石、云母、角闪石等	中、酸性岩浆岩，砂岩，粉砂岩，黏土岩
	片状构造 变晶结构	片岩	云母、滑石、绿泥石、石英等	黏土岩、砂岩、泥灰岩、岩浆岩、凝灰岩
	千枚状构造 变晶结构	千枚岩	绢云母、石英、绿泥石等	黏土岩、粉砂岩、凝灰岩
	板状构造 变余结构	板岩	黏土矿物、绢云母、绿泥石、石英等	黏土岩、黏土质粉砂岩
区域变质 接触变质	块状构造	变晶结构	石英岩	石英为主，有时含绢云母等	砂岩、硅质岩
		大理岩	方解石、白云石	石灰岩、白云岩
动力变质		碎裂结构	碎裂岩	原岩岩块	各类岩石
		糜棱结构	糜棱岩	原岩碎屑、粉末	各类岩石

鉴别变质岩时，可先从观察岩石的构造开始；根据构造，将变质岩区分为片理构造和块状构造两类。然后可进一步根据片理特征和结构以及主要矿物成分，分析所属的亚类，确定岩石的名称。

（2）主要变质岩的特征。

1）片麻岩。一般呈片麻状构造，中粗粒鳞片粒状变晶结构。可由黏土岩、粉砂岩、砂岩或酸性和中性岩浆岩、火山碎屑岩等，经深变质而成。主要矿物为长石、石英、云母、角闪石等，有时出现辉石、红柱石、石榴子石、夕线石、蓝晶石等。片麻岩可根据成分进一步分类和命名，如花岗片麻岩、角闪斜长片麻岩、黑云钾长片麻岩等。

片麻岩的物理力学性质，视矿物成分不同而异，一般较坚硬，强度较高，但若云母含量增多且富集在一起，则强度大为降低，并较易风化。

2）片岩。其特征是有片状构造，一般为鳞片变晶结构、纤状变晶结构。常见矿物有云母、绿泥石、滑石、角闪石等，粒状矿物以石英为主，长石很少或没有。进一步分类和命名需根据特征变质矿物和主要片状矿物来确定，如云母片岩、绿泥石片岩、滑石片岩、石英片岩、角闪石片岩等。片岩强度较低，且易风化，由于片理发育，易于沿片理裂开。

3）千枚岩。其特征是具千枚状构造。其原岩类型与板岩相同，重结晶程度比板岩高，基本已重结晶。矿物成分主要有细小绢云母、绿泥石、石英等，具有显微变晶结构，片理面具有明显的丝绢光泽。千枚岩性质较软弱，易风化破碎。

4）板岩。其特征是具板状构造。主要由黏土岩、粉砂岩或中、酸性凝灰岩变质而成，变质程度较轻。常具变余泥质结构，重结晶不明显，外表呈致密隐晶质，肉眼难以鉴别。沿板理易裂开成薄板状，在板理面上略显丝绢光泽。能加工成各种尺寸的石板，用作建筑材料。板岩透水性弱，可作隔水层加以利用，但在水的长期作用下可能软化，形成软弱夹层。

5）石英岩。石英岩由石英砂岩和硅质岩经变质而成。主要由石英组成（含量大于85%），其次可含少量白云母、长石、磁铁矿等。一般为块状构造，呈粒状变晶结构。具有脂肪光泽。岩石坚硬，抗风化能力强。可作良好的水工建筑物地基。但因性脆，较易产生密集性裂隙。另外，石英岩中常夹有薄层板岩，风化后变为泥化夹层。

6）大理岩。大理岩以我国云南大理市盛产优质的此种岩石而得名。由钙、镁碳酸盐类沉积岩变质形成。主要矿物成分为方解石、白云石。具粒状变晶结构，块状构造。洁白的细粒大理岩（汉白玉）和带有各种花纹的大理岩常被用作建筑材料和各种装饰石料等。

大理岩硬度较小，岩块或岩粉与盐酸反应起泡，具有可溶性。

7）混合岩。混合岩是由混合岩化作用形成的岩石。其基本组成物质分为基体和脉体两部分。基体指的是混合岩形成过程中残留的原来的变质岩，是区域变质作用的产物，多含暗色矿物，如角闪岩、片麻岩等，颜色较深。脉体指的是混合岩形成过程中处于活动状态的新生成的流体物质结晶部分，通常是花岗质、长英质（细晶质）、伟晶质和石英脉等，颜色较浅。脉体和基体以不同的数量和方式相混合，可形成不同形态的各种混合岩，矿物成分变化大、成分复杂，呈粗粒、交代结构，具条带状、肠状、角砾状、眼球状、网状等构造。

8) 动力变质岩。动力变质岩包括构造角砾岩、碎裂岩、糜棱岩、千糜岩等。

❖ 知识强化与技能提升 ❖

一、判断题
1. 碎屑结构、化学结构及斑状结构是沉积岩所具有的结构。（　　）
2. 层理构造是沉积岩的主要构造特征。（　　）
3. 大理石、方解石、正长石都是岩石。（　　）

二、选择题
1. 矿物呈橄榄绿色，玻璃光泽，无解理，粒状，该矿物可定名为（　　）。
   A. 辉石　　　　B. 角闪石　　　　C. 绿泥石　　　　D. 橄榄石
2. 某矿物呈乳白色粒状，玻璃光泽，贝壳状断口，钢不能划动，则该矿物定名为（　　）。
   A. 斜长石　　　B. 白云石　　　　C. 石英　　　　　D. 蛇纹石
3. 某种岩石的颗粒成分以黏土矿物为主，并具有泥状结构、页理状构造。该岩石是（　　）。
   A. 板岩　　　　B. 页岩　　　　　C. 泥岩　　　　　D. 片岩
4. 下列哪个岩石属于岩浆岩？（　　）
   A. 大理岩　　　B. 闪长岩　　　　C. 片麻岩　　　　D. 石英岩
5. 常见的碳酸盐类可溶岩有（　　）。
   A. 花岗岩　　　B. 砂岩　　　　　C. 石英岩　　　　D. 大理岩
6. 下面哪一个是岩浆岩特有的构造？（　　）
   A. 片麻状构造　B. 层面构造　　　C. 流纹状构造　　D. 板状构造
7. 下列岩石中，（　　）不属于沉积岩。
   A. 砂岩　　　　B. 页岩　　　　　C. 花岗岩　　　　D. 白云岩
8. 下列矿物中，硬度最高的是（　　）。
   A. 石英　　　　B. 长石　　　　　C. 方解石　　　　D. 绿泥石

三、简答题
1. 简述矿物与岩石的关系。
2. 简述主要造岩矿物的鉴定特征。
3. 岩浆岩常见的矿物成分、结构、构造有哪些？
4. 按 SiO_2 的含量不同，岩浆岩可划分为哪四种类型？
5. 组成沉积岩的主要矿物成分有哪几种？沉积岩的结构、构造特征是什么？
6. 说明沉积岩的分类方法和常见沉积岩代表性岩石。
7. 什么是变质作用？变质作用有哪些类型？
8. 变质岩的主要矿物组成、结构、构造特征是什么？
9. 简述沉积岩的形成过程。

任务二 地质构造现象识别与地质图识读

❖**任务导入**❖

案例：安徽佛子岭水库大坝，为一混凝土连拱坝，坝高 75.9m，长 510m，1954 年建成，是治理淮河水患的第一座大型工程。由于清基不彻底，坝基下有缓倾角软弱岩层，断层节理及风化严重的岩石（全、强风化）未被清除，致使坝基发生不均匀沉陷变形，坝体发生多条裂缝。后虽经两次大规模加固补强处理，但 1996 年仍被定为"病坝"，仍需彻底处理。

任务：认识和评价地质构造对水利工程地质环境的影响。

❖**知识准备**❖

地壳自形成以来，每时每刻都在运动、发展和变化着，如山脉隆起、地壳下沉、火山喷发、地震、岩石倾斜、弯曲、破裂等，这些变动称为地壳运动（或构造运动）。地壳运动是由内力地质作用引起的。其基本形式有垂直运动和水平运动两种。

地壳运动的结果，导致地壳岩石产生变形和变位，并形成各种地质构造。所以地质构造就是指组成地壳的岩层因受构造应力作用产生变形或变位而留下的形迹。

地质构造有五种基本类型：水平构造、倾斜构造、直立构造、褶皱构造和断裂构造。

这些地质构造不仅改变了岩层的原始产状、破坏了岩层的连续性和完整性、甚至降低了岩体的稳定性和增大了岩体的渗透性，因此研究地质构造对水利工程建筑有着非常重要的意义。

模块一 地 质 年 代

地球形成至今已有 46 亿年，对整个地质历史时期，地球的发展演化及地质事件的记录和描述需要一套相应的时间概念即地质年代。地质学以绝对年代和相对年代两种方法来表示时间。表示地质事件发生距今的实际年数称为绝对年代（实际年龄），而表示地质事件发生的先后顺序称为相对年代。

1. 绝对年代的确定

主要是根据保存在岩层中的放射性元素的蜕变产物来确定。

2. 相对年代的确定

相对年代通常用下列方法确定：

（1）地层层序法。地层是指在一定地质时期内所形成的层状岩石的总称。未经构造运动改变的岩层大都是水平岩层，且按照下老上新的规律排列［图 1-9（a）］，若后期构造运动使某些岩层发生变动（倾斜、直立或倒转），可利用沉积物中的某些构造特征（如斜层理、泥裂、波痕等）来恢复岩层顶、底面，进一步判断岩层之间的相对新老关系［图 1-9（b）］。

（2）古生物法。自然界中的生物是从由无到有，由简单到复杂，由低级到高级不断发展、变化着，而且这种演化是不可逆转的。不同地质时期形成的地层中会保存不同的古生物化石，这样我们可以根据岩层中化石的复杂与繁简程度，来推断地层的相对新老关系。

（3）地层接触关系法。不同时期形成的岩层，其分界面的特征即互相接触关系，可以

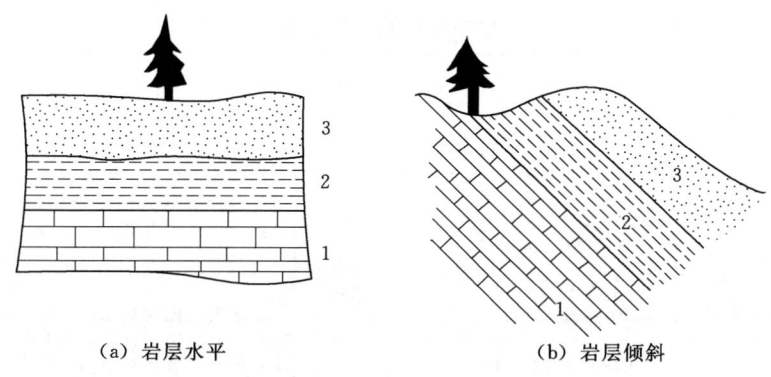

(a) 岩层水平　　　　　　　(b) 岩层倾斜

图1-9　地层层序法（岩层层序正常时）

注：1、2、3依次由老到新。

反映各种构造运动和古地理环境等在空间和时间上的发展演变过程。因此它是确定和划分地层年代的重要依据。

岩层接触关系有以下几种类型（图1-10）：

1）整合接触。指上下两套岩层产状一致，互相平行，连续沉积形成。反映岩层形成期间地壳比较稳定，没有强烈的构造运动。地层自下而上依次由老到新。

2）平行不整合。平行不整合又称假整合，是指上、下两套地层的产状彼此平行一致，但其间缺失某些地质年代的岩层而直接接触。两套岩层之间的接触面往往起伏不平，常分布一层砾岩（俗称底砾岩，其砾石常为下伏地层的碎块、砾石）。据此可以判断上下两套岩层的新老关系。

3）角度不整合。是指上、下两套地层产状不同，彼此呈角度接触，其间缺失某些时代的地层，接触面多起伏不平，也常有底砾岩和风化壳。不整合面的存在标志着地壳曾发生过强烈的地壳运动。与平行不整合相同，据此也可以判断岩层之间的新老关系。

上述三种接触类型是沉积岩之间或少量变质岩之间的接触关系。此外利用岩浆岩和其他围岩之间的接触关系，也可以来判断岩层之间的相对新老关系（图1-10）。

不同时代的岩层常被岩浆侵入穿插，侵入者年代新，被侵入者年代老，切割者年代新，被切割者年代老。

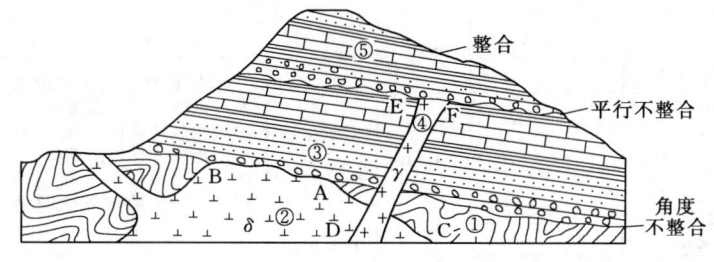

图1-10　岩层接触关系

3. 地质年代表

通过对全球各个地区地层划分和对比及对相关岩石的实际年龄测定，按年代先后顺序进行科学系统性的编年，建起了国际上通用的地质年代表，中国区域地质年代见表1-6。

表 1-6 中国区域地质年代表

相对年代				绝对年龄/百万年	主要构造运动	我国地史简要特征
宙	代	纪	世			
显生宙 P_b	新生代 C_z	第四纪 Q	全新世 Q_4 晚更新世 Q_3 中更新世 Q_2 早更新世 Q_1	—0.01 —0.12 —1 —2.6	喜马拉雅运动	地球表面发展成现代地貌，多次冰川活动。近代各种类型的松散堆积物及黄土形成、华北、东北有火山喷发。人类出现
		新近纪 N	上新世 N_2 中新世 N_1	—5.3 —23.3		我国大陆轮廓基本形成，大部分地区为陆相沉积，有火山岩分布，台湾岛、喜马拉雅山形成。哺乳动物和被子植物繁盛，是重要的成煤时期，有主要的含油地层
		古近纪 E	渐新世 E_3 始新世 E_2 古新世 E_1	—32 —56.5		
	中生代 M_z	白垩纪 K	晚白垩世 K_2 早白垩世 K_1	65 137	燕山运动	中生代构造运动频繁，岩浆活动强烈，我国东部有大规模的岩浆岩侵入和喷发、形成丰富的金属矿，我国中生代地层极为发育，华北形成许多内陆盆地，为主要成煤时期。三叠纪时华南仍为浅海沉积，以后为大陆环境。
		侏罗纪 J	晚侏罗世 J_3 中侏罗世 J_2 早侏罗世 J_1	205		
		三叠纪 T	晚三叠世 T_3 中三叠世 T_2 早三叠世 T_1	250	印支运动	生物显著进化，爬行类恐龙繁盛，海生头足类菊石发育，裸子植物以松柏、苏铁及银杏为主，被子植物出现
	古生代 P_z	晚古生代 P_{z_2}	二叠纪 P	晚二叠世 P_2 早二叠世 P_1	295	海西运动	晚古生代我国构造运动十分广泛、尤以天山地区较为强烈。华北地区缺失泥盆系至下石炭统沉积，遭受风化剥蚀，中石炭纪至二叠纪由海陆交替相变为陆相沉积。植物繁盛，为主要成煤期。 华南地区一直为浅海相沉积，晚期成煤，晚古生代地层以砂岩、页岩、石灰岩为主，是鱼类和两栖类动物大量繁殖时代
			石炭纪 C	晚石炭世 C_3 中石炭世 C_2 早石炭世 C_1	354		
			泥盆纪 D	晚泥盆世 D_3 中泥盆世 D_2 早泥盆世 D_1	410		
		早古生代 P_{z_1}	志留纪 S	晚志留世 S_3 中志留世 S_2 早志留世 S_1	438	加里东运动	寒武纪时，我国大部分地区为海相沉积，生物初步发育，三叶虫极盛。至中奥陶世后，华北上升为陆地，缺失上奥陶统和志留系沉积，华南仍为浅海，头足类，三叶虫，腕足类笔石、珊瑚、蕨类植物发育，是海生无脊椎动物繁盛时代。早古生代地层以海相石灰岩、砂岩、页岩等为主
			奥陶纪 O	晚奥陶世 O_3 中奥陶世 O_2 早奥陶世 O_1	490		
			寒武纪 $\in$	晚寒武世 $\in_3$ 中寒武世 $\in_2$ 早寒武世 $\in_1$	543		
元古宙 P_t	新元古代 P_{t_2}	震旦纪 Z		680	晋宁运动 吕梁运动 五台运动	元古宙地层在我国分布广、发育全，厚度大，山露好。华北地区主要为未变质或浅变质的海相硅镁质碳酸盐岩及碎屑岩类夹火山岩。华南地区下部以陆相红色碎屑岩河湖相沉积为主，上部以浅海相沉积为主，含冰碛物为特征。低等生物开始大量繁殖，菌藻类化石较丰富
		南华纪 N_h		800		
		青白口纪 Q_n		1000		
	中元古代 P_{t_2}	蓟县纪 J_x		1400		
		长城纪 C_b		1800		
	古元古代 P_{t_1}	滹沱纪 H_t		2500		
太古宙 Ar	新太古代 Ar_3 中太古代 Ar_2 古太古代 Ar_1			3600		太古宙（宇）多为变质很深的片麻岩、结晶片岩、石英岩、大理岩等，构成地壳古老的结晶基底。后期有原始生命出现，为菌藻类生物
	冥古宙 H_D			4600		

地质年代表中使用了不同级别的地质年代单位和地层单位。地质年代单位根据时间的长短依次划分为宙、代、纪、世,于此相对应的地层单位是宇、界、系、统。如太古代形成的地层叫太古界,石炭纪形成的地层称为石炭系等。

另外,除了上述地层单位外,还有按着岩性特征来划分地层单位的,称为地方性地层单位,常用群、组、段表示。

模块二 岩 层 产 状

1. 岩层产状要素

岩层产状是指岩层在空间的位置。用走向、倾向和倾角表示,地质学上称为岩层产状三要素。

(1) 走向:岩层面与水平面的交线称为走向线(图1-11中的AOB线),走向线两端所指的方向即为岩层的走向。走向有两个方位角数值,且相差180°,如NW350°和SE170°。岩层的走向表示岩层的延伸方向。

(2) 倾向:层面上与走向线垂直并沿倾斜面向下所引的直线叫倾斜线(图1-11中的OD),倾斜线在水平面上投影(图1-11中的OD′)所指的方向就是岩层的倾向。对于同一岩层面,倾向与走向垂直,且只有一个方向。岩层的倾向表示岩层的倾斜方向。

(3) 倾角:是指岩层面和水平面所夹的最大锐角(或二面角)(图1-11中的α角)。

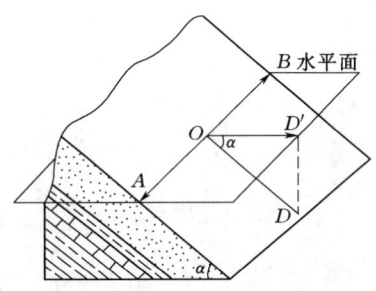

图 1-11 岩层产状要素图
AOB—走向线;OD—倾向线;
OD′—倾斜线在水平面上的投影,
箭头方向为倾向;α—倾角

除岩层面外,岩体中其他面(如节理面、断层面等)的空间位置也可以用岩层产状三要素来表示。

2. 岩层产状要素的测量

岩层产状要素需用地质罗盘测量(图1-12)。测量方法如下(图1-13):

(1) 测量走向:将罗盘的长边与岩层面贴触,如罗盘无长边,则取与南北方向平行的

图 1-12 地质罗盘仪

图 1-13 岩层产状要素测量

边与层面贴触,并使罗盘放水平(水准气泡居中),此时罗盘长边(或 S-N)与岩层的交线即为走向线,磁针(无论南针或北针)所指的度数即为所求的走向。

(2)测量倾向:把罗盘的 N 极指向岩层层面的倾斜方向,同时使罗盘的短边(或与东西方向平行的边)与层面贴触,气泡居中,罗盘放水平,此时北针所指的度数即为所求的倾向。

(3)测量倾角:将罗盘侧立,以其长边(即 NS 边)紧贴层面,并与走向线垂直,然后转动罗盘背面的旋钮,使下刻度盘的活动水准泡居中,倾角指针所指的度数即为倾角大小。若是长方形罗盘,此时桃形指针在倾角刻度盘上所指的度数,即为所测的倾角大小。

岩层产状要素的表示方法:一组走向为北西 320°、倾向南西 230°、倾角 35°的岩层产状,可写成:N320°W,S230°W,∠35°,也可记录为 SW230°∠35°形式。在地质图上,岩层的产状用符号"⊥35°"表示,长线表示走向,短线表示倾向,数字表示倾角。长短线必须按实际方位画在图上。

3. 水平构造、倾斜构造和直立构造

(1)水平构造。岩层产状呈水平(倾角 $\alpha=0°$)或近似水平($\alpha<5°$),如图 1-14 所示。

岩层呈水平构造,表明该地区地壳相对稳定。

图 1-14 水平岩层

(2)倾斜构造(单斜构造)。岩层产状的倾角 $0°<\alpha<90°$,岩层呈倾斜状,如图 1-15 所示。

岩层呈倾斜构造说明该地区地壳不均匀抬升或受到岩浆作用的影响。

(3)直立构造。岩层产状的倾角 $\alpha=90°$,岩层呈直立状,如图 1-16 所示。岩层呈直立构造说明岩层受到强有力的挤压。

图 1-15 倾斜岩层

图 1-16 直立岩层

模块三 褶 皱 构 造

褶皱构造是指岩层受构造应力作用后产生的连续弯曲变形。绝大多数褶皱构造是岩层在水平挤压力作用下形成的,褶皱构造是岩层在地壳中广泛发育的地质构造形态之一,它在层状岩石中最为明显，在块状岩体中则很难见到。褶皱构造的每一个向上或向下弯曲称为褶曲。两个或两个以上的褶曲组合叫褶皱。褶皱构造的规模大小不一，大者可达几十至几百千米，小者手标本上可见。

1. **褶皱要素**

褶皱构造的各个组成部分称为褶皱要素（图1-17）。

（1）核部。褶曲中心部位的岩层。当风化剥蚀后，常把出露在地表最中心的岩层称为核部。

（2）翼部。核部两侧的岩层。一个褶曲有两个翼。

（3）翼角。翼部岩层的倾角。

（4）轴面。对称平分两翼的假象面。轴面可以是平面，也可以是曲面。轴面与水平面的交线称为轴线；轴面与岩层面的交线称为枢纽。

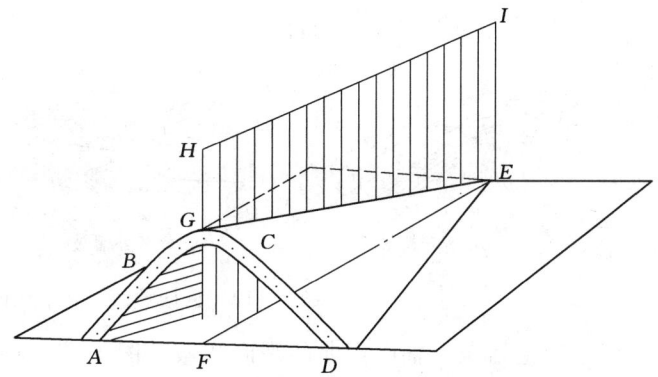

图1-17 褶皱要素示意图

AB—翼；被ABGCD包围的内部岩层—核；BGC—转折端；EFHI—轴面；EF—轴线；EG—枢纽

（5）转折端。从一翼转到另一翼的弯曲部分。在横剖面上，转折端常呈圆弧形。

2. **褶皱的基本形态和特征**

褶皱的基本形态是背斜和向斜（图1-18）。

（1）背斜：岩层向上弯曲，两翼岩层相背倾斜，核部岩层时代较老，两翼岩层依次变新并呈对称分布。

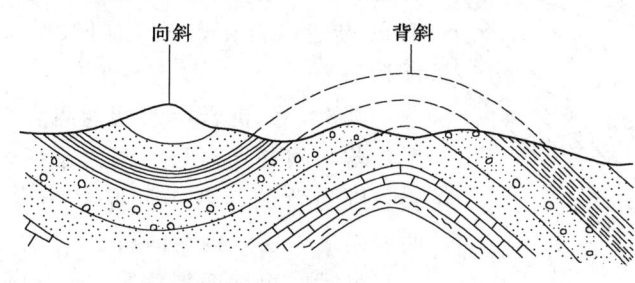

图1-18 背斜和向斜

（2）向斜：岩层向下弯曲，两翼岩层相向倾斜，核部岩层时代较新，两翼岩层依次变老并呈对称分布。

3. **褶皱的类型**

根据轴面产状和两翼岩层的特点，将褶皱分为以下五种：

（1）直立褶皱。轴面直立，两翼岩层倾向相反，且倾角大小近似相等的褶皱［图1-19（a）］。

（2）倾斜褶皱。轴面倾斜，两翼岩层倾向相反，倾角大小不等的褶皱［图1-19（b）］。

（3）倒转褶皱。轴面倾斜，两翼岩层向同一方向倾斜，倾角大小不等，其中一翼倒转，老岩层位于新岩层之上，另一翼层序正常的褶皱［图1-19（c）］。

（4）平卧褶皱。轴面产状近于水平，一翼岩层层序正常，另一翼则倒转的褶皱［图1-19（d）］。

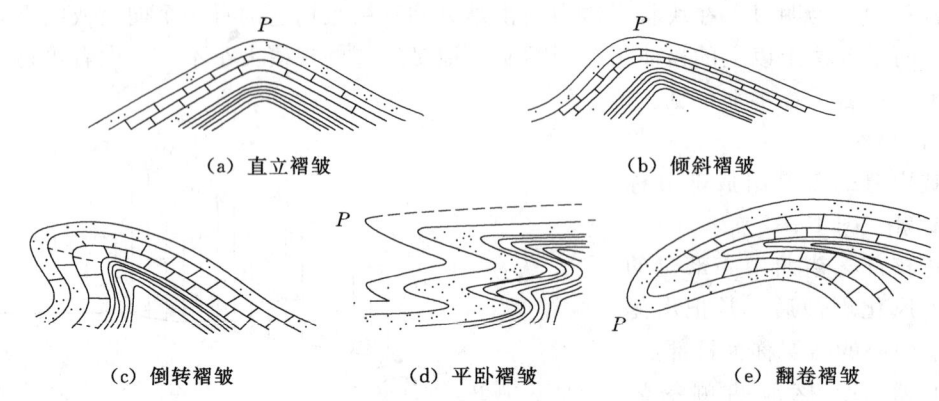

图 1-19 根据轴面产状褶皱的分类

(5) 翻卷褶皱。轴面弯曲的平卧褶皱 [图 1-19（e）]。

4. 褶皱构造的野外识别

在野外识别褶皱时，首先判断褶皱是否存在并区别背斜和向斜，然后确定其形态特征。

在少数情况下，沿河谷或公路两侧，岩层的弯曲常直接暴露，背斜或向斜易于识别。在多数情况下，由于岩层遭受风化剥蚀，岩层出露情况不好，无法看到它的完整形态。这时需按下列方法进行分析：

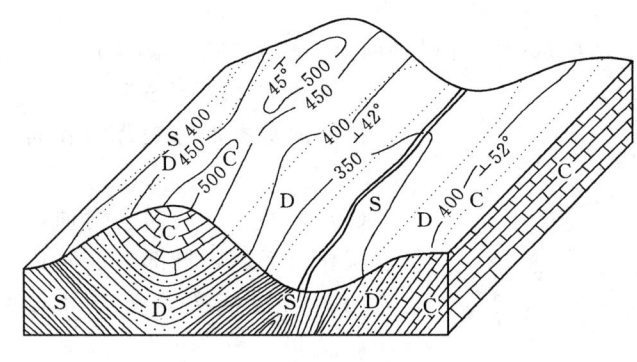

图 1-20 褶皱构造立体示意图

首先，垂直于岩层走向观察，若岩层对称重复出现，便可肯定有褶皱构造；否则，没有褶皱构造（图 1-20）。

其次，分析岩层的新老组合关系。若中间是老岩层，两侧是新岩层，则为背斜；若中间是新岩层，两侧是老岩层，则为向斜。

最后，根据两翼岩层产状和轴面产状，对褶皱进行分类和命名。

5. 褶皱构造对工程的影响

（1）褶皱核部。褶皱核部岩层由于受水平挤压作用，节理发育、岩石破碎、易于风化、岩石强度低、透水性强、在石灰岩地区还往往使岩溶较为发育，所以建筑工程应尽量避开该区域。若必须修建时，须注意岩层的塌落、漏水及涌水问题。

（2）褶皱翼部。褶皱翼部布置建筑工程时，如果开挖边坡的走向近于平行岩层走向，且边坡倾向与岩层倾向一致，边坡倾角大于岩层倾角，则容易造成顺层滑动现象。如果边坡与岩层走向的夹角在 40°以上，或者两者走向一致，而边坡倾向与岩层倾向相反或两者倾向相同，但岩层倾角更大，则对开挖边坡的稳定较有利。

模块四 断 裂 构 造

岩层受力后产生变形，当作用力超过岩石的强度时，岩石的连续性和完整性遭到破坏而发生破裂，形成断裂构造。断裂构造在地壳中广泛存在。毫无疑问，断裂构造的发生，必将对岩体的稳定性、透水性及其工程性质产生较大影响。

根据破裂之后的岩层有无明显位移，将断裂构造分为节理和断层两种形式。

1. 节理

没有明显位移的断裂称为节理（或裂隙）。节理在岩层中广泛分布，且往往成组、成群出现，规模大小不一，可从几厘米到几百米。

节理按照成因分为三种类型：①原生节理：岩石在成岩过程中形成的节理，如泥裂等；②次生节理：风化、爆破等原因形成的裂隙，如风化裂隙等，这种节理产状无序、杂乱无章，通常只称为裂隙，不称为节理；③构造节理：有构造应力所形成的节理。

上述三种节理中，构造节理分布最广，几乎所有的大型水利水电工程都会遇到，所以，下面只重点介绍构造节理。

构造节理按照形成的力学性质分为张节理和剪节理。

（1）张节理：由张应力作用产生的节理。多发育在褶皱的轴部。具有以下特征：

1）节理面粗糙不平，无擦痕。

2）张节理多开口，一般被其他物质充填。

3）在砾岩或砂岩中的张节理常常绕过砾石或砂粒。

4）张节理一般较稀疏、间距大，而且延伸不远。

5）张节理有时沿先期形成的剪节理发育而成，被称为追踪张节理。

（2）剪节理：由剪应力作用产生的节理。具有如下特征：

1）节理面平直光滑，有时可见擦痕。

2）剪节理一般是闭合的，没有充填物。

3）在砾岩或砂岩中的剪节理常常切穿砾石或砂粒。

4）剪节理产状较稳定，间距小、延伸较远。

5）发育完整的剪节理呈 X 形。若 X 形节理发育良好，则可将岩石切割成棋盘状，如图 1-21 所示。

图 1-21　X 形剪节理

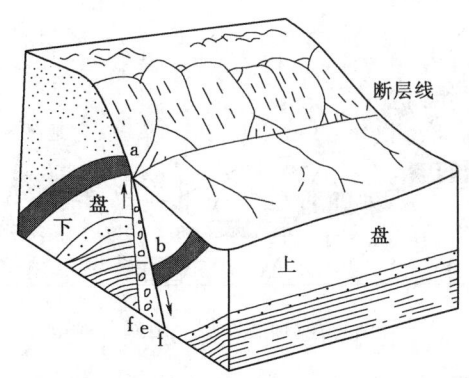

图 1-22　断层构造

a，b—断距；e—断层破碎带；f—断层影响带

2. 断层构造

有明显位移的断裂称为断层。断层在岩层中也比较常见，其规模大小不一，可从几厘米到几公里，甚至达上百公里。

(1) 断层要素。断层的基本组成部分称为断层要素（图1-22）。断层要素包括断层面、断层线、断层带、断盘及断距。

1) 断层面。岩层发生断裂并沿其发生位移的破裂面。它的空间位置仍由走向、倾向和倾角表示。它可以是平面，也可以是曲面。

2) 断层线。断层面与地面的交线。其方向表示断层的延伸方向。

3) 断层带。包括断层破碎带和影响带。破碎带是指被断层错动搓碎的部分，常由岩块碎屑、粉末、角砾及黏土颗粒组成，其两侧被断层面所限制（图1-22中的e）。影响带是指靠近破碎带两侧的岩层受断层影响裂隙发育或发生牵引弯曲的部分（图1-22中的f）。断层带的宽度取决于断层的规模，一般为几厘米至数十米，少数达上百米。

4) 断盘。断层面两侧相对位移的岩块称为断盘。其中，断层面之上的称为上盘，断层面之下的称为下盘。

5) 断距。断层两盘沿断层面相对移动的距离。

(2) 断层的基本类型。按照断层两盘相对位移的方向，可将断层分为以下三种类型：

1) 正断层。上盘相对下降，下盘相对上升的断层[图1-23 (a)]。正断层的断层线一般较为平直，破碎带较宽，断层面的倾角多大于45°。

2) 逆断层。上盘相对上升，下盘相对下降的断层[图1-23 (b)]。逆断层的规模一般较大，断层破碎带宽度较小，断层面较为弯曲或波状起伏，常有上、下方向的擦痕。逆断层一般在构造运动强烈的地区出现较多。

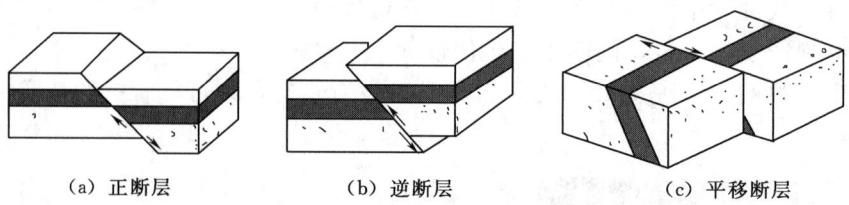

图1-23 断层类型示意图

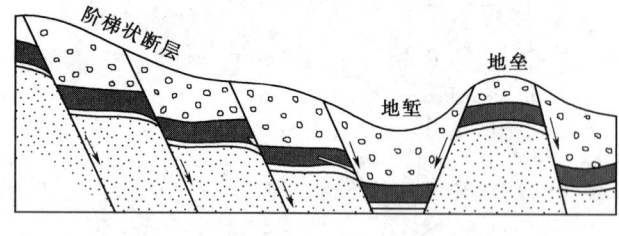

图1-24 阶梯状断层、地堑及地垒

3) 平移断层。是指两盘沿断层面作相对水平位移的断层[图1-23 (c)]。平移断层的断层面较陡、甚至直立，且平直、光滑。

在自然界中，有时断层不是单独存在的，而是呈组合形式存在，常见的组合形式有以下四种（图1-24）：

1) 阶梯状断层：多个断层面倾向相同（或相近）而又相互平行的正断层，其上盘依次下降呈阶梯状。

2) 地堑：由两条正断层组合而成，两边岩层沿断层面相对上升，中间岩层相对下降。

3）地垒：由两条正断层组合而成，与地堑相反，断层面之间的岩层相对上升，两边岩层相对下降。

上述三种组合形式，偶尔在逆断层中也会见到。

4）叠瓦式构造：由一系列产状平行的冲断层或逆掩断层组合而成（图1-25）。各断层的上盘依次逆冲形成像瓦片般的叠覆。

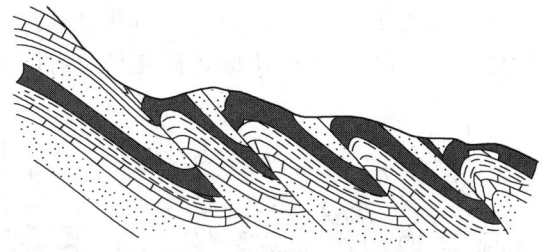

图1-25 叠瓦式断层

3. 断层的识别

断层的发生，必然会在地貌、地层及构造等方面得到反映，这就形成了所谓的断层标志，也是我们识别断层的主要依据。

图1-26 东非大裂谷形成的断层崖

（1）地貌标志

1）断层崖。由于断层两盘的相对运动，常使断层的上升盘形成陡崖，称为断层崖，如东非大裂谷形成的断层崖（图1-26）；太行山前断裂带使太行山拔地而起，成为华北平原的西部屏障等。但值得指出的是：并非任何陡崖都是断层所致。

2）断层三角面。断层崖受到与崖面垂直方向的水流侵蚀切割，便可形成沿断层走向分布的一系列三角形陡崖，称为断层三角面（图1-27）。

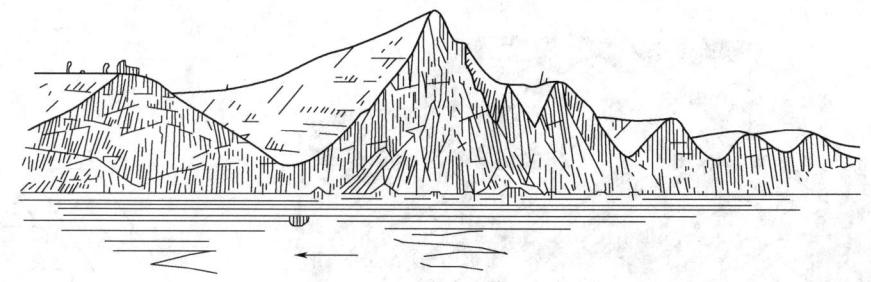

图1-27 断层三角面

3）错断的山脊。错断的山脊往往是断层两盘相对平移等运动的结果。

4）串珠状湖泊洼地。这种洼地往往是大断层存在的标志。这些湖泊洼地主要是由断层引起的断陷或破碎带形成的。

5）泉水的带状分布。泉水呈带状分布往往也是断层存在的标志。因为断层破碎带是地下水的良好通道。

需要说明的是，并非所有的断层都可造就上述地貌。

（2）地层标志。地层标识是识别断层的可靠证据之一。

1）岩层沿走向突然中断，而和另一岩层相接触，则说明有断层发生（图1-28）。

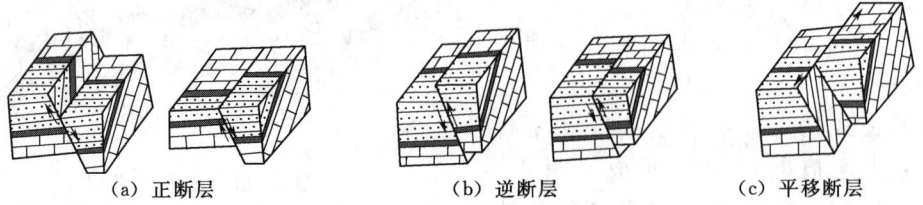

图1-28 断层造成岩层中断

2）垂直岩层走向，若发现地层出现不对称的重复或缺失，则可判定有断层发生（图1-29）。

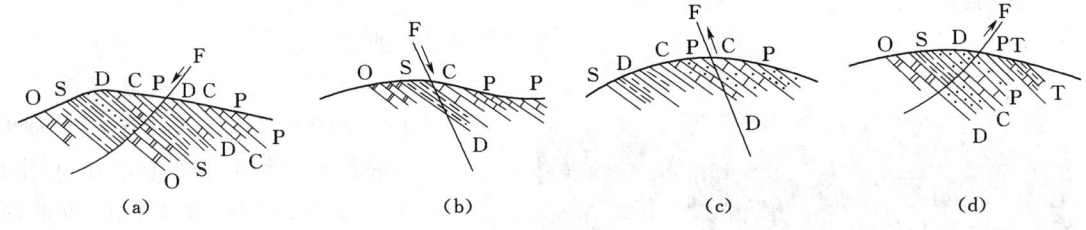

图1-29 断层造成的地层重复和缺失

（3）构造标志。由于构造应力的作用，沿断层面或断层破碎带及其两侧，常常出现一些伴生的构造变动现象。这些现象是识别和确定断层性质的又一重要标志。常见的这些现象有擦痕、阶步、牵引褶皱及构造岩等。

1）擦痕和阶步。断层两盘相互错动时，在断层面上留下的摩擦痕迹称为擦痕。有时在断层面上存在有垂直于擦痕方向的小台阶称为阶步（图1-30）。

图1-30 擦痕和阶步

2) 牵引褶皱。断层两盘相对错动时，断层附近的岩层因受断层面摩擦力的拖拽发生弧形弯曲拖拽现象，称为断层牵引褶皱（图 1-31）。

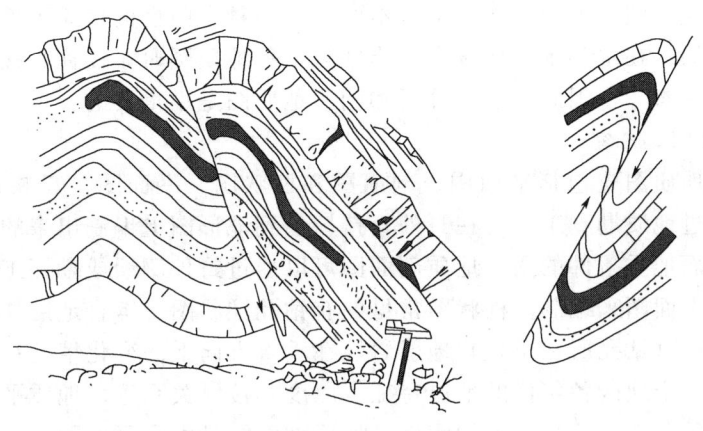

图 1-31　牵引褶皱

3) 构造岩。构造岩是指断层发生时，由于构造应力的作用，使断层带中岩石的矿物成分、结构、构造等发生强烈变化，甚至变质形成新的岩石。主要有断层角砾岩、断层泥、糜棱岩等。

需要说明的是，并非每一条断层都具有上述特征，而且有些特征也并非是断层的专利。所以在野外认识断层时，应多方面综合考察，才能得出可靠的结论。

(4) 断层性质的判断。在判断出断层存在的前提下，我们需要根据两盘相对运动的方向来判断断层的性质。判断方法如下：

1) 根据擦痕判断。擦痕表现为一端粗而深，一端细而浅。由粗而深端向细而浅端指示另一盘的运动方向。另外，用手指顺擦痕轻轻抚摸，常常可以感觉顺一个方向比较光滑，而相反方向比较粗糙，感觉光滑的方向表示另一盘的运动方向。

2) 根据阶步判断。阶步的陡坎面向另一盘的运动方向（图 1-30）。

3) 根据牵引褶皱判断。牵引褶皱弧形弯曲突出的方向指示本盘的运动方向（图 1-31）。

4. 断裂构造对工程的影响

节理和断层的存在，破坏了岩石的连续性和完整性，降低了岩石强度，增强了岩石的透水性，给水利工程建设带来很大影响。如节理密集带或断层破碎带，会导致水工建筑物的集中渗漏、不均匀变形、甚至发生滑动破坏，因此在选择坝址、确定渠道及隧洞线路时，要尽量避开大的断层和节理密集带，否则必须对其进行开挖、帷幕灌浆等方法处理，甚至调整坝或洞轴线的位置。不过，这些破碎地带，有利于地下水的运动和富集，因此，断裂构造对于山区找水具有重要意义。

模块五　地　质　图

地质图是反映各种地质现象和地质条件的图件。它一般是将自然界的地质情况用规定的符号表示在平面上，或按一定的比例缩小投影绘制在平面上的图件。主要用来表示地层岩性和地质构造条件的地质图，称为普通地质图，习惯上简称为地质图。此外，还有专门性的地质图，常用来表示某一项地质条件，或服务于某一专门的国民经济目的，如专门表示第四纪沉积层的第四纪地质图，表示地下水条件的水文地质图，服务于各种工程建设的工程地质图等。地质图是地质工作的最基本图件，各种专门性的地质图件一般都是在它的基础上绘制出来的。在水利水电建设中，当缺乏工程地质图时，往往直接利用地质图作为水电建设的依据或参考，因此，学会分析和阅读地质图是很重要的。

1. 地质图的基本内容

一幅完整的地质图应包括平面图、剖面图和柱状图。平面图是反映地表地质条件的图。它一般是通过地质勘测工作，在野外直接填绘到地形图上编制出来的。剖面图是反映地表以下某一断面地质条件的图。地质剖面图可以通过野外测绘或勘探工作编制，也可以在室内根据地质平面图来编制。柱状图常见的有钻孔柱状图、综合地层柱状图等。钻孔柱状图是反映某一点（钻孔所在位置）地层岩性在垂直方向上的变化情况；综合地层柱状图是综合性的反映一个地区各年代的地层特征、厚度和接触关系等。地质平面图全面地反映了一个地区的地质条件，是最基本的图件。地质剖面图是配合平面图，反映一些重要部位的地质条件，它对地层层序和地质构造现象的反映要比平面图更清晰、更直观，因此，一般地质平面图都附有剖面图。

地质平面图应有图名、图例、比例尺、编制单位和编制日期等。

地质图图例中，地层图例严格地要求自上而下或自左而右，从新地层到老地层排列。

比例尺的大小反映了图的精度，比例尺越大，图的精度越高，对地质条件的反映也越详细、越准确，在一定范围内要求做的地质工作量（如野外观测路线长度、观测点密度、勘探试验工作多少等）就越多。一般地质图比例尺的大小，是由水利工程的类型、规模、设计阶段和地质条件的复杂程度决定。

地质图上反映的地质条件，一般包括地层岩性、岩层产状、岩层接触关系、褶皱和断裂等。这些条件要采用不同的符号和方法，才能综合表示在一幅图中。

2. 地质图的阅读

（1）阅读地质图的步骤。

1）先看图名和比例尺，以了解图的位置及精度。

2）阅读图例，了解图中有哪些岩层及其新老关系，并熟悉图例的颜色及符号，这样在正式读图前，就对图中出现的地质情况有个概略的了解。

3）正式读图时先分析地形，了解本区的地形起伏及山川形势。

4）阅读岩层的分布、产状及其和地形的关系。通过对岩层分布、新老关系及产状的阅读，分析各年代地层接触关系；分析图中有无褶皱、褶皱类型、轴部、翼部位置等。

5）阅读图上有无断层、断层性质及分布，并分析断层两侧地层分布特征。

6）综合分析各种地质构造现象之间的关系、规律性及其形成过程。

（2）宁陆河地质图分析。现根据宁陆河地区地质平面图（图1-32）及综合地层柱状图（图1-33），对该区地质条件进行分析如下：

本区最低处在东南部宁陆河谷，高程300余m，最高点在二龙山顶，高程达800余m，全区最大相对高差近500m。区内地形地貌特征明显地受地层岩性、地质构造控制。山脉延伸方向多沿岩层走向大体呈南北方向延伸。一般志留纪页岩、背斜轴部及断层带多

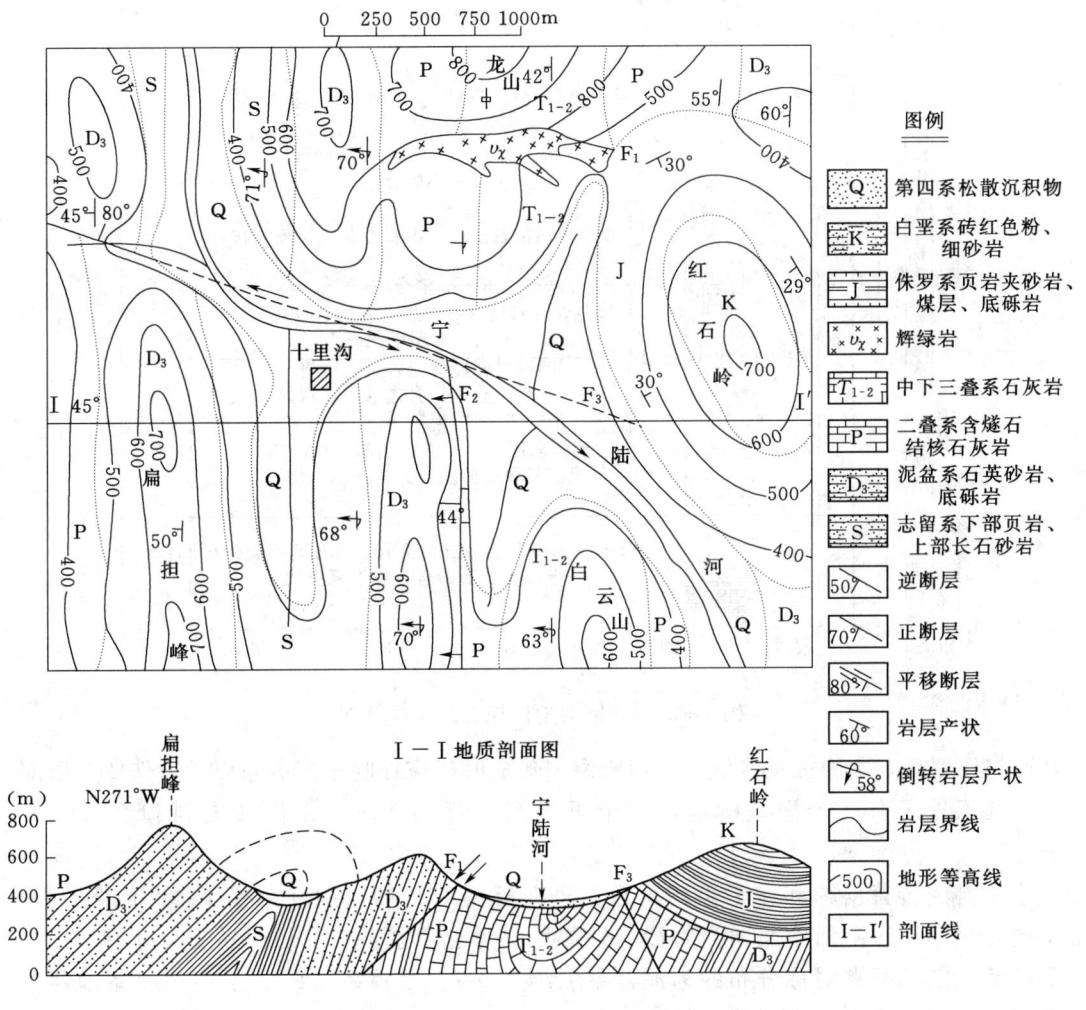

图 1-32 宁陆河地区地质图

形成河谷低地，而石英砂岩、石灰岩及年代较新的粉细砂岩则形成高山。宁陆河先是顺背斜轴部的页岩分布区自北向南流，至泥盆系石英砂岩处，则折向东南方向顺 F_3 断层发育。

本区出露地层有志留系（S）、泥盆系上统（D_3）、二叠系（P）、中下三叠系（T_{1-2}）、辉绿岩墙（υ_χ）、侏罗系（J）、白垩系（K）及第四系（Q）。各时代岩性、厚度等特征可看综合地层柱状图。第四系主要沿宁陆河谷分布，侏罗系及白垩系地层分布在东部红石岭，其余各系地层出露则与地质构造有关。

从图 1-33 中可以看出，泥盆系与志留系地层间虽然岩层产状一致，但缺失中下泥盆系地层，且上泥盆系底部存在底砾岩，因此，两者之间为假整合接触，二叠系与泥盆系地层间缺失石炭系，也为假整合接触。侏罗系在图中与 D_3、P、T_{1-2} 三个年代的老岩层相接触，因此，为不整合接触。第四系与老岩层间也为不整合接触。图中其余沉积地层间都为整合接触关系。辉绿岩是顺张性正断层 F_1：呈岩墙状侵入到二叠系、三叠系石灰岩中，局部地段岩墙也有顺两组扭性断裂延展现象。因此，辉绿岩与二叠系、三叠系地层为侵入接

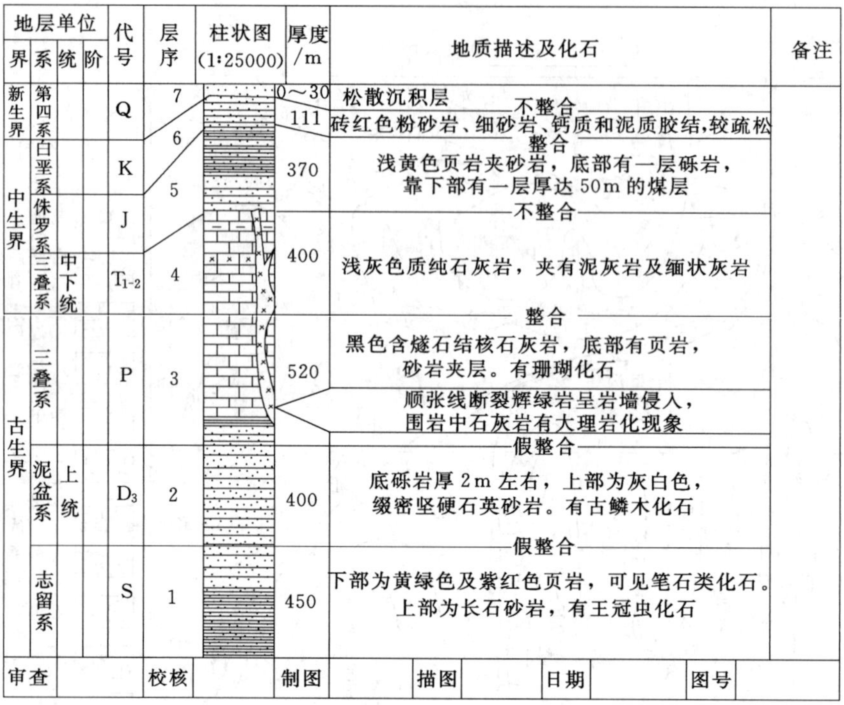

地层单位			代号	层序	柱状图 (1:25000)	厚度 /m	地质描述及化石	备注
界	系	统 阶						
新生界	第四系		Q	7		0~30	松散沉积层	
中生界	白垩系		K	6		111	——不整合—— 砖红色粉砂岩、细砂岩、钙质和泥质胶结,较疏松	
							——整合——	
	侏罗系		J	5		370	浅黄色页岩夹砂岩,底部有一层砾岩, 靠下部有一层厚达50m的煤层	
	三叠系	中下统	T_{1-2}	4		400	——不整合—— 浅灰色质纯石灰岩,夹有泥灰岩及缅状灰岩	
古生界	三叠系		P	3		520	——整合—— 黑色含燧石结核石灰岩,底部有页岩, 砂岩夹层。有珊瑚化石 顺张线断裂辉绿岩呈岩墙侵入, 围岩中石灰岩有大理岩化现象	
	泥盆系	上统	D_3	2		400	——假整合—— 底砾岩厚2m左右,上部为灰白色, 缀密坚硬石英砂岩。有古鳞木化石	
	志留系		S	1		450	——假整合—— 下部为黄绿色及紫红色页岩,可见笔石类化石。 上部为长石砂岩,有王冠虫化石	
审查			校核		制图		描图 日期	图号

图1-33 宁陆河地区综合地层柱状图

触,而与侏罗系间则为沉积接触。所以辉绿岩形成时代应在晚中三叠系以后,侏罗系以前。

宁陆河地区有三个褶皱构造,即十里沟倒转背斜,白云山倒转向斜和红石岭直立向斜。

十里沟倒转背斜轴部在十里沟附近,轴向近南北延伸,向北因受F_3平推断层影响,轴部向北偏移至宁陆河南北向河谷段。轴部地层为志留系页岩、长石砂岩,并有第四系松散层广泛覆盖,两翼对称分布的为泥盆系上统(D_3)、二叠系(P)、下中三叠系地层,但两翼只见到泥盆系上统和部分二叠系地层,三叠系已分布在图幅以外。两翼岩层走向近南北,均向西倾,但两翼岩层倾角较缓,约45°~50°,东翼倾角可达63°~71°。

白云山倒转向斜轴部在白云山至二龙山附近,呈南北向延伸,但过宁陆河后,因受F_3断层影响,南部也略向东移。轴部地层为中下三叠系,由轴部向翼部地层依次应为P、D_3、S,其中两翼即为十里沟倒转背斜东翼,东翼志留系地层已出图外,而P、D_3地层因受上覆不整合的J、K地层的影响,只在图幅东北角和东南角出露。两翼岩层产状均向西倾斜,且倾角近于相等,只在北部二龙山附近,西翼倾角高达60°以上,东翼仅40°~50°。

红石岭向斜,为白垩系、侏罗系地层组成,褶皱舒缓,两翼岩层相向倾斜,倾角约30°左右,因此为一直立对称向斜。

F_1:为一正断层,属张性断裂,断层面倾向南,倾角约70°,由于南盘相对下降,北盘相对上升,再加上风化剥蚀作用,使上升盘的T_{1-2}与P地层分界线向西位移。另外,因倒转向斜轴部紧闭,断层位移幅度小,因此,F_1断层引起的轴部地层宽窄变化特征并不明显。

F_2：为一逆掩断层，属压性断裂，可看出由于西部上升逆掩，使二迭系地层出露宽度在断层东盘（下降盘）明显变窄。

F_3：为一平推断层，属扭性断裂，为区内规模最大的一条断层。从十里沟倒转背斜轴部志留系地层分布位置可明显看出，断层东北盘相对向西北位移，西南盘相对向东南位移。

❖ 知识强化与技能提升 ❖

一、判断题

1. 代、纪、世是地质年代单位。（　　）
2. 断裂构造可以分为节理、层理和断层。（　　）
3. 根据图 1-34 牵引褶曲的弯曲情况可判断该断层为正断层。（　　）
4. 褶皱构造地区建坝时，坝址最好选择褶皱的轴部。（　　）

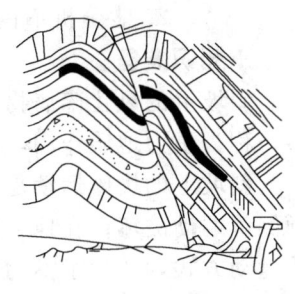

图 1-34　牵引褶曲

二、选择题

1. 国际上统一使用的地层单位是（　　）。
   A. 界、系、统　　　B. 界、纪、统　　　C. 代、系、世　　　D. 代、纪、统
2. 未发生明显位移的断裂是（　　）。
   A. 节理　　　　　　B. 断层　　　　　　C. 解理　　　　　　D. 片理
3. 两侧岩层向内相向倾斜，中心岩层时代较新，两侧岩层依次变老的是（　　）。
   A. 节理　　　　　　B. 断层　　　　　　C. 向斜　　　　　　D. 背斜
4. 上盘相对上移，下盘相对下移的断层是（　　）。
   A. 正断层　　　　　B. 平移断层　　　　C. 走向断层　　　　D. 逆断层

三、简答题

1. 地质构造的基本类型有哪些？
2. 简述地层相对年代的确定方法。
3. 岩层产状要素有哪些？怎样测定？
4. 褶皱的基本形态有哪些特征？在野外如何识别褶皱？
5. 张节理和剪节理有何特征？
6. 断层的基本类型有哪些？各有何特征？野外如何识别断层？
7. 什么是地震的震级和烈度？二者有何区别？

任务三　不良地质现象评价

❖ 任务导入 ❖

案例：2010 年 8 月 7 日 22 时左右，我国甘南藏族自治州舟曲县城东北部山区突降特大暴雨，降雨量达 97mm，持续 40 多分钟，引发三眼峪、罗家峪等四条沟系特大山洪地质灾害，泥石流长约 5km，平均宽度 300m，平均厚度 5m，总体积 750 万 m³，流经区域

被夷为平地。

截至 2010 年 9 月 7 日，舟曲"8·7"特大泥石流灾害中遇难 1481 人，失踪 284 人，累计门诊治疗 2315 人。

我国山地面积大，自然地理条件和地质条件复杂，所以是世界上泥石流灾害最严重国家之一。我们要通过学习泥石流的产生原因及影响因素，达到提前预防，来进一步减少它给我们造成的灾害。

任务：1. 掌握常见的不良工程地质现象。
　　　2. 能分析不良工程地质现象对工程的影响及其防治措施。

❖知识准备❖

斜坡上的风化碎屑物质或不稳定岩层，在重力作用以及流水作用的参与下向下发生位移，称为重力地质作用，由此产生的各种地貌，称为重力地貌。

斜坡上的块体运动是多种多样的，有快速运动的崩塌、滑坡，也有缓慢运动的挠曲、倾倒等蠕动破坏；在地下水的参与下，有破坏力较大的泥石流，也有前述的坡积物，不同的运动方式，产生了不同的重力地貌及其堆积物。

我国山区面积大，在进行各种工程建设中都会遇到挠曲、倾倒、崩塌、滑坡、泥石流等地质灾害，对交通、建筑物、农田等破坏性很大，因此研究重力地质作用及重力地貌类型，在生产实践中具有很大意义。本节重点介绍崩塌、滑坡、泥石流等重力地质作用。

模块一　崩　　塌

斜坡上的土体、岩体在重力作用下，突然向下崩落，称为崩塌。崩塌的运动速度很快，一般可达 5~200m/s，多发生在 45°以上的陡坡上。岩土体以跳跃、滚动形式运动，直接坠落到地面，在坡上方形成陡坎，称为崩塌崖；在坡的下方形成碎石舌、倒石堆等。崩塌运动时没有固定的滑动面，其地质营力主要是重力地质作用，一般没有流水作用的参与，崩落物质主要由土和岩块组成。崩塌是斜坡破坏的一种形式，对水利、铁路、公路线的危害严重。因此，对崩塌类型、崩塌产生原因和崩塌堆积物的研究具有重大意义。

1. 崩塌类型

崩塌可分为山崩、崩岸、岩崩和岩屑崩落等类型。

（1）山崩：山崩是山区发生大规模崩塌的现象。在边坡很陡地区，在岩石的释重作用、冰劈作用、温差作用等物理风化作用下，沿陡坡边缘产生一系列的张裂隙，使边坡处于极不稳定状态。当遇到地震、爆破或人工开挖等触发因素时，岩体产生崩塌。山崩的规模可大可小，大规模的山崩破坏力巨大。如 1911 年帕米尔高原巴尔坦格河谷一次巨大山崩，崩落的体积达 36 亿~48 亿 m³。在几秒钟的时间内，岩体从 600m 的高处塌落下来，堵塞了河流，形成了长 75km、深 262m 的堰塞湖。

（2）崩岸：河岸、湖岸和海岸，由于河流的侧蚀作用，湖岸、海岸的浪蚀作用，导致底部被掏空，上方岩体失去支撑而发生崩岸。

（3）岩崩：陡岸整块岩体直接坠落或滚落，称为岩崩。崩落的岩体散落于山坡下方的缓坡地带。

（4）岩屑崩落：岩屑顺斜坡做跳跃式的滚动称为崩落，它比山崩和岩崩的速度慢，常形成倒石堆。

2. 崩塌产生原因

崩塌产生的原因主要与气候、地形、岩性及其他因素有关。

（1）气候因素：在干旱、半干旱地区和高寒的山区，由于温差作用、冰劈作用、岩石释重和盐的结晶与潮解作用，产生强烈的物理风化，促使岩石破碎，加速其向下崩落；而在湿热多雨地区，风化产物为黏性土，不易产生崩塌。如兰新铁路上一些新开挖的花岗岩路堑，不到五年就遭受强烈的崩塌，而暴雨、冰雪融化往往是崩塌的触发原因。

（2）地形因素：地面坡度与相对高差影响山坡的稳定性。山坡坡度超过临界坡度时，坡面上的物质就会下滑崩落。一般松散岩屑坡的临界坡度为30°~35°，黏土为40°，故陡坡是形成崩塌的重要条件。崩塌一般发生在高山峡谷、河流强烈下切地段。

（3）地质因素：岩石的岩性和地质构造是发生崩塌的直接因素。崩塌一般发生在块状或厚层状坚硬岩体中，这类岩体，可形成陡峻的斜坡。由于应力重新分布和卸荷等原因，斜坡前缘易产生深而长的张裂隙，并与其他结构面组合，逐渐形成结构体，在触发因素作用下发生崩塌。组成这类岩体的岩石有花岗岩、砂岩、石灰岩、片麻岩和石英岩等；而平缓的层状或软硬互层状岩体斜坡，由于平缓的软弱面对陡倾的拉裂面起了一定阻隔作用，不易使拉裂面向深处发展，经长期的表层风化作用，边坡表面呈片状、层状剥落，堆积于坡脚，一般不会产生崩塌，有时表现为坠石；新构造上升的山区、垂直节理发育的岩坡、陡峭的黄土坡，其边坡都不稳定，而地震常常是不稳定山坡发生崩塌的触发因素。

另外，人工爆破、开挖边坡、农业开垦等都是造成崩塌的重要原因。

3. 崩塌堆积物

由崩塌作用所形成的堆积物称为崩塌堆积物，简称崩积物。这类堆积常组成三角形、半圆形的锥形体分布。崩积物的岩性与斜坡上部岩石基本一致。岩性单一，未经分选棱角分明，颗粒大小混杂，排列不规则。崩积物在垂直剖面上，呈上细下粗现象；在纵向上，近陡坡处颗粒细小，坡簏处粗大。崩落比较活跃时，岩壁陡而新鲜。

4. 崩塌的防治

要有效地防治崩塌，首先必须先查清崩塌形成的条件和诱因、发生的规模以及其危害程度，有针对性地采取防治措施。

（1）绕避。对可能发生的大规模崩塌地段，即使是采用坚固的建筑物，也经受不了这样大规模崩塌的巨大破坏力时，必须设法绕避。对河谷线来说，线路工程可以将线路改移到河对岸，或将线路内移做隧道。采用隧道方案绕避崩塌时，要注意使隧道有足够的长度，防止隧道在运营以后，由于长度不够使隧道进出口受到崩塌的威胁，而后不得不接长明洞，造成浪费和增大投资。

（2）排水。水的参与加大了发生崩塌的可能性，所以要在可能发生崩塌的地段上方修建截水沟，防止地表水流入崩塌区内。崩塌地段地表岩石的节理、裂隙可用黏土或水泥砂浆填封，防止地表水下渗。

（3）清除危岩。若山坡上部可能的崩塌物数量不大，而且母岩的破坏不太严重，则以全部清除为宜。并在清除后，对母岩进行适当的防护加固。

（4）加固边坡。邻近建筑物边坡的上方，如有悬空的危岩或巨大块体的危石威胁到建筑物或行车的安全而又不便清除时，则可根据地形特点，采用浆砌片石垛、钢轨插别、支护墙、锚杆等方法支撑加固可能崩落的岩体。对坡面深凹部分也可以进行嵌补，对危险裂缝进行灌浆。

（5）修建防护、拦挡建筑物。对于中型崩塌地段，如绕避不经济，可采用明洞或棚洞等重型防护工程。若山坡的母岩风化严重、崩塌物质来源丰富或崩塌规模虽然不大但可能频繁发生，则可采用拦截建筑物，如落石平台、落石槽、拦石堤或拦石网（钢轨背后加钢丝网）（图1-35）等设施，拦挡崩落石块，定期清除，不使其落到道路和建筑物之上。

(a)

(b)

图1-35 崩塌防护之拦石网

模块二 滑 坡

滑坡是斜坡上的土体和岩体，在重力作用下沿一定滑动面整体下滑的现象。滑坡体可为缓慢地、长期地、间歇性地滑动，可延续几年、几十年、甚至上百年；有的开始运动缓慢，随后突然变快，可在短期内形成巨大灾害。

1. 滑坡的形态

滑坡在平面上的边界和形态与滑坡的规模、类型与所处发育阶段有关。一个完整的滑坡，一般由以下要素组成（图1-36）：

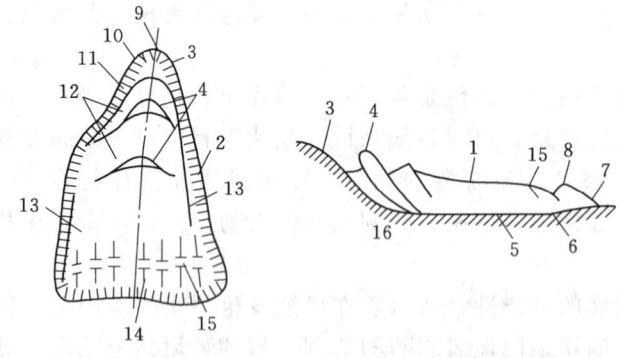

图1-36 滑坡要素及滑坡形态特征示意图
1—滑坡体；2—滑坡周界；3—破裂壁；4—滑坡台阶；5—滑动面；6—滑动带；7—滑坡舌；8—滑动鼓丘；9—滑动轴；10—破裂缘；11—封闭洼地；12—拉张裂隙；13—剪切裂隙；14—扇形裂隙；15—鼓张裂隙；16—滑坡床

（1）滑坡体：简称滑体，滑坡发生后与母体脱离开的滑动部分。滑坡体虽然是整体滑动，但其内部基本上保留原有的层位关系以及结构、构造特征；滑坡体的表面起伏不平，裂隙纵横；原有的树木倾斜或倒伏，形成醉汉林、马刀树。滑坡体与周围不动土体分界线，称为滑坡周界。滑坡体的规模大小不一，从几十立方米到几万立方米不等。

（2）滑坡床：滑坡体以下未滑动的部分。它保持原有的结构、构造特征，只是靠近滑坡体部位有些破碎。

（3）滑动面和滑坡带：滑坡体与周围未滑动岩土体之间的分界面称滑动面。滑动面的形状与滑坡体的成分、结构、构造有关。在均质的黏性土和软岩中，滑动面近于圆弧面；如滑坡体沿岩层层面、结构面滑动时，滑动面为直线或折线。由于滑动时的摩擦，滑动面比较光滑，有时可见滑动擦痕和磨光面。在滑动面上下所形成的碾压破碎带，称为滑坡带。滑坡带内的土体受到揉皱、碾磨作用，岩石产生糜棱岩化现象，在石灰岩内可见大理岩化现象。它往往由碎裂岩、糜棱岩、岩粉、岩屑和黏土组成。

（4）滑坡壁：滑坡体滑落后，滑床上方未滑动部分岩土体所形成的弧形陡壁；平面上多呈圈椅状，高数厘米至数十米，坡度一般60°～80°，形成陡壁。

（5）滑坡台阶：由于各阶段滑体运动的差异，在滑坡体上形成的滑坡错台，每一错台都形成一个陡坎和平缓台面，称为滑坡台阶。

（6）滑坡舌：又称滑坡前缘或滑坡头，位于滑坡的前部。滑坡舌的隆起部分称为滑坡鼓丘。

（7）滑坡洼地与滑坡湖：滑坡体与滑坡壁之间的月牙形洼地称为滑坡洼地。此洼地往往由于地下水在此出露或地表水的汇集，形成湿地、水塘、滑坡湖。如陇海铁路宝鸡附近卧龙寺滑坡，切割了含水层，有泉水涌出，形成了宽40m、深10m的滑坡湖。

（8）滑坡裂缝：滑坡体在滑动过程中，由于各部位移动速度不均匀，在滑坡体内部、表面产生的裂缝称为滑坡裂缝。按受力状况及分布部位不同划分如下：

1）张拉裂缝：分布在滑坡体的上部，由下滑时的张拉作用产生，和滑坡壁的方向大致平行或吻合。

2）剪切裂缝：分布在滑坡体的中部的两侧，由滑动土体与不滑动土体相对位移而产生，常伴有羽状裂隙。

3）鼓胀裂缝：指在滑坡舌上，因土体隆起形成的张裂缝，其方向一般垂直于滑动方向。

4）扇状张裂缝：分布于滑坡体的中下部，以滑坡前缘最多，是由于滑坡体下部向两侧扩散而形成的，呈放射状分布。

2. 滑坡的分类

由于自然条件不同，滑坡的成因、形态、滑动方式各有特点，为了反映滑坡的工程地质特征及其发展规律，有效地预测和预防滑坡的发生，对滑坡提出的分类方案如下：

（1）按滑动面与岩土层面关系分类：这是应用较广泛的一种分类，可分为均质滑坡、顺层滑坡、切层滑坡三类。

1）均质滑坡：这是发生在均质、无明显层理的岩土体中的滑坡。滑动面不受层面控制，一般呈圆弧形，在黏土、黄土和黏土岩中较常见。

2）顺层滑坡：发生在非均质的成层岩体中，沿岩层面发生滑动的滑坡。这类滑坡多发生在岩层倾向与斜坡倾向一致，但倾角小于坡角的条件下。如果岩层中存在原生或次生的软弱夹层时，夹层的抗剪强度较低，很容易沿该层面滑动。另外，坡积物与下伏基岩的交界面较陡时，坡积物的下滑也属于顺层滑坡。顺层滑坡的滑动面一般为平面，也可以是波状或倾斜阶梯形。

顺层滑坡在自然界分布广泛，而且规模较大，我国三峡工程库区云阳到奉节一带有多处这种类型的大型滑坡。

3）切层滑坡：滑动面切过岩层面的滑坡，称为切层滑坡。多发生在岩层产状平缓、坡面与岩层面反倾向的非均质岩层中。滑动面在顶部常是陡直的，沿裂隙面发育，下部的滑动面一般为圆弧形或对数螺线形。

（2）按滑坡的滑动力学特征分类：这种分类对滑坡防治有很大意义，一般可分为推动式滑坡、牵引式滑坡和混合式滑坡三类。

1）推动式滑坡：推动式滑坡是指滑坡的上部不稳定，上部边坡滑动，而使下部滑动，主要是由于坡顶堆积荷载或进行工程建设引起的。另外坡顶的垂直裂隙，在雨后积水产生的水压力，也会增加坡顶的下滑力，产生滑坡。

2）牵引式滑坡：由于坡脚受河流冲刷或人工开挖，又在其他因素作用下，首先在边坡下部开始滑动，引起由下而上依次下滑。

3）混合式滑坡：由于坡顶堆荷或坡下河流冲刷、人工开挖产生的滑坡，始滑位置不固定，边坡的上缘和下缘均存在始滑点，这种情况比较常见。

（3）按滑坡的岩土类型分类：边坡的地层、岩性是决定边坡工程性质特征的基本因素之一。边坡的岩性不同，则滑坡的滑动力学特征、形态特征、滑动面形状及发育规模有所不同。按岩土种类，滑坡分为堆积层滑坡、黄土滑坡、黏土滑坡、岩层滑坡四类。

（4）按发生的活动性分类：滑坡按发生后的活动性划分如下：

1）活滑坡：发生后仍在活动的滑坡。滑坡壁及两侧有新鲜的擦痕；滑坡体上有新产生的鼓胀裂缝、张拉裂缝和剪切裂缝；滑坡体上分布有醉汉林和马刀树等特征。活滑坡对工程建设影响较大，必须重点研究。

2）死滑坡：发生滑动后已稳定，并停止发展。一般情况下不可能重新活动，坡上植被茂盛，常有居民点。

（5）按滑坡的发展阶段分类：按滑坡的发展阶段可分为幼年期、青年期、壮年期和老年期。这对滑坡的预测和调查，研究滑坡的发生发展规律有重要意义。

（6）按滑坡体的大小、规模分类。

另外，工程上常根据滑坡体的厚度、体积进行分类。

按滑坡体的厚度分为浅层滑坡（滑坡体的厚度小于5m）、中层滑坡（滑坡体的厚度5～20m）、深层滑坡（滑坡体的厚度超过20m）。

按滑坡体的体积大小分为小型滑坡（滑坡体的体积小于$5000m^3$）、中型滑坡（滑坡体的体积$5000～50000m^3$）、大型滑坡（滑坡体的体积$50000～100000m^3$）、巨型滑坡（滑坡体的体积大于$100000m^3$）。

3. 影响边坡稳定性的因素

影响边坡稳定性的因素复杂多样，主要包括岩土类型和性质、岩体结构和构造、风化作用、水的作用、地震和人类活动等。在这些因素中有自然的，也有人为的，有内在影响因素，也有外在影响因素。可将它们分为两类：一类为主导因素，是长期起作用的因素，包括岩土类型和性质、地质构造、岩体结构、风化作用、地下水活动等；另一类为触发因素，是临时起作用的，有地震、洪水、暴雨、堆载、人工爆破等。正确分析各种因素的作用，是边坡稳定性评价的工作之一，为预测边坡破坏、发展演化以及有效防治措施提供依据。

(1) 岩土类型及性质：岩土类型及性质是影响边坡稳定性的根本因素。岩性控制着斜坡破坏的形式和类型，在黄土地区，边坡干燥时，可以直立陡峻，但一经水浸，土的强度大减，变形急剧，形成大的滑坡；在花岗岩、厚层石灰岩地区，则以崩塌为主；在片岩、板岩、千枚岩等变质岩地区，往往产生表层挠曲、倾倒等蠕动破坏形式。在坡高和坡角相同的情况下，岩体越坚硬，抗变形能力越强，边坡的稳定性越好；反之稳定性差。所以坚硬完整的岩石（如花岗岩、石英砂岩、石灰岩等）能形成稳定的高陡斜坡，而软弱岩石和土体则只能维持低缓的斜坡。

(2) 地质构造和岩体结构的影响：地质构造因素对边坡稳定性，特别是岩质边坡稳定性的影响十分明显。在区域构造比较复杂、褶皱比较强烈、新构造运动比较活动的地区，边坡稳定性差，如我国西南横断山脉地区，金沙江地区深切河谷，边坡的崩塌、滑坡、泥石流等极其发育，常出现巨大型滑坡和滑坡群。

对岩质边坡来讲，边坡的破坏形式受岩体中的结构面控制。结构面的成因、性质、延展性和产状，对边坡的稳定有很大影响。其中软弱结构面的走向与边坡走向的关系、倾向与边坡的倾向的关系，决定了边坡的稳定性。

对于软弱结构面的走向与边坡走向一致的情况，有以下几种类型：

1) 平迭坡：软弱结构面是水平的。这种边坡稳定性较好，但如存在陡倾的节理裂隙，则容易产生崩塌和剥落。

2) 顺向坡：软弱结构面的倾向与斜坡面的倾向相同，即岩层倾向外坡。根据软弱结构面的倾角 α 和坡角 β 的关系又分为坡角 β 大于软弱面倾角 α，即 $\beta>\alpha$，这种情况斜坡稳定性最差，极易产生顺层滑坡；$\beta<\alpha$，斜坡比较稳定。

3) 逆向坡：软弱结构面的倾向与斜坡面的倾向相反，即岩层倾向内坡。这种斜坡是最稳定的，有时有崩塌发生，很少产生滑坡。

以上三种情况是指软弱结构面的走向与斜坡的走向相同，对于走向斜交情况，则称为斜交坡。

4) 斜交坡：软弱结构面的走向与斜坡的走向斜交，这类斜坡当软弱面倾向外坡，且交角小于 40°时稳定性较差，否则较稳定。

(3) 水的作用：地表水和地下水是影响边坡稳定性的重要因素，不少滑坡的发生都与水的作用有关。水对边坡的影响是多方面的，有软化作用、冲刷作用、静水压力、动水压力和浮托作用。

1) 水的软化作用：水的活动使岩、土的强度降低。对黏性土和黄土等土质边坡而言，遇水后，土的抗剪强度降低，抗滑力减小，软化现象明显；对岩质边坡，岩体中的软弱夹层和泥化夹层，亲水性强，出现崩解、泥化现象，降低抗剪强度，影响边坡稳定性。

2) 水的冲刷作用：河谷岸坡因水流冲刷而使斜坡变高、变陡，不利于斜坡的稳定。冲刷还可使坡脚产生临空，易产生滑坡。

3) 静水压力：岩质斜坡上的张裂隙，因降水或地下水活动使裂隙充水，则裂隙将承受静水压力。静水压力的方向与裂隙面垂直，指向斜坡的临空面，对边坡稳定不利。雨季使一些斜坡产生崩塌或滑坡,往往与裂隙静水压力的作用有关。

4) 动水压力:如果斜坡上岩土体是透水的,地下水在渗流作用下,产生了动水压力。动水压力方向与渗流方向一致,指向临空面,因而对边坡稳定不利。在河谷地带,当洪水过后河水位迅速下降时,河岸内的水缓慢地流出,因而产生的动水压力指向坡外,可能产生滑坡。当库水位急剧下降时,库岸也会因较大的动水压力而失稳破坏。

5) 浮托力:处于地下的透水斜坡,将承受浮托力的作用,使坡体的有效重量减轻,对斜坡稳定不利。一些由松散堆积物组成库岸的水库,当蓄水时岸坡发生变形破坏,原因之一就是浮托力的作用。

(4) 地震的影响:地震对边坡稳定性影响较大,在地震作用下,首先使边坡岩体的结构发生破坏变化,出现新的结构面,使原有结构面张裂、松弛,饱和砂层出现震动液化,地下水状态发生较大变化,在地震力的反复作用下,边坡沿结构面发生位移变形,直至破坏。

强烈地震引起山崩、滑坡破坏的实例,国内外都有大量记载。如1933年8月25日四川叠溪大地震,引起大滑坡和山崩,摧毁了叠溪镇。滑坡和崩塌将岷江堵塞形成4亿~5亿 m^3 的堰塞湖。10月9日溃口,湖水急剧下泄,造成下游2500人死亡。

(5) 工程荷载的影响:在水利水电工程建设中,工程荷载的作用影响边坡的稳定性。如拱坝坝肩承受的拱端推力,边坡坡肩附近的堆载,压力隧洞的内水压力,加固岩体的预应力等外荷载作用,都会对边坡的稳定性产生影响。

除上述因素外,坡脚的人工开挖、爆破影响、引水产生的黄土湿陷性等,均可以引起边坡的变形与破坏。

4. 不稳定边坡的防治措施

为了防止边坡变形破坏对建筑物造成的危害,对边坡变形破坏需要采取防治措施。防治的总原则应是预防为主,及时处理。通常采用的防治措施如下:

(1) 防渗与排水。排水包括排除地表水和地下水。这种方法效果良好,因此,目前整治不稳定边坡措施中普遍应用。首先要拦截流入不稳定边坡区的地表水流(包括泉水、雨水),一般在不稳定边坡(如滑坡区)外围设置环形排水沟槽,将地表水排走。设排水沟槽时,应注意充分利用自然沟谷,并布置成树枝状排水系统,还要整平夯实坡面,利于排水。

疏导地下水,一般采用排水廊道和钻孔排水方法降低地下水位或排走已渗入坡体内的水。

(2) 削坡、减重、反压。这种方法主要是将较陡的边坡减缓或将其上部岩体削去一部分,并把削减下来的土石堆于滑体前缘的阻滑部位,使之起到降低下滑力,又增加抗滑力,以增加边坡稳定性的目的。

(3) 修建支挡建筑物。这种措施,主要是在不稳定边坡岩体下部修建挡土墙或支撑墙,靠挡墙本身的重量支撑滑移体的剩余下滑力。挡墙的主要形式有浆砌石挡墙、混凝土或钢筋混凝土挡墙等。修建支挡建筑物时需要注意的是,其基础必须砌置于最低滑动面之下,一般插入完整基岩中不少于0.5m,完整土层中不少于2m。此外,还要考虑排水措施。

(4) 锚固措施。这种方法主要是利用预应力钢索或钢杆锚固不稳定边坡岩体，是一种有效的防治滑坡和崩塌的措施。具体作法，先在不稳定岩体上部布置钻孔，钻孔深度达到滑动面以上坚硬完整岩体中，然后在孔中放入钢索或锚栓，将下端固定，上端拉紧，常和混凝土墩、梁，或配合以挡墙将其固定。

模块三 泥 石 流

泥石流是发生在山区的一种含有大量泥砂和石块的暂时性洪流。泥石流与一般的洪流的主要区别在于，这种流体是由固体和液体组成，且固体物质含量较大，一般在15%左右，重度大于13kN/m³。在特殊情况下固体成分占到80%以上，重度可达23kN/m³。它的特点是突然爆发、能量巨大、历时短暂、复发频繁。因此，破坏力巨大。

泥石流的地理分布广泛，据不完全统计，全世界约有近70个国家不同程度地遭受泥石流的威胁。我国山地面积大，自然地理条件和地质条件复杂，所以是世界上泥石流灾害最严重国家之一。因此，对泥石流的组成特征、发生条件、类型的研究，具有重要意义。

1. 泥石流的形成条件

泥石流的形成，必须同时具备三个基本条件，即地形条件、地质条件和气候条件。

(1) 地形条件：泥石流总是发生在陡峻的山区，在这里河床坡度陡，地表水迅速集中并沿着沟谷急速流动。典型的泥石流流域，一般可分为形成区、流通区和堆积区三个区段（图1-37）。

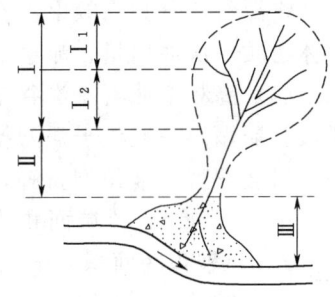

图1-37 泥石流流域示意图
Ⅰ—形成区；Ⅰ₁—汇水动力区；Ⅰ₂—固体物质补记区；Ⅱ—流通区；Ⅲ—堆积区

1) 形成区：泥石流的形成区，一般位于河谷的上游地区，地形上是三面环山一面有出口的半圆形，周围山坡陡峻，多为30°～60°的陡坡。坡上有大量松散物质，植被较差，分布有冲沟，且滑坡、崩塌发育。

这样的地形条件，有利于汇集周围的水流和固体物质。

2) 流通区：流通区是泥石流搬运通过的地段，多为狭窄而深切的峡谷或冲沟，谷坡陡，河床坡度大，且多为陡坎和跌水。

3) 堆积区：泥石流的堆积区是泥石流的堆积场所，一般位于山口外或山间盆地边缘，地形上比较平缓。由于地形豁然开阔平坦，泥石流的流速减少，并最终沉积下来，形成扇形、锥形的堆积体。堆积区地面上往往垄岗起伏，大小石块混杂。如果泥石流多次活动，还会使堆积扇呈叠套现象。

上述是典型泥石流流域的情况，由于泥石流流域的地形地貌条件不同，有些泥石流流域上述三个区段就不易分开来，甚至缺失流通区或堆积区。

(2) 地质条件：凡是泥石流发育的地方，都是岩性软弱，岩石风化破碎，地质构造复杂，褶皱、断裂发育，新构造运动活跃，地震频繁的地区。这样的地段，既为泥石流活动提供了丰富的固体物质来源，又因地形陡峻、高差大，具有强大的动能。我国一些著名的泥石流发育区，如云南东川、四川西昌、甘肃武都大都是沿着构造断裂带分布的。

(3) 气候条件：泥石流形成条件必须有强烈的地表径流，地表径流不仅是泥石流的组成部分，也是泥石流活动的搬运介质。泥石流的地表径流来源于暴雨、冰雪融化和水体溃决等，由此将泥石流划分为暴雨型、冰雪融化型和水体溃决型等类型。

我国大部分地区由于受热带、亚热带气候气团的影响，由季风气候控制，降水特点是降水历时短，降水量集中，降水强度大，形成暴雨或特大暴雨。如云南东川地区一次暴雨6h降水量180mm，形成了历史上罕见的暴雨型泥石流。暴雨型泥石流是我国最主要的泥石流。

在冰川分布和大量积雪的高山区，当夏季冰雪融化时，可为泥石流提供丰富的地表径流。西藏东部的波密地区，新疆的天山山区产生的泥石流，属于冰雪融化型。在这些地区，泥石流的形成还与冰川湖的突然溃决有关。

另外，土壤、植被和人类活动对泥石流的形成也有一定影响。人类不合理地耕种、砍伐森林，破坏了地表结构，造成严重的水土流失，也会加剧泥石流的形成。如四川省1981年特大暴雨，使全省1060处发生泥石流，其原因之一是近30年来森林覆盖率由35%减少到18%，造成大面积的山区裸露，使风化剥蚀作用加剧所致。

2. 泥石流分类

泥石流工程分类：《岩土工程勘察规范》（GB 50021—2001）根据泥石流特征和流域特征将泥石流分为高频率泥石流沟谷Ⅰ和低频率泥石流沟谷Ⅱ，每一类又根据流域面积、固体物质一次冲出量、流量、堆积面积和破坏程度分为三个亚类。

（1）高频率泥石流沟谷Ⅰ：基本上每年均有泥石流发生，固体物质主要来源于沟谷的滑坡、崩塌。一般位于强烈抬升区，风化强烈，岩性破碎，山体稳定性差，植被稀少，崩塌、滑坡发育；堆积物新鲜，无植被或仅有稀疏草丛。其中又分为三个亚类：

$Ⅰ_1$（严重）：流域面积大于$5km^2$，固体物质一次冲出量大于$5×10^4 m^3$，流量大于$100m^3/s$，堆积区面积大于$1km^2$。

$Ⅰ_2$（中等）：流域面积为$1\sim 5km^2$，固体物质一次冲出量为$1×10^4\sim 5×10^4 m^3$，流量为$30\sim 100m^3/s$，堆积区面积小于$1km^2$。

$Ⅰ_3$（轻微）：流域面积小于$1km^2$，固体物质一次冲出量小于$1×10^4 m^3$，流量小于$30m^3/s$。

（2）低频率泥石流沟谷Ⅱ：泥石流爆发周期一般在10年以上，固体物质主要来源于河床。一般分布于各类构造区的山地。山体稳定性好，无大型的滑坡、崩塌。植被较好，河床内灌木丛密布，扇形地已多开垦为农田。其中又分为三个亚类：

$Ⅱ_1$（严重）：流域面积大于$10km^2$，固体物质一次冲出量大于$5×10^4 m^3$，流量大于$100m^3/s$，堆积区面积大于$1km^2$。

$Ⅱ_2$（中等）：流域面积为$1\sim 10km^2$，固体物质一次冲出量为$1×10^4\sim 5×10^4 m^3$，流量为$30\sim 100m^3/s$，堆积区面积小于$1km^2$。

$Ⅱ_3$（轻微）：流域面积小于$1km^2$，固体物质一次冲出量小于$1×10^4 m^3$，流量小于$30m^3/s$。

3. 泥石流的防治

防治泥石流应有针对性地采取预防为主、以避为宜、以治为辅以及全面考虑跨越、排导、拦挡以及水土保持等措施，根据因地制宜和就地取材的原则，注意总体规划，采取综合防治措施。

(1) 水土保持。水土保持包括封山育林、植树造林、平整山坡、修筑梯田、修筑排水系统及支挡工程等措施。水土保持虽是根治泥石流的一种方法，但需要一定的自然条件且收效时间也较长，一般应与其他措施配合进行。

(2) 跨越工程。跨越工程是指修建桥梁、涵洞、过水路面、明洞及隧道、渡槽等跨越泥石流。采用桥梁跨越泥石流时，既要考虑淤积问题，也要考虑冲刷问题。桥位应选在沟道顺直、沟床稳定处，并应尽量使其与沟床正交。不应把桥位设在沟床纵坡由陡变缓的变坡点附近。

(3) 排导工程。排导工程是指在泥石流下游设置排导沟、急流槽、导流堤等，使泥石流顺利排除，以防止掩埋道路、堵塞桥涵。泥石流排导沟是常用的一种建筑物。

(4) 拦挡工程。拦挡工程是在泥石流沟中修筑一系列低矮的拦挡坝，其作用是拦蓄部分泥沙石块以减弱泥石流的规模、固定泥石流沟床，以防止沟床下切和谷坡坍塌。缓减沟床纵坡，以降低流速。

模块四　岩　溶

流水对可溶性岩石进行的一种以化学溶蚀为主、机械剥蚀为辅的地质作用过程及所产生的各种地质现象，总称为岩溶。岩溶往往形成各种奇特的地貌形态，这种地貌形态最初在前南斯拉夫的喀斯特高原命名，故岩溶又称为喀斯特。

我国由石灰岩构成的岩溶地区分布很广，仅地表出露的面积就有 120 万 km^2，其中我国西南部的岩溶地区总面积达 55 万 km^2，尤其以桂、黔、滇最广泛，另外湘、粤、浙、鲁也有分布。

岩溶对工程建设的影响很大。岩溶的发育使岩石产生孔洞，成为水库渗漏的通道；在岩溶地区修建隧洞，会遇到各种岩溶涌水地质问题；在各种桩基础工程中，岩溶的存在会降低岩石的完整性，大大降低岩石的强度和稳定性，影响建筑物的安全；抽取大量岩溶水，会产生地面塌陷、地裂缝等地质灾害。因此，对岩溶地貌形态、岩溶发育条件、岩溶发育规律的研究，具有重要意义。

1. 岩溶的形态

岩溶的形态多种多样，常见的形态有：岩石表面的溶沟、石芽；地形上的峰林、石林和溶蚀洼地；地表通向地下的落水洞、溶蚀漏斗；地下的溶孔、溶洞、地下暗河，以及岩溶堆积的石笋、石柱、钟乳石和石帷幕等（图 1-38）。

(1) 溶沟与石芽。地表水沿着可溶性岩石表面的裂隙进行溶蚀和冲蚀，使岩石表面形成一些细小的沟槽，称为溶沟。其深度由几厘米至几十厘米，最大不超过数米，长度差别较大。溶沟的不断发育，沟槽之间岩石成为锥状柱体称为石芽。

(2) 峰林与石林。峰林与石林都是石灰岩遭受强烈的溶蚀作用所形成的地貌。地面上形成的无数孤峭的石峰或石柱，前者称为峰林，后者称为石林。在我国广西、云南地区分布普遍。如广西的桂林为峰林地形，云南的路南为石林地形。

(3) 溶蚀漏斗。是岩石被溶蚀倒塌而形成的圆形或椭圆形、上大下小的漏斗或碟状地形，直径一般为几米至百余米，其底部常有落水洞与地下溶洞相连。

图 1-38 岩溶形态示意图

1—溶沟；2—石芽；3—漏斗；4—溶洼；5—落水洞；6—溶洞；7—溶柱；8—天生桥；9—地下河及伏流；10—地下湖；11—钟乳石；12—石笋；13—石柱；14—隔水层；15—阶地；Ⅰ—岩溶剥蚀面；Ⅱ—强烈剥蚀面发育的岩溶景观；Ⅲ—石林丘陵；Ⅳ—洼地谷地发育带；Ⅴ—溶蚀平原

（4）落水洞、竖井。由岩石中陡立的裂隙受水的溶蚀扩大而成。深度可达百余米，一般是地表水流入地下暗河的通道。如无水流入的竖向溶洞，称为竖井。

（5）溶蚀洼地。指溶蚀作用所形成的宽阔的、不规则的封闭洼地，面积一般为数平方千米至数十平方千米，平面形态多呈圆形或椭圆形，其长轴一般沿构造线发育。洼地四周为陡壁包围，而底部平坦，其上覆盖着厚度不等的黏性土或碎石。当通道被堵塞而积水时，便形成岩溶湖。

（6）溶孔和溶洞。溶孔在岩石中呈蜂窝状分布，直径一般为数毫米至数厘米，主要在地下深处形成。溶洞是近似水平或倾斜的大型空洞，溶洞一般沿层面裂隙、断层或其他构造带发育，它是水平循环带的产物，是地下暗河的水平通道。

溶洞形成后，洞内开始产生碳酸钙的重新沉积，形成各种洞穴堆积地貌，如钟乳石、石笋、石柱和石幔等。

2. 岩溶发育的基本条件

岩溶的发生与发展，受多种因素的影响。总的来说，岩溶发育的基本条件有岩石的可溶性、岩石的透水性、水的溶解性和水的流动性。前两项是产生岩溶的内在因素，后两项是岩溶发生的外部条件。

（1）岩石的可溶性。

1）岩石的成分：岩石的成分不同，其溶解度也不一样。按成分可分为卤化盐类岩石（岩盐、钾盐等）、硫酸盐类岩石（石膏、硬石膏等）、碳酸盐类岩石（石灰岩、白云岩、白云质灰岩、大理岩等)。这三类岩石中,卤化盐类岩石溶解度最大,其次是硫酸盐类岩石,碳酸盐类岩石的溶解度最低。但是在自然界中,卤化盐类岩石和硫酸盐类岩石不常见,远不如碳酸盐类岩石分布普遍,对岩溶现象来讲,碳酸盐类岩石的实际意义最大。

碳酸盐类岩石由不同比例的方解石和白云石组成,并含有泥质、硅质等杂质。研究资料表明:方解石的溶解速度比白云石高得多,因此石灰岩比白云岩容易被溶蚀;白云质灰岩和石灰质白云岩,首先被溶解的是方解石,使白云石被残留下来,阻塞洞隙,使岩溶作用减弱;泥灰岩含有许多黏土矿物,经过溶蚀作用后,其表面残余的黏土颗粒也能堵塞洞隙,妨碍水流运动,影响岩溶作用的继续进行。故一般质纯的石灰岩,岩溶较发育,而泥灰岩、硅质灰岩等,岩溶发育较差。例如,我国南方分布的泥盆系、石炭系、二叠系、三叠系和北方的中奥陶统石灰岩,一般岩性较纯,岩溶较发育;而北方震旦系的硅质灰岩、下奥陶统的白云质灰岩,岩溶发育较差。

2) 岩石的结构:岩石的结构对岩溶影响较大。矿物颗粒的大小、形状和结晶状况都控制着岩石的孔隙率。一般晶粒粗大或不等粒结构,由于抗风化能力差,节理裂隙发育,易于溶蚀;而晶粒较细,均匀致密的岩石,则不易溶蚀;对于生物碎屑岩和鲕状灰岩,它主要由生物碎屑组成,孔隙大,岩溶最发育;经过重结晶的亮晶灰岩,孔隙度小,最不易溶蚀。如我国山东省,有些白云岩和泥质白云岩比纯灰岩的岩溶发育,这是因为这些岩石的结构主要是生物碎屑灰岩和鲕粒灰岩,其孔隙率高,溶孔发育造成的。

(2) 岩石的透水性。岩石的透水性加大了岩石与水的接触空间,使岩溶作用不仅限于岩石的表面,还能向深处发展。岩石的透水性取决于岩石的裂隙和孔隙度,其中裂隙比孔隙更为重要。岩石的裂隙由于成因不同,其性质和分布特点各不相同,其影响的岩溶发育部位也不相同。构造裂隙是水流的主要通道,因此岩溶发育的程度和分布方向,往往与地质构造密切关系。一般在断层带、裂隙密集带、褶皱轴部等部位,岩石破碎,地下水容易进行循环交替,岩溶最为发育;风化裂隙的存在,使地表附近的岩石破碎,有利于地下水的运动,因此在地表附近岩溶一般也比较发育。层间裂隙也是地下水进入岩石的通道,在可溶性与非可溶性岩石的界面上,由于地下水的流动、富集,岩溶往往也较发育。如北方下寒武统龙王庙阶$\in_1$的二段石灰岩,地下水下渗时受到一段页岩和太古代花岗片麻岩的阻挡,二段石灰岩岩溶发育,是较好的含水层。

可溶性岩石的孔隙度一般比较小,但在贝壳灰岩、珊瑚礁灰岩、生物碎屑灰岩中,孔隙大而多,对岩溶发育影响很大。

(3) 水的侵蚀性。自然界的水是不纯的,含有许多化学成分。水对碳酸盐类岩石的溶解能力,主要取决于水中 CO_2 的含量,即所谓的侵蚀性 CO_2。其含量越多,溶解能力越强。水中 CO_2 的来源,主要是雨水溶解空气中的 CO_2 形成的。此外,土壤和地表附近强烈的生物化学作用,也是水中 CO_2 的重要来源。

在地下水向深处运动的过程中,由于不断溶解岩石,水中侵蚀性 CO_2 含量逐渐减少,地下水的溶蚀能力也随之下降;水温也影响水的溶解能力,温度越高,溶解能力越大;当水中含有 Cl^-、SO_4^{2-} 离子时,水对碳酸盐类岩石的溶解能力将增加。

(4) 水的流动性。水溶蚀能力与水的流动性关系密切。在水流停滞的情况下,随着水中 CO_2 不断消耗,水溶液达到饱和状态而丧失溶蚀能力。只有当地下水不断流动,与岩石广泛接触，源源不断地补充富含 CO_2 的水，岩溶才能继续进行。

地下水的流动性主要取决于降水量、水位差和岩石的透水程度。降水量和地下水循环系统的水位差越大，水的流动就快。所以多雨的湿润地区和新构造运动上升强烈地区，溶蚀作用比较强烈。相反，在干旱地区，降水较少，溶蚀作用微弱。新构造运动相对稳定的准平原区，地下水循环系统的水位差不大，溶蚀作用就不如山区强烈。

3. 岩溶发育的分带性

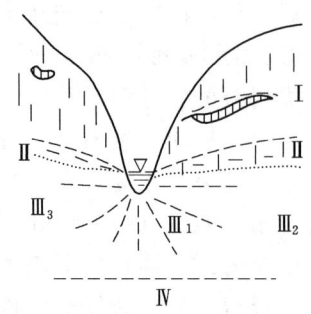

图 1-39 地下水的垂直分带
Ⅰ—垂直循环带；Ⅱ—过渡循环带；
Ⅲ—水平循环带；Ⅳ—深部循环带

在被河谷切割的厚层可溶性岩层地区，地下水的流动大致可分为四个垂直带（图 1-39）。

（1）垂直循环带（包气带）。位于地表以下，地下水位以上，平时一般无水或不为水饱和，故又称包气带。在降水后，水以垂直下渗为主，因而岩溶发育也主要以垂直形态为主，如漏斗、落水洞等。垂直循环带的厚度主要取决于地貌条件，地壳上升越剧烈，河谷下切越深，垂直循环带厚度越大；地壳相对稳定的平原区，河谷切割深度浅，垂直循环带的厚度较小。如广西山区的垂直循环带可达 100m 以上，而在平原地区一般在 10m 以下。

（2）水平循环带（饱水带）。位于潜水面以下，为主要排水通道控制的饱和水层。该带水流主要沿水平向运动，是地下岩溶形态主要发育地带，多发育水平型喀斯特，如地下河、水平溶洞等。水平循环带的厚度随着潜水面在不同季节的升降而变化，其厚度从补给区向排泄区逐渐加大。如贵州猫跳河的两侧，接近补给区的地段，水平循环带厚度仅 5～10m，而到达河谷排泄区地段，则厚达 20～30m 以上。

（3）过渡循环带。位于上述两带之间，潜水面随季节变化。雨季潜水面上升，此带变为饱水带，地下水向河谷流动，为水平循环带；旱季地下水位下降，此带为垂直循环带，称为包气带。过渡循环带内，既发育有水平岩溶形态，又发育垂直岩溶形态，其厚度取决于地下水位的升降幅度。

（4）深部循环带。位于水平循环带以下，此带内地下水运动不受河谷影响，其运动速度明显减少，因此溶蚀能力较弱。

在上述的四个带中，地下水的运动方式和强度不同，决定了岩溶形态、位置、延伸方向和规模大小也不相同。这种分带可以因气候、地貌和构造的变动而发生变化。如果地壳上升，原来水平循环带可能转化为过渡循环带或垂直循环带；如果地壳下降，原来的垂直循环带和过渡循环带也有可能转化为水平循环带。

4. 影响岩溶发育的因素

岩溶地貌的发育，除上述的四个基本条件外，气候、地质构造、地形、地貌、植被等因素对岩溶发育也有不同影响。其中气候与地质构造的影响最明显。

（1）气候因素。气候是岩溶地貌发育的一个重要因素，气候因素主要包括降水量和气温的变化。降水量越大，下渗量大，水流交替条件好，越有利于溶蚀作用，岩溶越发育。在气候湿润区，植被茂盛，形成大量有机酸，加之土壤中微生物和有机质的分解，为入渗

水流提供了大量的 CO_2，使水流经常保持很强的溶蚀性；在内陆和高山、高纬度地区，由于气候干燥寒冷，不利于岩溶发育。据统计，广西中部年溶蚀量为 0.12～0.3mm，而河北地区的年溶蚀量为 0.02～0.03mm，两者相差 6～10 倍，气候是影响我国南北方岩溶地貌发育不同的主要原因。

（2）地质构造。岩溶发育与地质构造关系密切，岩溶区均受构造体系的控制。裂隙节理、断层破碎带、褶皱轴部、可溶性岩石与不可溶性岩石的界面等，这些部位岩层破碎，水流汇集，交换和运动条件好，溶蚀作用进行顺利而迅速，因而岩溶地貌发育。

1）断层构造：断层是地下水的良好通道，所以沿断层带岩溶特别发育。断层的规模、性质、走向、断裂带的破碎程度及填充方式，都和岩溶发育密切相关。正断层属于张性断层，岩体破碎，破碎带一般为断层角砾岩，透水性强，有利于岩溶发育，断层的上盘一般比下盘发育；逆断层一般为压性断层，破碎带一般为大量的碎裂岩和糜棱岩，胶结好，孔隙率小，呈致密状态，不利于岩溶发育。平移断层破碎带内既有岩石的糜棱结构，也存在次一级的构造裂隙，对岩溶的发育，介于两者之间。

2）褶皱构造：不同的褶曲形态，岩溶发育程度、部位也不相同。在背斜构造区，背斜轴部，张裂隙发育，有利于地下水向下渗流，岩溶发育常比其他部位高，形成一系列沿轴向分布的岩溶形态。背斜的两翼地段，裂隙岩溶发育较差；在向斜构造区，地下水富集于轴部，沿轴向排水，可形成暗河，因而岩溶化强烈，逐渐向两翼减弱。

3）单斜构造和水平构造：岩层倾角的大小，地下水流速和循环不相同。倾角越大，地下水循环越剧烈，岩溶作用越强；水平构造或缓倾斜构造区，同一岩层在地表分布，促使岩溶均匀发育，形成单一的地貌景观，岩溶发育情况多由层面裂隙控制。

（3）地形、地貌。在不同地貌条件下，岩溶发育程度是不相同的。地面坡度的大小直接影响渗流量大小，在比较平缓的地方，地表径流速度慢，渗透量大，地下水运动和循环迅速；反之，地面坡度大，地表径流大，地下入渗量小，地下水运动和循环缓慢，影响岩溶发育强度。

在不同地貌部位或不同的地貌单位，岩溶发育强度也不相同。如高山、低山、平原地区的水动力条件不同，地下水的垂直分带也有很大变化。

5. 岩溶与工程建设

（1）岩溶地区的主要水文地质工程地质问题。

1）地下水资源匮乏问题。岩溶地区岩溶水在空间的分布变化大，有的地方地下水汇集于溶洞孔道中，形成地下水很丰富的地区，而另一些地方水沿溶洞或孔隙流走，形成在一定范围内的严重缺水现象。它不仅给地下水勘察带来相当大的难度，也使一个地区地下水的补给、排泄和径流条件更加复杂了。

2）岩溶渗漏问题。由于岩溶地区地下溶洞、溶蚀裂隙发育，修建水工建筑物往往遇到强烈渗漏问题，那么能否成功地解决岩溶渗漏问题，是工程成败的关键。如库坝址选择不当或未能采取恰当的防渗措施，轻则造成水资源的损失，重则使水库完全不能蓄水而失败，或者是处理的代价过高而经济上不合理。

岩溶渗漏工程地质研究的主要内容有是否漏水、渗漏通道分布、渗漏形式、渗漏量及有效的防渗处理措施等。要解决这一问题，需要查明岩溶发育规律，河谷及地下分水岭的地质结构及地下水的补给、径流和排泄条件等。

3）天然洞穴区的地基稳定问题。在岩溶地区由于地基可能埋藏有溶蚀沟、地下洞穴，它们的存在破坏了岩体的完整性，大大降低地基的承载力，影响建筑物的稳定。

4）岩溶塌陷问题。岩溶塌陷多发生在覆盖型岩溶地区。在岩溶平原、洼地和谷地中，覆盖着较厚的松散土体，成为覆盖型岩溶地基。一般覆盖层中地下水埋藏较浅，当岩溶发育时，由于地下水流动，导致水位下降或水库渗漏等原因，均可能促使产生岩溶地面塌陷，造成道路破坏，建筑物下沉或倾倒。

5）隧道涌水问题。岩溶地区开挖矿山巷道、隧洞或地下厂房，可能出现大量涌水，将造成事故，对施工也带来困难。

(2) 岩溶危害的工程处理。

1）岩溶渗漏防治措施。在水利水电建设中，岩溶渗漏问题比较常见，防治措施也较多，主要是从两个方面考虑：一是降低岩体的透水性，截断渗漏通道；二是合理导水导气。实践中要结合具体的地质条件，采用灌（浆）、堵（洞）、截（渗）、（疏）导等方法处理岩溶渗漏问题。

灌浆是借助钻孔向地下渗漏通道灌注水泥、沥青、黏土浆液，充填岩体中的洞穴、裂隙，以降低岩体的透水性，形成灌浆帷幕，达到防渗的目的。岩溶地区由于岩溶渗漏问题严重，以往认为建高坝大库不太可能。然而，高度为165m的贵州乌江渡大坝，坝址为岩溶发育的石灰岩。在详细查明了岩溶发育规律，深入研究了石灰岩溶洞漏水问题等正确的地质资料保证下，采用了灌浆防渗治理措施，共灌浆处理1100m^3，深200m，1979年已建成功。该工程的成功修建及正常运转，也为岩溶地区建高坝大库提供了范例。

堵洞是用块石、砂、混凝土、黏性土等材料，堵塞规模较大的岩溶洞穴，这是处理岩溶集中渗漏通道的有效方法。

2）岩溶地基处理措施。当岩溶地基稳定不能满足要求时，必须事先进行处理，做到防患于未然。常视具体条件合理选择绕避、挖填、跨盖、灌注加固、强夯、桩基和合理疏导水气等措施。

跨盖就是当基础下有小溶洞、溶沟、落水洞时，可采用钢筋混凝土梁板跨越或用刚性大的平板基础覆盖。

强夯适用于覆盖型岩溶区上覆松软土，通过强夯法使其压缩性降低强度提高，以减少或避免土洞及塌陷的形成。

3）岩溶水的处理。常与水流方向垂直设置截流措施，如截流盲沟、截水墙和截水洞等截断岩溶水渗入；为达到疏干某一范围的目的，也可用泄水洞、排水管、排水桥涵和排水沟以及堆塞或围堰法处理。

❖ 知识强化与技能提升 ❖

一、判断题

1．滑坡台阶是指滑坡体滑动过的地面呈阶梯状。（　　）

2．崩塌是指斜坡上的某些岩块突然脱离坡体崩落的现象。（　　）

3．在泥石流地区采取绕避措施是因为泥石流一般不允许线路通过。（　　）

二、选择题

1. 在重力作用下沿坡内一个或几个滑动面作整体下滑的过程叫作（　　）。
   A. 崩塌　　　B. 滑坡　　　C. 溜坍　　　D. 坍方
2. 具有一个贯通的滑动面，并且下滑力大于抗滑力，被认为是（　　）。
   A. 滑坡分类的重要依据　　　B. 影响滑坡稳定性的主要因素
   C. 滑坡的形成条件　　　　　D. 滑坡的主要判别特征
3. 切层滑坡是指滑体的滑动面（　　）。
   A. 顺着岩层面　B. 切割岩层面　C. 切割节理面　D. 顺着节理面
4. 滑坡主要发育在（　　）。
   A. 花岗岩区　B. 石灰岩区　C. 软弱岩区　D. 高陡边坡
5. 滑坡体后缘与不滑动部分断开处形成的陡壁叫作（　　）。
   A. 滑坡壁　　B. 滑动面　　C. 主裂缝　　D. 滑坡台阶
6. 重力式挡墙主要用于整治（　　）。
   A. 崩塌　　　B. 岩堆　　　C. 滑坡　　　D. 落石
7. 泥石流是一种（　　）。
   A. 由风化碎屑物质组成的碎屑流　B. 流量特别大的洪流
   C. 含大量泥砂石块的特殊洪流　　D. 由重力堆积物组成的固体物质
8. 在条件允许时，泥石流地区的选线一般选在（　　）。
   A. 流通区　　B. 扇顶　　　C. 扇腰　　　D. 扇缘
9. 泥石流防治中最主要的手段是（　　）。
   A. 排导槽、拦碴坝和明洞渡槽　　B. 丁坝
   C. 泄洪渠　　　　　　　　　　　D. 种植植被
10. 水对碳酸盐类岩石的溶解能力，主要取决于水中含有哪种成分？（　　）
    A. 硫酸根离子　B. 二氧化碳　C. 氯离子　　D. 氧
11. 广西桂林象鼻山属于（　　）地貌形态。
    A. 岩溶　　　B. 黄土　　　C. 河流侵蚀　D. 河流堆积

三、简答题

1. 崩塌产生的主要原因是什么？
2. 影响滑坡的因素有哪些？
3. 什么是泥石流？简述泥石流的分区特征。
4. 产生泥石流的条件是什么？
5. 什么是岩溶地貌？主要有哪些主要类型？
6. 岩溶发育的基本条件是什么？
7. 影响岩溶发育的因素有哪些？

四、案例分析

我国云南、广西、贵州等省（自治区），石灰岩广泛分布，岩溶（喀斯特）十分发育。"一场大雨千箐涝，天晴三日万里焦"；"修塘不蓄水，筑坝不拦洪"，大量的地表水漏至地下，因而地表水缺水现象很严重。农田灌溉是"旬日不雨，既成旱象""米如珍珠水如

油"。请根据所学知识,谈谈在我国南方地区怎样防止喀斯特给我们带来的损害?

任务四 水文地质条件评价

❖任务导入❖

我国古代在修建大型工程中就有工程地质的概念。如公元前 250 年在修建都江堰灌溉工程时,巧妙地利用了地形地貌条件;并根据河流侵蚀、沉积规律制定了"深淘滩、低作堰"的法则。请查阅资料,详细描述都江堰工程建设中依据的地质原理。

任务: 1. 评价地表水对水利工程地质环境的影响。
　　　2. 评价地下水对水利工程地质环境的影响。

❖知识准备❖

1. 地表水的地质作用。
2. 地下水的基本类型及其性质。
3. 地下水的地质作用。

除气候极端寒冷或极端干燥的地区以外,陆地上几乎到处可见地面流水。地面流水的侵蚀、搬运、沉积作用,是常见的外动力地质作用,是地壳变化、发展的强大地质营力。地面流水可分为片流、洪流、河流三种类型。天然降水在地面形成径流时,成为薄薄的水层,或无固定流路的密集网络状细流,称为片流,又叫坡面流。片流汇集于沟谷中,形成急速流动的水流,称为洪流。片流和洪流仅出现在雨后或冰雪融化后的短暂时间内,因此他们都是暂时性流水。沿沟谷流动的经常性流水,称为河流。另外,还有一种赋存在岩土体空隙中的水体,我们称之为地下水。虽然地下水在地表不可见,但由于其水量较大,水质较好,对人们的生活和工程的影响也是非常大的。

不同流水形态,是流水不同的发展阶段,相互之间存在着密切联系,并在一定条件下可以相互转化。但又各有特点,其侵蚀、搬运、沉积作用是不同的。

模块一 暂时性流水的地质作用

1. 片流的地质作用及坡积物

(1) 片流的侵蚀作用:片流的侵蚀称作片状侵蚀,分布面广,对坡面进行均匀的侵蚀,使斜坡均匀,常失去肥沃的表土。片状侵蚀与降雨强度、坡形、坡度、坡向等因素有关。斜坡侵蚀的强度与降雨强度有关,降雨强度大,径流系数大,则侵蚀作用加强;就坡形而言,凸形坡一般较直形坡、凹形坡容易遭受侵蚀;坡度也直接影响斜坡水流的深度和速度,控制着冲刷能力的大小。据统计,当坡度由 0°增加到 40°时,侵蚀强度随着增加;当坡度由 40°增加到 90°时,侵蚀强度就逐渐减小;侵蚀强度也与坡向有关,迎水坡的侵蚀强度一般较之背水坡大。此外,坡面组成的物质疏松、植被差,也会使侵蚀加强。

(2) 片流的堆积作用及坡积物:片流在进行侵蚀作用的同时,也有堆积作用。当坡地上端的分水岭以及坡面上受片蚀作用后,被冲刷的碎屑物质搬运到坡脚下沉积下来,就成为坡积物(图 1-40)。坡积物是另外一种松散沉积物,用 Q^{dl} 表示。它的形成动力以流水为主,但也有重力的因素。山麓下各处的坡积物常常相连,构成坡积裙。

坡积层有以下特征：

1) 坡积层可分为山地坡积层和山麓坡积层两种类型，其厚度变化较大，一般是中下部较厚，向山坡上部逐渐变薄甚至尖灭。

2) 由于搬运距离较短，故坡积层分选程度差，层理不明显，砂砾的磨圆度不高。

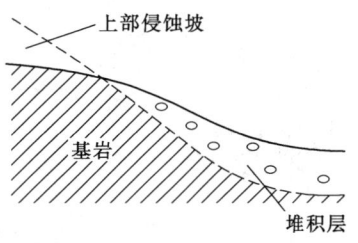

图 1-40 坡积层示意图

3) 坡积层多由碎石和黏性土组成，其成分与下伏的基岩无直接联系。山地坡积层一般以粉质黏土夹碎石为主，而山麓平原坡积层则以粉质黏土为主，夹少量的碎石。在我国干旱、半干旱地区的山麓平原，坡积层成分以粉土-粉质黏土为主，常具有黄土的某些特征。

4) 坡积层与下伏基岩面是倾斜的，沿此面容易产生滑坡，在工程建设中应予重视。

坡积物常与其他类型沉积物相混合。如在分水岭与斜坡过渡的缓坡地带，残积物经过一定的重力搬运，向下逐渐与坡积物过渡，形成残积——坡积物 Q^{el+dl}；在山麓地带坡积物与洪积物混合，构成坡积——洪积物 Q^{dl+pl}。

2. 洪流的地质作用及洪积物

由坡面流集中成沟谷流水后，流水由于水量大、流速高、谷底坡度大，因而具有较大的动能，其侵蚀、搬运作用显著增大。

(1) 洪流的侵蚀作用：山洪急流沿沟谷流动时，流速大，动能大，对沟谷的冲刷能力大。由冲刷作用形成的沟底狭窄、两岸陡峭的沟谷叫冲沟。初始形成的冲沟在洪流的不断作用下，可不断加深、拓宽和向沟头方向伸长，并可在冲沟沟壁上形成支沟。

冲沟的形成与降雨强度、地形和岩性有关。在松散土层覆盖地区，分布在斜坡上的小冲沟多系顺坡冲刷而成；在岩石性质均一和地形相同的坡面上，冲沟的间距大致相等，其排列方式主要由坡度所决定，一般在大于 30°的坡地上多呈平行排列；在小于 30°的坡地上，由于冲沟之间相互兼并而呈树枝状排列；在基岩裸露地区，冲沟除沿原始凹地发育外，常沿不同的构造线，如断层带、褶皱轴部和裂隙面发育。因此，冲沟的延伸方向、排列形式和密度，往往与地质构造和岩石性质特征密切相关。

在降雨量集中、植被贫乏地区，由第四纪松散堆积物的地区，冲沟极易形成。如我国西北黄土高原地区，由于黄土垂直节理发育，冲沟的沟头往往形成陡坎。当水流流过时，在坎底掏空引起顶部崩塌，使陡坎不断后退，冲沟不断伸长，有时每年可延伸数米至十余米以上。由于强烈的下切作用，冲沟的横剖面呈 V 形，沟坡常处于不稳定状态，滑坡、崩塌时有发生。

冲沟的形成和发展，使地形遭受强烈的分割，蚕食耕地，破坏道路，同时将大量泥砂带入河流，成为下游河流和水库淤积的主要来源。

(2) 洪流的堆积作用及洪积物：当山洪夹带大量的泥砂石块流出沟口时，由于沟底纵坡变缓，地形开阔，流速降低，搬运能力急剧减小，所携带的石头、砂砾等粗大碎屑先在沟口堆积下来，较细的泥砂继续随水流被搬运，堆积在沟口外围一带。这种由洪流搬运并堆积的物质，称为洪积物 Q^{pl}。经过多次洪水搬运作用，在沟口一带就形成了扇形分布的堆积体，在地貌上称为洪积扇（图 1-41）。洪积扇的规模逐年增大，有时与相邻沟谷的

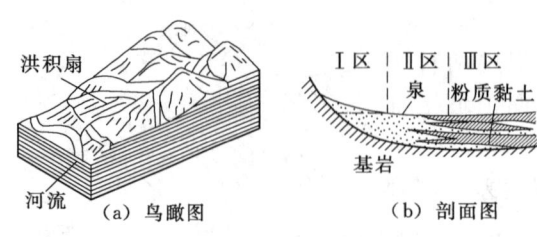

图 1-41 洪积扇示意图
Ⅰ区—粗碎屑沉积区；Ⅱ区—过渡区；
Ⅲ区—细碎屑沉积区

洪积扇相互连接起来，形成规模更大的洪积裙或洪积倾斜平原地貌。

洪积物是第四纪另一种松散堆积物，有以下特征：

1) 组成物质分选不良，粗细混杂，碎屑物质多带棱角，磨圆度不佳。

2) 有不规则的交错层理、透镜体、夹层和尖灭层。

3) 山前洪积层由于周期性的干燥作用，常含有可溶性岩类，在土粒间形成软弱结晶联结，遇水后结晶联结易受破坏。

规模较大的洪积扇一般可分为三个区：Ⅰ区颗粒粒径较大，以漂、卵石为主，孔隙大，地下水埋藏深，地基承载力高，是良好的天然地基。对于水工建筑物来讲，应注意渗漏问题。洪积扇的边缘地带为细碎屑沉积区（Ⅲ区），颗粒的粒径细，主要以粉砂和黏性土为主，如果受到周期性的干燥作用，土中颗粒发生凝聚并析出可溶性盐类，洪积层结构较牢固，地基承载力也较高；扇的中间为过渡地带（Ⅱ区），由于经常有地下水出露，水文地质条件较好，但对工程不利。

洪积扇的堆积物结构与水文地质关系密切，雨季大量流水形成洪积扇，旱季断流，地表水下渗到洪积扇内。

模块二 河流的地质作用

由降水或由地下涌出地表的水汇集在地面低洼处，在重力作用下经常地或周期性地沿流水本身造成的河谷流动，这就是河流。河流的地质作用分为侵蚀作用、搬运作用和沉积作用三种形式。

1. 地质作用

(1) 侵蚀作用。河流的侵蚀作用包括机械侵蚀和化学溶蚀两种，前者较为普遍，后者只是在可溶岩地区才比较明显。河流的侵蚀按侵蚀作用方向分为下蚀作用和侧向侵蚀作用等形式。

1) 下蚀作用。河流的下蚀作用是指河水及其所挟带的砂砾对河床基岩撞击、磨蚀，对可溶性岩石的河床还进行溶解，致使河床受侵蚀而逐渐加深。河流下蚀作用的强弱是由多种因素决定的，如河床岩石的软硬、河流含沙量的多少和河水的流速等。其中，后者是更重要的因素。山区河流由于地势高差大，河床坡度陡，故水流速度快，下蚀作用强；平原河流流速缓慢，一般下蚀作用微弱，甚至没有。

对于所有入海的河流，其河床下蚀的深度趋于海平面时，河水就不再具有位能差，流动趋于停止，因而河流的下蚀作用也就停止。显然，海平面大致是河流下蚀作用的极限，通常称其为终极侵蚀基准面。此外，还有许多其他因素控制河流的下蚀能力，如主流对支流、湖泊、水库对流入其中的河流的控制等。由于这些因素本身是变化的，只是局部或暂时起控制作用，故称为暂时或局部侵蚀基准面。

侵蚀基准面只是一个潜在的基准面，并不能完全决定河流下蚀作用的深度。特殊情况下,某些河段能下蚀得比它低很多。另外,地壳升降对侵蚀下切的深度和位置也有很大影响。

下蚀作用在河流的源头表现为河谷不断地向分水岭方向扩展延伸,使河流增长。这种现象称为向(溯)源侵蚀。侵蚀能力较强的水系,可以把另一侧侵蚀能力较弱的水系的上游支流劫夺过来,称为河流袭夺。

2)侧向侵蚀作用。侧向侵蚀作用是指河水对河岸的冲刷破坏。河水冲刷河岸边坡的下部坡脚,使岸坡陡倾、直立,甚至下部掏空形成反坡,然后岸坡坍塌破坏,河岸后退、河谷变宽、河道增长,或形成河曲等。

河水以复杂的紊流状态流动,其主流常是左右摇摆的呈螺旋状前进的曲线流动,或称环流,如图1-42所示。环流的表面水流流向凹岸,致使凹岸不断被冲刷淘空、垮落。侵蚀下来的物质又被环流底层的水流带向凸岸或下游堆积起来。随着侧蚀作用持续进行,凹岸不断后退,而凸岸则向河心逐渐增长。结果导致河谷越来越宽,越来越弯,形成河曲(图1-43)。极度弯曲的河道称为蛇曲。当河曲发展到一定程度时,同侧上下游两个相邻的弯曲之间的距离越来越小,洪水冲开狭窄地带,使河流裁弯取直。而被废弃的河道,则逐渐淤塞断流,成为与新河道隔开的牛轭湖,遗留的河床称为古河床。如长江的下荆江河段,河曲极为发育,从藕池口到城陵矶的直线距离仅87km,却有河曲16个,致使两地间河道长度达239km,对船只航行十分不利。这段河道经过多次变迁,由天然裁弯取直形成的牛轭湖也很多。

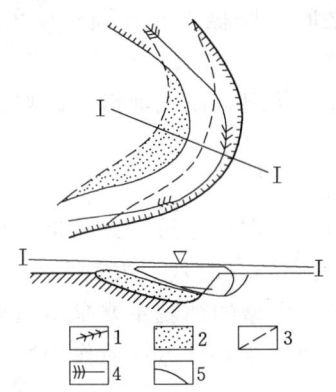

图1-42 河湾中水流的侧蚀
与堆积示意图
1—冲蚀岸;2—河流堆积物;3—旧河
床岸线;4—主流线;5—单向环流

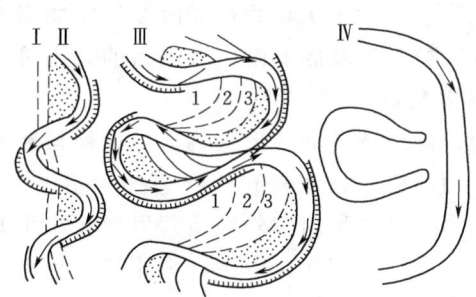

图1-43 河曲的形成与发展
Ⅰ—原始河道;Ⅱ—雏形弯曲河道;Ⅲ—蛇曲
河道;Ⅳ—截弯取直后的河道及牛轭湖;
1,2,3—河道演变过程

河流的下蚀作用和侧蚀作用,常是同时存在的,即河水对河床加深的同时,也在加宽河谷。但一般在上游以下蚀作用为主,侧向侵蚀微弱,所以常常形成陡峭的V形峡谷。而河流的中、下游则侧向侵蚀加强,下蚀作用减弱,所以河谷宽、河曲多。

(2)搬运作用和沉积作用。河水在流动过程中,搬运着河流自身侵蚀的和谷坡上崩塌、冲刷下来的物质。其中,大部分是机械碎屑物,少部分为溶解于水中的各种化合物。前者称为机械搬运,后者称为化学搬运。

机械碎屑物质在搬运过程中，可以沿河床滑动、滚动和跳跃，也可以悬浮于水中，相应的搬运物质分别称为推移质和悬移质。河流的机械搬运能力和物质被搬运的状态，受河流的流量特别是流速的控制。据试验得知，被搬运物质的质量与流速的六次方成正比，即流速增加 1 倍，被搬运物质的质量将增加至 64 倍。并且，当流速增加时，原来水中的推移质可以变为悬移质。反之，流速减小时，悬移质也可以变为推移质。

河流的机械搬运量除与河流的流量和流速有关外，还与流域内自然地理及地质条件有关。例如，流经黄土地区的河流，往往有着很高的泥沙含量。黄河在建水库前，在陕县测得的平均含沙量达 36.9kg/m³。

当河床的坡度减小，或搬运物质增加而引起流速变慢时，则使河流的搬运能力降低，河水挟带的碎屑物质便逐渐沉积下来，形成层状的冲积物，称为沉积作用。

河流的沉积作用主要发生在河流入海、入湖和支流入干流处，或者在河流的中、下游，以及河曲的凸岸。且大部分都沉积在海洋和湖泊里。河谷沉积只占搬运物质的少部分，而且多是暂时性沉积，很容易被再次侵蚀和搬走。

由于河流搬运物质的颗粒大小与流速有关，所以，当流速减小时，被搬运的物质就按颗粒的大小或比重依次从大到小或从重到轻先后沉积下来。故一般在河流的上游沉积较粗的砂砾石土，越往下游沉积的物质越细，多为砂土或黏性土，并可形成广大的冲积平原及河口三角洲。更细的胶体颗粒或溶解质多带入湖、海中沉积。这称为机械分异作用，或称分选作用。

碎屑颗粒在搬运过程中，由于相互间或与河床之间的摩擦，导致颗粒棱角逐渐消失，最后颗粒被磨成球形、椭球形，称为磨圆作用。

河流形成的大量沉积物可能改变河床的形态和水流状况，淤浅河床，影响航运，水库淤积影响库容，以及影响闸门、渠道的运用等。

2. 河谷地貌

地貌，即地球表面的形态特征。地貌与地形一词的区别在于后者只是指单纯的地表起伏形态，而地貌除指地表起伏形态外，还包含其形成原因、时代、发展和分布规律等特征。地貌形态是各种内、外地质营力相互作用的结果，大型的地貌主要是由内力地质作用形成的，如大陆、海洋、山岳、平原等。小型的地貌则主要是外力地质作用所形成的，如山峰、山脊、冲沟、河谷等。

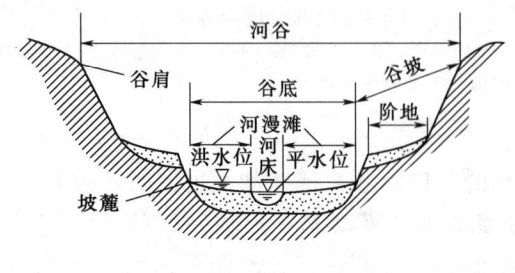

图 1-44 河谷的组成

河谷是河流挟带着砂砾在地表侵蚀、塑造的线状洼地。河谷由谷底和谷坡两大部分组成（图 1-44）。谷底通常包括河床及河漫滩。河床是指平水期河水占据的谷底，或称河槽；河漫滩是河床两侧洪水时才能淹没的谷底部分，在枯水时则露出水面。谷坡是河谷两侧的岸坡。谷坡下部常年洪水不能淹没并具有陡坎的沿河平台叫阶地，但不是所有的河段均有阶地发育。谷肩（谷缘）是谷坡上的转折点，它是计算河谷宽度、深度和河谷制图的标志。

河谷可划分为山区（包括丘陵）河谷和平原河谷两种基本类型，两种河谷的形态有很大差异。平原河谷由于水流缓慢，多以沉积作用为主，河谷纵断面较平缓，横断面宽阔，河漫滩宽广，江中洲发育，河流在其自身沉积的松散冲积层上发育成河曲和汊道。山区河谷与水电工程关系密切。下面着重讨论山区河谷的地貌形态。

（1）河谷的类型及特征。

1）根据横断面形态特征分类。

a. 峡谷。河谷的横断面呈V形，谷地深而狭窄，谷坡陡峭甚至直立，谷坡与河床无明显的分界线，谷底几乎被河床全部占据。两岸近直立，谷底全被河床占据者也称隘谷，如长江瞿塘峡。隘谷可进一步发展成两壁仍很陡峭，但谷底比隘谷宽，常有基岩或砾石露出水面以上的障谷。峡谷的河床面起伏不平，水流湍急，并多急流险滩。如金沙江虎跳峡，峡谷深达3000m，江面最窄处仅40~60m，一般谷坡坡角达70°。长江三峡也是典型的峡谷地段。

峡谷的形成与地壳运动、地质构造和岩性有密切关系。地壳上升和河流下切是最普遍的成因。古近纪以来地壳上升越强烈的地区，峡谷也越深、越多。如位于喜马拉雅山地区的雅鲁藏布江大峡谷，是世界上最大、最深的大峡谷。位于横断山脉的澜沧江、怒江以及金沙江也都形成很深的峡谷。峡谷多形成在坚硬岩石地区，尤其在石灰岩、白云岩、砂岩、石英岩地区最为多见。如长江三峡是地壳上升地区，大部分流经石灰岩、白云岩分布的地段均形成峡谷。而由庙河经三斗坪坝址区至南沱，则为花岗岩地段，河谷较宽阔，岸坡较缓，河漫滩也常有分布。这与花岗岩的风化特征有关。

峡谷地段水面落差大，常蕴藏着丰富的水能资源。如金沙江虎跳峡在12km的河段内，水面落差竟达220m；另外，在其下游的溪洛渡峡谷地段也有很大落差，现正建设一座278m高的混凝土拱坝和装机容量为1260万kW的水电站。当在峡谷地段发育有河曲时，更可获得廉价的电能。如雅砻江锦屏大河湾段，只需建一低坝拦水，开凿约17km长的引水洞，便可得到300m的落差，设计装机容量为320万kW。永定河自官厅至三家店为峡谷地段，在约110km长的河谷中，有300多米的落差，因有多处河曲，20世纪50年代即已在珠窝、落坡岭修建低坝（坝高分别为30多米和20多米），而在下马岭和下苇甸分别获得约90m和70m的水头，修建了引水式水电站。

b. 浅槽谷。浅槽谷又称U形河谷或河漫滩河谷。河谷横剖面较宽、浅，谷面开阔，谷坡上常有阶地分布，谷底平坦，常有河漫滩分布，河床只占谷底的一小部分。河流以侧蚀作用为主，它是由V形谷发展而成的，多形成于低山、丘陵地区或河流的中、下游地区。

c. 屉形谷。屉形谷横断面形态为宽广的"凵"形，谷坡已基本上不存在，阶地也不甚明显，只有浅滩、河漫滩、江中洲、汊河等发育。其中浅滩为高程在平水位以下的各种形态的泥沙堆积体，包括边滩、心滩、沙埂等。心滩不断淤高，其高程超过平水位时即转为江心洲。河流以侧蚀作用和堆积作用为主。多分布在河流下游、丘陵和平原地区。

2）根据河流与地质构造的关系分类。

a. 纵谷。纵谷的特征是河谷延伸方向与岩层走向或地质构造线方向一致。河流是沿软弱岩层、断层带、向斜或背斜轴等发育而成的。根据地质构造特征又可命名为向斜谷、

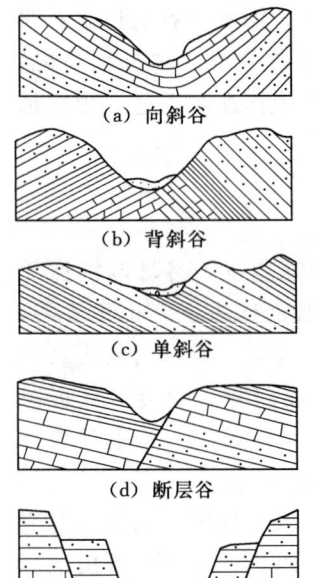

图 1-45 各种纵谷横剖面图

背斜谷、单斜谷、断层谷、地堑谷等，如图 1-45 所示。

b. 横谷。横谷的特征是河谷延伸方向与岩层走向或地质构造线方向近于垂直。河流横穿褶皱轴或断层线。当穿过向斜轴或较大的断层破碎带时，往往形成河谷开阔的宽谷；穿过背斜轴时则常为狭窄的峡谷。重庆市北碚区的嘉陵江河段横切三个背斜、两个向斜，就是一个典型实例，如图 1-46 所示。

3) 根据两岸谷坡对称情况分类。根据两岸谷坡对称情况，可分为对称谷和不对称谷，前者两岸谷坡坡度相近 [图 1-45 (a)、(b)、(e)]，后者则一岸谷坡平缓、一岸陡峻 [图 1-45 (c)、(d)]，谷坡平缓的一岸常有河漫滩分布，河水主流常靠近陡坡一侧流过。拱坝要求两岸地形尽量对称，当不对称时，容易产生不均匀变形。

(2) 河床地貌特征。山区河流，其河床的最大特征是不平整性，到处分布着岩坎、石滩、深槽和深潭等。

1) 岩坎和石滩。岩坎由基岩构成，常常出现在软硬交替的岩层所组成的河段上 [图 1-47 (a)]。坚硬岩石横穿河床，由于水流差异性侵蚀，在河床纵剖面上形成许多阶梯。有时，断层横切河流也可以形成岩坎。河流在岩坎处形成急流。当岩坎高度大于水深时，即形成瀑布 [图 1-47 (b)]。在向源侵蚀的作用下，岩坎总是向上游后退，直至消失。

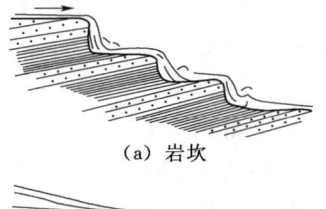

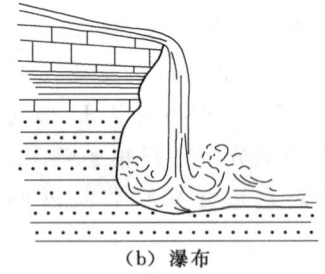

图 1-47 岩坎与瀑布

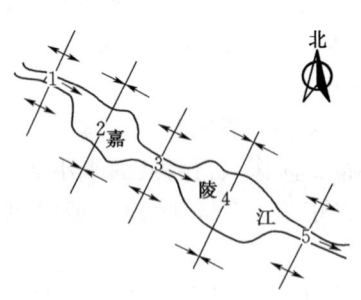

图 1-46 嘉陵江小三峡平面示意图

1—沥鼻峡背斜；2—澄江镇向斜；3—温塘峡背斜；4—北碚向斜；5—观音峡背斜

石滩是分布较长的浅水河床，可由基岩或堆积在河床中的块石和卵石构成。其中，堆积石滩常不稳定，在水流作用下较易移动、变形和消失，而基岩石滩则较稳定。由于岩体规模和产状不同,基岩石滩可以是成片分布的礁石,也可以是横河向或顺河向的石埂(石梁)。大的基岩石滩是良好的闸、坝地基。

2) 深槽和深潭。深槽和深潭是河床中常见的地貌形态,由于它们的存在,给水工建筑物的布置、基坑开挖、坝基防渗和稳定等方面带来了不少困难和问题。山区河流除水流的作用外,主要受地质构造因素的影响,如河床中的断层、节理密集带、不整合面和软弱夹层等抗冲刷能力较弱的部位,由于冲刷的不均一性而形成深槽。深槽一般和主流方向一致,深槽的规模有的很大,例如,四川某坝址深槽宽约40m,深约70m。深潭是一种深陷的凹坑,深度可达几米至几十米。它主要形成于软弱结构面的交汇处、岩体的囊状风化带和瀑布的下游。有时,携带砂、砾石的漩涡流磨蚀河床基岩,也能形成深潭。

(3) 河漫滩。河漫滩是在河床两侧,洪水季节被淹没,枯水季节露出水面的一部分谷底,如图1-44所示。山区河谷中河漫滩较少出现,多在河曲的凸岸或局部河谷开阔地段才有,范围也较小。丘陵和平原地区的河谷则广泛分布,范围也大。有时河漫滩比河床的宽度大几倍甚至几十倍。河曲型河漫滩是河流侧蚀作用使河谷凹岸岸坡后退,凸岸堆积,河谷变弯,谷底展宽,不断发展而形成的。除此之外,还有汊道型及堰堤式河漫滩等。河漫滩处的沉积层,常常是下部颗粒相对较粗、上部较细,通常称为二元结构的沉积层,具斜层理与交错层理。

(4) 河流阶地。在河谷发育过程中,由于地壳上升、气候变化、侵蚀面下降等因素的影响,使河流下切,河床不断加深,原先的河床或河漫滩抬升,高出一般洪水位,形成顺河谷呈带状分布的平台,这种地貌形态称为阶地(图1-48)。一般河谷中常常出现多级阶地。从高于河漫滩或河床算起,向上依次称为一级阶地、二级阶地等(图1-48)。一级阶地形成的时代最晚,一般保存较好,越老的阶地形态相对保存越差。

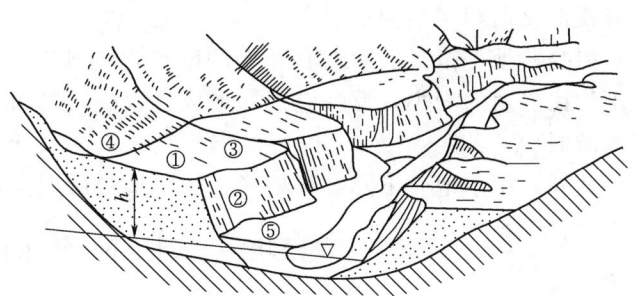

图1-48 阶地形态要素图
①—阶地面;②—阶坡;③—前缘;④—后缘;
⑤—坡脚;h—阶地高度

阶地的形成基本上经历了两个阶段。首先是在一个相当稳定的大地构造环境下,河流以侧蚀或堆积作用为主,形成宽广的河谷。然后,地壳上升,河流下切,于是便形成阶地。地壳稳定一段时间后,再次上升,便又形成另一级阶地。一般地壳上升越强烈的地区,阶地也越高。

根据成因,阶地可分为侵蚀阶地、基座阶地和堆积阶地等几种类型。

1) 侵蚀阶地。其特点是阶地面上基岩直接裸露或只有很少的残余冲积物[图1-49(a)],侵蚀阶地只在山区河谷中常见。作为大坝的接头、厂房或桥梁等建筑物的地基是有利的。

2) 基座阶地。其特点是上部的冲积物覆盖在下部的基岩之上[图1-49(b)]。它是由于后期河流的下蚀深度超过原有河谷谷底的冲积物厚度,切入基岩内部而形成的,分布

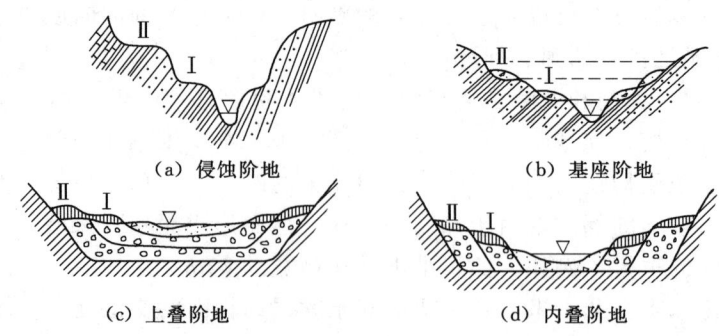

图 1-49 阶地的类型

于地壳上升显著的山区。

3) 堆积阶地。堆积阶地完全由冲积物组成，反映了在阶地形成过程中，河流下切的深度没有超过冲积物的厚度。堆积阶地在河流的中、下游最为常见。堆积阶地又可进一步分为上叠阶地和内叠阶地两种。

上叠阶地的特点是新阶地的堆积物完全叠置在老阶地的堆积物上[图 1-49（c）]。说明地壳升降运动的幅度在逐渐减小，河流后期每次下切的深度、河床侧蚀的范围和堆积的规模都比前期规模为小。

内叠阶地是指新的阶地套在老的阶地之内[图 1-49（d）]。每次河流冲积物分布的范围均比前次的为小，反映它们在形成过程中，每次下切的深度大致相同，而堆积作用却逐渐减弱。

此外，由于地壳下降，早期形成的阶地被后期河流冲积物所掩埋，就形成埋藏阶地。

模块三 地下水的特征

地下水是赋存和运动于地表以下岩层或土层空隙（包括孔隙、裂隙和溶隙等）中的水。它主要是由大气降水和地表水渗入地下形成的。在干旱地区，水汽也可以直接在岩石的空隙中凝成少量的地下水。

地下水的分布极其广泛，它密切地联系着人类生活和经济活动的各个方面。例如，地下水常为农业灌溉、城市供水及工矿企业用水提供良好的水源，地热资源广泛用于发电、工业锅炉和医疗卫生等方面，一些矿泉水具有良好的医疗和保健作用等。因此，地下水是一种宝贵的资源。但是，地下水也往往给国民经济建设带来一定的困难和危害。例如，过量开采地下水可能导致海水入侵、地面沉降等。

在水利建设中，地下水与建筑物地基的渗漏和稳定有很大关系：①地下水位低于库水位时，可能产生渗漏；②地下水在渗流压力作用下，有可能带走松散岩层、断层破碎带和其他软弱结构面中的细小颗粒（即潜蚀作用），使岩（土）体被淘空，引起地基破坏；③地下水还可使黏土质岩石软化、泥化；④有的岩石，由于地下水的渗入致使体积膨胀，产生较大的膨胀压力，引起工程失事；⑤地下水溶蚀可溶性岩石所产生的大量空洞，成为渗漏的通道；⑥在开挖基坑和地下洞室工程时，有时会发生大量地下水突然涌入，给施工带来很大困难。此外，地下水可能对混凝土具有腐蚀性，可分为分解结晶类、分解结晶复合类及结晶类三种腐蚀性类型。所有这些，都是对水利工程不利的。因此，在分析水利工程建筑物的稳定和渗漏时，必须查明建筑地区地下水的形成、埋藏、分布和运动规律，即建筑地区的水文地质条件。

1. 地下水的性质

（1）地下水的物理性质。地下水的物理性质有温度、颜色、透明度、气味、味道、密度及导电性等。

1）温度。地下水的温度受埋藏深度和所处的自然条件影响。根据温度将地下水分为以下几类：非常冷水（<0℃）、极冷水（0~4℃）、冷水（4~20℃）、温水（20~37℃）、热水（37~42℃）、极热水（42~100℃）、沸腾的水（>100℃）。

2）颜色。地下水一般无色，在含某些离子或富集悬浮物质时则有色。地下水的颜色由所含化学成分及悬浮物决定。例如，含 Ca^{2+}、Mg^{2+} 的水为微蓝色；含 Fe^{2+} 的水为灰蓝色；含 Fe^{3+} 的水为褐黄色；含有机腐殖质时呈黄褐或浅黑色。

3）透明度。地下水多半是透明的。当水中含有某种离子、悬浮物、有机质及胶体时，地下水的透明度就会改变。根据透明度可将地下水分为以下几种：透明的、微浑浊的、浑浊的和极浑浊的。

4）气味。地下水含有气体或有机质时，具有一定的气味。如含腐殖质时，具腐草味或腐泥臭味；含硫化氢时有臭蛋味。一般水温在40℃左右，气味最显著。

5）味道。地下水的味道主要取决于地下水的化学成分及溶解的气体成分。地下水一般淡而无味，含 NaCl 的水具咸味；含较多 CO_2 的水清凉爽口；含 $CaCO_3$ 和 $MgCO_3$ 的水味美可口，俗称"甜水"；当 $MgCl_2$ 和 $MgSO_4$ 存在时，地下水有苦味。一般水温在20~30℃时，水的味道最明显。

6）密度。地下水的密度与水中溶解盐类的数量成正比。一般地下水的密度接近于1。

7）导电性。地下水的导电性决定水中含有电解质的性质和含量。当然也受温度的影响。

（2）地下水的化学性质。

1）化学成分。地下水的化学成分包括各种离子成分、气体成分、胶体成分和有机物等。自然界中存在的元素几乎都可在地下水中找到，只是含量不同而已。地下水中各元素的含量主要取决于其周围岩石的性质及其溶解度。主要气体成分有 CO_2、O_2、N_2、H_2S、CH_4；主要离子成分有 Cl^-、SO_4^{2-}、HCO_3^-、Na^+、K^+、Ca^{2+}、Mg^{2+}；胶体成分分布最广的有 $Fe(OH)_3$、$Al(OH)_3$ 和黏性胶体、腐殖质及 SiO_2 等；有机物多是以碳、氢、氧为主的高分子化合物。

2）化学性质。地下水的化学性质主要包括地下水的酸碱度、硬度和矿化度。

a. 地下水的酸碱度。地下水的酸性和碱性程度取决于水中 H^+ 浓度大小。为方便起见，H^+ 浓度一般用对数表示，并取其负号，以符号"pH"表示。地下水按pH值可分为五类（表1-7）。

b. 地下水的硬度。硬度主要是由于水中含有 Ca^{2+}、Mg^{2+} 而具有的性质。含大量 Ca^{2+}、Mg^{2+} 的地下水，对生活和工业上的使用都很不利。地下水的硬度可分为总硬度、暂时硬度和永久硬度。

表1-7　　地下水按pH值分类

地下水类型	强酸性水	弱酸性水	中性水	弱碱性水	强碱性水
pH值	<5.0	5.0～6.0	6.0～7.5	7.5～9.0	>9.0

地下水的总硬度是指水中 Ca^{2+}、Mg^{2+} 的总量。暂时硬度指水加热沸腾后，由于脱碳酸作用，而从水中析出的那部分 Ca^{2+}、Mg^{2+} 的含量。水加热沸腾后，仍留在水中的 Ca^{2+}、Mg^{2+} 含量称为永久硬度。永久硬度在数值上等于总硬度和暂时硬度之差。

地下水硬度的大小我国采用德国制硬度来计量，以符号 $H°$ 表示，$1H°$ 相当于1L水中含10mg CaO或7.2mg MgO，根据总硬度把地下水分为五类（表1-8）。

表1-8　　地下水按总硬度分类

类别	极软水	软水	弱硬水	硬水	极硬水
德国度/H°	<4.2	4.2～8.4	8.4～16.8	16.8～25.2	>25.2

c. 地下水的矿化度。地下水中所含有的各种离子、分子和化合物的总量（不包括游离气体）称为矿化度，单位为g/L。它是评价水质的重要指标之一。习惯上用105～110℃温度将地下水样品蒸干后所得的干涸残余物总量来表示矿化度。由于地下水中盐类的溶解度不同，使得离子成分与地下水矿化度之间有一定规律。总体上看，氯盐的溶解度最大，硫酸盐次之，碳酸盐较小，钙的硫酸盐更小，钙、镁的碳酸盐溶解度最小。随着矿化度增大，钙、镁的碳酸盐首先达到饱和并沉淀析出，继续增大时，钙的硫酸盐也饱和析出。因此，高矿化水中以易溶的氯离子和钠离子占优势。

根据总矿化度的大小，地下水可分为以下类型（表1-9）。

表1-9　　地下水按总矿化度分类

地下水类型	淡水	微咸水	咸水	盐水	卤水
总矿化度/(g/L)	<1	1～3	3～10	10～50	>50

2. 地下水的主要类型与特征

地下水的运动和聚集，必须具有一定的岩性和构造条件。空隙多而大的岩层能使水流通过，称为透水层。能够透过并给出相当数量水的岩层，称为含水层。不能透过并给出水或只是能通过与给出极少量水的岩层，称为隔水层。含水层和隔水层的不同组合，形成不同类型的地下水。

根据埋藏条件，地下水可分为包气带水、潜水和承压水三类（图1-50）。不论是哪种类型的地下水，均可按其含水层的空隙性质分为孔隙水、裂隙水和岩溶水。因此，地下水可以组合成九种不同的类型（表1-10）。

（1）包气带水。地表到地下水面之间的岩土空隙中既有空气，又有地下水，这部分地下水称为包气带水。包气带水存在于包气带中，其中包括土壤水和上层滞水。

1）土壤水。土壤水位于地表以下的土壤层中，主要是以结合水和毛细水的形式存在的，靠大气降水渗入、水汽凝结及潜水补给。大气降水入渗，必须通过土壤层，这时渗入

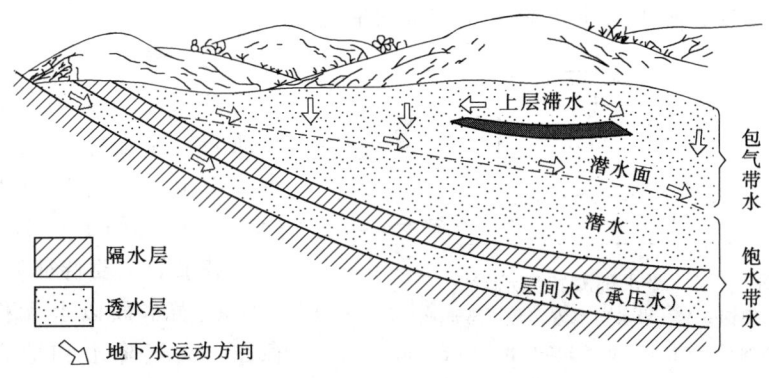

图 1-50 地下水埋藏示意图

表 1-10 地下水分类表

按埋藏条件划分	按含水层性质划分		
	孔隙水 (松散堆积物孔隙中的水)	裂隙水 (基岩裂隙中的水)	岩溶水 (岩溶空隙中的水)
包气带水 (潜水面以上未被水饱和的岩层中的水)	土壤水——土壤中未饱和的水；上层滞水——局部隔水层以上的饱和水	出露于地表的裂隙岩体中，季节性存在的水	垂直渗入带中的水
潜水 (地面以下，第一个稳定隔水层以上具有自由水面的水)	各种松散堆积物中的水	基岩上部裂隙中的水	岩石溶蚀层中的水
承压水 (两个隔水层之间承受水压力的水)	松散堆积物构成的承压盆地和承压斜地中的水	构造盆地、向斜及单斜岩层中的层状裂隙水，断层破碎带中的深部水	构造盆地、向斜及单斜岩溶岩层中的水

水的一部分就保持在土壤层里，多余部分的重力水下降补给潜水。土壤水的主要排泄途径是蒸发。这种水不能直接被人们利用，它可以是植物生长的水源。

2）上层滞水。上层滞水是局部或暂时储存于包气带中局部隔水层或弱透水层之上的重力水。这种局部隔水层或弱透水层在松散堆积物地区可能由黏土、亚黏土等组成的透镜体组成，在基岩裂隙介质中可能由局部地段裂隙不发育或裂隙被充填所造成，在岩溶介质中则可能由于差异性溶蚀使局部地段岩溶发育较差或存在非可溶岩透镜体所造成。

由于上层滞水的埋藏最接近地表，因而它和气候、水文条件的变化密切相关。上层滞水主要接受大气降水和地表水的补给，而消耗于蒸发和逐渐向下渗透补给潜水，其补给区与分布区一致。

上层滞水的水量一方面取决于补给来源，即气象、水文因素，同时还取决于下伏隔水层的分布范围。通常其分布范围较小，因而不能保持常年有水，水量随季节性变化较大。但当气候湿润、隔水层分布范围较大、埋藏较深时，也可赋存一定水量。因此，在缺水地区可以利用它来做小型生活用水水源地，或暂时性供水水源。由于距地表近，补给水入渗途径短，所以易受污染，做水源地时，应注意水质问题。另外，上层滞水危害工程建设，常突然涌入基坑危害施工安全，应考虑排水的措施。

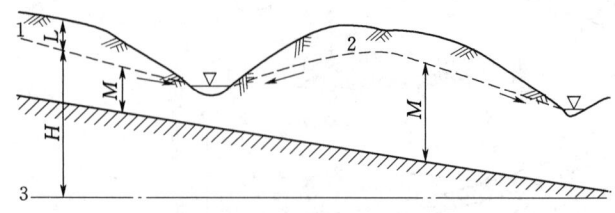

图1-51 潜水埋藏特征示意图
L—潜水埋深；M—潜水层厚度；H—潜水水位；
1—潜水面；2—潜水分水岭；3—潜水位基准面

（2）潜水。

1）潜水及其特征。潜水是埋藏在地表以下第一个连续、稳定的隔水层以上，具有自由水面的重力水（图1-51和图1-52）。

潜水的主要特征如下：

a. 潜水面以上无稳定的隔水层存在，大气降水和地表水可直接渗入补给，成为潜水的主要补给来源。因此，在大多数的情况下潜水的分布区与补给区是一致的，因而某些气象水文要素的变化能很快影响潜水的变化，潜水的水质也易于受到污染。

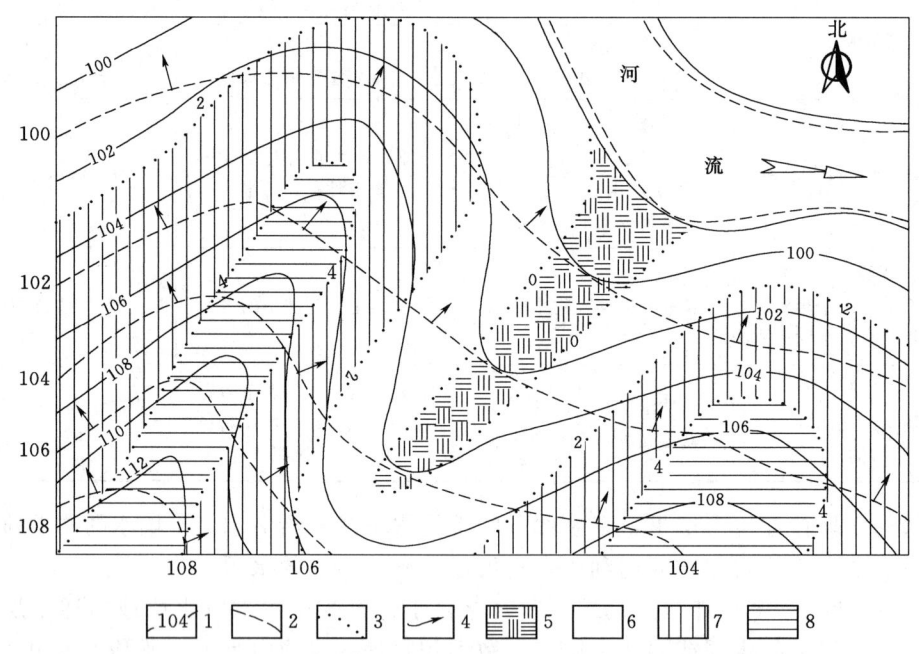

图1-52 潜水等水位线图及埋藏深度图
1—地形等高线；2—等水位线；3—等埋深线；4—潜水流向；5—埋深为零区（沼泽）；
6—埋深为0～2m区；7—埋深为2～4m区；8—埋深大于4m区

b. 潜水自水位较高处向水位较低处渗流。在山脊地带潜水位的最高处可形成潜水分水岭（图1-51），自此处潜水流向不同的方向。潜水面的形状是因时因地而异的，它受地形、含水层的透水性和厚度、隔水层底板的起伏、气象、水文等自然因素控制，并常与地形有一定程度的一致性。一般地面坡度越大，潜水面的坡度也越大，但潜水面坡度常小于当地的地面坡度（图1-51）。

2）潜水等水位线图及埋藏深度图。

潜水面反映了潜水与地形、岩性、气象、水文等之间的关系，同时能表现出潜水的埋藏、运动和变化的基本特点。因此，为能清晰地表示潜水面的形态，通常采用平面图和剖面图两种图示方法，并互相配合使用。

平面图是根据潜水面上各测点（井、孔、泉等）的水位标高，标在地形图上，画出一系列水位相等的线，这种图称为等水位线图（图1-52），其绘制方法与绘制地形等高线图一样。由于潜水面经常发生变化，因此在绘制等水位线图时，各测点水位资料的时间应大致相同，并应在等水位线图上注明。通过对不同时期等水位线图的对比，有助于了解潜水的动态。一般在一个地区应绘制潜水的最高水位和最低水位时期的两张等水位线图。

根据等水位线图可以了解以下情况：

a. 确定潜水的流向及水力梯度。垂直于等水位线，自高等水位线指向低等水位线的方向即为流向。图1-52中箭头方向即为潜水流向。在流动方向上，取任意两点的水位高差，除以两点间在平面上的实际距离，即为此两点间的平均水力梯度。

b. 确定潜水与河水的相互关系。潜水与河水一般有如下三种关系：

（a）河岸两侧的等水位线与河流斜交、锐角都指向河流的上游，表明潜水补给河水［图1-53（a）］。这种情况多见于河流的中、上游山区。

（b）等水位线与河流斜交的锐角在两岸都指向河流下游，表明河水补给两岸的潜水［图1-53（b）］。这种情况多见于河流的下游。

（c）等水位线与河流斜交，表明一岸潜水补给河水，另一岸则相反［图1-53（c）］。一般在山前地区的河流有这种情况。

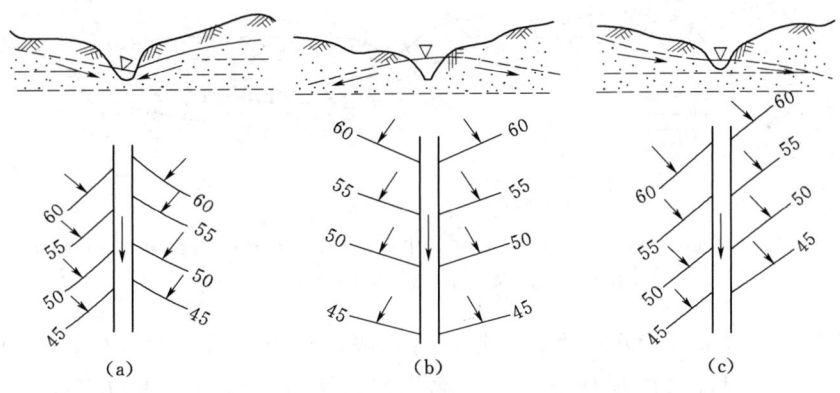

图1-53 潜水与河水间不同关系的等水位线图

c. 确定潜水面埋藏深度。潜水面的埋藏深度等于该点的地形标高减去潜水位。根据各点的埋藏深度值，可绘出潜水等埋深线（图1-53）。

d. 确定含水层厚度。当等水位线图上有隔水层顶板等高线时，同一测点的潜水水位与隔水层顶板标高之差即为含水层厚度。

水文地质剖面图（图1-54）是在地质剖面图的基础上，绘制出有关水文地质特征的资料（如潜水水位和含水层厚度等）。在水文地质剖面图上，潜水埋藏深度、含水层厚度、岩性及其变化、潜水面坡度、潜水与地表水的关系等都能清晰地表示出来，它是水利水电工程中常用的图件之一。

（3）承压水。

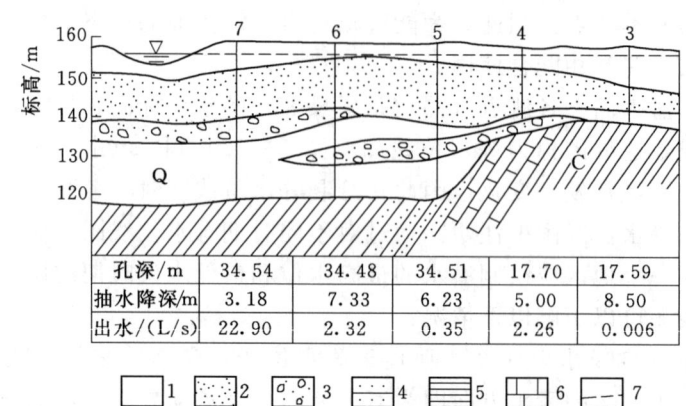

图 1-54 水文地质剖面图

1—黏土；2—砂土；3—砂砾石土；4—砂岩；5—页岩；6—石灰岩；7—地下水位

1) 承压水及其特征。承压水是指存在于两个隔水层之间的含水层中，具有承压性质的地下水。由于隔水顶板的存在，能明显地分出补给区、承压区和排泄区三部分。补给区大多是含水层出露地表的部分，比承压区和排泄区的位置为高；承压区是隔水顶板以下，被水充满的含水层部分；排泄区是承压水流出地表或流向潜水的地段（图 1-55）。

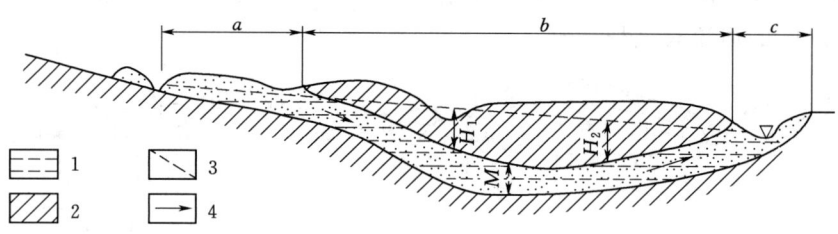

图 1-55 承压水剖面示意图

a—补给区；b—承压区；c—排泄区；H_1—正水头；H_2—负水头；M—承压水层厚度；
1—含水层；2—隔水层；3—承压水位线；4—流向

承压区中地下水承受静水压力，当钻孔打穿隔水顶板时所见的水位，称为初见水位。随后，地下水上升到含水层顶板以上某一高度稳定不变，这时的水位（即稳定水面的标高）叫作承压水位。承压水位如高出地面，则地下水可以溢出或喷出地表，如图 1-55 中 H_1 的位置。所以，通常又称承压水为自流水。承压水位与隔水层顶板的距离称为水头（图 1-55），水头高出地面者称为正水头 H_1，低于地面者称为负水头 H_2。

由于承压水的补给区和承压区不一致，故承压水的水位、水量、水质及水温等受气象、水文因素的影响较小。

基岩地区承压水的埋藏类型，主要决定于地质构造，即在适宜的地质构造条件下，孔隙水、裂隙水和岩溶水均可形成承压水。最适宜于形成承压水的地质构造有向斜构造和单斜构造两类。

向斜储水构造又称为承压盆地，它由明显的补给区、承压区和排泄区组成（图 1-55）。

单斜储水构造又称为承压斜地，它的形成可能是含水层岩性发生相变或尖灭（图1-56），也可能是含水层被断层所切（图1-57）。

2) 等水压线图。等水压线图就是承压水面的等高线图（图1-58），它是根据观测点的承压水位绘制的。在图中也可同时绘出含水层顶板及底板等高

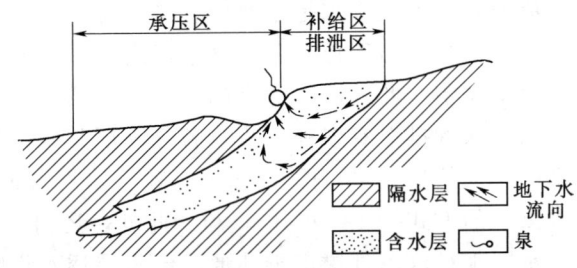

图1-56 岩性变化形成的承压斜地

线。这样就和等水位线图一样，可从图中确定：承压水的流向，并可计算其水力梯度；承压水位的埋深；承压水含水层的埋深；承压水的水头大小及含水层的厚度等。例如，据图1-58可确定A、C、E点的数据如下：

	A	C	E
①	103	108	104
②	91	94	92
③	83	85.1	82
④	20	22.9	22
⑤	12	14	12
⑥	8	8.9	10

①——地面绝对标高，m；
②——承压水位，m；
③——含水层顶板绝对标高，m；
④——含水层距地表深度，m（第①项减第③项）；
⑤——稳定水位距地表深度，m（第①项减第②项）；
⑥——水头，m（第②项减第③项）。

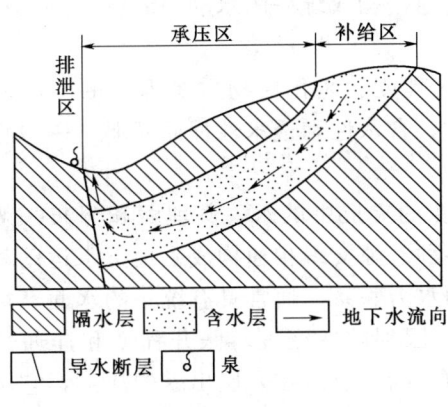

图1-57 断层构造形成的承压斜地

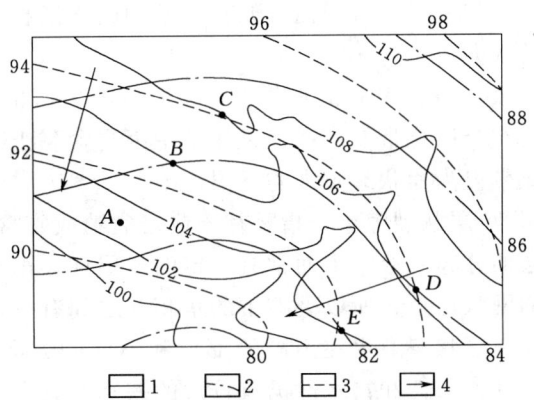

图1-58 承压水等水压线图
1—地形等高线；2—含水层顶板等高线；
3—等水位线；4—地下水流向

3) 承压水的补给、径流及排泄。承压水的补给方式一般有：当承压水补给区直接出

露于地表时，大气降水是主要的补给来源；当补给区位于河床或湖沼地带，地表水可以补给承压水；当补给区位于潜水含水层之下，潜水位高于承压水位时，潜水便可直接补给到承压含水层中。此外，在适宜的地形和地质构造条件下，承压水之间还可以互相补给。

承压水的排泄有多种形式：若含水层某些区段或其排泄区出露在地表，则承压水泄流成泉或者补给地表水（图1-56）；若含水层被断层切割且断层是导水的，则沿断层线承压水以泉的方式排出（图1-57）。此外，还有其他排泄形式。

承压水径流条件决定于地形、含水层透水性和地质构造，以及补给区与排泄区的承压水位差。补给区与排泄区的地形高差和水位差越大，含水层透水性越好，构造挠曲程度越小，承压水径流便越通畅，水交替便越强烈；相反，承压水径流缓慢，水交替微弱。承压水径流条件的好坏、水交替强弱，决定了水的矿化度高低及水质好坏。

（4）裂隙水。裂隙水是指赋存于基岩裂隙中的地下水。岩石中的裂隙是地下水运移、储存的场所，它的发育程度和成因类型影响着地下水的分布和富集。在裂隙发育的地区，含水丰富；反之，甚少。所以在同一构造单元或同一地段内，含水性有很大的变化，因而形成裂隙水分布的不均一性。

岩层中的裂隙常具有一定的方向性，即在某些方向上，裂隙的张开程度和连通性比较好，因而其导水性强，水力联系好，常成为地下水的主要径流通道。在另一些方向，裂隙闭合或连通性差，其导水性和水力联系也差，径流不通畅。因而，裂隙岩石的导水性具有明显的各向异性。裂隙水的这些特征常使相距很近的钻孔中的水头、水量相差数十倍，甚至一孔有水，另一孔无水，给设计和施工带来一些复杂问题。而裂隙水又是山区主要的和广泛分布的地下水，与水利工程的关系密切。

裂隙水储存于各种成因类型的裂隙中，它的埋藏分布与裂隙的发育特点相适应。根据埋藏分布的特征，可将裂隙水划分为面状裂隙水、层状裂隙水和脉状裂隙水三种。

1）面状裂隙水。指分布于各种基岩表部风化裂隙中的地下水，又称风化裂隙水。其上部一般没有连续分布的隔水层，因此，它具有潜水的基本特征。风化裂隙常是广泛分布、均匀密集的。因而，储存其中的水能相互贯通，构成统一的水动力系统，并具有统一的水面。

风化裂隙含水和透水性的强弱，随岩石的风化程度、风化层物质等因素的不同而各异。在全风化带及一些强风化带中因富含黏土物质，含水性和透水性反而减弱。一般将微风化带视为面状裂隙水的下限。

2）层状裂隙水。指赋存于成岩裂隙或富含裂隙的夹层中的水，其埋藏和分布一般与岩层的分布一致，因而常有一定的成层性。由于各种裂隙交织相通构成了地下水运动和储存的网状通道，所以裂隙中的水相互之间有一定的水力联系，通常具有统一的水面。虽然如此，层状裂隙水在不同的部位和不同的方向上，因裂隙的密度、张开程度和连通性不同，其透水性和富水性仍有较大的差别，具有不均一的特点。在岩层出露的浅部，它可以形成潜水，当层状裂隙水被不透水层覆盖时，则形成承压水。

3）脉状裂隙水。指赋存于构造断裂中的地下水，其主要特征是：①沿断裂带呈带状或脉状分布；②多为承压水；③埋藏于大断裂带中者，补给来源较远，循环深度较大，水量丰富，水位及水质均较稳定，而埋藏于规模小、延伸不远、连通性差的断层或裂隙中者，则相反；④脉状含水带可以穿过数个不同时代、不同岩性的地层和不同的构造部位，因此，在同一含水带中地下水的分布具有不均匀性。例如，断层带通过脆性岩石时，岩石破碎、裂隙发育，通常是强含水的；当通过塑性岩石时，裂隙不很发育，且多被泥质充填，而形成微弱的含水带或不含水。

脉状裂隙水水量丰富者，常常是良好的供水水源，但它对隧洞工程往往造成危害，在施工中可产生突然的涌水事故，以及对衬砌产生较高的外水压力。

（5）泉。泉是地下水出露于地表的天然露头，是地下水的一种重要排泄方式。因此，它是反映岩层富水性和地下水的分布、类型、补给、径流、排泄条件和变化的一个重要标志。

泉是在一定的地形、地质和水文地质条件的结合下出现的。山区及丘陵区的沟谷中和坡脚，常可以见到泉，而在平原地区很少有泉。我国有不少的泉流量超过 $1m^3/s$，甚至超过 $10m^3/s$。水量丰富、动态稳定、水质适宜的泉，是宝贵的水源，有的还可用于发电。

按照泉的含水层性质，可将泉分为上升泉及下降泉两大类。上升泉由承压含水层补给，水流在压力作用下呈上升运动。下降泉由潜水或上层滞水补给，水流作下降运动。

根据泉的出露原因又可分为侵蚀泉、接触泉、溢出泉和断层泉四类。侵蚀泉是沟谷切割到含水层时形成的，含水层若为潜水则形成侵蚀下降泉 [图 1-59（a）]；若为承压水则形成侵蚀上升泉 [图 1-59（b）]。接触泉是地下水自含水层和其下面隔水层的接触处涌出地表，或在侵入体与围岩接触带，地下水沿裂隙上升至地表形成的 [图 1-59（c）、（d）]。溢出泉是指地下水在运动过程中，由于前方岩层的透水性变弱，或隔水层隆起以及阻水断层等因素，水流受阻而溢出地表形成的泉 [图 1-59（e）]。断层泉是承压水沿导水断层上升，在地面标高低于承压水位处，涌出地表形成的 [图 1-59（f）]，这类泉常沿断层成串分布。

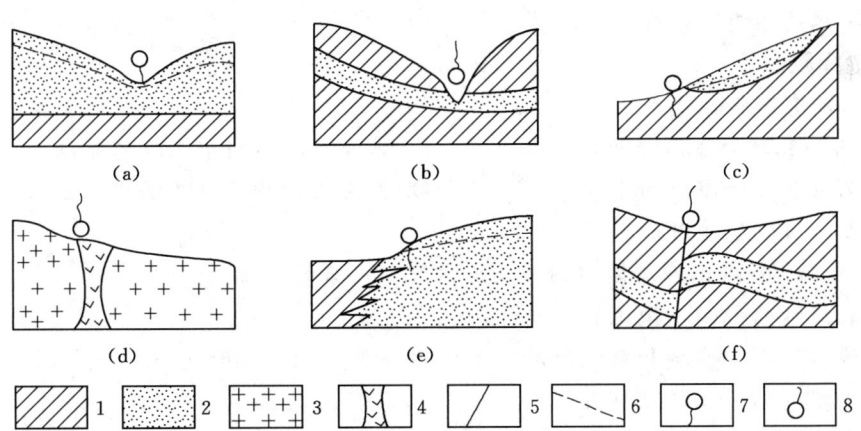

图 1-59　泉形成条件示意图

1—隔水层；2—透水层；3—花岗岩；4—岩脉；5—导水断层；6—地下水位；7—下降泉；8—上升泉

3. 环境水对混凝土的腐蚀性

环境水主要指天然地表水和地下水。环境水对混凝土的腐蚀性是指环境水所含的特定化学成分对混凝土产生的不同类型的腐蚀，从而降低了混凝土的整体性、耐久性和强度的过程和结果。

为评价环境水对混凝土的腐蚀性而进行的水化学成分分析试验中，除特殊需要外，一般只进行水质简易分析。分析项目主要有 K^+、Na^+、Ca^{2+}、Mg^{2+} 等阳离子，Cl^-、SO_4^{2-}、HCO_3^- 等阴离子，溶于水的侵蚀性 CO_2、游离 CO_2 气体，以及水的酸碱度的重要衡量指标 pH 值等。

据《水利水电工程地质勘察规范》（GB 50287—99），环境水对混凝土可能产生的腐蚀性分为三类。

（1）分解类腐蚀。水中某些化学成分使混凝土表面的炭化层与混凝土中固态游离石灰质溶于水，降低混凝土毛细孔中的碱度，引起水泥结石的分解，导致混凝土的破坏，此为分解类腐蚀。如溶出型腐蚀、一般酸性型腐蚀和碳酸型腐蚀。

（2）结晶类腐蚀。由于水中某些离子与混凝土中的固态游离石灰质或水泥结石作用，形成结晶体，体积增大，如生成 $CaSO_4 \cdot 2H_2O$ 时，体积增大 1 倍；生成 $MgSO_4 \cdot 7H_2O$ 时体积增大 4.3 倍，产生膨胀力而导致混凝土破坏，此为结晶类腐蚀，如硫酸盐型腐蚀。

（3）分解结晶复合类腐蚀。水中含某些弱碱硫酸盐，如 $MgSO_4$、$(NH_4)_2SO_4$ 等，即使混凝土发生分解，又在混凝土中形成结晶体，而导致混凝土破坏。此为分解结晶复合类腐蚀，如硫酸镁型腐蚀。

❖ 知识强化与技能提升 ❖

一、判断题

1. 河流具有搬运能力因为水具有浮力。（   ）
2. 岩层不透水是因为岩石颗粒间的空隙被水充满了。（   ）
3. 承压水是指存在于两个隔水层之间的重力水。（   ）
4. 岩溶水是指能溶解岩石的水。（   ）

二、选择题

1. 岩石具有透水性是因为（   ）。
   A. 岩石的孔隙大于水分子的体积　　　　B. 结合水不能将岩石孔隙充满
   C. 岩石孔隙中含有重力水　　　　　　　D. 岩石孔隙中存在重力水通道
2. 地表水的地质作用是指（   ）。
   A. 地表流水将风化物质搬运到低洼地方沉积成岩的作用
   B. 地表流水的侵蚀，搬运和沉积作用
   C. 淋滤、洗刷、冲刷和河流地质作用
   D. 地表水对岩，土的破坏作用
3. 河流阶地的形成可能是因为（   ）。
   A. 地壳上升，河流下切　　　　　　　　B. 地壳下降，河床堆积
   C. 地壳稳定，河流侧蚀　　　　　　　　D. 河的侵蚀和沉积共同作用
4. 地下水可以（   ）。
   A. 按 pH 值分为酸性水、中性水、碱性水
   B. 按埋藏条件分为上层滞水、潜水、承压水
   C. 按含水层性质分为孔隙水、裂隙水、岩溶水

D. 按钙、镁离子含量分为侵蚀性和非侵蚀性水

三、简答题

1. 地表流水地质作用的类型和产物有哪些?
2. 河流阶地有哪些主要类型?
3. 地下水在岩、土中的存在形式有哪些?
4. 地下水对混凝土的侵蚀类型有哪些?

项目二　水利工程地质问题处理

任务一　坝区工程地质问题及处理

❖任务导入❖

王甫洲水利枢纽位于湖北省老河口市下游约 3km 处，是汉江中下游规划兴建的 7 个梯级中第一个水利枢纽工程。该工程地质勘察工作始于 1977 年，前后历时达 23 年，坝基存在的主要工程地质问题有石膏溶蚀、基岩承压水、极软岩强度、建基岩体易风化及保护、坝基渗透稳定、砂土震动液化问题等，针对上述工程地质问题，采取了合适的工程处理措施，保证了枢纽工程建设的正常完工。

任务：1. 坝基滑动的边界条件有哪些？

2. 对坝基渗漏可采取哪些工程措施？

❖知识准备❖

水工建筑物主要由挡水建筑物（坝、闸等）、取水和输水建筑物（隧道、引水渠等）及泄水建筑物（溢洪道、泄洪洞等）三大部分组成。作为水利枢纽主体建筑物的拦河大坝，它的安全稳定常是决定水利工程成败的关键。由于坝区岩体中存在的某些地质缺陷，则可能导致坝体产生工程地质问题。常见的主要工程地质问题有坝基稳定问题和坝区渗漏问题。

一、坝基的稳定问题

坝基的稳定是指坝基岩体在水压力及上部荷载作用下，不产生过大的沉降或不均匀沉降（称沉降稳定），不产生滑动（称抗滑稳定）和在渗透水流作用下，不产生过大的渗透变形（称渗透稳定）。

对于修建在岩基上的土坝，由于其坝身断面较大，且为柔性基础，所以地基稳定性问题容易得到满足。但对于建在松散沉积层上的土坝，应查明在坝基中是否存在软土（如淤泥和淤泥质土）。重力坝、拱坝对地形、地质要求较高，因此，本部分主要针对重力坝分析其稳定性。

1. 坝基的沉降稳定问题

坝基在垂直压力作用下，产生的竖向压缩变形称为坝基沉降。显然沉降量过大或产生不均匀沉降，将会导致坝体的破坏或影响正常使用。

由坚硬岩石构成的坝基、强度高、压缩性低，不会产生过大的沉降。但当坝基岩体中存在软弱夹层、断层破碎带、节理密集带和较厚的强风化岩层，则可能产生较大的沉降或不均匀沉降（图 2-1），甚至导致破坏。岩体内存在有溶蚀洞穴或潜蚀掏空现象，也会因塌陷而导致不均匀沉降。

影响沉降的因素，除岩性和地质构造外，还要考虑软弱夹层的存在位置和产状。如图

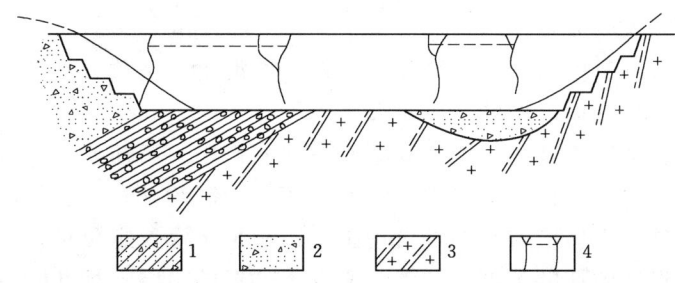

图 2-1 某水库坝体因坝基岩性不同产生不均匀沉降
1—含砾石黏土；2—砂砾石；3—花岗片麻岩；4—沉降与裂缝

2-2 所示，当软弱夹层在坝基中呈水平时，有可能产生沉降变形[图 2-2（a）]。当位于下游坝址处时，则易使坝体向下游倾覆[图 2-2（b）]。若位于坝的上游坝踵处，沉降影响较小[图 2-2（c）]。

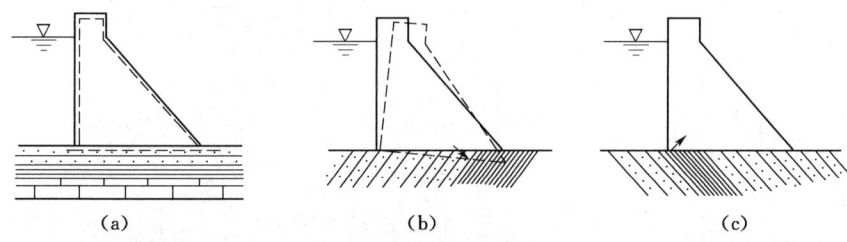

图 2-2 软弱夹层的产状和分布位置与地基沉降稳定示意图

选择坝址时应尽量避开软弱岩石分布地带，当不能避开时，应采取加固措施，如固结灌浆和开挖回填混凝土等。

为了保证建筑物的安全和正常运用，应将地基沉降变形量限制在一定容许范围内，工程中通常用地基容许承载力来表示。岩基的容许承载力是指岩基在荷载作用下，不产生过大的变形、破裂所能承受的最大压强，一般用单块岩石的极限抗压强度除以折减系数得出，即

$$[R] = \frac{R_c}{K} \qquad (2-1)$$

式中　$[R]$——岩基容许承载力，kPa；

　　　R_c——岩石的饱和极限抗压强度，kPa；

　　　K——折减系数。

折减系数 K 是因为单块岩石容许承载力要远高于岩体的抗压强度，而用 R_c 去评价被各种结构面切割的岩体时，必须除以折减系数，才能评价岩体的容许承载力。

一般对于特别坚硬的岩石，K 取 20~25；对于一般坚硬的岩石，K 取 10~20；对于软弱的岩石，K 取 5~10；对于风化的岩石，参照上述标准相应降低 25%~50%。

岩基的承载力一般较高，多数能满足筑坝要求。故 $[R]$ 往往不是设计中的控制性指标。对于建筑在较软弱、破碎地基上的大型重要建筑物，为了正确确定地基的承载力，应在现场进行荷载试验。

2. 坝基的抗滑稳定分析

坝基岩体在大坝重量及水压力共同作用下产生的滑动，是重力坝破坏的主要形式。坝基的抗滑稳定性分析是坝设计中的一个重要因素。

坝基岩体受力状态是复杂的，既承受垂直方向的作用力，还要承受各种侧向推力及渗透压力等。坝基岩体的稳定性，除受上述工程作用力的制约外，主要取决于坝基岩体的地质条件。这就要求坝基岩体应有足够的抗剪强度以满足抗滑稳定要求。

（1）坝基岩体滑动破坏的类型。按滑动面发生位置的不同，坝基岩体滑动的形式可分为表层滑动、浅层滑动和深层滑动三种（图2-3）。

1）表层滑动。表层滑动是指坝体混凝土底面与基岩接触面之间的剪断破坏现象。一般发生在基岩比较完整、坚硬的坝基，上部坝体与下部基岩的抗剪强度都比较大，只有在二者的接触面，由于基础处理、特别是清基工作质量欠佳，致使浇筑的坝体混凝土与开挖的基岩面黏结不牢，抗剪强度未能达到设计要求而形成[图2-3（a）]。

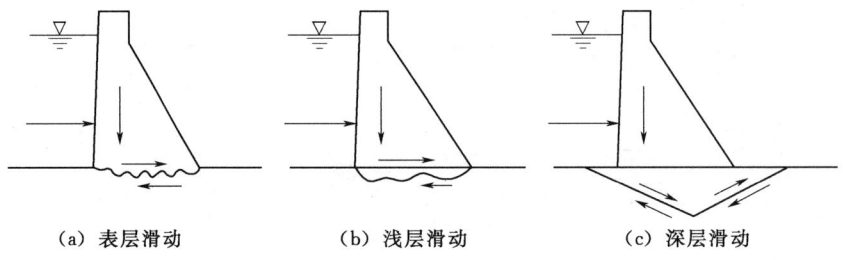

(a) 表层滑动　　(b) 浅层滑动　　(c) 深层滑动

图2-3　坝基滑动破坏的形式

2）浅层滑动。浅层滑动是指沿坝基不深处岩体表层的软弱结构面而发生的滑动[图2-3（b）]。浅层滑动往往发生在施工中对风化岩石的清除不彻底、基岩本身比较软弱破碎，或在浅部岩体中有软弱夹层未经有效处理等情况下。

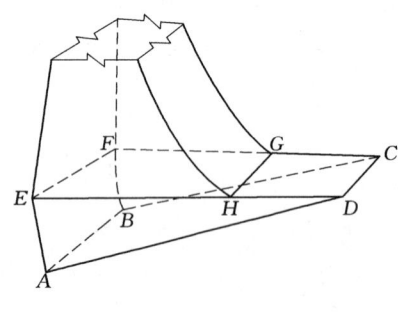

图2-4　坝基滑动边界条件
ABCD—滑动面；ADE、BCF、ABEF—切割面；CDHG—临空面图

3）深层滑动。当坝基岩体某一深度处存在一组软弱结构面或多组结构面的不利组合时，软弱结构面上覆岩体和坝体本身的抗剪强度都较高，而组成软弱结构面的物质的抗剪强度却相对较低，这时坝体和软弱面上覆岩体作为一个整体，在水平推力的作用下，就可能沿该软弱结构面（或结构面的不利组合）形成滑动。这种滑动称为深层滑动[图2-3（c）]。

（2）坝基滑动的边界条件分析。

1）岩体滑动边界条件的构成。坝基岩体的深层滑动，是因为坝基下岩体四周为结构面所切割，形成可能滑动的滑动体，且该滑动体由可能成为滑动面的软弱结构面，和与四周岩体分离的切割面，以及具有自由空间的临空面构成（图2-4）。滑动面、切割面、临空面构成了坝基岩体滑动的边界条件。它们可以组成各种形状，构成可能产生滑动的结构体。一般常见的结构体形状有楔形体、棱柱体、锥形体、板状体四类（图2-5）。

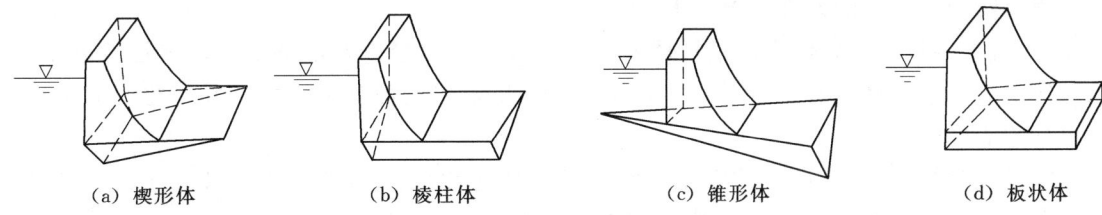

(a) 楔形体　　　(b) 棱柱体　　　(c) 锥形体　　　(d) 板状体

图 2-5　坝基滑动体类型

2) 坝基岩体滑动边界条件分析。

分析坝基岩体滑动的边界条件，实质是对坝基岩体稳定的定性评价，是进行力学分析的基础。经过分析，如果不存在滑动的边界条件，则坝基岩体是稳定的；如果边界条件不完全，如只有滑动面而无切割面，或有切割面而无滑动的自由空间，都可认为岩体基本稳定。只有滑动边界条件具备，岩体才有可能滑动，则应进一步通过力学分析作出评价（图 2-6）。

a. 切割面：将岩体切割开来，构成不连续块体的结构面，一般由陡倾角的结构面组成。

纵向切割面：走向与河流流向平行，与坝轴线垂直。

横向切割面：走向平行于坝轴线，与河流流向垂直。

b. 临空面：滑移体与变形空间相临的面。

水平临空面：多为坝后河床地面。

陡立临空面：坝后的深潭、深槽、溶洞、冲刷坑等滑动岩体下方有可压缩的大破碎带、节理密集带、软弱岩层，也可起到临空面的作用。

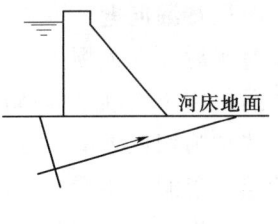
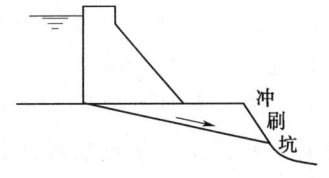
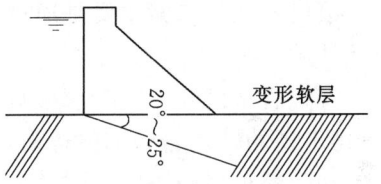

图 2-6　坝基岩体滑动边界条件

c. 滑动面：常由平缓的软弱结构面组成。如缓倾角的页岩夹层、泥化夹层、节理、卸荷裂隙、断层破碎带等，这类结构面抗剪强度很低。滑动面可以是单一的，也可以是两组或以上的组合。

(3) 坝基抗滑动稳定计算。建于岩体上的混凝土坝的抗滑稳定性，受到工程作用力和坝基岩体工程地质条件制约。在坝基抗滑稳定验算中，通常采用静力极限平衡原理方法，将作用在坝基岩体的各种力均投影到同一可能的滑动面上，并按其性质分滑动力与抗滑力两部分，抗滑力与滑动力的比值称为抗滑稳定性系数 F_s，即

$$F_s = \frac{抗滑力}{滑动力} \tag{2-2}$$

目前对抗剪强度指标的选定，一般采用经验数据法、工程地质类比法和试验法三种方法。

(4) 坝基处理。经过以上分析和计算，认为坝基稳定存在问题时，应采取措施，以保

证工程的安全。常用的处理措施如下:

1) 清基。将坝基岩体表层松散软弱、风化破碎的岩层以及浅部的软弱夹层等开挖清除,使基础位于较新鲜的岩体之上。清基时,应使基岩表面略有起伏,并使之倾向上游,以提高抗滑性能。

2) 岩体加固。可通过固结灌浆,将破碎岩体用水泥胶结成整体,以增加其稳定性。对软弱夹层可采用锚固处理,即用钻孔穿过软弱结构面,进入完整岩体一定深度,插入预应力钢筋,用以加强岩体稳定。

二、坝区渗漏问题

水库蓄水后,在大坝上、下游水头差的作用下,库水将沿坝基岩体中存在的渗漏通道向下游渗漏。库水由坝基岩体渗向下游称为坝基渗漏,由两岸坝肩岩体的渗漏称为绕坝渗漏,两者统称为坝区渗漏。坝区渗漏和水库渗漏一样,主要沿透水层(如砂、砾石)和透水带(断层、溶洞)渗漏。坝区渗漏不但减少库容,影响水库正常效益发挥,而且强大的渗流,将会在坝基中产生管涌和流砂现象,降低坝基岩体的稳定性及大坝安全。下面仅以地质条件分析对坝区渗漏作一扼要分析。

1. 基岩地区渗漏分析

岩浆岩(包括变质岩中的片麻岩,石英岩)区的坝基一般较为理想,对基岩来说,可能渗漏的通道主要是断层破碎带、岩脉裂隙发育带和裂隙密集带以及表层风化裂隙组成的透水带。只要这些渗漏通道从库区穿过坝基,就有可能导致渗漏。

喷出岩区的渗漏主要是通过互相连通的裂隙、气孔以及多次喷发的间歇面渗漏,具有层状性质。

沉积岩地区除上述断层破碎带和裂隙发育带构成的渗漏通道外,最常见的是透水层(胶结不良的砂砾岩和不整合面)漏水,只要它们穿过坝基,就可成为漏水通道。

在岩溶地区应查明岩溶的分布规律和发育程度,当岩溶区一旦发生渗漏,就会使水库严重漏水,甚至干涸。

2. 松散沉积物地区的渗漏分析

松散沉积物地区坝基渗漏主要是通过古河道、河床和阶地内的砂卵砾石层。其颗粒粗细变化较大,出露条件也各异,这些均影响渗漏量的大小。如果砂卵石层上有足够厚度、分布稳定的黏土层时,就等于是天然铺盖,可起防渗作用。因此,在研究松散层坝区渗漏问题时,应查清土层在垂直和水平方向的变化规律。

3. 防渗措施

根据渗透部位和渗透方式不同,采取不同的防渗措施。灌浆帷幕用于裂隙性岩溶渗漏具有显著的防渗效果;对规模不大的管道性岩溶渗漏采用填充性灌浆也有一定效果,一般在坝基和坝肩部位都设置有灌浆帷幕,以防止绕坝渗漏。当地基下面透水层深度不大时,常用截水墙防渗,防渗墙有黏土墙、混凝土墙和大口径钻孔回填混凝土等形式。铺盖防渗主要适用于大面积的孔隙性或裂隙性渗漏。库底大面积渗漏,常用黏土铺盖,对于库岸斜坡地段的局部渗漏,用混凝土铺盖。堵洞是指选择集中漏水的洞口用适当的建材堵塞,是防止岩溶通道渗漏的有效方法。

任务二 库区工程地质问题及处理

❖任务导入❖

达响水库为山间沟谷型水库,库区总体呈弯曲带状,除在近坝址区有两个相连的较大的宽阔地形外,大部为坡陡流急的峡谷。库区所处两江河属于山区河流,河流坡降较大,沟谷切割较为剧烈,但库岸主要是岩体组成,仅局部地段存在第四系松散堆积物,两岸植被较好,固体径流来源并不丰富。水库蓄水后,水位上升引起库岸岩土体的湿化和物理、力学性质的改变,从而大大降低了其抗剪强度及自稳能力,形成库岸坍塌。组成库岸的岩土类型和性质是决定水库塌岸速度和宽度的主要因素,岩土体坚硬程度、库岸地质构造、软弱结构面的产状及组合关系都对库岸稳定影响巨大。另外,库水位的变化幅度和波浪作用也是影响水库塌岸的重要因素。

任务:1. 水库淤积有哪些危害?防治措施有哪些?
   2. 库岸失稳破坏的形式有哪几种?

❖知识准备❖

库区的工程地质问题,可归纳为:库区渗漏、浸没、库岸稳定、淤积等几方面。

一、库区渗漏问题

库区渗漏是指库水沿岩石孔隙、裂隙、断层、溶洞等向库盆以外或通过坝基(肩)向下游渗漏水量的现象。库区渗漏包括暂时性渗漏和永久性渗漏两类。

前者指在水库蓄水初期为使库水位以下岩土饱和而出现的库水损失,这部分的损失对水库影响不大。后者系指库水通过分水岭向邻谷低地或经库底向远处洼地渗漏,这种长期的渗漏将影响水库效益,还可能造成邻谷和下游的浸没。

分析库区是否渗漏,可从以下几方面考虑。

1. 库区地形地貌特征及水文地质条件

山区水库,地形分水岭(或称河间地块)单薄,邻谷谷底高程低于水库正常高水位[图2-7(a)],则库水有可能向邻谷渗漏。临谷切割越深,与库水位高程相差越大,渗漏的水量也越大。相反,若河间地块分水岭宽厚,或邻谷谷底高于水库正常高水位,库水就不可能向邻谷渗漏[图2-7(b)]。

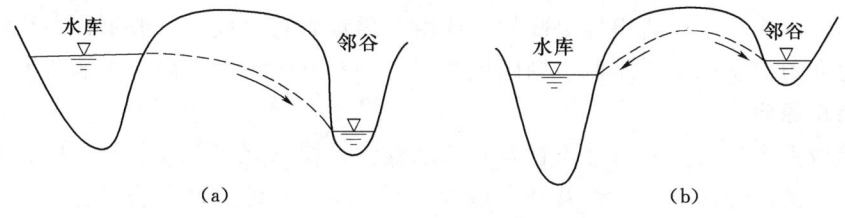

图2-7 邻谷高程与水库渗漏的关系

当山区水库位于河弯处时,若河道转弯处山脊较薄,且又位于垭口、冲沟地段,则库水可能外渗(图2-8)。

平原区水库一般不易向邻谷河道渗漏，但在河曲地段有古河道沟通下游时，则有渗漏可能（图 2-9）。

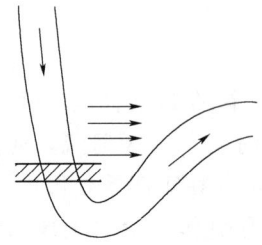

图 2-8　河弯间渗漏途径示意图

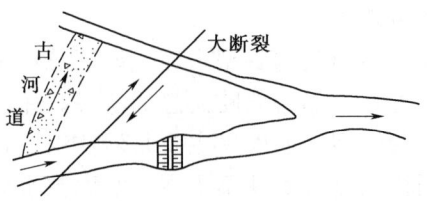

图 2-9　古河道渗漏途径示意图

2. 地层岩性和地质构造

当河间分水岭岩性由强透水岩层组成，如卵砾石层、岩溶通道或有断层沟通，且这些岩层及通道又低于库区的正常水位，必将引起强烈漏水（图 2-10）。

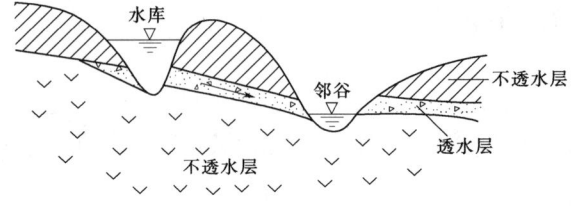

图 2-10　易于向邻谷渗漏的岩性、构造条件

二、库区浸没问题

水库蓄水后水位抬高，引起水库周围地下水壅高。当库岸比较低平，地面高程与水库正常高水位相差不大时，地下水位可能接近甚至高出地面，产生种种不良后果，称为水库浸没（图 2-11）。

浸没对滨库地区的工农业生产和居民生活危害甚大，它使农田沼泽化或盐碱化，导致农作物无法种植；建筑物的地基强度降低甚至破坏，影响其稳定和正常使用；附近城镇居民无法居住，不得不采取排水措施或迁移他处。浸没区还能造成附近矿坑渗水，使采矿条件恶化。因此，浸没问题常常影响到水库正常高水位的选择，甚至影响到坝址的选择。

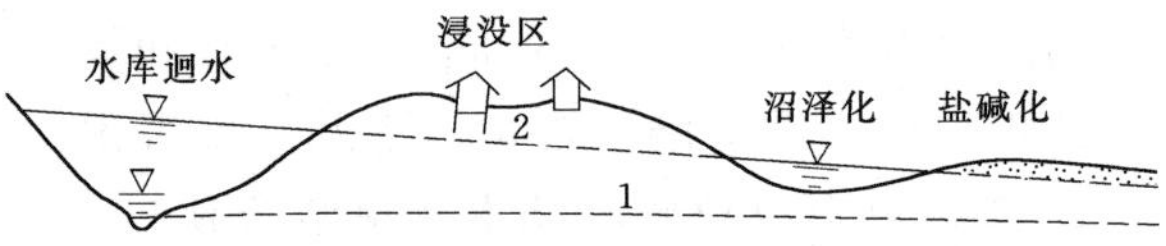

图 2-11　水库边岸地带浸没示意图
1—建库前天然地下水位；2—建库壅水后地下水位

水库浸没的可能性决定于水库岸边正常水位变化范围内的地貌、岩性及水文地质条件。对于山区水库，水库边岸地势陡峻，或由不透水岩石组成，一般不存在浸没问题。但对山间谷地和山前平原中的水库，周围地势平坦，易发生浸没，而且影响范围也较大。

三、库岸稳定问题

水库建成蓄水后，库岸自然条件发生急剧变化，原来处于干燥状态下的岩土，在库水位变化范围内的部分因浸湿而经常处于饱和状态，其工程地质性质明显恶化；岸边遭受波浪的冲蚀淘刷作用；库水位经常变化，当水位快速下降时，原来被顶托而壅高的地下水来不及泄出，因而增加了岸坡岩土体的动水压力和自重压力。因此，使得原来处于平衡状态下的岸坡，有一部分发生变形破坏，直至达到新的平衡状态为止。

库岸的失稳破坏，危及滨库地带居民点和建筑物的安全，使滨库地带的农田遭到破坏；库岸的破坏物质又成为水库的淤积物、减小库容；近坝库岸大塌滑体的突然滑落激起的涌浪，还能危及大坝安全，并给坝下游带来灾难性后果。

库岸失稳破坏有三种类型。

1. 塌岸

水库蓄水后，岸边的岩石、土体受库水饱和、强度降低，加之库水波浪的冲击、淘刷，引起库岸坍塌后退的现象，称为塌岸（或称水库边岸再造）。塌岸将使库岸扩展后退，对岸边的建筑物、道路、农田等造成威胁、破坏，且使塌落的土石又淤积库中，减少有效库容。还可能使分水岭变得单薄，导致库水外渗。

影响塌岸的主要因素有库岸地形、岩性、地质构造以及水文气象条件等。塌岸一般在平原水库比较严重，这种现象主要发生于土质岸坡地段。

水库蓄水最初几年内塌岸表现最为强烈，随后渐渐减弱，可以延续几年甚至十几年以上。塌岸是一个长期缓慢的演变过程，最终塌岸破坏带的宽度可达几百米，如我国黄河三门峡库最大塌岸带宽度284m。

2. 库岸滑坡

库岸滑坡在大部分水库蓄水后都会发生，只是规模不同而已，它往往是岸坡蠕变的发展结果。按库岸滑坡发生的位置，可分为水上滑坡和水下滑坡，以及近坝滑坡和远坝滑坡。近坝的水上高速滑坡危害尤大。我国湖南柘溪水库，在1959年的蓄水初期，大坝上游1.5km的塘岩光发生大滑坡，165万 m^3 土石以 $25m^3/s$ 的速度滑入库中，激起高达21m的涌浪，致使库水漫过尚未完工的坝顶泄向下游，损失巨大。

滑坡是库岸破坏的主要形式之一，由于危害较大，对山区水库来说，需重视研究近坝的库岸滑坡。我国的几座大型水坝，如龙羊峡和小浪底水库均存在此问题。

3. 岩崩

岩崩是峡谷型水库岩质库岸常见的破坏形式，它常发生在由坚硬岩体组成的高陡库岸地段。水库蓄水后，由于坡脚岩层软化或下部库岸的变形破坏，而引起上部库岸的岩体崩塌。

四、水库淤积问题

水库建成后，上游河水携带大量泥沙及塌岸物质和两岸山坡地的冲刷物质，堆积于库底的现象称为水库淤积。水库淤积必将减小水库的有效库容，缩短水库寿命。尤其在多泥沙河流上，水库淤积是一个非常严重的问题。我国黄河干流上的三门峡水库，若不采取措施，几十年后将全部淤满。山陕高原上有一些小水库，建成一年后库容竟全部被泥砂淤满。

淤积不仅缩短水库使用寿命，而且会给上下游防洪、灌溉、航运、排涝治碱、工程安全和生态平衡带来影响。

工程地质研究水库淤积问题，主要是查明淤积物的来源、范围、岩性及其风化程度及斜坡稳定性等，为论证水库的运用方式及使用寿命提供资料。

水库淤积的防治措施，主要包括两个方面。首先要加强水土保持，减少泥沙入库。水土保持措施主要包括生物措施、农业措施和工程措施，应根据具体情况合理进行选择，如植树造林、种草绿化荒山。合理耕种梯田，深耕密植，开沟拦截地表水，修筑淤地坝、拦沙堰、拉泥库等。其次对水库进行合理运用管理，利用水沙运动的特性采用各种方法进行排沙，减少水库淤积。主要包括引洪放淤、蓄清排浑、拦洪蓄水、异重流排沙等运用方式。

任务三　引水建筑物工程地质问题及处理

❖**任务导入**❖

我国人均水资源占有率远低于世界平均水平。在我国水资源的利用中，农业用水量占全国年用水总量的七成以上，而其中有90%的用水量来自于农田灌溉。而在我国的灌溉渠道工程建设的总长度中，使用渠道防渗技术的灌溉渠道还不足总长的20%。未使用防渗技术的水渠造成了水资源的大量流失。水量的流失不仅使灌溉效率降低，水量渗入地下造成地下水位的上涨，还会影响灌区土壤的质量，使渠道设施变形损坏，给农业生产造成巨大的损失。渠道防渗技术在灌溉渠道中的使用，可以大大减少渠道中水量的流失。在灌溉渠道中全面使用防渗技术，可以在总体上减少农业用水量，扩大灌溉的面积，提高农业用水的利用率。同时，使用防渗技术可明显提高渠道的输送能力，使渠床的耐用性提高，在渠道的建设和维护上的成本明显减低，降低农业灌溉的成本，从而获得更大的经济效益。

任务：1. 渠道防渗措施有哪些？
　　　2. 隧洞洞口位置选择应考虑哪些因素？

❖**知识准备**❖

引水建筑物是线形水工建筑物，一般由渠道、输水隧洞、渡槽、闸等组成，本部分介绍工程地质问题较多的渠道和水工隧洞。

一、渠道的工程地质问题

渠道的工程地质问题主要有渠道渗漏、渠道边坡稳定和渠道两侧的自然地质现象，如冲沟、崩塌、滑坡、泥石流对渠道的威胁。

1. 渠道渗漏的地质条件分析

渠道输水是目前我国农田灌溉的主要输水方式，而渠道渗漏是农田灌溉用水损失的主要方面。目前我国80%以上的渠道无防渗处理，渠系水利用系数一般为0.4~0.5，差的仅为0.3左右。渠道渗漏除了影响渠道的利用效率和经济效益外，还会造成地下水位抬升、土壤次生盐渍化和沼泽化、黄土湿陷造成渠道破坏、引起山坡滑动等不良后果。

山区傍山渠道多通过基岩地区，由于绝大多数岩石的透水性很弱，所以一般渗漏不严重。但要注意渠线是否穿越强透水层或强透水带（如断层破碎带、节理密集带、岩溶发育带、强烈风化带等），这些地段可产生大量渗漏。

平原线及谷底线的渠道，多通过第四系的松散沉积层，渠道渗漏主要取决于其透水性的强弱。如砂、砾石、碎石等，透水性强，因而渠道渗漏严重；黏性土透水性微弱，甚至不透水，则很少渗漏。

2. 渠道选线的工程地质问题

渠道为线形建筑物，路线长，穿越的地貌、岩性、构造及水文地质条件类型多，变化复杂。为使渠道水流畅通又不致水头损失过大，应有一个合理的纵坡降，以保证渠道不冲、不淤和最小渗漏损失。故而在选线时，首先要注意地貌和地形条件，应尽可能避开高山、深谷和地形切割强烈的丘陵山区。渠线应在工程地质条件较好的岩体中通过，尽量避开不良地质条件，如大断层破碎带、强地震区、强透水层分布区、溶洞（尤其是落水洞）发育地段和边坡不稳定地段。

3. 渠道渗漏的防治

渠道渗漏防治措施主要有以下三个方面：

(1) 绕避。在渠道选线时尽可能避开强透水地段、断层破碎带和岩溶发育地段。

(2) 防渗。采用不透水材料护面防渗，如黏土、三合土、浆砌石、混凝土、土工布等。

(3) 灌浆、硅化加固等。

二、隧洞的工程地质问题

当渠道穿越山岭和谷地时，环山渠道往往由于线路太长，且要增加较多的附属建筑物（如渡槽、倒虹吸、挡土墙等），此时可经过经济方案比较而选用穿山隧洞的形式。其优点是线路短、水头损失小、便于管理养护，还可避开一些不良地质地段。

由于隧洞修建在地下岩体中，所以地质条件对隧洞影响很大，隧洞的主要工程地质问题是洞身围岩（即洞的周围岩体）的稳定性和围岩作用于支撑、衬砌上的山岩压力，以及地下水对围岩稳定的影响。

1. 围岩工程地质分类

我国《水利水电工程地质勘察规范》（GB 50487—2008），将围岩按围岩总评分、围岩强度应力比分为五类，见表2-1。

表2-1　　　　　　　　　地下洞室围岩详细分类

围岩类别	围岩总评分 T	围岩强度应力比 S
Ⅰ	>85	>4
Ⅱ	85≥T>65	>4
Ⅲ	65≥T>45	>2
Ⅳ	45≥T>25	>2
Ⅴ	T≤25	—

注　Ⅱ、Ⅲ、Ⅳ类围岩，当其强度应力比小于本表规定时，围岩类别宜相应降低一级。

围岩强度应力比S可根据下式求得

$$S=\frac{R_b K_v}{\sigma_m} \tag{2-3}$$

式中　R_b——岩石饱和单轴抗压强度，MPa；

　　　K_v——岩体完整性系数；

　　　σ_m——围岩的最大主应力，MPa。

围岩总评分为：以控制围岩稳定的岩石强度、岩体完整程度、结构面状态、地下水和主要结构面产状五项因素之和。详见《水利水电工程地质勘察规范》（GB 50487—2008）。

2. 隧洞的工程地质条件

(1) 洞口位置的选择。洞口位置应该考虑山坡坡度、岩层倾角、洞口顶板的稳定性和水流影响等几方面因素。许多工程实践证明：往往因洞口位置的地形地貌条件不利，导致迟迟不能清理出稳定的洞脸而无法进洞的局面。

山坡宜下陡上缓，无滑坡、崩塌等存在。山坡下部坡度最好大于60°，一般不宜小于40°。洞口处岩石应直接出露或坡积层较薄，岩石比较新鲜，尽量选在岩层倾角与坡向相反的山坡（反向坡），或选择岩层倾角小于20°或大于75°的顺向坡。

选择完整、厚度大的岩层作顶板。洞口位置不应选在冲沟或溪流的源头、旁河山嘴和谷地口部受水流冲蚀地段。在地貌上应避开滑坡、崩塌、冲沟、泥石流等不良自然地质现象。

(2) 隧洞选线的工程地质评价。

1) 隧洞选线时应充分利用地形，方便施工。如利用深切的河谷使隧洞出现明段，便于分段施工。有压隧洞上覆岩体应大于0.2~0.5倍的压力水头，无压隧洞也不小于3倍洞的跨度。

2) 选择洞线时，应充分分析沿线地层的分布和各种岩石的工程性质，尽量使洞身在完整坚硬的岩体中穿过。

3) 洞线在褶皱岩层和断裂地带穿过时，应尽量使其垂直于岩层和断层的走向，并应避开褶曲核部，以陡倾角的翼部为佳。

4) 对隧洞沿线的水文地质条件应进行预测性调查，对易透水的岩层和构造，特别是岩溶地区，要密切注意其分布规律和发育程度，并分析评价地下水涌水的可能性和涌水量。

5) 在选择隧洞位置时，岩体中的初始应力状态对围岩稳定性的影响不可忽视。如岩体中水平主应力较大时，洞线应平行最大主应力方向布置。

(3) 山岩压力及弹性抗力。山岩压力及弹性抗力是设计支护或衬砌的依据之一，它关系到洞室正常运用、安全施工、节约资金和更快更好地进行建设的问题。

1) 山岩压力。由于隧洞的开挖，破坏了围岩原有的应力平衡条件，引起围岩中一定范围内的岩体向洞内松动或坍塌，因而就必须尽快支撑和衬砌，以抵抗围岩的松动或破坏。这时围岩作用于支撑和衬砌上的压力称为山岩压力（也称为围岩压力）。显然，山岩压力是隧洞设计的主要荷载。若山岩压力很小或没有，可认为隧洞是稳定的，可以不支撑；当山岩压力很大时，则必须考虑衬砌和支撑。所以，正确估计山岩压力的大小，将是直接影响隧洞安全和经济的问题。

工程上常用的两种确定山岩压力的方法：其一，用平衡拱理论，将围岩视为松散介质；其二，用岩体结构分析，将围岩视为各种结构面组合而成的塌落体，塌落体的滑动力减去抗滑力即为山岩压力。但由于确定山岩压力的大小和方向是一个极为复杂的问题，到目前为止，山岩压力的计算还没有得到圆满解决。

2) 围岩的弹性抗力。岩体的弹性抗力是指在有压隧洞的内水压力作用下向外扩张，引起围岩发生压缩变形后产生的反力。围岩的弹性抗力与围岩的性质、隧洞的断面尺寸及形状等有关。当洞壁围岩在内水压力作用下向外扩张了 y（图2-12），则围岩产生的弹性

抗力 σ 为

$$\sigma = Ky \qquad (2-4)$$

式中 σ——岩体的弹性抗力，MPa；

y——洞壁的径向变形，cm；

K——围岩的弹性抗力系数，MPa/cm。

弹性抗力系数 K 的物理意义是迫使围岩产生一个单位的径向变形所需施加的压力值。

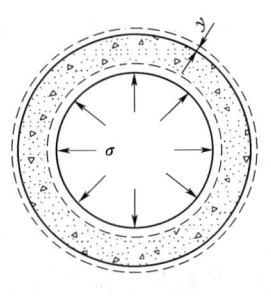

图 2-12 内水压力作用下围岩变形

岩体的弹性抗力系数反映了岩体的抗力特征。K 值越大，岩体承受的内水压力就越大，相应的衬砌承担的内水压力就小些，衬砌可以做得薄一些。但 K 值选得过大，将给工程带来不安全，因此，正确选择岩体的弹性抗力系数具有很大意义。

弹性抗力系数 K 与隧洞的直径有关，以圆形隧洞为例，隧洞的半径越大，K 值越小。故 K 值不为常数，为了便于对比使用，隧洞设计中常采用单位弹性抗力系数 K_0（即隧洞半径为 100cm 时的岩体弹性抗力系数），即

$$K_0 = K \frac{R}{100} \qquad (2-5)$$

式中 R——隧洞半径，cm。

表 2-2 为常用的单位弹性抗力系数表，以供参考。

表 2-2　　　　　　　　　　岩石抗力系数表

岩石坚硬程度	代表的岩石名称	节理裂隙多少或风化程度	有压隧洞单位抗力系数 K_0/(MPa/cm)	无压隧洞单位抗力系数 K_0/(MPa/cm)
坚硬岩石	石英岩、花岗岩、流纹斑岩、安山岩、玄武岩、厚层硅质灰岩等	节理裂隙少、新鲜	100~200	20~50
		节理裂隙不太发育、微风化	50~100	12~20
		节理裂隙发育、弱风化	30~50	5~12
中等坚硬岩石	砂岩、石灰岩、白云岩、砾岩等	节理裂隙少、新鲜	50~100	12~20
		节理裂隙不太发育、微风化	30~50	8~12
		节理裂隙发育、弱风化	10~30	2~8
较软岩石	砂页岩互层、黏土质岩石、致密的泥灰岩	节理裂隙少、新鲜	20~50	5~12
		节理裂隙不太发育、微风化	10~20	2~5
		节理裂隙发育、弱风化	小于10	小于2
松散岩石	严重风化及十分破碎的岩石、断层破碎带等		小于5	小于1

3. 提高围岩稳定的措施

(1) 支护与衬砌。

1) 支撑。它是在洞室开挖过程中，用以稳定围岩用的临时性措施。按照选用材料的不同，有木支撑、钢支撑及混凝土支撑等。在不太稳定的岩体中开挖时，需及时支撑以防止围岩早期松动。

2)衬砌。衬砌是加固围岩的永久性工程结构。衬砌的作用主要是承受围岩压力及内水压力,在坚硬完整的岩体中,围岩的自稳能力高,也可以不衬砌。衬砌有单层混凝土及钢筋混凝土衬砌,也可以用浆砌条石衬砌。双层的联合衬砌,一般内环用钢筋混凝土或钢板,外环用混凝土,多用于岩体破碎、水头高的隧道。

(2)喷锚支护。近几十年来,喷锚支护在国内外的地下工程中获得了广泛的应用,它是稳定围岩的一种有效的工程措施。当地下洞室开挖后,围岩总是逐渐地向洞内变形。喷锚支护就是在洞室开挖后,及时地向围岩表面喷一薄层混凝土(一般厚度为5~20cm),有时再增加一些锚杆,从而部分地阻止围岩洞内变形,以达到支护的目的。

任务四　病险水库的除险加固

❖任务导入❖

石道角水库是在20世纪60年代特定的历史背景中施工修建的。在工程修建后期,为了完成进度,忽视了工程质量,致使大坝未按设计要求完工,工程带病运行几十年。2008年,石道角水库经安全鉴定为三类坝,水库存在着严重的工程病害,如坡度太陡、内坡未进行护坡处理、风浪淘涮严重、溢洪道泄流能力远达不到设计标准、"5·12"汶川大地震导致坝顶纵向裂缝、内坝滑坡等问题,严重制约了灌区农业经济的发展,威胁着下游灌区人民群众的生命财产安全。为确保水库安全,充分发挥防洪和兴利效益,迫切需要对石道角水库进行病害整治,以彻底消除水库病害隐患。

任务:1.何为病险水库?
　　　2.病险水库除险加固措施有哪些?

❖知识准备❖

一、病险水库现状

病险水库是指水库及水库大坝经安全鉴定或全面评估为三类坝,即实际抗御洪水标准达不到部颁水利枢纽工程除险加固近期非常运用洪水标准,或者工程存在较严重的安全隐患,不能按设计正常运行的大坝。

新中国成立以来,我国建设了大量水库,先后建成小型水库8万多座,占我国水库总数的95%,小型水库作为我国水利工程体系的重要组成部分,为我国经济社会的发展发挥了重要作用。小型水库大都修建于20世纪六七十年代,因受当时科学技术的影响和资金投入限制,水库建设缺乏科学性根据,出现了很多边勘测、边设计、边施工的"三边"工程,没有遵守基建程序,片面强调进度,急于求成。限于当时的技术水平和经济条件,许多水库的质量和建设水平都不是太高,大部分是小型坝,小型坝中的90%以上是土石坝,土石坝的寿命大约是50年,目前为止,基本上都已是超期服役。且在此后几十年的运行中,建设质量较差、老化失修严重、配套设施不全、缺乏良性的管理体制与机制等一系列问题,水库病险的数量过半,达4万多座。这些病险水库安全隐患严重,不仅严重制约了水库效益的发挥,也成为我国防洪体系的薄弱环节。

我国病险水库数量大、比例高,中小型水库占病险水库的绝大多数。这4万多座病险水库绝大部分散布在广袤的农村,还有一些县市的上游。曾有统计显示,全国头顶"一盆水"的城市有179座，占全国城市的25.4%；头顶"一盆水"的县城有285座，占全国县城的16.7%。它有很高的风险，一旦垮了就要冲房子、冲田地、冲工业设施、冲铁道，甚至整个城市。

从1954年有溃坝记录以来，全国共发生溃坝水库3515座，其中小型水库占98.8%，年均110座，最多的在1973年，垮坝554座；20世纪80年代后，年均仍有20余座。河南省驻马店地区包括板桥、石漫滩两座大型水库在内的数十座水库漫顶垮坝，1100万亩农田被毁灭，1100万人受灾，超过2.6万人死亡。

病险水库主要问题如下：①设计标准偏低，不能适应新的防洪要求；②主要建筑物如大坝不能满足抗震稳定要求；③主要建筑物结构稳定、渗流稳定不能满足规范要求，难以抵御设计洪水；④有的水库缺少泄洪设施、大坝渗漏严重或库区淤积严重；⑤水库的调度运用、维修养护、安全观测等管理设施严重缺乏；⑥运行管理、维修养护、除险加固以及更新改造经费缺乏，致使工程老化失修日趋严重等。

大量病险水库的存在，严重影响其防洪兴利效益的发挥以及国民经济的发展。一是对下游城市、乡镇、企业等造成的威胁；二是垮坝的可能性和危险性以及造成重大灾害的严重性在日益增加；三是防洪体系整体抵御洪患的能力大打折扣；四是严重影响区域经济发展、城乡供水、环境的效益的发挥。

由于病险水库的问题很突出，2008年水利部出台《全国病险水库除险加固专项规划》，计划用3年时间把现有的大中型和重点小型病险水库除险加固，真正开始了中国乃至世界上最集中、最大规模的水库维修工程。2011年，水利部宣布：经过除险加固，基本解除了637座县级以上城市、1.61亿亩农田以及大量重要基础设施的溃坝洪水威胁，保障了水库下游1.44亿人的生命财产安全。2010年7月，启动了5400座重点小（1）型水库的除险加固，2011年4月，又启动了全部4.1万座小（2）型病险水库的加固工程。至2015年年末，大规模的、由国家集中力量来完成的除险加固工程将宣告全部完成，中国将基本消灭病险水库。

二、病险水库常见的工程地质问题

据统计资料分析，病险水库常见的险情及隐患，大部分与地质因素有关，主要表现在坝基渗漏、坝基稳定性、边坡失稳、坝体填筑质量四个方面。

1. 坝基渗漏及渗透稳定

坝基渗漏是病险水库常见的险情。按照坝基地质条件，可分为覆盖层渗漏、裂隙性岩体渗漏、断层破碎带渗漏和岩溶渗漏。

2. 坝基稳定性

（1）抗滑稳定与沉降变形。山区土石坝因地基条件而引起的抗滑稳定性与沉降变形险情很少。而在平原区的土石坝，坝基下存在高压缩性土，常有抗滑稳定性与沉降变形的险情发生。

（2）抗震稳定性。高烈度区的病险水库大坝，常因抗震设计标准不够，存在抗震稳定性的隐患。部分土石坝，因坝基有软黏土或饱和粉细砂层，也有震陷或震动液化的隐患。此种情况在汶川地震后被广泛重视。上游的大型水库成为下游城市严重的安全隐患。

（3）湿陷性变形。坝基下存在有湿陷性土层且未经工程措施处理或坝体填筑料为湿陷性土,当水库蓄水后,因湿陷性土浸水而造成坝基湿陷,坝体产生下沉变形,坝体形成裂隙,或者加大坝基及坝体的渗漏。此情况在西北地区湿陷性黄土地区可见。

3. 边坡失稳

边坡失稳是水库常见的隐患。靠近坝体的库岸边坡及坝肩边坡,如土石坝溢洪道一侧或两侧、泄洪洞进出口洞脸,一般开挖一定高度的人工边坡,有的做了边坡衬砌支护,有的部分处理或者措施不当,在泄洪水流冲刷下,出现边坡失稳,影响水库正常泄洪,危及大坝安全。

4. 坝体质量不合格

多出现于土石坝,常常是由于坝体填筑料和施工质量失控造成的。险情主要表现为坝体土填筑质量不均匀,局部存在夯填不密实,施工处理不良,心墙顶高程不均一,心墙土质量较差等情况。当心墙顶高程较低,库区水位高于心墙顶高程时,对坝体安全十分不利。还有坝顶或坝坡裂缝、变形甚至滑动等现象。

三、病险水库的加固措施

加快病险水库除险加固,确保水库安全,充分发挥防洪和兴利效益,对促进经济与社会的发展具有十分重要的意义。

1. 提高水库防洪标准的工程措施

(1) 加高大坝、增加水库调蓄洪水能力,提高防洪标准。

1)"戴帽"加高。从坝顶上直接加高,于坝坡稳定的要求,加高的高度有一定限制,最大不宜超过 3m。如加高过多,则必须加宽坝身。

2) 培厚背水坡土方及加高坝顶。比"戴帽"加高工程量要大,造价也高。加高大坝可以超过 3m,根据需要来定。

(2) 扩建或增建溢洪道,加大泄洪量。

1) 溢洪道拓宽,并增设闸门。在地形、地质条件许可而且增加开挖量不大的情况下,将原溢洪道拓宽,而不降低堰顶高程,这是增加下泄流量、提高防洪标准的一项措施,投资也比较少,但不应增加泄流量过多,以免加重下游河道的负担。

2) 溢洪道加深,并安设闸门。

3) 溢洪道拓宽、堰顶降低并增设闸门。

2. 提高水库工程质量的措施

关于工程质量问题,土石坝主要是渗漏、滑坡和裂缝,其中滑坡和裂缝的产生,有的也与渗漏有关,所以处理土石坝质量,关键是防渗,这里主要是针对防渗提出一些常用的工程措施。一般处理防渗的原则是"上堵下排"。

上堵的措施有水平防渗与垂直防渗。水平防渗有黏土铺盖结合下排开挖导渗沟、减压井和水平盖重压渗等。

垂直防渗有混凝土防渗墙、高压喷射灌浆防渗、劈裂灌浆防渗,冲抓套井回填黏土防渗及土工合成材料防渗等。

在病险水库防渗加固中,有的是坝基需要防渗加固,有的是坝基和坝体都需要防渗加固。在采取工程措施时,多采取垂直防渗措施。这是因为采取这一措施,一般不需要放空水库。反之,如果采取水平防渗措施,则必须放空水库,才能彻底进行。而水库长期蓄水后，总会有些淤积，给水平防渗处理带来一定的困难；在保持坝基渗透稳定和截渗方面，水平防渗也不如垂直防渗彻底。同时，在水资源紧缺地区，放空水库一般要慎重。

❖ 技能应用 ❖

技能：编制常峪口水库除险加固工程大坝渗漏处理方案

一、工程概况

常峪口水库位于河北省宣化县东望山乡常峪口村盘肠河上游的火烧沟 U 形峡谷内，距宣化县城 26km，控制流域面积 144.6km²。水库库容 214 万 m³，兴利库容 178 万 m³，防洪库容 36 万 m³，灌溉面积 4.2 万亩，属于以防洪、灌溉为主，兼顾养殖的小（1）型水库。水库防洪标准为 50 年一遇设计，500 年一遇洪水校核。大坝由左、右岸非溢流坝段、溢流坝段、排沙洞、灌溉洞和发电洞等建筑物组成。

二、问题分析

水库经过 20 多年的运行，大坝存在的主要渗漏问题如下：

（1）经过多年运行，大坝坝体出现多条纵横裂缝，坝体渗漏较为严重；由于存在裂缝削弱坝体的整体性，对坝体的安全存在较大的威胁；上游坝面水位变动区及下游坝面渗漏部位，受冻融破坏，条石之间的勾缝脱落严重。

（2）左坝肩重力墩基础为角闪片麻岩，岩体破碎，节理裂隙发育，存在地基渗漏和绕坝渗漏问题，右坝肩岩体局部出露强风化，节理裂隙发育，具有中等透水性，存在绕坝渗漏问题。

（3）大坝坝体和左、右坝肩地基均存在渗漏问题，下游坝面有析出物，坝脚有明流，随着库水位的增高，渗漏量增大。

坝体渗漏的主要原因是坝体施工质量差，砌石勾缝水泥砂浆充填不实，坝体埋石混凝土心墙施工达不到设计要求，施工缝处理不好等，经过多年运行，加之渗水导致坝体冻融破坏，坝体裂缝不断增多，渗漏越来越严重。

左坝肩渗漏的主要原因是地基为强风化角闪片麻岩，岩体破碎，节理裂隙发育。虽然经固结灌浆处理，但没有解决问题，仍然存在地基渗漏和绕坝渗漏问题。右坝肩渗漏的主要原因是岩体节理裂隙发育，透水性较强，后来由于附近修建国道，受国道开挖的影响，渗流增大，情况进一步恶化。

三、坝体裂缝处理

常峪口水库大坝坝体砌石砂浆勾缝在冻融破坏下有的脱落，有的开裂，坝体出现多条裂缝。为了提高坝体的整体性和抗渗性，对坝体裂缝进行坝体裂缝接触灌浆，采用超细水泥灌浆。

四、坝体贴面防渗处理

为了增强坝体防渗，在坝体迎水面新浇一层聚丙烯纤维钢筋混凝土防渗面板。防渗面板从坝基 1055m 高程开始向上浇筑，溢流坝段浇筑至坝顶 1088m 高程，非溢流坝浇筑至高程 1089m。

五、坝肩渗漏处理

右坝肩岩体呈强-弱风化状，节理裂隙发育，具中等透水性。由于受国道开挖的影响，右坝肩渗流增大，地质条件进一步恶化。左侧重力坝段地基为强风化角闪片麻岩，厚度7.2m左右，岩体破碎，节理裂隙发育，节理面倾角多近水平，少量为陡倾角，虽经固结灌浆处理，现仍存在地基渗漏和绕坝渗漏现象。

根据基岩的情况，为了封堵渗漏水，增强拱座的稳定，对河床两岸坝肩基岩进行帷幕灌浆处理，采用水泥灌浆。

六、加固效果

除险加固后，经水库蓄水未发现大坝渗漏现象，坝体、坝基渗漏以及坝肩绕坝渗漏问题处理效果良好。

❖ 知识强化与技能提升 ❖

一、判断题

1. 库区发生永久性渗漏的必要条件是地形、岩性、地质构造和水文地质条件。（　　）
2. 被结构面切割成不同形状和大小的岩块称为结构体。（　　）
3. 岩体在工程荷载作用下的变形和破坏，主要受组成该岩体的岩石性质所控制。（　　）
4. 坝基浅层滑动是指坝体沿坝底和基岩接触面发生剪切破坏而造成的滑动。（　　）
5. 坝基防渗帷幕是减少坝基渗漏的有力措施。（　　）
6. 在其他条件相同的情况下，倾向下游的较缓的结构面一定比倾向上游的较缓的结构面对坝基稳定更不利。（　　）
7. 当洞室位于褶皱核部时，向斜核部比背斜核部的稳定条件好。（　　）
8. 洞室埋藏越深，稳定性就越好。（　　）
9. 一般洞口地段地形应下陡上缓，无滑坡、崩塌等现象存在。（　　）
10. 围岩的弹性抗力系数越大，衬砌可以越薄。（　　）

二、选择题

1. 建库前，地下水分水岭低于库水位甚多，建库蓄水后，库水（　　）。

   A. 不会渗漏　　　　B. 可能会渗漏　　　C. 肯定会渗漏

2. 风化裂隙是岩体中的（　　）。

   A. 原生结构面　　　B. 次生结构面　　　C. 构造结构面

3. 常为软弱夹层的岩石是（　　）。

   A. 黏土页岩　　　　B. 石英砂岩　　　　C. 石灰岩等夹层

4. 若在坝基滑动岩体的下方存在有（　　），也可因发生较大压缩变形而起到临空的作用。

   A. 胶结好的断层破碎带　B. 软弱岩层　　　C. 伟晶岩脉

5. 坝基浅层滑动是由于（　　）而造成的。

   A. 坝体混凝土浇筑质量差而造成的

   B. 坝底与基岩接触面发生剪切破坏而造成的

C. 表部风化破碎层挖除不彻底

6. 坝基岩体的失稳形式，主要是（　　）。

A. 滑动破坏　　　　　B. 沉陷变形和滑动破坏　　C. 沉陷变形

7. 库区的哪种地质问题不会减少有效库容？（　　）

A. 塌岸　　　　　B. 淤积　　　　　C. 渗漏　　　　　D. 滑坡

8. 下列哪种防治水库淤积的措施不属于"排"的措施？（　　）

A. 蓄清排浑　　　　B. 拦洪蓄水　　　　C. 异重流排沙　　　　D. 植树种草

三、简答题

1. 水库蓄水后，库区可能产生的主要工程地质问题有哪些？
2. 坝基渗漏对工程的危害，主要表现在哪两个方面？
3. 简述渠道对地形地质条件的基本要求。
4. 什么是病险水库？病险水库常见工程地质问题有哪些？

四、识图分析

1. 试分析图2-13能否发生渗漏。

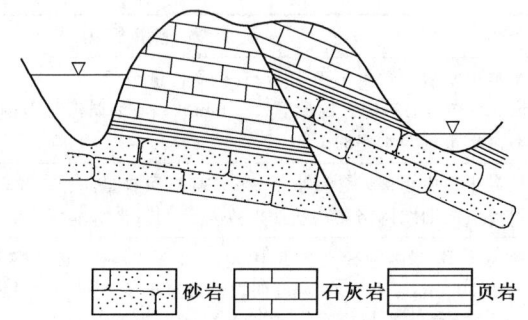

图2-13　断层构造对库水渗漏的影响

2. 试从工程地质条件角度分析图2-14中三个洞室位置的好坏。

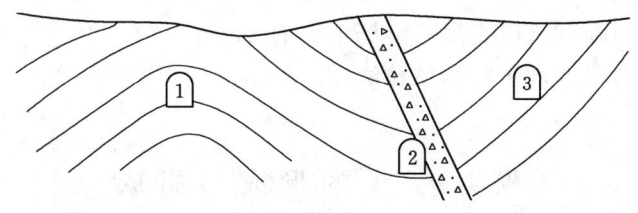

图2-14　布置在不同地质构造的隧洞

3. 试根据图2-15中所给的岩性条件，分析各洞室位置的优劣。

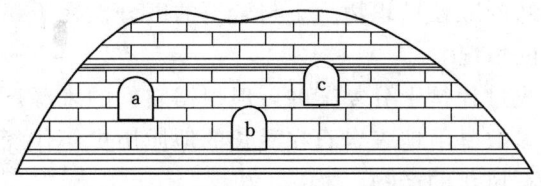

图2-15　布置在水平岩层不同位置的隧洞

项目三 土的基本指标检测与运用

任务一 土的物理性质指标检测

❖任务导入❖

案例：瀑布沟水电站大坝为砾石土心墙堆石坝，大坝由心墙防渗料区、上下游反滤料区、上下游过渡料区、上下游堆石料区和上下游护坡块石料区等组成。大坝各种填筑料要求不一，各种料源应满足坝体填筑各料区坝料的技术指标要求。坝料物理指标和要求见表3-1。

表3-1　　　　　　　　　　坝料物理指标和要求

填筑坝料	坝料物理指标要求
砾石土心墙防渗料	填筑土料中水溶岩含量小于3%，有机质含量小于2%；在黑马料场Ⅰ区土料最大粒径不大于80mm，在０区土料最大粒径不大于60mm；心墙防渗土料的塑性指数大于8，小于20；细料含水率高于最优含水率的1%～2%
高塑性黏土料	高塑性黏土料中水溶岩含量小于3%，有机质含量小于2%；最大粒径小于2mm，颗粒级配满足设计级配曲线网络图；塑性指数大于20；含水率高于最优含水率的1%～4%
反滤料	反滤料B_1、B_3最大粒径不大于10mm，小于0.075mm的颗粒含量小于2%；B_2、B_4最大粒径不大于100mm，小于1.8mm的颗粒含量小于2%。B_5最大粒径不大于200mm，粒径小于2.5mm的颗粒含量小于2%；压实后的相对密度大于0.8
过渡料	过渡料采用石料场开采料，饱和抗压强度大于50MPa；最大粒径不大于300mm，最小粒径大于0.1mm，粒径小于5mm的颗粒含量不大于15%。压实后的孔隙率小于23%

任务：1. 通过现场试验确定黑马料场土料的含水率。
　　　2. 确定高塑性黏土料的颗粒级配。

❖知识准备❖

模块一 土的形成与组成

1. 土的形成

"土"一词在不同的学科领域有其不同的含义。就土木工程领域而言，土是指覆盖在地表的没有胶结和弱胶结的颗粒堆积物。土与岩石的区分仅在于颗粒间胶结的强弱，所以有时也会遇到难以区分的情况。

在自然界，土的形成过程是十分复杂的，但根据它们的来源，可分为两大类：无机土和有机土。天然土绝大多数是由地表岩石在漫长的地质历史年代经过风化作用形成的无机土，所以通常说土是岩石风化的产物。

这里说的风化，包括物理风化和化学风化。物理风化是指由于温度变化、水的冻胀、波浪冲击、地震等引起的物理力使岩体崩解，碎裂成岩块。通过同样的过程，这些岩块又可进一步碎裂成岩屑。在干旱地区，大风刮起的砂、砾的撞击也可导致岩体开裂。化学风化是指岩体（或岩块、岩屑）与空气、水和各种水溶液相接触，经过氧化、碳化和水的作用分解为极细颗粒的过程。此外，生物活动也可促进风化的过程。相比较而言，化学风化使岩石产生质的变化。在自然界中，这两种风化作用往往是同时或交替进行的，所以任何一种天然土通常既有物理风化的产物，又有化学风化的产物。

2. 土的成因类型

土在地表分布极广，成因类型也很复杂。不同成因类型的沉淀物，各具有一定的分布规律、地形形态及工程性质，下面简单介绍几种主要类型：

（1）残积土。地表岩石经过风化、剥蚀以后，残留在原地的碎屑物，称为残积土。它的分布受地形的控制。在宽广的分水岭上，由于地表水流速很小，风化产物能够留在原地，形成一定的厚度。在平缓的山坡或低洼地带也常有残积土分布。

残积土中残留碎屑的矿物成分，在很大程度上与下卧基岩一致，这是它区别于其他沉积土的主要特征。例如，砂岩风化剥蚀后生成的残积土多为砂岩碎块。由于残积土未经搬运，其颗粒大小未经分选和磨圆，故其颗粒大小混杂，均质性差，土的物理力学性质各处不一，且其厚度变化大。因此，在进行工程建设时，要注意残积土地基的不均匀性，防止建筑物的不均匀沉降。我国南部地区的某些残积土，还具有一些特殊的工程性质。如由石灰岩风化而成的残积红黏土，虽然其孔隙比较大，含水率高，但因其结构强因而承载能力高。又如，由花岗岩风化而成的残积土，虽室内测定的压缩模量较低，空隙比较大，但其承载力并不低。

（2）坡积土。高处的岩石风化产物，由于受到雨水、融雪水流的搬运，或由于重力的作用而沉淀在较平缓的山坡上，这种沉淀物称为坡积土。它一般分布在坡腰或坡脚，其上部与残积土相接。

坡积土随斜坡自上而下逐渐变缓，呈现由粗到细的分选现象，但层理不明显。其矿物成分与下卧基岩没有直接关系，这是它与残积土明显区别之处。

坡积土底部的倾斜度取决于下卧基岩面的倾斜程度，而其表面倾斜度则与生成的时间有关。时间越长，搬运沉淀在山坡下的物质越厚，表面倾斜度也越小，在斜坡较陡地段的坡积土常较薄，而在坡脚地段的坡积土则较厚。

由于坡积土形成于山坡，故较易沿下卧基岩倾斜面发生滑动。因此当在坡积土上进行工程建设时，要考虑积土本身的稳定性和施工开挖后边坡的稳定性。

（3）洪积土。由暴雪或大量融雪骤然集聚而成的暂时性山洪急流，将大量基岩风化产物或基岩剥蚀、搬运、堆积于山谷冲沟出口或山前倾斜平原而形成洪积土。由于山洪流出沟谷口后，流速骤减，被搬运的粗碎屑物质先堆积下来，离山渐远，颗粒随之变细，其分布范围也逐渐扩大。

从工程观点可把洪积土分为三部分：靠近山区的洪积土，颗粒较粗，所处地势较高，而地下水位低，且地基承载力较高，常为良好的天然地基；离山区较远地段洪积土多由粉粒、黏粒组成，由于形成过程受到周期性干旱作用，土体被析出可溶盐胶结而较坚硬密实，承载力较高；中间过渡地段常常由于地下水溢出地表而造成宽广的沼泽地，土质较弱而承载力较低。

（4）冲积土。由河流的水将岩屑搬运、沉积在河床较平缓地带，所形成的沉积物称为冲积土。河流冲积土在地表的分布很广，主要类型如下。

1）平原河谷冲积土。

a. 河床沉积土。上游河床颗粒较粗，下游河床颗粒细。因岩屑经长距离搬运，颗粒具有一定的磨圆度。粗砂与砾石的密度较大，为良好的天然地基。

b. 河漫滩沉积土。此种沉积土常为上下两层结构，下层为粗颗粒土，土层为洪水泛滥时的细粒土，并且往往夹有局部的有机土、淤泥和泥炭。

c. 河流阶地沉积土。由地壳的升降运动与河流的侵蚀、沉积作用形成的狭长台地，称为河流阶地，由河漫滩向上，依次称为一级阶地、二级阶地、三级阶地。阶地的位置越高，它的形成年代越早，通常土质较好。一级阶地可能是粉土或粉砂。

d. 古河道沉积土。这是蛇曲的河流，截弯取直改道以后的牛轭湖，逐渐淤塞而成。这种沉积土通常存于较厚的淤泥、泥炭土中，压缩性高，强度低，为不良地基。

2）山区河谷冲积土。山区河流坡度较大、流速高，因而河谷冲积土多为粗粒的漂石、卵石与圆砾。冲积土的厚度一般不超过10～15m。山间盆地和宽谷中有河漫滩冲积土，主要为含泥的砾石，具有透镜体和倾斜层理构造。

3）山前平原沉积土。山前平原沉积土有分带性：近山一带，为冲积和部分的粗粒物质组成；向平原低地，逐渐变为砂土和黏性土。

4）三角洲沉积土。河流搬运的大量泥沙，在河口沉淀而成的三角洲沉积土，其厚度可达数百米以上，面积也很大。水上部分为砂土或黏性土，水下部分与海、湖堆积物混合组成。此种沉积土为新近沉积土，含水率大，压缩性高，承载力低。

（5）湖积土。湖积土可分为湖边沉积土和湖心沉积土两种。

湖边沉积土主要由湖浪冲蚀湖岸、破坏岸壁形成的碎屑物质组成。在近岸带沉积的大多数是粗颗粒的卵石、圆砾和砂土；远岸带沉积的则是细颗粒的砂土和黏性土。湖边沉积土具有明显的斜层理构造。作为地基时，近岸带有较高的承载力，远岸带则差些。

湖心沉积土是由河流和湖流携带的细小悬浮颗粒到达湖心后沉淀形成的，主要是黏土和淤泥，常夹有细砂、粉砂薄层，称为带状黏性土，这种黏土压缩性高、强度低。

（6）风成黄土。风成黄土是一种灰黄色、棕黄色的粉砂及尘土般的风积物。风成黄土形成于第四纪，矿物成分主要为石英、长石、碳酸盐矿物，SiO_2含量大于60％，这种黄土具有湿陷性。

除了上述六类沉积土还有由于冰川的地质作用的冰碛土，遇到的机会不多，这里从略。

3. 土的组成

天然状态的土一般由固体、液体和气体三部分组成。这三部分通常称为土的三相。其中，固相即为土颗粒，它构成土的骨架。水和溶解于水中的物质构成土的液相，空气以及其他气体构成土的气相。土颗粒之间存在有许多孔隙，孔隙被水和气体所填充。若土中孔隙全部由气体填充时，称为干土；若孔隙全部由水填充时，称为饱和土；若孔隙中同时存在水和气体时，称为湿土。饱和土和干土都是二相系，湿土为三相系。这三相物质本身的特征以及它们之间的相互作用，对土的物理、力学性质影响很大。下面将分别介绍三相物质的属性及其对土的物理、力学性质的影响。

（1）土的固相。土的固相是土中最主要的组成部分。它由各种矿物成分组成，有时还包括土中所含的有机质。土粒的矿物成分不同、粗细不同、形状不同，土的性质也不同。

1）土的矿物成分和土中的有机质。土的矿物成分取决于成土母岩的成分以及所经受的风化作用。按所经受的风化作用不同，土的矿物成分可分为原生矿物和次生矿物两大类。

a. 原生矿物和次生矿物。岩石经物理风化作用后破碎形成的矿物颗粒，称为原生矿物。原生矿物在风化过程中，其化学成分并没有发生变化，它与母岩的矿物成分是相同的。常见的原生矿物有石英、长石和云母等。

岩石经化学风化作用所形成的矿物颗粒，称次生矿物。次生矿物的矿物成分与母岩不同。常见的次生矿物有高岭石、伊利石（水云母）和蒙脱石（微晶高岭石）三大黏土矿物。

另外，还有一类易溶于水的次生矿物，称为水溶盐。水溶盐的矿物种类很多，按其溶解度可区分为难溶盐、中溶盐和易溶盐三类。难溶盐主要是碳酸钙（$CaCO_3$），中溶盐常见的是石膏（$CaSO_4 \cdot 2H_2O$），易溶盐常见的是各种氯化物（如 $NaCl$、KCl、$CaCl_2$）以及钾与钠的硫酸盐和碳酸盐等。

b. 各粒组中所含的主要矿物成分。自然界的土是岩石风化的产物，其颗粒大小的变化很大，相差极为悬殊。大的土颗粒可大至数百毫米以上，小的土颗粒可小至千分之几甚至万分之几毫米。通常把自然界的土颗粒划分为漂石或块石、卵石或碎石、砾、砂、粉粒和黏粒等六大粒组。不同粒组的土，其矿物成分不同，性质也差别很大。

石英和长石多呈粒状，是砾和砂的主要矿物成分，性质较稳定，强度很高。云母呈薄片状，强度较低，压缩性大，在外力作用下易变形。含云母较多的土，作为建筑物的地基时，沉降量较大，承载力较低；作为筑坝土料时不易压实。

黏土矿物的颗粒很细，都小于 0.005mm，多是片状（或针状）的晶体，颗粒的比表面积（即单位体积或单位质量的颗粒表面积的总和）大、亲水性（指黏土颗粒表面与水相互作用的能力）强。不同类型的黏土矿物具有不同程度的亲水性。如蒙脱石是由多个晶体层构造而成的矿物颗粒，结构不稳定，水容易渗入使晶体劈开，而且颗粒最小，所以它的亲水性最强；而高岭石颗粒相对较大，晶体结构比较稳定，亲水性较弱；伊利石则介于两者之间，但比较接近蒙脱石。黏土矿物的亲水性使黏性土具有黏聚性、可塑性、膨胀性、收缩性以及透水性小等一系列特性。

黏性土中的水溶盐，通常是由土中的水溶液蒸发后沉淀充填在土孔隙中的，它构成了土粒间不稳定的胶结物质。如黏性土中含有水溶盐类矿物，遇水溶解后会被渗透水流带走，导致地基或土坝坝体产生集中渗流，引起不均匀沉降以及强度降低。因此，通常规定筑坝土料的水溶盐含量不得超过 8%。如果水工建筑物地基土的水溶盐含量较大，必须采取适当的防渗措施，以防水溶盐流失造成对建筑物的危害。

c. 土中的有机质。土中的有机质是在土的形成过程中动、植物的残骸及其分解物质与土混掺沉积在一起，经生物化学作用生成的物质。其成分比较复杂，主要是动植物残骸、未完全分解的泥炭和完全分解的腐殖质。有机质亲水性很强，因此有机土压缩性大、强度低。有机土不能作为堤坝工程的填筑土料，否则会影响工程的质量。

2) 土的粒组划分。颗粒的大小及其含量直接影响着土的工程性质。例如颗粒较大的卵石、砾石和砂粒等，其透水性较大，无黏性和可塑性；而颗粒很小的黏粒则透水性较小，黏性和可塑性较大。土颗粒的大小常以粒径来表示。土的粒径与土的性质之间有一定的对应关系，土的粒径相近时，土的矿物成分接近，所呈现出的物理、力学性质基本相同。因此，通常将性质相近的土粒划分为一组，称为粒组。把土在性质上表现出有明显差异的粒径作为划分粒组的分界粒径。

粒组的划分标准，不同国家，甚至一个国家的不同部门都有不同的规定。在我国土建工程中，常用的规范系统有水利水电工程行业、建筑工程行业和公路工程行业等的行业规范。水利水电工程粒组划分见表3-2。

表3-2　　《水电水利工程土工试验规程》(DL/T 5355—2006) 粒组划分标准

粒组划分与名称			粒径 d 的范围/mm
巨粒	漂石（块石）		$d>200$
	卵石（碎石）		$200 \geqslant d>60$
粗粒	砾（圆粒、角粒）	粗砾	$60 \geqslant d>20$
		中砾	$20 \geqslant d>5$
		细砾	$5 \geqslant d>2$
	砂	粗砂	$2 \geqslant d>0.5$
		中砂	$0.5 \geqslant d>0.25$
		细砂	$0.25 \geqslant d>0.075$
细粒	粉粒		$0.075 \geqslant d>0.005$
	黏粒		$d \leqslant 0.005$

3) 土的颗粒级配。土的工程性质不仅取决于土粒的大小，而且主要取决于土中不同粒组的相对含量。土中各粒组的相对含量用各粒组质量占土粒总质量的百分数表示，称为土的颗粒级配。土的颗粒级配可通过颗粒分析试验测定。

a. 颗粒分析试验。颗粒分析试验方法有筛分法和密度计法两种，前者适用于粒径大于0.075mm的粗粒土，后者适用于粒径小于0.075mm的细粒土。若土中同时含有粒径大于和小于0.075mm的土粒，则需联合使用这两种方法。

筛分法是用一套从上到下孔径依次由大到小的标准筛，将事先称过质量的干土样倒入筛的顶部，盖严上盖，置于筛分机上振筛10~15min，分别称出留在各筛上的土的质量，即可求出各个粒组的相对含量，即得土的颗粒级配。

密度计法是利用不同大小的土粒在水中的沉降速度（简称沉速）不同来确定小于某粒

径的土粒含量。

【例 3-1】 从干砂样中称取质量为 1000g 的试样，放入标准筛中，经充分振动后，称得各级筛上留存的土粒质量，见表 3-3 中的第 2 列，试求土中各粒组的土粒含量及小于各级筛孔径的土粒含量。

解： 留在孔径 2.0mm 筛上的土粒质量为 100g，则小于该孔径的土粒含量为 (1000－100)/1000＝90%；留在孔径 1.0mm 筛上的土粒质量为 100g，则小于该孔径的土粒含量为 (1000－100－100)/1000＝80%；同样可算得小于其他孔径的土粒含量，见表 3-3 中的第三列。因 0.5≥d>0.25 的土粒含量为 300g，则粒径范围 0.5≥d>0.25（中砂）的含量为 300/1000＝30%；同样可算得其他粒组的土粒含量，见表 3-3 中第五列。所以，该土样各粒组含量分别为：砾 10%，砂 80%（粗砂 35%、中砂 30%、细砂 15%），细粒（包括粉粒和黏粒）10%。

表 3-3 筛 分 试 验 结 果

筛孔径/mm	各级筛上留存的土粒质量/g	小于各级筛孔径的土粒含量/%	粒径的范围/mm	各粒组的土粒含量/%
2	100	90	d>2.0	10
1.0	100	80	2.0≥d>0.5	35
0.5	250	55		
0.25	300	25	0.5≥d>0.25	30
0.1	100	15	0.25≥d>0.075	15
0.075	50			
底盘	100	10	d≤0.075	10

b. 土的级配曲线。根据颗粒分析试验的成果，绘制颗粒级配累计曲线，如图 3-1 所示。

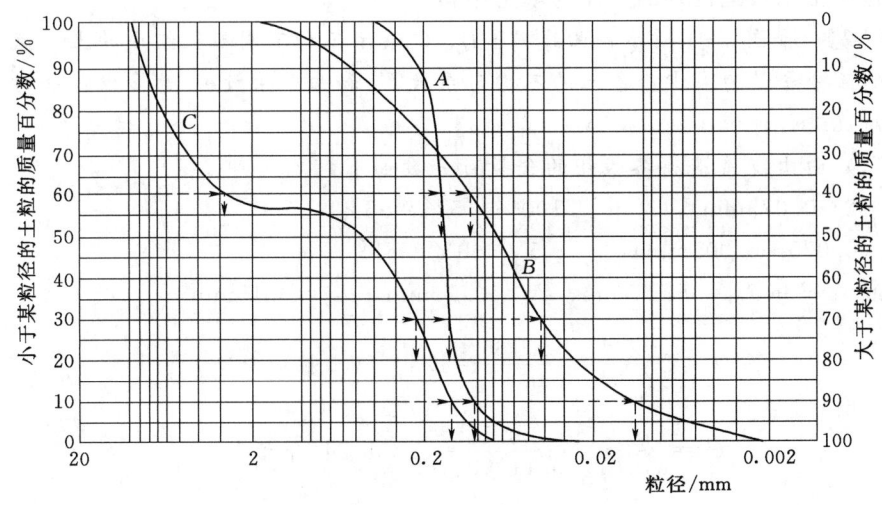

图 3-1 颗粒级配曲线

图 3-1 中横坐标表示粒径（用对数尺度），纵坐标表示小于某粒径的土粒质量占总质量的百分数。

从颗粒级配曲线的形态上可以评定土颗粒的级配特征，曲线平缓表示粒度分布连续，颗粒大小不均匀，级配良好（图 3-1 中的 B 线）；若土中缺乏某些粒径，则级配曲线出现水平段（图 3-1 中的 C 线）；曲线坡度陡而窄，说明颗粒均匀，级配不良（图 3-1 中的 A 线）。

c. 颗粒级配指标。颗粒级配曲线的形状只能定性地评价土的级配好坏，为了定量判别土的颗粒级配好坏，工程中引用了不均匀系数 C_u、曲率系数 C_c 两个指标。

不均匀系数
$$C_u = \frac{d_{60}}{d_{10}} \tag{3-1}$$

曲率系数
$$C_c = \frac{d_{30}^2}{d_{10}d_{60}} \tag{3-2}$$

式中　d_{10}，d_{30}，d_{60}——级配曲线纵坐标上小于某粒径含量为 10%、30%、60% 所对应的粒径值，d_{10} 称为有效粒径，d_{60} 称为控制粒径。

不均匀系数 C_u 是反映土颗粒大小不均匀程度的指标。C_u 越大，表明土颗粒越不均匀，级配良好（颗粒级配曲线越平缓）；反之，C_u 越小，表明土颗粒越均匀，级配不良。工程上把 $C_u<5$ 的土视为级配不良的土，$C_u \geq 5$ 的土视为级配良好的土。

曲率系数 C_c 是反映级配曲线分布的整体形态，表明是否有某粒组缺失。$C_c=1\sim3$ 时，表明土粒大小的连续性较好；C_c 值小于 1 或大于 3 时，颗粒级配曲线有明显弯曲而呈阶梯状，表明颗粒级配不连续，缺乏中间粒径。

对于砾类土或砂类土，同时满足 $C_u \geq 5$ 和 $C_c=1\sim3$ 时，定名为良好级配砂或良好级配砾。若不能同时满足这两个条件，则称为级配不良的土。

级配良好的土，粗细颗粒搭配较好，粗颗粒间的孔隙被细颗粒填充，易被压实。所以，在工程中常用级配良好的土作为填土用料。

【例 3-2】 如图 3-1 所示，曲线 A、B、C 表示三种不同粒径组成的土，试求三种土中各粒组的百分含量为多少？各土的不均匀系数 C_u 和曲率系数 C_c 为多少？并对各种土的颗粒级配情况进行评价。

解：(1) 由曲线 A 查得各粒组的含量百分数如下：

砂粒（2～0.075mm）：　　　　100%－5%＝95%

粉粒（0.075～0.005mm）：　　5%－0%＝5%

查曲线 A 得知 $d_{60}=0.165$mm，$d_{10}=0.11$mm，$d_{30}=0.15$mm

$$C_u = \frac{d_{60}}{d_{10}} = \frac{0.165}{0.11} = 1.5 < 5（土粒均匀）$$

$$C_c = \frac{d_{30}^2}{d_{10}d_{60}} = \frac{0.15^2}{0.11 \times 0.165} = 1.24（介于 1\sim3）$$

虽然 C_c 为 1～3，但 $C_u<5$，其中有一个条件不满足，故 A 土级配不良。

(2) 曲线 B 和 C 中各粒组的百分含量及 C_u、C_c 的计算结果见表 3-4。

表 3-4　　　　　　　　　　A、B、C 三种土的计算结果

土样编号	土粒组成/%				d_{60}/mm	d_{10}/mm	d_{30}/mm	C_u	C_c
	10～2mm	2～0.075mm	0.075～0.005mm	<0.005mm					
A	0	95	5	0	0.165	0.11	0.15	1.5	1.24
B	0	52	44	4	0.115	0.012	0.044	9.6	1.40
C	43	57	0	0	3.00	0.15	0.25	20.0	0.14

由表 3-4 可知，B 土级配良好，C 土级配不良。

（2）土的液相。

1）结合水。研究表明，大多数黏土颗粒表面带有负电荷，因而在土粒周围形成了具有一定强度的电场，使孔隙中的水分子极化，这些极化后的极性水分子和水溶液中所含的阳离子（如钾、钠、钙、镁等阳离子），在电场力的作用下定向地吸附在土颗粒周围，形成一层不可自由移动的水膜，该水膜称为结合水，如图 3-2（a）所示。最靠近颗粒表面的水分子受电场力的作用很强，可以达到 1000MPa。随着远离土粒表面，电场力迅速减小，当达到一定距离时电场力消失，如图 3-2（b）所示。为此，结合水又可根据受电场力作用的强弱分成强结合水和弱结合水。

a. 强结合水。强结合水是指被强电场力紧紧地吸附在土粒表面附近的结合水膜。这部分水膜因受电场力作用大，与土粒表面结合得十分紧密，所以分子排列密度大，其密度一般为 1.2～2.4g/cm³，冰点很低，可达 -78℃，沸点较高，在 105℃ 以上才蒸发，而且很难移动，没有溶解能力，不传递静水压力，失去了普通水的基本特性，其性质接近于固体，具有很大的黏滞性、弹性和抗剪强度。

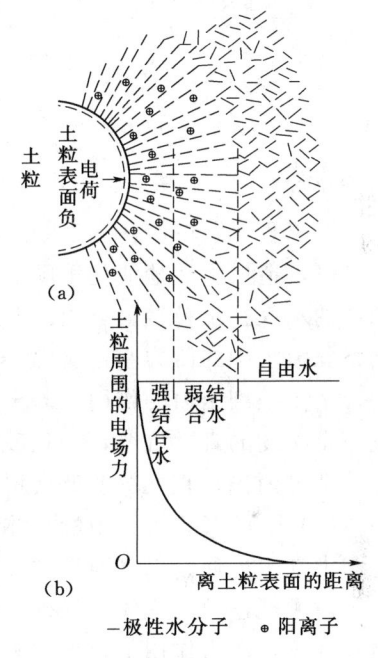

图 3-2　土粒与水分子相互作用的模拟图

b. 弱结合水。弱结合水是指分布在强结合水外围的结合水。这部分水膜由于距颗粒表面较远，受电场力作用较小，它与土粒表面的结合不如强结合水紧密。其密度一般为 1.0～1.7g/cm³，冰点低于 0℃，不传递静水压力，也不能在孔隙中自由流动，只能以水膜的形式由水膜较厚处缓慢移向水膜较薄的地方，这种移动不受重力影响。弱结合水的存在对黏性土的性质影响很大。

2）自由水。土孔隙中位于结合水以外的水称为自由水，自由水由于不受土粒表面静电场力的作用，可在孔隙中自由移动。按其运动时所受的作用力不同，可分为重力水和毛细水。

a. 重力水。受重力作用，在土的孔隙中流动的水称为重力水。重力水常处于地下水位以下，与一般水一样，重力水可以传递静水压力和动水压力，具有溶解能力，可溶解土

中的水溶盐，使土的强度降低，压缩性增大；可以对土颗粒产生浮托力，使土的重度减小；它还可以在水头差的作用下形成渗透水流，并对土粒产生渗透力，使土体发生渗透变形。

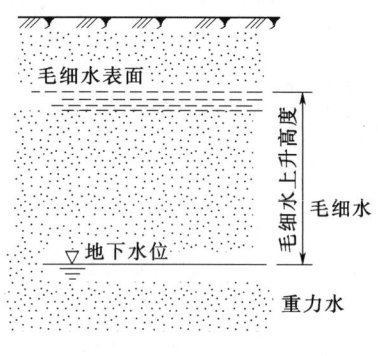

图 3-3 土层中的水

b. 毛细水。土中存在着很多大小不同的孔隙，这些孔隙有的可以相互连通，形成弯曲的细小通道（即毛细管）。由于水分子与土粒表面之间的附着力和水表面张力的作用，地下水将沿着土中的细小通道逐渐上升，形成一定高度的毛细水带。这部分在地下水位以上的自由水称为毛细水，如图 3-3 所示。在土层中，毛细水上升的高度取决于土的粒径、矿物成分、孔隙的大小和形状等因素，可用试验方法测定。一般黏性土上升的高度较大，可达几米，而砂土的上升高度很小，仅几厘米至几十厘米，卵石、砾石的毛细水上升高度接近于零。

在工程实践中应注意毛细水的上升可能使地基浸湿，使地下室受潮或使地基、路基产生冻胀，造成土地盐渍化等问题。此外，在一般潮湿的砂土（尤其是粉砂、细砂）中，孔隙中的水仅在土粒接触点周围并形成互不连通的弯液面。由于水的表面张力的作用，弯液面下孔隙水中的压力小于大气压力，因而产生使土粒相互挤紧的力，这个力称为毛细压力。由于毛细压力的作用，砂土也会像黏性土一样，具有一定的黏聚力。如在湿砂中能开挖一定深度的直立坑壁，一旦砂土处在干燥或饱和状态时，毛细现象便不复存在，毛细水连接即可消失，直立坑壁就会坍塌，故又把无黏性土粒间的这种联结力称为"假黏聚力"。

(3) 土的气相。土中的气体可分为两种基本类型：一种是与大气连通的气体，另一种是与大气不连通、以气泡形式存在的封闭气体。

与大气连通的气体，受外荷作用时，易被排出土外，对土的工程力学性质影响不大。封闭气体在压力作用下，气泡被压缩；而当压力减小时，气泡就会膨胀。所以，封闭气体可以使土的弹性增大，延长土的压缩过程，使土层不易压实。此外，封闭气体还能阻塞土内的渗流通道，使土的渗透性减小。

(4) 土的结构性。

1) 土的结构。土的结构是指土粒或粒团的排列方式及其粒间或粒团间联结的特征。土的结构是在地质作用过程中逐渐形成的，它与土的矿物成分、颗粒形状和沉积条件有关。通常土的结构可分为三种基本类型，即单粒结构、蜂窝结构和絮凝结构。

a. 单粒结构。粗粒土（如砂土和砂砾石土等）由于其比表面积小，在沉积过程中，主要依靠自重下沉。下沉过程中的土颗粒一旦与已经沉积稳定的颗粒相接触，找到自己的平衡位置而稳定下来，就形成点与点接触的单粒结构，如图 3-4 (a) 所示。随着形成条件的不同，其排列有松有密。紧密排列的单粒结构比较稳定，孔隙所占的比例较小，承载力较高，变形较小。

疏松排列的单粒结构，如松砂，由于孔隙大，在荷载作用下，土粒易发生移动，引起土体变形，承载力也较低。特别是饱和状态的细砂、粉砂及匀粒粉土，受振动荷载作用后，易产生液化现象，此时，土体承载力将完全丧失。

b. 蜂窝结构。较细的土粒（主要指粉粒和部分黏粒），由于土粒细、比表面积大，粒间引力大于下沉土粒的重量，在自重作用下沉积时，碰到别的正在下沉或已经沉稳的土粒，在粒间接触点上产生联结，逐渐形成链环状团粒，很多这样的链环状团粒联结起来，形成孔隙较大的蜂窝结构，如图3-4（b）所示。

c. 絮凝结构。极细小的黏土颗粒（$d<0.002$mm），能在水中长期悬浮，一般不以单粒下沉，而是聚合成絮状团粒下沉。下沉后接触到已经沉稳的絮状团粒时，由于引力作用又产生联结，最终形成孔隙很大的絮凝结构，如图3-4（c）所示。

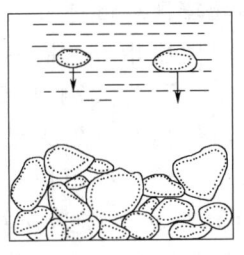 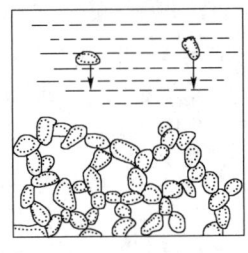 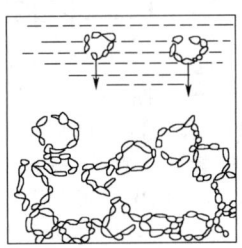

（a）单粒结构　　　　　　　（b）蜂窝结构　　　　　　　（c）絮凝结构

图3-4　土的结构

蜂窝结构和絮凝结构的特点都是土中孔隙较大，结构不稳定，相对于单粒结构而言，具有较大的压缩性，强度也较低。但是也不尽然，蜂窝结构和絮凝结构的黏性土，如果形成的年代比较久远，其土粒之间的联结强度（结构强度）会由于长期受自重压力作用和胶结作用而可能得到加强。胶结作用是指由于原来溶解在水中的各种胶结物质（如氯盐、碳酸盐、氢氧化铁、氢氧化硅等）随着土中水分的蒸发而析出，在颗粒接触点处形成结晶，将土粒胶结在一起，这种联结作用也称为胶结物联结。胶结物联结是在整个漫长的地质作用过程中逐渐形成的。如把这种联结破坏，土的联结强度也会降低，且短时间内是无法恢复的。

2）土的结构性。从天然土层中取出的土样，如能保持原有的结构及含水率不变，则称为原状土；若土样结构或含水率受到人为的破坏而发生变化，则称为扰动土。土的结构性是指土的天然结构扰动后，土原有的物理、力学性质会降低的特性。一般把具有蜂窝结构和絮凝结构的土称为结构性土。黏性土一般具有结构性，而砂土则不具有结构性。

对于结构性土，当其天然结构被扰动后，土中的胶结物联结遭到破坏，土的力学性质往往发生很大变化，如压缩性增大、抗剪强度降低等。为评价土的结构性大小，常用灵敏度 S_t 来反映黏性土在结构被扰动后强度的损失程度。

模块二　土的物理性质指标

土是由固体颗粒、水和空气组成的三相体。土中三相物质本身的特性以及它们之间的相互作用，对土的性质有着非常重要的影响，前面我们对此已作了定性的描述。但是，土的性质不仅只取决于三相组成中各相的性质，而且三相之间量的比例关系也是一个非常重要的影响因素。如无黏性土，密实状态强度高，松散时则强度低；而细粒土，含水少时硬,含水多时则软。所以,把土体三相间量的比例关系称为土的物理性质指标,工程中常用土的物理性质指标作为评价土体工程性质优劣的基本指标。

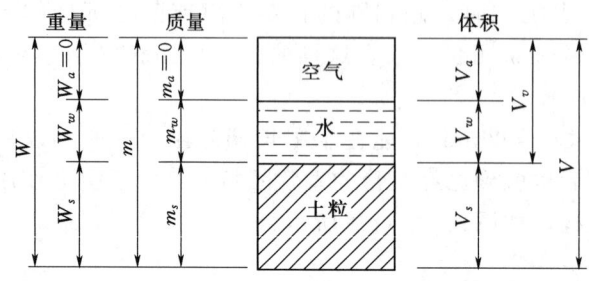

图3-5 土的三相草图

W—重量;m—质量;V—体积;下标a—气体;下标s—土粒;下标w—水;下标v—孔隙;W_s、m_s、V_s—土粒重量、土粒质量和土粒体积

1. 土的三相草图

为了便于研究土中三相物质之间的比例关系,常常理想地把土中实际交错混杂在一起的三相物质分别集中在一起,并以图3-5的形式表示出来,该图称为土的三相草图。

2. 土的物理性质指标

土的物理性质指标,有一些必须通过试验测定,称为实测指标,又称为基本指标,包括密度、天然含水率和土粒比重;另外一些可以根据实测指标经过换算得出,称为换算指标,又称为计算指标,包括干重度、饱和重度、浮重度、孔隙比、孔隙率和饱和度。下面将分别介绍这两类指标。

(1)实测指标。

1)土的密度ρ和土的重度γ。天然土的密度(也称天然密度)是指单位体积天然土的质量,可简称为土的密度。常用ρ表示,其表达式为

$$\rho=\frac{m}{V}=\frac{m_s+m_w}{V}(\text{g/cm}^3) \tag{3-3}$$

土的天然密度变化较大,随土的密实程度和孔隙水含量的多少而变化,一般为1.6~2.0g/cm³。天然土体为三相土时,天然密度称为湿密度;天然土体为饱和状态时,天然密度称为饱和密度。

土的重度是指单位土体所受的重力,常用γ表示,其表达式为

$$\gamma=\frac{W}{V}=\frac{W_s+W_w}{V}(\text{kN/m}^3) \tag{3-4}$$

土的密度是通过试验测定的,土的重度可以由土的密度换算得到。其换算关系式为

$$\gamma=\rho g \tag{3-5}$$

式中 g——重力加速度,在国际单位制中常用9.81m/s²,为换算方便,也可近似用$g=$10m/s²进行计算。

土的密度常用环刀法测定,具体方法见《水电水利工程土工试验规程》(DL/T 5355—2006)。工程中现场测定土的密度常用灌砂法、灌水法,以及核子密度仪测定方法。

2)土粒比重G_s。土粒比重是指土粒在105~110℃温度下烘至恒重时的质量与同体积、4℃时纯水的质量之比,简称比重,其表达式为

$$G_s=\frac{m_s}{V_s\rho_w} \tag{3-6}$$

式中 ρ_w——4℃时纯水的密度,取$\rho_w=1\text{g/cm}^3$。

土粒比重常用比重瓶法来测定,试验方法详见《水电水利工程土工试验规程》(DL/

T 5355—2006)。

土粒比重是一个无量纲指标,其值取决于土粒的矿物成分和有机质含量,一般为 2.60~2.80。但当土中含有较多的有机质时,土粒比重会明显减小,甚至达到 2.40 以下。工程实践中,由于各类土的比重变化幅度不大,除重要建筑物及特殊情况外,可按经验数值选用。土粒比重的一般数值见表 3-5。

表 3-5　　　　　　　　　土粒比重的一般数值

土名	砂土	砂质粉土	黏质粉土	粉质黏土	黏土
比重	2.65~2.69	2.70	2.71	2.72~2.73	2.74~2.76

3) 土的含水率 ω。土的含水率是指土中水的质量与土粒质量的比,以百分数表示。其表达式为

$$\omega = \frac{m_w}{m_s} \times 100\% \tag{3-7}$$

土的含水率是反映土干湿程度的指标,常用烘干法测定,试验方法详见《水电水利工程土工试验规程》(DL/T 5355—2006),现场也可以用核子密度仪测定。在天然状态下,土的含水率变化幅度很大。一般来说,砂土的含水率 $\omega = 0 \sim 40\%$,黏性土的含水率 $\omega = 15\% \sim 60\%$,淤泥或泥炭的含水率可高达 $100\% \sim 300\%$。同一种土,随土的含水率增高,土在变湿、变软,强度会降低,压缩性也会增大。所以,土的含水率是控制填土压实质量、确定地基承载力特征值和换算其他物理性质指标的重要指标。

(2) 换算指标。

1) 几种不同状态下土的密度和重度。

a. 干密度 ρ_d 和干重度 γ_d。土的干密度是指单位体积土中土粒的质量,即土体中土粒质量 m_s 与总体积 V 之比。表达式为

$$\rho_d = \frac{m_s}{V} (\text{g/cm}^3) \tag{3-8}$$

单位体积的干土所受的重力称为干重度,可按式 (3-9) 计算:

$$\gamma_d = \frac{W_s}{V} (\text{kN/m}^3) \tag{3-9}$$

土的干密度 (或干重度) 是评价土的密实程度的指标,干密度大表明土密实,干密度小表明土疏松。因此,在堤坝、路基等填方工程中,常把干密度作为填土设计和施工质量控制的指标。一般填土的设计干密度为 $1.5 \sim 1.7 \text{g/cm}^3$。

b. 饱和密度 ρ_{sat} 和饱和重度 γ_{sat}。土的饱和密度是指土在饱和状态时,单位体积土的质量。此时,土中的孔隙完全被水充满,土体处于二相状态。其表达式为

$$\rho_{sat} = \frac{m_s + m'_w}{V} = \frac{m_s + V_v \rho_w}{V} (\text{g/cm}^3) \tag{3-10}$$

式中　m'_w——土中孔隙全部充满水时水的质量;

　　　ρ_w——水的密度,$\rho_w = 1\text{g/cm}^3$;

　　　V_v——孔隙的体积。

土的饱和重度的表达式为

$$\gamma_{sat} = \rho_s g \qquad (3-11)$$

c. 浮重度 γ'。

$$\gamma' = \frac{W_s - V_s \gamma_w}{V}(\text{kN/m}^3) \qquad (3-12)$$

从上述四种重度的定义可知，同一种土的四种重度在数值上的关系是 $\gamma_{sat} \geqslant \gamma > \gamma_d > \gamma'$。

2) 孔隙率 n 与孔隙比 e。土的孔隙率是指土体中的孔隙体积与总体积之比，常用百分数表示。其表达式为

$$n = \frac{V_v}{V} \times 100\% \qquad (3-13)$$

土的孔隙比是指土体中的孔隙体积与土颗粒体积之比。其表达式为

$$e = \frac{V_v}{V_s} \qquad (3-14)$$

孔隙率表示孔隙体积占土的总体积的百分数，所以其值恒小于 100%。土的孔隙比主要与土粒的大小及其排列的松密程度有关。一般砂土的孔隙比为 0.4~0.8，黏土为 0.6~1.5，有机质含量高的土，孔隙比甚至可高达 2.0 以上。

孔隙比和孔隙率都是反映土的密实程度的指标。对于同一种土，n 或 e 越大，表明土越疏松；反之，土越密实。在计算地基沉降量和评价砂土的密实度时，常用孔隙比而不用孔隙率。

3) 饱和度 S_r。饱和度是指土中水的体积与孔隙体积之比，用百分数表示。其表达式为

$$S_r = \frac{V_w}{V_v} \times 100\% \qquad (3-15)$$

饱和度反映土中孔隙被水充满的程度。理论上，当 $S_r = 100\%$ 时，表示土体孔隙中全部充满了水，土是完全饱和的；当 $S_r = 0$ 时，表明土是完全干燥的。实际上，土在天然状态下是极少达到完全干燥或完全饱和状态的。因为风干的土仍含有少量水分，而即使完全浸没在水下，土中还可能会有一些封闭气体存在。

按饱和度的大小，可将砂土分为以下几种不同的湿润状态：稍湿（$S_r \leqslant 50\%$）、很湿（$50\% < S_r \leqslant 80\%$）、饱和（$S_r > 80\%$）。

模块三　土的物理性质指标间的换算

上述土的物理性质指标中，天然密度 ρ、土粒比重 G_s 和含水率 ω 三个指标是通过试验测定的。在测定这三个指标后，其他各指标可根据它们的定义并利用土中三相关系导出其换算公式。

例如：

$$\gamma_d = \frac{W_s}{V} = \frac{W_s}{\frac{W}{\gamma}} = \frac{\gamma W_s}{W_s + W_w} = \frac{\gamma}{1 + \frac{W_w}{W_s}} = \frac{\gamma}{1 + \omega}$$

$$e = \frac{V_v}{V_s} = \frac{V - V_s}{V_s} = \frac{W_s V}{W_s V_s} - 1 = \frac{W_s}{V_s \gamma_d} - 1 = \frac{W_s}{V_s \gamma_w} \frac{\gamma_w}{\gamma_d} - 1 = \frac{G_s \gamma_w}{\gamma_d} - 1$$

各种换算指标，也可假定 $V_s=1$ 或 $V=1$，根据三相草图算出各相的数值，然后由各换算指标的定义式求得其值。常见土的三相比例换算公式见表 3-6。

表 3-6　　　　　　　　　　　　常见土的三相比例换算公式

名称	符号	基本公式	常用换算公式	单位	常见的数值范围
天然含水率	ω	$\omega=\dfrac{m_w}{m_s}\times100\%$	$\omega=\dfrac{S_r e}{G_s}$，$\omega=\left(\dfrac{\gamma}{\gamma_d}-1\right)\times100\%$		20%～60%
土粒比重	G_s	$G_s=\dfrac{\rho_s}{\rho_w}=\dfrac{W_s}{V_s\gamma_w}$	$G_s=\dfrac{S_r e}{\omega}$		黏性土：2.72～2.75 粉土：2.70～2.71 砂土：2.65～2.69
天然密度	ρ	$\rho=\dfrac{m}{v}$	$\rho=\rho_d(1+\omega)$ $\rho=\dfrac{G_s(1+\omega)}{1+e}\rho_w$	g/cm³ 或 t/m³	1.6～2.0
天然重度	γ	$\gamma=\rho g$	$\gamma=\dfrac{G_s+S_r e}{1+e}\gamma_w$	kN/m³	16～20
干密度	ρ_d	$\rho_d=\dfrac{m_s}{v}$	$\rho_d=\dfrac{\rho}{1+\omega}=\dfrac{G_s}{1+e}\rho_w$	g/m³ 或 t/m³	1.3～1.8
干重度	γ_d	$\gamma_d=\rho_d g$	$\gamma_d=\dfrac{\gamma}{1+\omega}=\dfrac{G_s}{1+e}\gamma_w$	kN/m³	13～18
饱和密度	ρ_{sat}	$\rho_{sat}=\dfrac{\rho_w V_v+m_s}{v}$	$\rho_{sat}=\dfrac{G_s+e}{1+e}\rho_w$	g/m³ 或 t/m³	1.8～2.3
饱和重度	γ_{sat}	$\gamma_{sat}=\rho_{sat}g$	$\gamma_{sat}=\dfrac{G_s+e}{1+e}\gamma_w$	kN/m³	18～23
有效密度	ρ'	$\rho'=\dfrac{m_s-\rho_w V_s}{V}$	$\rho'=\rho_{sat}-\rho_w$ $\rho'=\dfrac{G_s-1}{1+e}\rho_w$	g/m³ 或 t/m³	0.8～1.3
孔隙比	e	$e=\dfrac{V_v}{V_s}$	$e=\dfrac{S_r\rho_w}{\rho_d}-1=\dfrac{S_r\rho_w(1+\omega)}{\rho}-1$		
孔隙率	n	$n=\dfrac{V_v}{V}\times100\%$	$n=\dfrac{e}{1+e}\times100\%$ $n=\left(1-\dfrac{\gamma_d}{G_s\gamma_w}\right)\times100\%$		
饱和度	S_r	$S_r=\dfrac{V_w}{V_v}\times100\%$	$S_r=\dfrac{\omega G_s}{e}=\dfrac{\omega\rho_d}{n\rho_w}$		0～100%

【例 3-3】　用体积 $V=50\text{cm}^3$ 的环刀切取原状土样，用天平称出土样的湿土质量为 94.00g，烘干后为 75.63g，测得土样的比重 $G_s=2.68$。求该土的湿重度 γ、含水率 ω、干重度 γ_d、孔隙比 e 和饱和度 S_r 各为多少？

解：（1）湿重度。

$$\rho=\frac{m}{V}=\frac{94.00}{50}=1.88(\text{g/cm}^3)$$

$$\gamma=\rho g=1.88\times9.81=18.44(\text{kN/m}^3)$$

（2）含水率。

$$\omega = \frac{m_w}{m_s} \times 100\% = \frac{m-m_s}{m_s} \times 100\% = \frac{94.00-75.63}{75.63} \times 100\% = 24.30\%$$

(3) 干重度。

$$\gamma_d = \frac{\gamma}{1+\omega} = \frac{18.44}{1+0.243} = 14.84 (\text{kN/m}^3)$$

(4) 孔隙比。

$$e = \frac{G_s \gamma_w}{\gamma_d} - 1 = \frac{2.68 \times 9.81}{14.84} - 1 = 0.772$$

(5) 饱和度。

$$S_r = \frac{\omega G_s}{e} \times 100\% = \frac{0.243 \times 2.68}{0.772} \times 100\% = 84.4\%$$

【例 3-4】 某原状土样，经试验测得土的湿重度 $\gamma = 18.44 \text{kN/m}^3$，天然含水率 $\omega = 24.3\%$，土粒的比重 $G_s = 2.68$，试利用三相草图求该土样的干重度 γ_d、饱和重度 γ_{sat}、孔隙比 e 和饱和度 S_r 等指标值。

解： 1. 求基本物理量

设 $V = 1 \text{m}^3$。

(1) 求 W_s、W_w、W。

由 $\gamma = \frac{W}{V}$ 得 $\quad\quad W = \gamma V = 18.44 \times 1 = 18.44 (\text{kN})$

又由 $\omega = \frac{W_w}{W_s}$ 得 $\quad\quad W_w = \omega W_s = 0.243 W_s$ ①

$$W = W_s + W_w \quad\quad ②$$

将式①代入式②得 $\quad\quad 18.44 = W_s + 0.243 W_s$

$$W_s = \frac{18.44}{1.243} = 14.84 (\text{kN})$$

$$W_w = 0.243 W_s = 0.243 \times 14.84 = 3.61 (\text{kN})$$

(2) 求 V_s、V_w、V_v。

由 $G_s = \frac{W_s}{V_s \gamma_w}$ 得 $\quad\quad V_s = \frac{W_s}{G_s \gamma_w} = \frac{14.84}{2.68 \times 9.81} = 0.564 (\text{m}^3)$

又由 $\gamma_w = \frac{W_w}{V_w}$ 得 $\quad\quad V_w = \frac{W_w}{\gamma_w} = \frac{3.61}{9.81} = 0.368 (\text{m}^3)$

$$V_v = V - V_s = 1.0 - 0.564 = 0.436 (\text{m}^3)$$

2. 求 γ_d、γ_{sat}、S_r、e

$$\gamma_d = \frac{W_s}{V} = \frac{14.84}{1} = 14.84 (\text{kN/m}^3)$$

$$\gamma_{sat} = \rho_{sat} g = \frac{m_s + V_v \rho_w}{V} g = \frac{W_s + V_v \gamma_w}{V} = \frac{14.84 + 0.436 \times 9.81}{1} = 19.12 (\text{kN/m}^3)$$

$$S_r = \frac{V_w}{V_v} \times 100\% = \frac{0.368}{0.436} \times 100\% = 84.4\%$$

$$e = \frac{G_s \gamma_w}{\gamma_d} - 1 = \frac{2.68 \times 9.81}{14.84} - 1 = 0.77$$

【例 3-5】 某饱和黏性土的含水率为 $\omega=38\%$，比重 $G_s=2.71$，求土的孔隙比 e 和干重度 γ_d。

解：1. 计算各基本物理量

设 $V_s=1\text{m}^3$，绘三相草图（图 3-6），求三相草图中的各基本物理量。

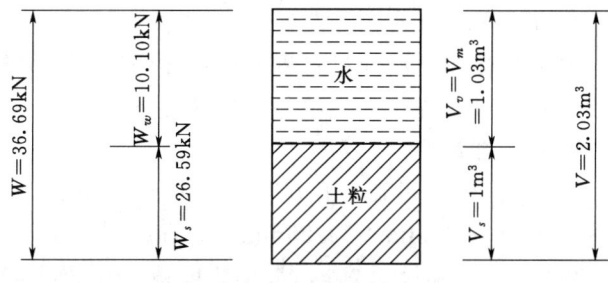

图 3-6 计算草图

（1）求 W_s、W_w、W。

由 $G_s=\dfrac{W_s}{V_s\gamma_w}$ 得　　$W_s=G_sV_s\gamma_w=2.71\times1\times9.8=26.558(\text{kN})$

由 $\omega=\dfrac{W_w}{W_s}$ 得　　$W_w=\omega W_s=0.38\times26.59=10.10(\text{kN})$

$$W=W_s+W_w=26.59+10.10=36.69(\text{kN})$$

（2）求 V_w、V_v、V。

由 $\gamma_w=\dfrac{W_w}{V_w}$ 得　　$V_w=\dfrac{W_w}{\gamma_w}=\dfrac{10.10}{9.81}=1.03(\text{m}^3)$

因是饱和土体，所以 $V_w=V_v$，$V=V_s+V_w=1+1.03=2.03(\text{m}^3)$。

2. 求 e 和 γ_d

$$e=\dfrac{V_v}{V_s}=\dfrac{1.03}{1}=1.03$$

$$\gamma_d=\dfrac{W_w}{V}=\dfrac{26.59}{2.03}=13.10(\text{kN/m}^3)$$

应当注意，在以上三个例题中，[例 3-4] 是假设土的总体积 $V=1.0\text{m}^3$，[例 3-5] 则是假设土粒的体积 $V_s=1.0\text{m}^3$。事实上，因为土的物理性质指标都是三相基本物理量间的相对比例关系，因此取三相图中任意一个基本物理量等于任何数值进行计算都应得到相同的指标值。但如假定的已知量选取合适，则可以减少计算工作量。而 [例 3-3] 是根据测定的三个试验指标按换算公式计算的，它比按三相草图计算简便迅速。但在学习中必须首先掌握物理性质指标的定义、三相草图的概念以及计算公式的推导过程。在此基础上，利用换算公式就不会发生概念模糊，甚至出现错误现象了。

❖ **技能应用** ❖

技能一　进行颗粒分析试验

1. 试验目的

测定土中各种粒组占该土总质量的百分数，以便了解土粒的组成情况，并对土的颗粒级配情况进行评价。供砂类土的分类、判断土的工程性质及建材选料之用。

2. 试验方法和适用范围

颗粒分析试验分为筛分法和密度计法，对于粒径不大于 60mm、大于 0.075mm 的土粒可用筛分法测定，对于粒径小于 0.075mm 的土粒则用密度计法来测定。

3. 筛分法

筛分法是将土样通过各种不同孔径的筛子，并按筛子孔径的大小将颗粒加以分组，然后再称量并计算出各个粒组占总量的百分数。

(1) 仪器设备。

1) 分析筛。粗筛：孔径为 60mm、40mm、20mm、10mm、5mm、2mm；细筛：孔径为 1.0mm、0.5mm、0.25mm、0.1mm、0.075mm。

2) 天平。称量 5000g，最小分度值 1g；称量 1000g，最小分度值 0.1g；称量 200g，最小分度值 0.01g。

3) 振筛机。筛分过程能上下振动。

4) 其他。烘箱、研钵、瓷盘、毛刷、木碾等。

(2) 操作步骤（无黏性土的筛分法）。

1) 从风干、松散的土样中，用四分法按下列规定取出代表性试样：

a. 粒径小于 2mm 颗粒的土取 100～300g。

b. 最大粒径小于 10mm 的土取 300～1000g。

c. 最大粒径小于 20mm 的土取 1000～2000g。

d. 最大粒径小于 40mm 的土取 2000～4000g。

e. 最大粒径小于 60mm 的土取 4000g 以上。

称量准确至 0.1g；当试样质量多于 500g 时，准确至 1g。

2) 将试样过 2mm 细筛，分别称出筛上和筛下土质量。

3) 取 2mm 筛上试样倒入依次叠好的粗筛的最上层筛中，进行粗筛筛析；取 2mm 筛下试样倒入依次叠好的细筛最上层筛中，进行细筛筛析。细筛宜放在振筛机上振摇，振摇时间一般为 10～15min。

4) 由最大孔径筛开始，顺序将各筛取下，在白纸上用手轻叩摇晃，如仍有土粒漏下，应继续轻叩摇晃，至无土粒漏下为止。漏下的土粒应全部放入下级筛内，并将留在各筛上的试样分别称量，准确至 0.1g。

5) 各细筛上及底盘内土质量总和与筛前所取 2mm 筛下土质量之差不得大于 1%；各粗筛上及 2mm 筛下的土质量总和与试样质量之差不得大于 1%。

注：若 2mm 筛下的土，小于试样总质量的 10%，则可省略细筛筛析；若 2mm 筛上的土，小于试样总质量的 10%，则可省略粗筛筛析。

(3) 计算与制图。

1) 计算小于某粒径的试样质量占试样总质量的百分数。

$$x = \frac{m_A}{m_B} d_x \tag{3-16}$$

式中 x——小于某粒径的试样质量占试样总质量的百分比，%；

m_A——小于某粒径的试样质量，g；

m_B——当细筛分析时或用密度计法分析时所取试样质量，粗筛分析时则为试样总质量，g；

d_x——粒径小于 2mm 或粒径小于 0.075mm 的试样质量占总质量的百分数，如试样中无大于 2mm 粒径或无小于 0.075mm 的粒径，在计算粗筛分析时则 d_x =100%。

2）绘制颗粒大小分布曲线。以小于某粒径的试样质量占总质量的百分数为纵坐标、颗粒粒径为对数横坐标进行绘制，如图 3-7 所示。

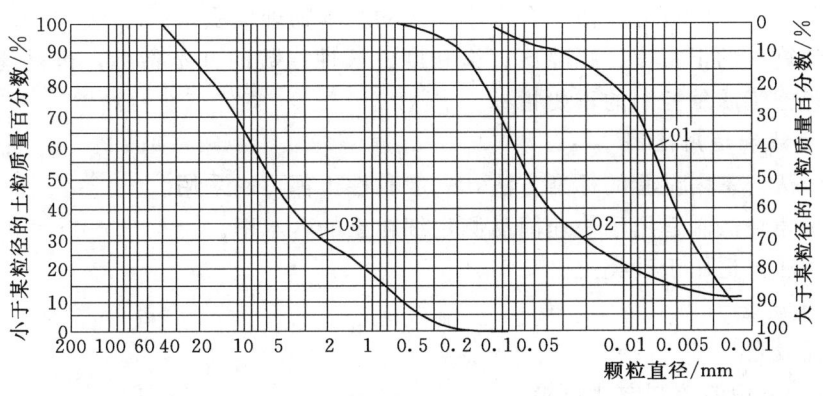

图 3-7 颗粒大小分布曲线

3）计算级配指标。

不均匀系数 $$C_u = \frac{d_{60}}{d_{10}}$$

曲率系数 $$C_c = \frac{d_{30}^2}{d_{10}d_{60}}$$

（4）试验记录。本试验记录见表 3-7。

表 3-7　　　　　　颗粒分析试验记录表（筛分法）

工程名称_____　土样编号_____　试验日期_____
试　验　者_____　计　算　者_____　校　核　者_____

风干土质量＝_____g　　小于 0.075mm 的土占总土质量百分数＝_____%
2mm 筛上土质量＝_____g　　小于 2mm 的土占总土质量百分数＝_____g
2mm 筛下土质量＝_____g　　细筛分析时所取试样质量＝_____g

筛号	孔径/mm	留筛土质量/g	累计留筛土质量/g	小于该孔径的土质量	小于该孔径的土质量百分数/%
底盘总计					

技能二 测定土含水率

1. 试验目的

试验目的是测定土的含水率。土的含水率是土在 105～110℃下烘到恒重时所失去的水的质量与干土质量的百分比值。含水率是土的基本物理性质指标之一,它反映了土的干湿状态,是计算土的干密度、孔隙比、饱和度、液性指数的基本指标,也是建筑物地基、路堤、土坝等施工质量控制的重要指标。

2. 试验方法和适用范围

(1) 烘干法。室内试验的标准方法,一般黏性土都可以采用。

(2) 酒精燃烧法。适用于快速简易测定细粒土的含水率。

(3) 比重法。适用于砂类土。

3. 烘干法试验

(1) 仪器设备。

1) 烘箱。采用能控制电热烘箱。

2) 天平。称量200g,分度值0.01g。

3) 其他。干燥器、称量盒。

(2) 操作步骤。

1) 取代表性试样,黏性土为15～30g,砂性土、有机质土为50g,放入质量为 m_0 称量盒内,立即盖上盒盖,称盒加湿土总质量 m_1,精确至 0.01g。

2) 打开盒盖,将试样和盒放入烘箱,在温度 105～110℃的恒温下烘干。烘干时间与土的类别及取土数量有关。黏性土不得少于8h;砂类土不得少于6h;对含有机质超过10%的土,应将温度控制在65～70℃的恒温下烘至恒重。

3) 将烘干后的试样和盒从烘箱中取出,盖好盒盖放入干燥器内冷却至室温(一般为 0.5～1h),称盒加干土质量 m_2,精确至 0.01g。

4. 酒精燃烧法

(1) 仪器设备。

1) 酒精。纯度95%。

2) 天平。称量200g,分度值0.01g。

3) 其他。称量盒、滴管、火柴和调土刀等。

(2) 操作步骤。

1) 取代表性试样,黏性土为5～10g,砂性土为5～10g,有机质土为50g,放入称量盒内,立即盖上盒盖,称盒加湿土总质量 m_1,精确至 0.01g。

2) 打开盒盖,用滴管将酒精注入放有试样的称量盒中,直至盒中出现自由液面为止,并使酒精在试样中充分混合均匀。

3) 点燃盒内酒精,烧至自然熄灭。

4) 按上述方法再重复燃烧两次,当第三次火焰熄灭后,立即盖上盒盖冷却至室温,称盒加干土质量 m_2,精确至 0.01g。

(3) 计算含水率。

含水率按式（3-17）计算，即

$$\omega = \frac{m_w}{m_s} = \frac{m_1 - m_2}{m_2 - m_0} \times 100\% \tag{3-17}$$

烘干法试验应对试样进行两次平行测定，取其算术平均值。两次测定的差值，当含水率小于10%时，允许的平均差值为0.5%；当含水率小于40%时，允许的平均差值为1%；当含水率不小于40%时，允许的平均差值为2%。

（4）试验记录。本试验记录见表3-8。

表3-8 含水率试验记录表

工程名称_____ 试验方法_____ 试验日期_____
试 验 者_____ 计 算 者_____ 校 核 者_____

试样编号	土样说明	盒号	盒质量/g (1)	盒加湿土质量/g (2)	盒加干土质量/g (3)	水的质量/g (4)=(2)-(3)	干土质量/g (5)=(3)-(1)	含水率/% (6)=(4)/(5)×100%	平均含水率/% (7)

技能三 测定土的密度

1. 试验目的

测定土的湿密度，以了解土的疏密和干湿状态，供换算土的其他物理性质指标和工程设计以及控制施工质量之用。

2. 试验方法与适用范围

（1）一般黏性土，宜采用环刀法。

（2）易破碎、难以切削的土，可采用蜡封法。

（3）对于砂土与砂砾土，可用现场的灌砂法或灌水法。

3. 环刀法的试验

环刀法的试验是采用一定体积环刀切取土样并称土质量的方法，环刀内土的质量与体积之比即为土的密度。

（1）仪器设备。

1）环刀。内径6~8cm，高2~3cm。

2）天平。称量500g，分度值0.1g；称量200g，分度值0.01g。

3）其他。切土刀、钢丝锯、凡士林等。

（2）操作步骤。

1）测出环刀的容积V，在天平上称环刀质量m_1。

2）取直径和高度略大于环刀的原状土样或制备土样。

3）环刀取土。在环刀内壁涂一薄层凡士林，将环刀刃口向下放在土样上，随即将环刀垂直下压，边压边削，直至土样上端伸出环刀为止。将环刀两端余土削去修平（严禁在土面上反复涂抹），然后擦净环刀外壁。

4）将取好土样的环刀放在天平上称量，记下环刀与湿土的总质量 m_2。

（3）计算土的密度。

$$\rho = \frac{m}{V} = \frac{m_2 - m_1}{V} \tag{3-18}$$

式中　　ρ——密度，计算至 0.01g/cm^3；

　　　　m——湿土质量，g；

　　　　m_2——环刀加湿土质量，g；

　　　　m_1——环刀质量，g；

　　　　V——环刀体积，cm^3。

密度试验需进行二次平行测定，两次测定的差值不得大于 0.03g/cm^3，取两次试验结果的平均值。

（4）试验记录。本试验记录见表 3-9。

表 3-9　　　　　　　密度试验记录表（环刀法）

工程名称_____　土样说明_____　试验日期_____

试　验　者_____　计　算　者_____　校　核　者_____

试样编号	土样说明	环刀号	湿土质量 /g	体积 /cm³	湿密度 /(g/cm³)	含水率 /%	干密度 /(g/cm³)	平均干密度 /(g/cm³)
			(1)	(2)	(3)=(1)/(2)	(4)	(5)=(3)/(1+0.01(4))	(6)

任务二　土的物理状态判定

❖任务导入❖

案例：小浪底大坝为土质斜心墙堆石坝，坝顶高程 281m，最大坝高 160m，坝顶长 1666.3m，坝体填筑总量 5184.7 万 m³，其中主坝斜心墙Ⅰ区防渗土料填筑总量约为 820 万 m³。小浪底工程所用土料有轻粉质壤土、中粉质壤土、重粉质壤土和粉质黏土四类。对于高土石坝心墙而论，防渗土料的合理选择、填筑标准的合理确定不仅对于经济合理地设计大坝具有十分重要的意义，而且对于保证顺利施工和坝体填筑质量也具有十分重要的意义。

根据文件提供的 33 组试验结果中，塑性指数最大为 19，最小为 9，平均为 12.9。由于施工过程中所检测的土料的塑性指数与招标文件中提供的料场的土料的塑性指数相差较大，承包商曾以业主提供的料场与投标时相比发生了变化为由向业主提出索赔。对于此问题工程师进行认真的分析研究后认为，土料塑性指数的差异：一是由于料场土料发生变化；二是由不同试验方法引起的。

任务：1. 塑性指数在大坝心墙料填筑中的主要作用是什么？

　　　2. 测定土料的塑性指数。

❖知识准备❖

在天然状态下，土所表现出的干湿、软硬、松密等特征，统称为土的物理状态。土的物理状态对土的工程性质影响较大，类别不同的土所表现出的物理状态特征也不同。如无黏性土，其力学性质主要受密实程度的影响；而黏性土则主要受含水率变化的影响。因此，不同类别的土具有不同的物理状态指标。

模块一　无黏性土的密实状态

无黏性土是具有单粒结构的散粒体。它的密实状态对其工程性质影响很大。密实的砂土，结构稳定，强度较高，压缩性较小，是良好的天然地基；疏松的砂土，特别是饱和的松散粉细砂，结构常处于不稳定状态，容易产生流砂，在振动荷载作用下，可能会发生液化，对工程建筑不利。所以，常根据密实度来判定天然状态下无黏性土层的优劣。

无黏性土密实度判别方法如下。

1. 孔隙比判别

判别无黏性土密实度最简便的方法是用孔隙比 e。孔隙比越小，表示土越密实；孔隙比越大，土越疏松。但由于颗粒的形状和级配对密实度的影响很大，而孔隙比没有考虑颗粒级配这一重要因素的影响，故应用时存有缺陷。为说明这个问题，取两种不同级配的砂土进行分析。如图3-8所示，把砂土颗粒视为理想的圆球。图3-8（a）为均匀级配的砂最紧密的排列，可以算出这时的不均匀系数 $C_u=1.0$、$e=0.35$；图3-8（b）同样是理想的圆球状砂，但其中除大的圆球外，还有小的圆球可以充填于孔隙中，即不均匀系数 $C_u>1.0$，显然，这种砂最紧密排列时的孔隙比 $e<0.35$。就是说两种级配不同的砂若都具有相同的孔隙比 $e=0.35$，级配均匀的砂已处于最密实的状态，而级配不均匀的砂则达不到最密实；反之，相同密实状态下，级配良好的砂，其孔隙比较小。

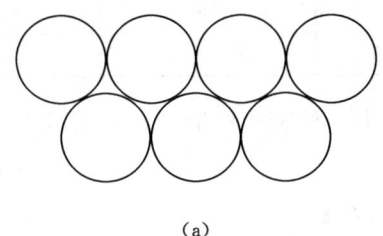 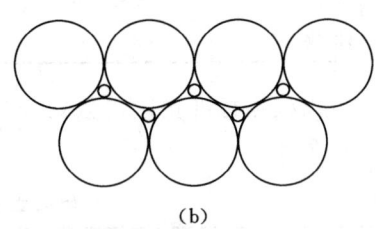

(a)　　　　　　　　　　　　　(b)

图3-8　颗粒级配对砂土密实度的影响

表3-10　砂土的密实度

土的名称	密实度			
	密实	中密	稍密	松散
砾砂、粗砂、中砂	$e<0.60$	$0.60\leqslant e\leqslant 0.75$	$0.75<e\leqslant 0.85$	$e>0.85$
细砂、粉砂	$e<0.70$	$0.70\leqslant e\leqslant 0.85$	$0.85<e\leqslant 0.95$	$e>0.95$

2. 相对密实度判别

相对密实度 D_r 是将天然状态的孔隙比 e 与最疏松状态的孔隙比 e_{max} 和最密实状态的

孔隙比 e_{min} 进行对比，作为衡量无黏性土密实度的指标，其表达式为

$$D_r = \frac{e_{max} - e}{e_{max} - e_{min}} \quad (3-19)$$

式中 e_{max}——砂土在最疏松状态时的孔隙比；

e_{min}——砂土在最密实状态的孔隙比；

e——砂土在天然状态下的孔隙比。

显然，D_r 越大，土越密实。当 $D_r = 0$ 时，表示土处于最疏松状态；当 $D_r = 1$ 时，表示土处于最紧密状态。工程中根据相对密实度 D_r，将无黏性土的密实程度划分为密实、中密和疏松三种状态，其标准如下：

当 $D_r > 0.67$ 时为密实状态。

当 $0.67 \geqslant D_r > 0.33$ 时为中密状态。

当 $D_r \leqslant 0.33$ 时为疏松状态。

采用相对密度 D_r 来评价砂土的松密程度在理论上是合理的，但在实际上，测定最大孔隙比 e_{max} 和最小空隙比 e_{min} 没有统一的标准，同时测定砂土的天然孔隙比 e 也有很大困难。由于这些原因，砂土的相对密度 D_r 的测定误差是很大的。故在实际工作中，应用较多的是现场标准贯入实验来评价砂土的松密程度。

3. 标准贯入试验判别

标准贯入试验是在现场进行的原位试验。该法是用质量为 63.5kg 的穿心锤，以 76cm 的落距将贯入器打入土中 30cm 时所需要的锤击数作为判别指标，称为标准贯入锤击数 N。显然，锤击数 N 越大，表明土层越密实；N 越小，土层越疏松。我国《岩土工程勘察规范》（GB 50021—2001）中按标准贯入锤击数 N 划分砂土密实度的标准见表 3-11。

表 3-11 砂 土 的 密 实 度

密实度	密实	中密	稍密	松散
标准贯入锤击数 N	$N > 30$	$30 \geqslant N > 15$	$15 \geqslant N > 10$	$N \leqslant 10$

碎石土可以根据标准贯入击数划分为密实、中密、稍密和松散四种密实状态。其划分标准见表 3-12。

表 3-12 碎石土密实野外鉴别方法

重型圆锥动力触探锤击数	$N_{63.5} \leqslant 5$	$5 < N_{63.5} \leqslant 10$	$10 < N_{63.5} \leqslant 20$	$20 < N_{63.5}$
密实度	松散	稍密	中密	密实

注 1. 本表适用于平均粒径不大于 50mm，且最大粒径不大于 100mm 的卵石、碎石、圆砾、角砾。对于平均粒径大于 50mm 或最大粒径大于 100mm 的碎石土，可按《建筑地基基础设计规范》（GB 50007—2011）附录鉴别其密实度。

2. 表内 $N_{63.5}$ 为经综合修正后的平均值。

【例 3-6】 某砂层的天然重度 $\gamma = 18.2 \text{kN/m}^3$，含水率 $\omega = 13\%$，土粒的比重 $G_s = 2.65$，最小孔隙比 $e_{min} = 0.40$，最大孔隙比 $e_{max} = 0.85$。问该土层处于什么状态？

解：(1) 求土层的天然孔隙比 e。

$$e = \frac{G_s \gamma_w (1+\omega)}{\gamma} - 1 = \frac{2.65 \times 9.81 \times (1+0.13)}{18.2} - 1 = 0.614$$

(2) 求相对密实度 D_r。

$$D_r = \frac{e_{\max} - e}{e_{\max} - e_{\min}} = \frac{0.85 - 0.614}{0.85 - 0.40} = 0.524$$

因为 $0.33 < D_r < 0.67$，故该砂层处于中密状态。

模块二 黏性土的稠度

1. 黏性土的稠度状态

黏性土的物理状态随其含水率的变化而有所不同。所谓稠度，是指黏性土在某一含水率时的稀稠程度或软硬程度。稠度还反映了土粒间的连接强度，稠度不同，土的强度及变形特性也不同。所以，稠度也可以指土对外力引起变形或破坏的抵抗能力。黏性土处在某种稠度时所呈现出的状态，称为稠度状态。

黏性土所表现出的稠度状态，是随含水率的变化而变化的。当土中含水率很小时，水全部为强结合水，此时土粒表面的结合水膜很薄，土颗粒靠得很近，颗粒间的结合水联结很强。因此，当土粒之间只有强结合水时，按水膜厚薄不同，土呈现为坚硬的固态或半固态。随着含水率的增加，土粒周围结合水膜加厚，结合水膜中除强结合水外还有弱结合水，此时，土处于塑态。土在这一状态范围内，具有可塑性，即被外力塑成任意形状而土体表面不发生裂缝或断裂，外力去掉后仍能保持其形变的特性。黏性土只有在塑态时，才表现出可塑性。

当含水率继续增加，土中除结合水外还有自由水时，土粒多被自由水隔开，土粒间的结合水联结消失，土就处于液态。

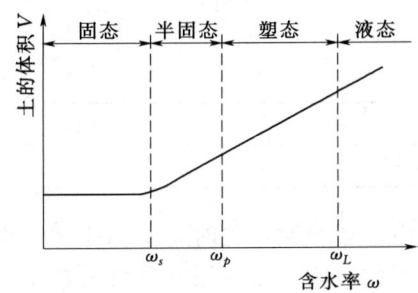

图 3-9 黏性土的稠度状态

2. 界限含水率

所谓界限含水率，是指黏性土从一个稠度状态过渡到另一个稠度状态时的分界含水率，也称为稠度界限。因此，四种稠度状态之间有三个界限含水率，分别叫作缩限 ω_s、塑限 ω_p 和液限 ω_L，如图 3-9 所示。

(1) 缩限 ω_s。缩限是指固态与半固态之间的界限含水率。当含水率小于缩限 ω_s 时，土体的体积不随含水率的减小而发生变化；当含水率大于缩限 ω_s 时，土体的体积随含水率的增加而变大。

(2) 塑限 ω_p。塑限是指半固态与可塑态之间的界限含水率。也就是可塑状态的下限，即含水率小于塑限时，黏性土不具有可塑性。

(3) 液限 ω_L。液限是指可塑状态与流动状态之间的界限含水率。也就是黏性土可塑状态的上限含水率。

3. 塑性指数与液性指数

(1) 塑性指数 I_P。塑性指数 I_P 是指液限与塑限的差值，其表达式为

$$I_P = \omega_L - \omega_P \tag{3-20}$$

塑性指数习惯上用直接去掉%的数值来表示，如 $\omega_L = 36\%$，$\omega_P = 16\%$，则 $I_P = 36 -$

16＝20，通常写为"$I_P=20$"。

塑性指数表明了黏性土处在可塑状态时含水率的变化范围。它的大小与土的黏粒含量及矿物成分有关，土的塑性指数越大，说明土中黏粒含量越多。因为土的黏粒含量越多，土的比表面积越大，亲水性越强，则弱结合水的含量越高，因而土处在可塑状态时含水率变化范围也就越大，I_P值也越大；反之，I_P值越小。所以，塑性指数是一个能反映黏性土性质的综合性指数，工程上普遍采用塑性指数对黏性土进行分类和评价。但由于液限测定标准的差别，同一土类按不同标准可能得到不同的塑性指数，即塑性指数相同的土，采用不同的规范标准，得出的土类可能不同。《建筑地基基础设计规范》（GB 50007—2002）中规定塑性指数 $I_P>10$ 的土为黏性土，$10<I_P\leqslant17$ 为粉质黏土，$I_P>17$ 为黏土。

（2）液性指数 I_L。土的含水率在一定程度上可以说明土的软硬程度。对同一种黏性土来说，含水率越大，土体越软。但是，对两种不同的黏性土来说，即使含水率相同，若它们的塑性指数各不相同，那么这两种土所处的状态就可能不同。例如两土样的含水率均为 32%，对液限为 30% 的土样是处于流动状态，而对于液限为 35% 的土样来说则是处于可塑状态。因此，只知道土的天然含水率还不能说明土所处的稠度状态，还必须把天然含水率 ω 与这种土的塑限 ω_P 和液限 ω_L 进行比较，才能判定天然土的稠度状态，进而说明土是硬的还是软的。工程中，用液性指数 I_L 作为判定土的软硬程度的指标，其表达式为

$$I_L=\frac{\omega-\omega_P}{\omega_L-\omega_P}=\frac{\omega-\omega_P}{I_P} \tag{3-21}$$

式中 ω——土的天然含水率。

《建筑地基基础设计规范》（GB 50007—2011）按 I_L 将黏性土的稠度状态划分见表 3-13。

表 3-13　　　　　　　　　　　　黏 性 土 的 状 态

状态	坚硬	硬塑	可塑	软塑	流塑
液性指数	$I_L\leqslant0$	$0\leqslant I_L\leqslant0.25$	$0.25<I_L\leqslant0.75$	$0.75<I_L\leqslant1$	$I_L>1$

值得注意的是，黏性土的塑限与液限都是将土样经搅拌后测定，此时，土的原状结构已完全破坏。由于液性指数没有考虑土的原状结构对强度的影响，因此用它评价重塑土的软硬状态比较合适，而用于评价原状土的天然稠度状态，往往偏于保守。当天然含水率超过液限时，土并不表现为流动状态。这是因为保持原状结构的天然黏性土，除具有结合水联结外，还存在胶结物联结。当 $\omega>\omega_L$ 且 $I_L>1$ 时，结合水联结消失了，但胶结物联结仍然存在，这时土仍具有一定的强度。所以，在基础施工中，应注意保护黏土地基的原状结构，以免承载力受到损失。

【例 3-7】 从某地基中取原状土样，用 76g 圆锥仪测得土的 10mm 液限 $\omega_L=47\%$，塑限 $\omega_P=18\%$，天然含水率 $\omega=40\%$。问该地基土处于什么状态？

解：液性指数为

$$I_L=\frac{\omega-\omega_P}{\omega_L-\omega_P}=\frac{40-18}{47-18}=0.75$$

查表 3-13，$0.75<I_L<1.0$，土处于软塑状态。

4. 黏性土的灵敏度和触变性

（1）触变性。饱和黏性土受扰动后天然结构遭到破坏，土的强度降低，但当扰动停止后，随着时间的推移，土粒、水分子之间又组成新的平衡体系，土的强度可随时间逐渐增长而（部分）恢复，黏性土的抗剪强度随时间恢复的胶体化学性质称为土的触变性。在黏土中沉桩时，往往利用振扰的方法，破坏桩侧土与桩尖土的结构，以降低沉桩的阻力，但在沉桩完成后，土的强度可随时间部分恢复，使桩的承载力逐渐增加，这就是利用了土的触变性机理。

（2）灵敏度。天然状态的黏性土当受到扰动后，其强度降低、压缩性增大，这种特性称为土的灵敏度。

土的灵敏度越高，其结构性越强，受扰动后土的强度降低就越明显。灵敏度 S_t 是未扰动状态下的无侧限抗压强度与其重塑后立即进行试验的无侧限抗压强度之比值。公式为：

$$S_t = \frac{q_u}{q_u'}$$

式中　q_u，q_u'——原状、重塑试样的无侧限抗压强度，kPa。

根据灵敏度将饱和黏性土分为低灵敏度土（$1 < S_t \leqslant 2$）、中灵敏度土（$2 < S_t \leqslant 4$）和高灵敏度土（$S_t > 4$）。

❖ **技能应用** ❖

技能　测定土测定界限含水率

1. 试验目的

细粒土由于含水率不同，分别处于流动状态、可塑状态、半固体状态和固体状态。液限是细粒土呈可塑状态的上限含水率；塑限是细粒土呈可塑状态的下限含水率。

试验的目的是测定细粒土的液限、塑限，计算塑性指数，给土分类定名，供设计、施工使用。

2. 试验方法和适用范围

（1）土的液塑限试验：采用液塑限联合测定法。

（2）土的塑限试验：采用搓滚法。

（3）土的液限试验：采用碟式仪法。

3. 液塑限联合测定法试验

（1）仪器设备。

1）液塑限联合测定仪如图3-10所示。有电磁吸锥、测读装置、升降支座、试样杯等，圆锥质量76g，锥角30°。

2）天平。称量200g，分度值0.01g。

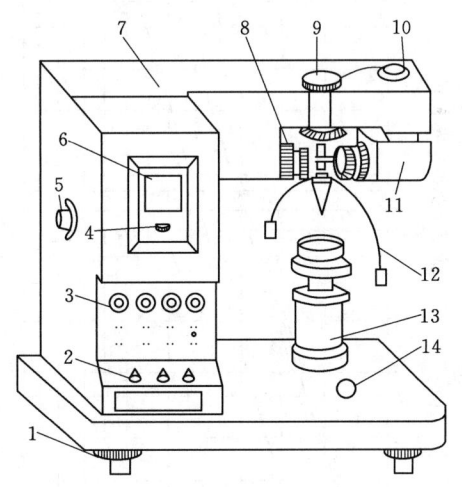

图 3-10　光电式液塑限联合测定仪结构
1—水平调节螺丝；2—控制开关；3—指示灯；
4—零线调节螺钉；5—反光镜调节螺钉；
6—屏幕；7—机壳；8—物镜调节螺钉；
9—电池装置；10—光源调节螺钉；
11—光源；12—圆锥仪；13—升降台；14—水平泡

3)其他。调土刀、不锈钢杯、凡士林、称量盒、烘箱、干燥器等。

(2)操作步骤。液塑限联合试验,原则上采用天然含水率的土样制备试样,但也允许采用风干土制备试样。

1)当采用天然含水率的土样时,应剔除大于0.5mm的颗粒,然后分别按接近液限、塑限和两者之间状态制备不同稠度的土膏,静置湿润。静置时间可视原含水量的大小而定。当采用风干土样时,取过0.5mm筛的代表性土样约200g,分成3份,分别放入3个盛土皿中,加入不同数量的纯水,使分别接近液限、塑限和两者中间状态的含水率,调成均匀土膏,然后放入密封的保湿缸中,静置24h。

2)将制备好的土膏用调土刀调拌均匀,密实地填入试样杯中,应使空气逸出。高出试样杯的余土用刮土刀刮平,随即将试样杯放在仪器底座上。

3)取圆锥仪,在锥体上涂一薄层凡士林,接通电源,使电磁铁吸稳圆锥仪。

4)调节屏幕准线,使初读数为零。调节升降座,使圆锥仪锥角接触试样面,指示灯亮时圆锥在自重下沉入试样内,经5s后立即测读圆锥下沉深度。

5)取下试样杯,然后从杯中取10g以上的试样2个,测定含水率。

6)按步骤2)~5),测试其余2个试样的圆锥下沉深度和含水量。

(3)计算与制图。

1)计算含水率。按式(3-22)计算含水率,即

$$\omega = \left(\frac{m}{m_s} - 1\right) \times 100\% \qquad (3-22)$$

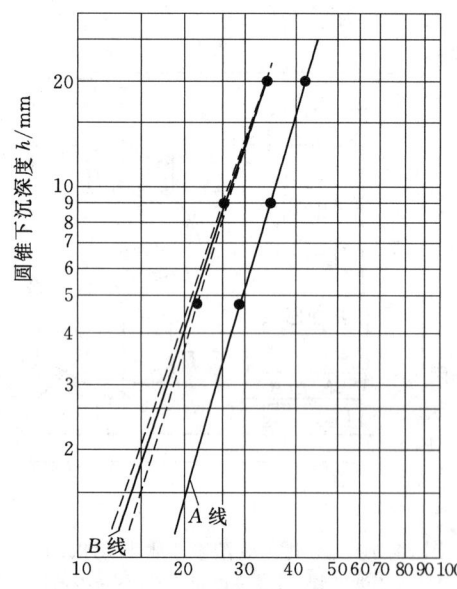

图3-11 圆锥下沉深度h与含水率ω关系图

2)绘制圆锥下沉深度h与含水率ω的关系曲线。以含水率为横坐标,圆锥下沉深度为纵坐标,在双对数纸上绘制$h-\omega$的关系曲线:①三点连一条直线;②当三点不在一直线上时,通过高含水率的一点分别与其余两点连成两条直线,在圆锥下沉深度为2处查得相应的含水率,当两个含水率的差值小于2%,应以该两点含水率的平均值与高含水率的点连成一线;③当两个含水率的差值大于或等于2%时,应补做试验。

3)确定液限、塑限。在圆锥下沉深度h与含水率ω关系图(图3-11)上,查得下沉深度为17mm所对应的含水率为液限ω_L,由图3-11查得下沉深度为2mm所对应的含水率为塑限ω_P,以百分数表示,取整数。

4)计算塑性指数和液性指数。塑性指数和液性指数分别按式(3-23)和式(3-24)计算,即

$$I_P = \omega_L - \omega_P \qquad (3-23)$$

$$I_L = \frac{\omega - \omega_P}{I_P} \quad (3-24)$$

5）按规范规定确定土的名称。

（4）试验记录。本试验记录见表3-14。

表 3-14　　　　　　　　　　　　液塑限联合试验记录表

工程名称_____　　土样说明_____　　试验日期_____
试　验　者_____　　计　算　者_____　　校　核　者_____

试样编号	
圆锥下沉深度 h/mm	
盒号	
盒质量/g	
盒＋湿土质量/g	
盒＋干土质量/g	
湿土质量/g	
土质量/g	
水的质量/g	
含水率 ω/%	
平均含水率/%	
液限 ω_L/%	
塑限 ω_P/%	
塑性指数 I_P	
液性指数 I_L	
土的名称	

任务三　土方工程压实检测

❖任务导入❖

水布垭面板堆石坝为目前世界上最高的面板堆石坝，坝顶高程409m，坝轴线长660m，最大坝高233m，坝顶宽度12m，防浪墙顶高程410.4m，墙高5.4m。大坝上游坝坡1∶1.4，下游平均坝坡1∶1.4。坝体填筑分为七个填筑区，从上游到下游分别为盖重区（ⅠB）、粉细砂铺盖区（ⅠA）、垫层区（ⅡA）、过渡区（ⅢA）、主堆石区（ⅢB）、次堆石区（ⅢC）和下游堆石区（ⅢD），大坝填筑量（包括上游铺盖）共1563.74万 m³。

填筑料碾压试验包括坝料和围堰填筑碾压试验。对不同的填筑料的铺料方法、铺料厚度和压实厚度、碾压机具、碾压遍数、行车速度、加水量、压实前后的级配和渗透系数、孔隙率、干容重提出试验结果。

对各类上坝填筑料进行颗粒级配分析试验，并对填筑施工中填料洒水量、碾压方式、碾压速度、碾压遍数等施工工艺及参数进行检查。每一填筑单元碾压后，采用试坑灌水法对填料进行抽样检查试验，测定填料的干密度、含水量、孔隙率、颗粒级配等。

各种填料抽样检查频次及试验项目见表 3-15。

表 3-15　　　　　　　　　填料抽样检查频次及试验项目表

坝料类别及部位		试　验　项　目	取样试验频次
垫层料	水平	颗粒级配、干密度、含水量、孔隙率	1次/(1500～3000)m³
	斜坡	颗粒级配、干密度、含水量、孔隙率	1次/(3000～5000)m³
过渡料		颗粒级配、干密度、含水量、孔隙率、渗透系数	1次/(6000～10000)m³
主堆石料		颗粒级配、干密度、含水量、孔隙率	1次/(30000～50000)m³
次堆石料		颗粒级配、干密度、含水量、孔隙率	1次/(50000～80000)m³
下游堆石料		颗粒级配、干密度、含水量、孔隙率	1次/(100000～120000)m³

任务：1. 坝体压实参数有哪些？
2. 如何确定土方工程压实参数？
3. 如何通过压实参数控制压实质量？

❖知识准备❖

在工程建设中，常用土料填筑土堤、土坝、路基和地基等，为了提高填土的强度、增加土的密实度、减小压缩性和渗透性，一般都要经过压实。压实的方法很多，可归结为碾压、夯实和振动三类。大量的实践证明，在对黏性土进行压实时，土太湿或太干都不能被较好压实，只有当含水率控制为某一适宜值时，压实效果才能达到最佳。黏性土在一定的压实功能下，达到最密时的含水率，称为最优含水率，用 ω_{op} 表示，与其对应的干密度则称为最大干密度，用 ρ_{dmax} 表示。因此，为了既经济又可靠地对土体进行碾压或夯实，必须要研究土的这种压实特性，即土的击实性。

模块一　击实试验和击实曲线

研究土的击实性，需做击实试验。根据试验的结果，经计算整理，可绘制出干密度与含水率之间的关系曲线，即击实曲线（图 3-12）。

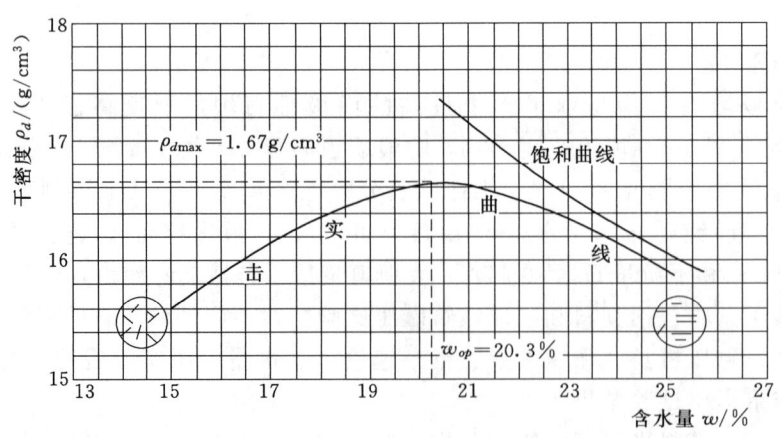

图 3-12　击实曲线

击实曲线反映出土的击实特性如下：

（1）对于某一土样，在一定的击实功能作用下，只有当土的含水率为某一适宜值时，土样才能达到最密实。因此在击实曲线上就反映出有一峰值，峰点所对应的纵坐标值为最大干密度 $\rho_{d\max}$，对应的横坐标值为最优含水率 ω_{op}。据研究，黏性土的最优含水率与塑限有关，大致为 $\omega_{op}=\omega_p+2\%$。

（2）土在击实过程中，通过土粒的相互位移，很容易将土中气体挤出；但要挤出土中水分来达到击实的效果，对于黏性土来说，不是短时间的加载所能办到的。因此，人工击实不是挤出土中水分而是挤出土中气体来达到击实目的的。同时，当土的含水率接近或大于最优含水率时，土孔隙中的气体越来越处于与大气不连通的状态，击实作用已不能将其排出土体之外。所以，击实土不可能被击实到完全饱和状态，击实曲线必然位于饱和曲线的左侧而不可能与饱和曲线相交。试验证明，一般黏性土在其最佳击实状态下（击实曲线峰值），其饱和度约为 80%（图 3-13）。

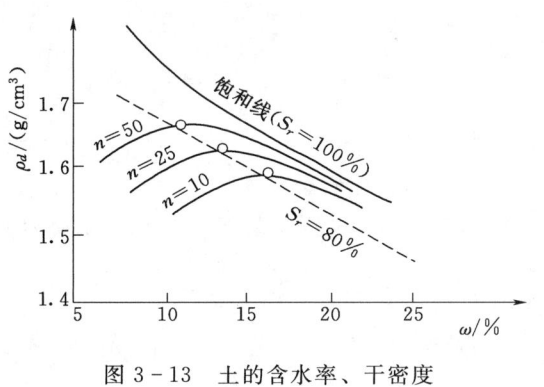

图 3-13 土的含水率、干密度和击实功关系曲线

（3）当含水率低于最优含水率时，干密度受含水率变化的影响较大，即含水率变化对干密度的影响在偏干时比偏湿时更加明显，因此，击实曲线的左段（低于最优含水率）比右段的坡度陡。

模块二 土 的 压 实 度

在工程实践中，常用土的压实度来直接控制填土的工程质量。压实度的定义是：工地压实时要求达到的干密度 ρ_d 与室内击实试验所得到的最大干密度 $\rho_{d\max}$ 之比值，即

$$\lambda=\frac{\rho_d}{\rho_{d\max}} \tag{3-25}$$

可见，λ 值越接近 1，表示对压实质量的要求越高。我国碾压土石坝设计规范中规定：Ⅰ级坝和高坝，填土的 $\lambda=0.98\sim1.00$；Ⅱ级、Ⅲ级及其以下的中坝，填土的 $\lambda=0.96\sim0.98$。在高速公路的路基工程中，要求 $\lambda\geqslant0.95$，对一些次要工程，λ 值可适当取小些。

【例 3-8】 某土料场土料为低液限黏土，天然含水率 $\omega=21\%$，比重 $G_s=2.70$，室内标准击实试验得到最大干密度 $\rho_{d\max}=1.85\text{g/cm}^3$。设计取压实度 $\lambda=0.95$，并要求压实后土的饱和度 $S_r\leqslant90\%$，问土料的天然含水率是否适于填筑？碾压时土料应控制多大的含水率？

解：1. 求压实后土的孔隙体积

填土的干密度：

$$\rho_d=\rho_{d\max}\lambda=1.85\times0.95=1.76(\text{g/cm}^3)$$

绘制土的三相图（图 3-14），并设 $V_s=1\text{cm}^3$。

$$G_s=\frac{m_s}{V_s\rho_w}\Rightarrow m_s=G_sV_s\rho_w=2.70\times1\times1=2.70(\text{g})$$

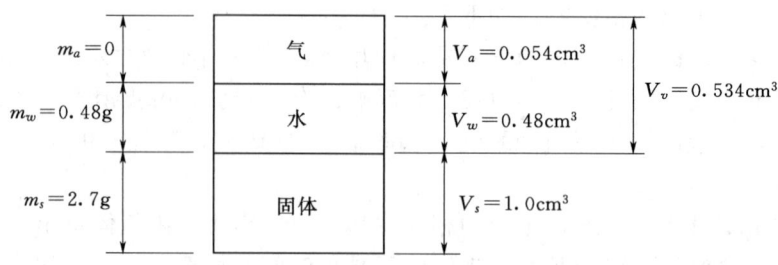

图 3-14 土的三相图

$$\rho_d = \frac{m_s}{V} \Rightarrow V = \frac{m_s}{\rho_d} = \frac{2.7}{1.76} = 1.534 (\text{cm}^3)$$

则 $\quad V_v = V - V_s = 1.534 - 1 = 0.534 (\text{cm}^3)$

2. 求压实时的含水率

根据题意，按饱和度 $S_r = 0.9$ 控制含水率，则

$$S_r = \frac{V_w}{V_v} \Rightarrow V_w = S_r V_v = 0.9 \times 0.534 = 0.48 (\text{cm}^3)$$

因此 $\quad m_w = \rho_w V_w = 0.48 (\text{g})$

则压实时的含水率 $\omega = \frac{m_w}{m_s} \times 100\% = \frac{0.48}{2.70} \times 100\% = 17.8\% < 21\%$

即碾压时的含水率应控制在 18% 左右。料场土料的含水率高 3%，不适于直接填筑，应进行翻晒处理。

模块三 影响土击实效果的因素

影响土压实性的因素很多，主要有含水率、击实功能、土的种类和级配以及粗粒含量等，现分别叙述于下。

1. 含水率的影响

如果我们用同一种土料，在不同的含水率下，用同一击数将它们分层击实，就能得到一条含水率 ω 与相应干密度 ρ_d 的关系曲线，如图 3-12 所示。由图可见，当含水率较低时，击实后的干密度随含水率的增加而增大。而当干密度增大到某一值后，含水率的继续增加反而导致干密度的减小。干密度的这一最大值称为该击数下的最大干密度 $\rho_{d\max}$，与它对应的含水率称为最优含水量 ω_{op}。这就是说，当击数一定时，只有在某一含水率下才获得最佳的击实效果。击实曲线的这种特征被解释为黏性土在含水率低时，土粒表面的吸着水层薄，击实过程中粒间电作用力以引力占优势，土粒相对错动困难，并趋向于形成任意排列，干密度就低。随着含水率的增加，吸着水层增厚，击实过程中粒间斥力增大，土粒易于错动，因此，土粒定向排列增多，干密度相应地增大。当含水率超过某一值后，虽仍能使粒间引力减小，但此时空气以封闭气泡的形式存在于土体内，击实时气泡体积暂时减小，而很大一部分击实功能却由孔隙气承担，转化为孔隙压力，粒间所受的力减小，击实仅能导致土粒更高程度的定向排列，而土体几乎不发生永久的体积变化。因而，干密度反随含水率的增加而减小。

2. 击实功能的影响

在试验室内击实功能是用击数来反映的。如果用同一种土料在不同含水率下分别用不同击数进行击实试验,就能得到一组随击数而异的含水率与干密度关系曲线,如图3-15所示。由图可见:

(1) 土料的最大干密度和最优含水率不是常数。最大干密度随击数的增加而逐渐增大;反之,最优含水率逐渐减小。然而,这种增大或减小的速率是递减的。因此,光靠增加击实功能来提高土的最大干密度是有一定限度的。

(2) 当含水率较低时击数的影响较显著。当含水率较高时,含水率与干密度关系曲线趋近于饱和线,也就是说,这时提高击实功能是无效的。

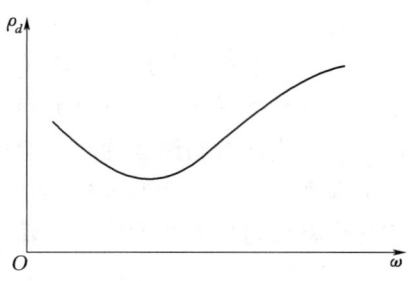

图3-15 无黏性土的击实曲线

还应指出,填料的含水率过高或过低都是不利的。含水率过低,填土遇水后容易引起湿陷;过高又将恶化填土的其他力学性质。因此,在实际施工中填土的含水率控制得当与否,不仅涉及经济效益,而且影响到工程质量。

3. 土类和级配的影响

试验表明,在相同击实功能下,黏性土的黏粒含量越高或塑性指数越大,压实越困难,最大干密度越小,最优含水率越大。这是由于在相同含水率下,黏粒含量一高,吸着水层就薄,击实过程中土粒错动就困难的缘故。

然而,对无黏性土而言,含水率对压实性的影响虽不像黏性土那样敏感,但还是有影响的。图3-15是无黏性土的击实试验结果。可以看出,它的击实曲线与黏性土的不同。含水率近于零,它有较高的干密度。可是,在某一较小的含水率,却出现最低的干密度。这被认为是由于假黏聚力的存在,击实过程中一部分击实功能消耗在克服这种假黏聚力上而造成的。随着含水率的增加,假黏聚力逐渐消失,就得到较高的干密度。因此,在无黏性土的实际填筑中,通常需要不断洒水使其在较高含水率下压实。顺便指出,无黏性土的填筑标准,通常是用相对密实度来控制的,一般不进行击实试验。对于土石坝,无黏性填料的相对密实度要求不低于0.70~0.75。在地震区,要求不低于0.75~0.85。

在同一土类中,土的级配对它的压实性影响很大。级配均匀的,压实干密度要比不均匀的低,这是因为在级配均匀的土内较粗土粒形成的孔隙很少有细土粒去充填。而级配不均匀的土则相反有足够的细土粒去充填,因而能获得较高的干密度。

4. 粗粒含量的影响

上面提到,在轻型击实试验中,允许试样的最大粒径不大于5mm。当土内含有大于5mm的土粒时,常剔除后进行试验。这样,由试验测得的最大干密度和最优含水率必与实际土料在相同击实功能下的最大干密度和最优含水率不同。但当土内粒径大于5mm的土粒含量不超过25%~30%(土粒浑圆时,容许达到30%;土粒呈片状时,容许达25%)时,可认为土内粗土粒可匀布在细土粒之内,同时细土粒达到了它的最大干密度。

任务四　土的工程分类的判定

❖ 任务导入 ❖

案例：洋河水库拦河坝加固工程中，砂砾卵石混合料是使用量最多的一种土料，用于坝体坝基、下游护坡垫层、上游护坡垫层、坝体代替、坝顶路基础和坝下游排水沟反滤层等部位。这种砂砾卵石混合料的形成主要是由于河流上游洪水、枯水的交替变化，经过先后两次沉积或冲击而形成的粗细两种料的混合体。

根据现场勘察、大型野外碾压试验，并结合室内振动台试验成果，可以将田各庄砂砾卵石混合料场划分为两大区域，即以31号、34号、37号坑为代表的较粗类砂砾卵石混合料和以22号、25号坑为代表的较细类砂砾卵石混合料，34号和37号坑控制范围内的较粗砂砾卵石混合料。

任务：根据规范对土进行分类定名。

❖ 知识准备 ❖

在实际工程中会遇到各种各样的土。在不同的环境里形成的土，其成分和工程性质变化很大。对土进行工程分类的目的就是根据工程实践经验，将工程性质相近的土归成一类并予以定名，以便于对土进行合理的评价和研究，又能使工程技术人员对土有一个共同的认识，利于经验交流。

土的分类法有两大类：一类是实验室分类法，该分类方法主要是根据土的颗粒级配及塑性等进行分类，常在工程技术设计阶段使用；另一类是目测法，是在现场勘察中根据经验和简易的试验，根据土的干强度、含水率、手捻感觉、摇振反应和韧性等，对土进行简易分类。本节主要介绍实验室分类法。

目前，我国使用的土名和土的室内分类方法并不统一。这是由于各类工程的特点不同，工程中对土的某些工程性质的重视程度和要求并不完全相同，制定分类标准时的着眼点、侧重面也就不同，加上长期的经验和习惯，形成了不同分类体系。有时即使在同一行业中，不同的规范之间也存在着差异。为了适应各种不同行业技术工作的需要，本书将介绍水利工程行业的土工分类标准。

对同样的土如果采用不同的规范分类，定出的土名可能会有差别。所以，在使用规范时必须先确定工程所属行业，根据有关行业规范，确定建筑物地基土的工程分类。

模块一　《土工试验规程》(SL 237—1999) 分类法

水利部颁发的《土工试验规程》(SL 237—1999)，简写为 SL 237—1999。按 SL 237—1999 的分类法，土的总分类体系如图3-16所示。分类时应以图3-16中从左到右分三大步确定土的名称，具体步骤如下所述。

1. 鉴别有机土和无机土

土中的有机质无固定粒径，是由完全分解、部分分解到未分解的动、植物残骸构成的物质。有机质含量可根据颜色、气味、纤维质来鉴别，如土样呈黑色、青黑色或暗色，有臭味，含纤维质，手触有弹性和海绵感时，一般是有机土。不含或基本不含有机质时，为

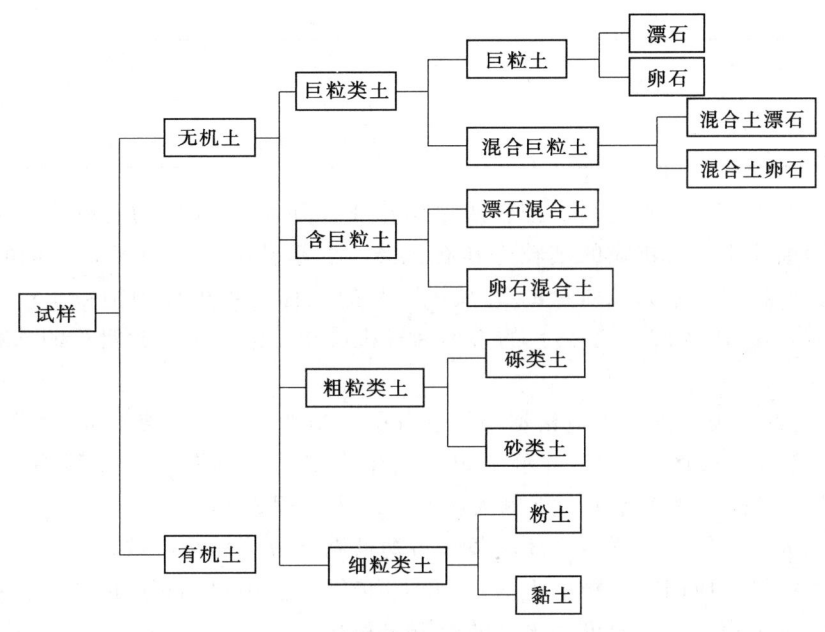

图 3-16 土的分类体系

无机土。当不能判别时，可由试验测定。

2. 鉴别巨粒类土、含巨粒土、粗粒类土或细粒类土

对无机土，先根据该土样的颗粒级配曲线，确定巨粒组（$d>60$mm）的质量占土总质量的百分数，当土样中巨粒组质量大于总质量的50%时，该土称为巨粒类土；当土样中巨粒组质量为总质量的15%~50%时，该土称为含巨粒土；当土样中巨粒组质量小于总质量的15%时，可扣除巨粒，按粗粒土或细粒土的相应规定分类定名。

当粗粒组（60mm$\geqslant d>0.075$mm）质量大于总质量的50%时，该土称为粗粒类土；当细粒组质量不小于总质量的50%时，该土则为细粒类土。然后再对巨粒类土、含巨粒土、粗粒类土或细粒类土进一步细分。

3. 对巨粒类土、含巨粒土、粗粒类土或细粒类土的进一步分类

（1）巨粒类土和含巨粒土的分类和定名。

巨粒类土又分为巨粒土和混合巨粒土，即巨粒含量在75%~100%的划分为巨粒土；巨粒含量在50%~75%的划分为混合巨粒土。当巨粒组质量为总土质量的15%~50%时，则称为含巨粒土。巨粒类土和含巨粒土的分类定名，详见表3-16。

表 3-16   巨粒土和含巨粒土的分类

土类	粗 粒 含 量		土代号	土名称
巨粒土	巨粒含量75%~100%	漂石粒含量>50%	B	漂石
		漂石粒含量≤50%	C_b	卵石
混合巨粒土	巨粒含量50%~75%	漂石粒含量>50%	BSl	混合土漂石
		漂石粒含量≤50%	C_bSl	混合土卵石

续表

土类	粗粒含量		土代号	土名称
含巨粒土	巨粒含量 15%~50%	漂石含量>卵石含量	SIB	漂石混合土
		漂石含量≤卵石含量	SIC$_b$	卵石混合土

(2) 细粒类土的分类和定名。细粒质量不小于总质量的 50% 的土称为细粒类土。细粒类土又分为细粒土、含粗粒的细粒土和有机质土。粗粒组质量小于总质量的 25% 的土称为细粒土；粗粒组质量为总质量的 25%~50% 的土称为含粗粒的细粒土；含有部分有机质（有机质含量 $5\%\leqslant Q_u\leqslant 10\%$）的土称为有机质土。细粒土、含粗粒的细粒土和有机质土的细分如下：

1) 细粒土的分类。细粒土应根据塑性图分类。塑性图以土的液限 ω_L 为横坐标、塑性指数 I_P 为纵坐标，如图 3-17 所示。塑性图中有 A、B 两条线，A 线方程式为 $I_P=0.73(\omega_L-20)$，A 线上侧为黏土，下侧为粉土。B 线方程式为 $\omega_L=50\%$，$\omega_L<50\%$ 为低液限，$\omega_L\geqslant 50\%$ 为高液限。这样 A、B 两条线将塑性图划分为四个区域，每个区域都标出两种土类名称的符号。应用时，根据土的 ω_L 和 I_P 值可在图中得到相应的交点。按照该点所在区域的符号，由表 3-17 便可查出土的典型名称。

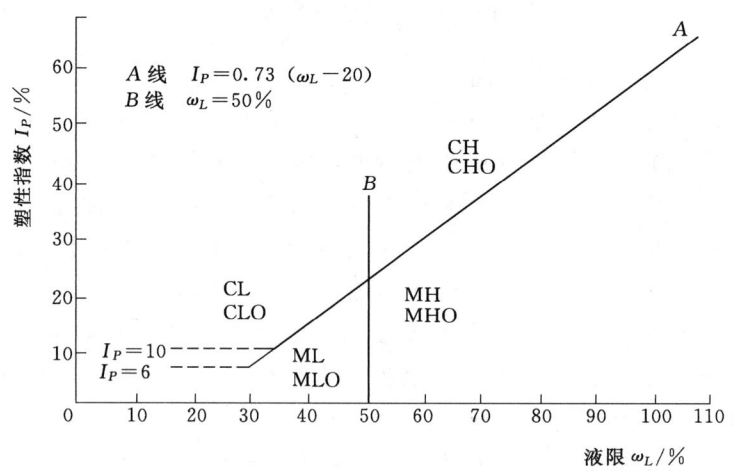

图 3-17 塑性图

表 3-17 细 粒 土 分 类 表

土的塑性指标在图中的位置		土代号	土名称
塑性指标 I_P	液限		
$I_P\geqslant 0.73(\omega_L-20)$，$I_P\geqslant 10$	$\omega_L\geqslant 50\%$	CH	高液限黏土
	$\omega_L<50\%$	CL	低液限黏土
$I_P<0.73(\omega_L-20)$，$I_P<10$	$\omega_L\geqslant 50\%$	MH	高液限粉土
	$\omega_L<50\%$	ML	低液限粉土

2) 含粗粒的细粒土分类。含粗粒的细粒土应先按表 3-16 的规定确定细粒土名称，再按下列规定最终定名：①粗粒中砾粒占优势，称含砾细粒土，土代号后缀以代号 G，如

CHG 为含砾高液限黏土，CLG 为含砾低液限黏土；②粗粒中砂粒占优势，称含砂细粒土，土代号后缀以代号 S，如 CHS 为含砂高液限黏土，CLS 为含砂低液限黏土。

3) 有机质土的分类。有机质土是按表 3-16 规定定出细粒土名称，再在各相应土类代号之后缀以代号 O，如 CHO 为有机质高液限黏土，MLO 为有机质低液限粉土。也可直接从塑性图中查出有机质土的定名。

4) 粗粒类土的分类和定名。粗粒组质量大于总质量 50% 的土称为粗粒类土。粗粒类土又分为砾类土和砂类土。粗粒类土中砾粒组（60mm≥d>2mm）质量大于总质量 50% 的土称砾类土；砾粒组质量不大于总质量的 50% 的土称为砂类土。砾类土和砂类土又细分如下：

a. 砾类土分类。根据其中的细粒含量和类别以及粗粒组的级配，砾类土又分为砾、含细粒土砾和细粒土质砾。细分和定名详见表 3-18。

b. 砂类土的分类。砂类土也根据其中的细粒含量及类别、粗粒组的级配，又分为砂、含细粒土砂和细粒土质砂。细分和定名详见表 3-19。

表 3-18　　　　砾 类 土 分 类 表

土类	粒 组 含 量		土代号	土名称
砾	细粒含量<5%	级配：C_u≥5，C_c=1～3	GW	级配良好的砾
		级配：不同时满足上述要求	GP	级配不良的砾
含细粒土砾	5%≤细粒含量≤15%		GF	含细粒土砾
细粒土质砾	15%<细粒含量≤50%	细粒为黏土	GC	黏土质砾
		细粒为粉土	GM	粉土质砾

注　表中细粒土质砾石类，应按细粒土在塑性图中的位置定名。

表 3-19　　　　砂 类 土 分 类 定 名 表

土类	粒 组 含 量		土代号	土名称
砂	细粒含量<5%	级配：C_u≥5，C_c=1～3	SW	级配良好的砂
		级配：不同时满足上述要求	SP	级配不良的砂
含细粒土砂	5%≤细粒含量≤15%		SF	含细粒土砂
细粒土质砂	15%<细粒含量≤50%	细粒为黏土	SC	黏土质砂
		细粒为粉土	SM	粉土质砂

注　表中细粒土质砂土类，应按细粒土在塑性图中的位置定名。

此外，自然界中还分布有许多一般土所没有的特殊性质的土，如黄土、红黏土、膨胀土、冻土等特殊土。它们的分类都有专门的规范，工程实践中遇到时，可选择相应的规范查用。

【例 3-9】　从无机土样的颗粒级配曲线上查得大于 0.075mm 的颗粒含量为 97%，大于 2mm 的颗粒含量为 63%，大于 60mm 的颗粒含量为 7%，d_{60}=3.55mm，d_{30}=1.65mm，d_{10}=0.30mm。试按 SL 237—1999 对土分类定名。

解：（1）因该土样的粗粒组含量为（粒径范围：0.075mm<d≤60mm）：97%-7%=90%，大于 50%，该土属粗粒土。

(2) 因该土样砾粒组含量为（粒径范围：2.0mm<d≤60mm）：63%−7%=56%，大于50%，该土属砾类土。

(3) 因该土样细粒组含量为（粒径范围 d≤0.075mm）：100%−97%=3%，小于5%，查表该土属砾类土，需根据级配情况进行细分。

(4) 该土的不均匀系数：$C_u = \dfrac{d_{60}}{d_{10}} = \dfrac{3.55}{0.30} = 11.8 > 5$

曲率系数 $C_c = \dfrac{d_{30}^2}{d_{60}d_{10}} = \dfrac{1.65^2}{3.55 \times 0.30} = 2.56$，在 1~3 之间，故属级配良好。

因此该土定名为级配良好的砾，即 GW。

模块二 《建筑地基基础设计规范》（GB 5007—2011）分类法

《建筑地基基础设计规范》（GB 50007—2011）将作为建筑地基的土（岩）分为岩石、碎石土、砂土、粉土、黏性土和人工填土六大类，另有淤泥质土、红黏土、膨胀土、黄土等特殊土。

1. 岩石

作为建筑地基的岩石根据其坚硬程度和完整程度分类。岩石按饱和单轴抗压强度标准值分为坚硬岩、较坚硬岩、较软岩、软岩和极软岩5个等级，见表3-20；岩石风化程度可分为未风化、微风化、中等风化、强风化和全风化岩石。

表 3-20　　　　　　　　　　　岩石坚硬程度的划分

坚硬程度类别	坚硬岩	较硬岩	较软岩	软岩	极软岩
饱和单轴抗压强度标准值 f_{rk}/MPa	>60	60≥f_{rk}>30	30≥f_{rk}>15	15≥f_{rk}>5	≤5

2. 碎石土

粒径大于 2mm 的颗粒含量超过总质量的 50% 的土为碎石土，根据粒组含量及颗粒形状可进一步分为漂石或块石、卵石或碎石、圆砾或角砾。分类标准见表 3-21。

表 3-21　　　　　　　　　　　碎石土的分类

土的名称	颗粒形状	粒组含量
漂石	圆形及亚圆形为主	粒径大于 200mm 的颗粒含量超过全重的 50%
块石	棱角形为主	
卵石	圆形及亚圆形为主	粒径大于 20mm 的颗粒含量超过全重的 50%
碎石	棱角形为主	
圆砾	圆形及亚圆形为主	粒径大于 2mm 的颗粒含量超过全重的 50%
角砾	棱角形为主	

注　分类时应根据粒组含量栏从上到下以最先符合者确定。

3. 砂土

砂土为粒径大于 2mm 的颗粒含量不超过全重 50%、粒径大于 0.075mm 的颗粒超过全重 50% 的土。砂土可按表 3-22 分为砾砂、粗砂、中砂、细砂和粉砂。

表 3-22　　　　　　　　　　　　　砂 土 的 分 类

土的名称	粒 组 含 量
砾砂	粒径大于 2mm 的颗粒含量占全重的 25%～50%
粗砂	粒径大于 0.5mm 的颗粒含量超过全重的 50%
中砂	粒径大于 0.25mm 的颗粒含量超过全重的 50%
细砂	粒径大于 0.075mm 的颗粒含量超过全重的 85%
粉砂	粒径大于 0.075mm 的颗粒含量超过全重的 50%

注　分类时应根据粒组含量栏从上到下以最先符合者确定。

4. 粉土

粉土为介于砂土与黏性土之间，塑性指数（I_P）不大于 10 且粒径大于 0.075mm 的颗粒含量不超过全重 50% 的土。

5. 黏性土

黏性土为塑性指数 I_P 大于 10 的土，可按表 3-23 分为黏土、粉质黏土。黏性土的状态，可按表 3-24 分为坚硬、硬塑、可塑、软塑、流塑。

表 3-23　　　　　　　　　　　　　黏 性 土 的 分 类

塑性指数 I_P	土的名称	塑性指数 I_P	土的名称
$I_P > 17$	黏土	$10 < I_P \leq 17$	粉质黏土

注　塑性指数由相应于 76g 圆锥体沉入土样中深度为 10mm 时测定的液限计算而得。

表 3-24　　　　　　　　　　　　　黏 性 土 的 状 态

液性指数 I_L	状　态	液性指数 I_L	状　态
$I_L \leq 0$	坚硬	$0.75 < I_L \leq 1$	软塑
$0 < I_L \leq 0.25$	硬塑	$I_L > 1$	流塑
$0.25 < I_L \leq 0.75$	可塑		

注　当用静力触探头阻力判定黏性土的状态时，可根据当地经验确定。

6. 人工填土

人工填土根据其组成和成因，可分为素填土、压实填土、杂填土、冲填土。素填土为由碎石土、砂土、粉土、黏性土等组成的填土。经过压实或夯实的素填土为压实填土。杂填土为含有建筑垃圾、工业废料、生活垃圾等杂物的填土。冲填土为由水力冲填泥砂形成的填土。

7. 特殊土

《建筑地基基础设计规范》（GB 50007—2011）又把淤泥、淤泥质土、红黏土和膨胀土及湿陷性土单独制定了它们的分类标准。

（1）淤泥和淤泥质土。淤泥是指在静水或缓慢流水环境中沉积，并经生物化学作用形成，其天然含水率大于液限，天然孔隙比 $e \geq 1.5$ 的黏性土。当天然含水率大于液限，而天然孔隙比 $1 \leq e < 1.5$ 的黏性土或粉土为淤泥质土。

淤泥和淤泥质土的主要特点是含水率大、强度低、压缩性高、透水性差、固结需时间长。一般地基需要预压加固。

（2）红黏土。红黏土是指碳酸盐岩系的岩石经红土化作用形成的高塑性黏土。其液限一般大于50%。红黏土经再搬运后，仍保留其基本特征，其液限 ω_L 大于45%的土称为次红黏土。

（3）膨胀土。土中黏粒成分主要由亲水性矿物组成，同时具有显著的吸水膨胀和失水收缩特性，其自由膨胀率大于或等于40%的黏性土为膨胀土。膨胀土一般强度较高，压缩性较低，易被误认为工程性能较好的土，但由于具有胀缩性，在设计和施工中如果没有采取必要的措施，会对工程造成危害。

（4）湿陷性土。是指在一定压力下浸水后产生附加沉降，其湿陷系数不小于0.015的土。湿陷性土浸水后，其强度会迅速降低，并产生显著的附加沉降，需进行处理。

❖技能应用❖

技能一 按《土工试验规程》（SL 237—1999）对土分类定名

1. 已知从某土样的颗粒级配曲线上查得：大于0.075mm的颗粒含量为64%，大于2mm的颗粒含量为8.5%，大于0.25mm的颗粒含量为38.5%，并测得该土样细粒部分的液限 $\omega_L=38\%$，塑限 $\omega_P=19\%$，试按 SL 237—1999 对土分类定名。

解：按《土工试验规程》（SL 237—1999）对土定名：

（1）因该土样粗粒组含量为64%＞50%，所以该土属粗粒类土。

（2）因该土样砾粒组含量为8.5%＜50%，所以该土属砂类土。

（3）因该土样细粒含量为100%－64%＝36%，查表3-18，在15%～50%，所以该土为细粒土质砂，应根据塑性图进一步细分。

（4）因该土的塑性指数 $I_P=38-19=19$，$\omega_L=38\%$，查塑性图（图3-17），坐标交点落在CL区，故该土的最后定名为黏土质砂，即SC。

2. 从某土样颗粒级配曲线上查得：大于0.075mm的颗粒含量为38%，大于2mm的颗粒含量为13%，并测得该土样细粒部分的液限 $\omega_L=46\%$，塑限 $\omega_P=28\%$，试按《土工试验规程》（SL 237—1999）规范对土分类定名。

解：按《土工试验规程》（SL 237—1999）规范对土定名：

（1）因该土样细粒组含量为100%－38%＝62%＞50%，所以该土属细粒类土。

（2）因该土样粗粒组含量为38%，在25%～50%，故该土属含粗粒的细粒土，应先按塑性图定出细粒土的名称。

（3）土样的塑性指数 $I_P=46-28=-18$，$\omega_L=46\%$，查塑性图（图3-17），坐标交点落在CL区，再判断粗粒中是砾粒占优势还是砂粒占优势。

（4）因该土样砾粒组含量为13%，砂粒组含量为38%－13%＝25%，故砂粒占优势，称为含砂细粒土，应在细粒土名代号后缀以代号S。因此，该土的最后定名为含砂低液限黏土，即为CLS。

技能二 按《建筑地基基础设计规范》（GB 50007—2011）对土分类定名

已知从某土样的颗粒级配曲线上查得：大于0.005mm的颗粒含量为84%，大于

0.075mm 的颗粒含量为 64%，大于 2mm 的颗粒含量为 8.5%，大于 0.025mm 的颗粒含量为 38.5%，试按《建筑地基基础设计规范》(GB 50007—2011)对土进行分类定名。

解：（1）因该土样大于 0.075mm 的颗粒含量为 64%＞50%，而且大于 2mm 的颗粒含量为 8.5%＜50%，所以该土属于砂土。

（2）因大于 0.25mm 的颗粒含量为 38.5%＜50%，大于 0.075mm 的颗粒含量为 64%，查表 3-22，该土定名为粉砂。

❖ **知识强化与技能提升** ❖

一、判断题

1. 黏土的结构是絮状结构。（ ）
2. 土中的强结合水可以传递静水压力。（ ）
3. 为定量地描述土粒的大小及各种颗粒的相对含量，对粒径大于 0.075mm 土粒可用密度计法测定。（ ）
4. 不均匀系数 C_u 越大，表示粒度的分布范围越大，土粒越均匀，级配越良好。（ ）
5. 土中黏土矿物越多，土的黏性、塑性越小。（ ）
6. 黏性土颗粒很粗，所含黏土矿物成分较多，故水对其性质影响较小。（ ）
7. 完全饱和土体，含水率 $\omega=100\%$。（ ）
8. 在野外取 45.60g 的湿土，酒精充分燃烧后称量为 32.50g，则其含水率为 28.7%。（ ）
9. 土的重度减去水的重度就是土的有效重度。（ ）
10. 黏性土的塑性指数表明了土处于可塑状态的含水率的变化范围。（ ）

二、选择题

1. 某种土体呈青黑色、有臭味，手触有弹性和海绵感，此种土可定名为（ ）。
   A. 老黏土 B. 有机土 C. 砂土 D. 无机土
2. 试样中巨粒组质量为总质量的 15%～50% 的土可称为（ ）。
   A. 巨粒混合土 B. 粗粒混合土 C. 细粒混合土 D. 粉土
3. 强结合水具有的特征是（ ）。
   A. 具有溶解盐类的能力 B. 性质接近固体
   C. 可以传递静水压力 D. 可以任意移动
4. 土的颗粒级配说法错误的是（ ）。
   A. 土的颗粒级配表示土中各粒组的相对含量
   B. 土的颗粒级配直接影响土的性质
   C. 土的颗粒级配试验方法常有筛分法和密度计法、移液管法
   D. 对于粒径大于 0.075mm 的粗粒组可用密度计法测定
5. 做含水率试验时，若盒质量 19.83g，盒加湿土质量 60.35g，盒加干土质量 45.46g，则含水率为（ ）。
   A. 38.7% B. 36.7% C. 58.1% D. 56.1%

6. 某场地勘察时在地下 10m 处砂土层进行标准贯入试验一次，实测其锤击数为 40，则该点砂土密实度为（   ）。

A. 密实　　　　　B. 中密　　　　　C. 稍密　　　　　D. 松散

7. 击实曲线是由（   ）构成的。

A. γ_d 和 ω
B. γ_d 和 ω 及击实功
C. γ_d 和击实功
D. ω 和击实功

8. 下列指标中，（   ）越大，密实度越小。

A. 孔隙比
B. 相对密实度
C. 轻便贯入锤击数
D. 标准贯入锤击数

三、简答题

1. 什么是土？土是怎样形成的？粗粒土和细粒土的组成有何不同？
2. 什么是黏性土的最优含水量？它与击实能有什么关系？
3. 什么是黏性土的稠度？黏性土随着含水率的不同可分为几种状态？各有何特性？
4. 什么是土的液性指数？如果试验结果表明某天然黏土层的液性指数大于1，但该土并不呈流动状态而仍有一定的强度，这是否可能？为什么？
5. 何谓土的压实性？土压实的目的是什么？
6. 土的压实性与哪些因素有关？何谓土的最大干密度和最优含水率？
7. 土的工程分类的目的是什么？
8. 击实试验有何目的？黏性土的击实试验成果有何作用？
9. 击实试验时击实仪为什么要放在坚实的地面上？击锤击土时为什么一定要自由铅直下落？试样击实后为什么要控制余土超高？
10. 击实曲线能否与饱和线相交？为什么？

四、案例分析

1. 用体积为 60cm³ 环刀切取土样，测得其质量为 110g 烘干后质量为 93g，试计算该土样的含水率 ω 和密度 ρ。

2. 有土样 1000g，它的含水率为 6.0%，若使它的含水率增加到 16.0%，问需要加水多少克？

3. 用体积 $V=60$cm³ 环刀切取原状土样，用天平称出土样的湿土质量为 110g，烘干后为 93g，测得土样的比重 $G_s=2.7$，求土的湿重度、含水率、干重度、孔隙比、饱和重度各为多少？

4. 在某土层中用体积为 72cm³ 的环刀取样。经测定，土样质量为 129.1g，烘干后土样质量为 121.5g，土粒比重为 2.7，求该土样的含水量、湿重度、饱和重度、干重度和浮重度。

5. 饱和土孔隙比为 0.7，比重为 2.72。用三相草图计算干重度、饱和重度和浮重度，并求当该土的饱和度变为 75% 时的重度和含水量。

6. 有试验得知某一粗砂的天然孔隙比 $e=0.78$，最大孔隙比 $e_{max}=1.04$，最小孔隙比 $e_{min}=0.54$，试计算该砂土的密实度 D_r 等于多少？并判别该砂土的密实程度。

7. 由颗粒分析曲线得知该土样的 $d_{10}=0.02$mm，$d_{30}=0.08$mm，$d_{60}=0.18$mm，试

计算该土样的不均匀系数 C_c 和曲率系数 C_v，并判别该土样级配好坏。

8. 某碾压土石坝的土方量为 100 万 m^3，设计填筑干密度为 $1.68g/m^3$，料场土的含水率为 10%，天然密度为 $1.65g/m^3$，液限为 32%，塑限为 20%，土料比重为 2.7。

假设你是工程技术人员，请问：（1）为满足填筑土坝需要，料场至少要有多少方土料？（2）假如每日坝体的填筑量为 $5000m^3$，该土的最优含水率为塑限的 95%，为达到最佳碾压效果，每天共需要加水多少？（3）土坝填筑后的饱和度是多少？

项目四　土体渗透变形防治

任务一　土体渗透系数的测定

❖任务导入❖

水在重力作用下，通过土中的孔隙发生流动的现象叫水的渗透。土体能被水透过的性质，叫土的渗透性，它是土的力学性能之一。流动的水叫渗流。土坝在挡水后，水在浸润线以下的坝体中会产生渗流，如图4-1（a）所示；水闸挡水后，在上下游水位差作用下，水会从上游经过闸基渗透到下游，如图4-1（b）所示。

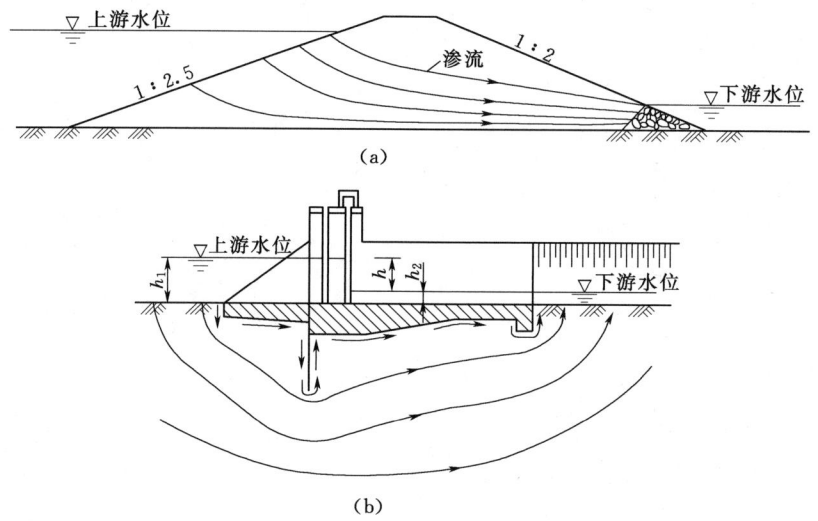

图4-1　坝、闸渗透示意图

水的渗透将引起渗漏和渗透变形两方面的问题。渗漏造成水量损失，影响闸坝蓄水的工程效益；渗透变形将引起土体内部应力状态发生变化，从而改变其稳定条件，甚至危及整个建筑物的安全。因此本任务主要讨论水在土中渗透的基本规律、渗透性指标等问题。

任务：1. 分析影响土体渗透系数的因素。
　　　2. 各种类型土体渗透系数的确定方法。

❖知识准备❖

一、达西定律

1. 达西定律的定义

为了解决生产实践中的渗流问题，首先必须研究水在土中渗透的基本规律。为此在1856年，法国科学家达西对不同粒径砂土作试验时，发现水流在层流状态时，水的渗透速度与水力坡度成正比,这就是著名的达西定律,此实验称为达西实验。

达西实验的装置如图 4-2 所示。装置中的 1 为土样,2 是横截面积为 A 的直立圆筒,其上端开口,在圆筒侧壁装有两支相距为 L 的侧压管。筒底以上一定距离处装一滤板 3,滤板上填放颗粒均匀的砂土。水由上端注入圆筒,多余的水从溢水管 4 溢出,使筒内的水位维持一个恒定值。渗透过砂层的水从短水管 5 流入量杯 6 中。

达西定律的表达式为

$$Q = k \frac{h}{L} A t \qquad (4-1)$$

$$v = k \frac{h}{L} = ki \qquad (4-2)$$

式中 v——渗透速度,cm/s;

h——渗流水头,cm;

L——渗流路径(渗径)长度,cm;

i——水力坡降,是水头差 h 与渗透路径 L 之比,即 h/L,无量纲;

k——比例系数,即土的渗透系数,cm/s;

Q——渗透流量,cm^3;

A——垂直于渗透方向的土样截面面积,cm^2。

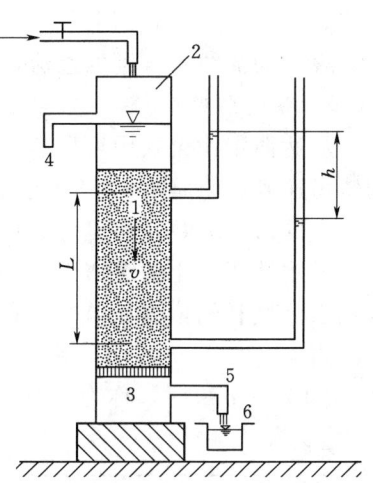

图 4-2 达西实验的装置示意图
1—土样;2—直立圆筒;3—滤板;
4—溢水管;5—短水管;6—量杯

达西定律是土力学中的重要定律之一,不仅仅是研究地下水运动的基本定律,而且在水利水电工程建设中,坝基和渠道的渗漏计算、水库的渗漏计算、基坑排水计算、井孔的涌水量计算等都是以达西定律为基础获得解决的。

2. 达西定律的适用范围

达西定律适用于层流状态。在实际工程中,对砂性土和较疏松的黏性土,如坝基和灌溉渠的渗透量以及基坑、水井的涌水量均可用达西定律来解决。但在大砾、卵石地基或填石坝体中,渗透速度很大。此时达西定律便不再适用。

一般情况下,由于土体中的孔隙通道很小且很曲折,水在土体中的渗透流速都很小,其渗流可以看作是层流,即水流流线互相平行的流动。水在砂性土和较疏松的黏性土中的渗流,一般都符合达西定律,渗透速度与水力坡降成直线关系,如图 4-3(a)所示。

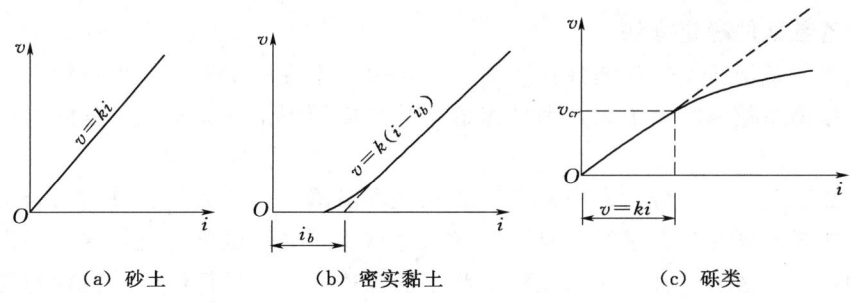

图 4-3 渗透流速与水力坡降的关系

水在密实黏土中的渗流，由于受到水薄膜的阻碍，其渗流情况便偏离达西定律，如图 4-3（b）中的曲线。当水力坡降较小时，渗透速度与水力坡降不成线性关系，甚至不发生渗流。只有当水力坡降达到某一较大数值，克服了薄膜水的阻力后，水才开始渗流，其渗透存在一个起始水力坡降。

水在粗颗粒土如砾石、卵石中的渗流，水力坡降较小时，渗透速度不大，可以认为是层流。如图 4-3（c）所示，当渗透速度超过某一临界流速时，渗透速度与水力坡降的关系就表现为流线不规则的紊流，此时达西定律便不再适用。

3. 渗透系数

从达西定律公式中可以获得当 $i=1$ 时，则 $v=k$，表明渗透系数 k 是单位水力坡降时的渗透速度，它是表示土的透水性强弱的指标，单位为 cm/s，与水的渗透速度单位相同。

土的渗透系数是渗流计算中必不可少的一个基本参数，其数值大小主要决定于土的种类和透水性质。土的渗透系数不仅用于渗透计算，还可用来评定土层透水性的强弱，作为选择坝体填料的依据如筑坝土料的选择，如土石坝的防渗墙常用渗透系数较小的黏土。

当 $k>10^{-2}$ cm/s 时，称为强透水层；当 $k=10^{-3}\sim10^{-5}$ cm/s 时，称为中等透水层；当 $k<10^{-6}$ cm/s 时，称为相对不透水层。各类型土的渗透系数可参考表 4-1。

表 4-1　　　　　　　　　各类型土的渗透系数参考数值

土 的 类 别	渗 透 系 数 k	
	cm/s	m/d
黏土	$<6\times10^{-6}$	<0.005
亚黏土	$6\times10^{-6}\sim1\times10^{-4}$	$0.005\sim0.1$
轻亚黏土	$1\times10^{-4}\sim6\times10^{-4}$	$0.1\sim0.5$
黄土	$3\times10^{-4}\sim6\times10^{-4}$	$0.25\sim0.5$
粉砂	$6\times10^{-4}\sim1\times10^{-3}$	$0.5\sim1.0$
细砂	$1\times10^{-3}\sim6\times10^{-3}$	$1.0\sim5.0$
中砂	$6\times10^{-3}\sim2\times10^{-2}$	$5.0\sim20.0$
粗砂	$2\times10^{-2}\sim6\times10^{-2}$	$20.0\sim50.0$
圆砾	$6\times10^{-2}\sim1\times10^{-1}$	$50.0\sim100.0$
卵石	$1\times10^{-1}\sim6\times10^{-1}$	$100.0\sim500.0$

二、渗透系数的确定方法

渗透系数 k 是衡量土体渗透性强弱的一个重要力学性质指标。由于自然界中土的沉积条件复杂，渗透系数值相差很大，因此渗透系数难以用理论计算求得，只能通过试验直接测定。

渗透系数测定方法可分为室内渗透试验和现场渗透试验两大类。室内渗透试验可根据土的类别，选择不同的仪器进行试验；现场渗透试验可采用试坑（或钻孔）注水法（测定非饱和土的渗透系数）或抽水法（测定饱和土的渗透系数）进行试验。室内与现场渗透试验的基本原理相同，均以达西定律为依据。

室内渗透试验其原理，有常水头和变水头两种。常水头渗透试验适用于粗粒土（砂质土），变水渗透试验适用于细粒土（黏性土和粉质土）。

1. 常水头试验法

常水头试验法就是在试验过程中保持水头为一常数，从而水头差也是常数。如图4-4所示，试验时，在截面面积为 A 的圆形容器中装入高度为 L 的饱和试样，不断向容器中加水，使其水位保持不变，水在水头差 Δh 作用下产生渗流，流过试样从桶底排出。试验过程中保持水头差 Δh 不变，测得在一定时间 t 内流经试验的水量 Q，根据达西定律可知

$$Q = vAt = k\frac{\Delta h}{L}At \tag{4-3}$$

$$k = \frac{QL}{\Delta h A t} \tag{4-4}$$

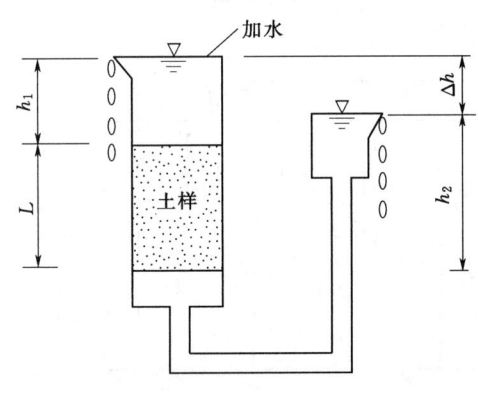
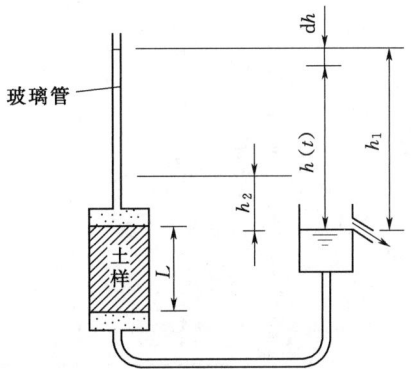

图4-4 常水头渗透试验　　　　图4-5 变水头渗透试验

2. 变水头试验法

变水头试验装置如图4-5所示，水流从一根竖直的带有刻度的其断面面积为 a 的玻璃管和U形管自下而上流经断面面积为 A、长度为 L 的土样。试验过程中，随时间的变化，立管的水位不断下降，而装有土样的容器中的水位保持不变，从而作用于试样两端的水头差随时间而变化。试验时，将玻璃管充水至需要的水位高度后，开动秒表，测记起始时刻 t_1 的水头差 h_1，再经过时间 t_2 后，测记水头差 h_2。那么，可求得变水头的渗透系数为

$$k = 2.3\frac{aL}{A(t_2-t_1)}\lg\frac{h_1}{h_2} \tag{4-5}$$

室内测定渗透系数的优点是设备简单、花费较少，在工程中得到普遍应用。但是，土的渗透性与其结构构造有很大关系，而且实际土层中水平与垂直方向的渗透系数往往有很大差异；同时由于取样时对土不可避免的扰动，一般很难获得具有代表性的原状土样。因此，室内试验测得的渗透系数往往不能很好地反映现场土的实际渗透性质，必要时可直接进行大型现场渗透试验。有资料表明，现场渗透试验值可能比室内小试样试验值大10倍以上，需引起足够的重视。

3. 现场测定法

现场测定法的试验条件比实验室测定法更符合实际土层的渗透情况，测得的渗透系数

k 值为整个渗流区较大范围内土体渗透系数的平均值,是比较可靠的测定方法,但试验规模较大,所需人力物力也较多。现场测定渗透系数的方法较多,常用的有野外注水试验和野外抽水试验等,这种方法一般是在现场钻井孔或挖试坑,在往地基中注水或抽水时,量测地基中的水头高度和渗流量,再根据相应的理论公式求出渗透系数 k 值。下面将主要介绍野外抽水试验。

抽水试验开始前,先在现场钻一中心抽水井,如图 4-6 所示。在抽水井四周设若干个观测孔,以观测周围地下水位的变化。试验抽水后,地基中将形成降水漏斗。当地下水进入抽水井的流量与抽水量相等且维持稳定时,测读此时的单位时间抽水量 q,同时在两个距离抽水井分别为 r_1 和 r_2 的观测孔处测量出水位 h_1 和 h_2。量测抽水井中的水深 h,并确定降水影响半径 r。渗透系数 k 值可由式(4-6)确定。

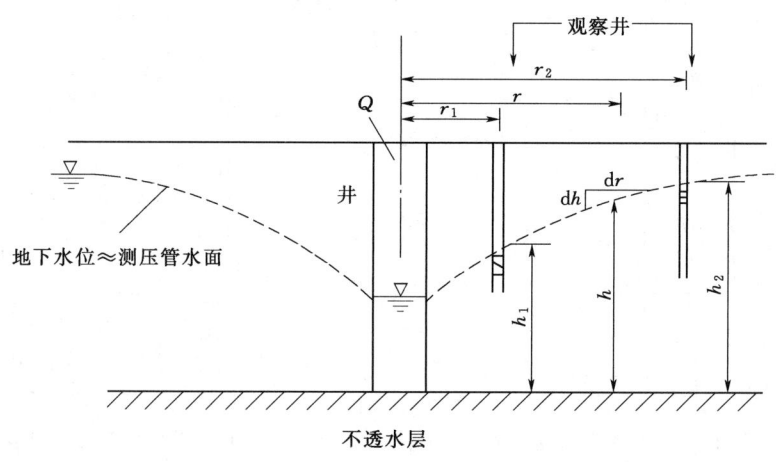

图 4-6 现场抽水试验

$$k = \frac{q \ln \frac{r_2}{r_1}}{\pi (h_2^2 - h_1^2)} \tag{4-6}$$

R 的取值对 k 值的影响不大,在无实测资料时可采用经验值计算。通常强透水土层(如卵石、砾石层等)的影响半径 r 值很大,在 200~500m 以上,而中等透水土层(如中、细砂等)的影响半径 r 值较小,在 100~200m 左右。

三、影响渗透系数的因素

土的渗透系数与土和水两方面的多种因素有关,下面分别就这两个方面的因素进行讨论。

(1)土颗粒的粒径、级配和矿物成分:土中孔隙通道大小直接影响到土的渗透性。一般情况下,细粒土的孔隙通道比粗粒土的小,其渗透系数也较小;级配良好的土,粗粒土间的孔隙被细粒土所填充,它的渗透系数比粒径级配均匀的土小;在黏性土中,黏粒表面结合水膜的厚度与颗粒的矿物成分有很大关系,结合水膜的厚度越大,土粒间的孔隙通道越小,其渗透性也就越小。

(2)土的孔隙比 e:同一种土,孔隙比越大,则土中过水断面越大,渗透系数也就越大。渗透系数与孔隙比之间的关系是非线性的,与土的性质有关。

（3）土的结构和构造：当孔隙比相同时，絮凝结构的黏性土，其渗透系数比分散结构的大；宏观构造上的成层土及扁平黏粒土在水平方向的渗透系数远大于垂直方向的。

（4）土的饱和度：土中的封闭气泡不仅减小了土的过水断面，而且可以堵塞一些孔隙通道，使土的渗透系数降低，同时可能会使流速与水力坡降之间的关系不符合达西定律。

（5）渗流水的性质：水的流速与其动力黏滞度有关，动力黏滞度越大流速越小；动力黏滞度随温度的增加而减小，因此温度升高一般会使土的渗透系数增加。

（6）水的温度：试验表明，渗透系数 k 与渗流液体（水）的重度 γ_w 以及黏滞度有关，水温不同时，γ_w 相差较小，但 η 变化较大，水温越高，η 越低；k 与 η 基本上呈线性关系。因此，在 T℃测得的 k_T 值应加温度修正，使其成为标准温度下的渗透系数值。在标准温度 20℃下的渗透系数修正系数应按式（4-7）计算

$$k_{20} = k_T \frac{\eta_T}{\eta_{20}} \quad (4-7)$$

式中 k_T，k_{20}——T℃和20℃时土的渗透系数；

η_T，η_{20}——T℃和20℃时水的动力黏滞系数，可查表4-2求得。

❖技术运用❖

【例 4-1】 某次渗透试验，试验装置如图 4-7 所示，在恒定的总水头差之下水自下而上透过两个土样，从土样 1 顶面溢出。

(1) 以土样 2 底面 $c-c$ 为基准面，求该面的总水头和静水头。

(2) 已知水流经土样 2 的水头损失为总水头差的 30%，求 $b-b$ 面的总水头和静水头。

(3) 已知土样 2 的渗透系数为 0.05cm/s，求单位时间内土样横截面单位面积的流量。

(4) 求土样 1 的渗透系数。

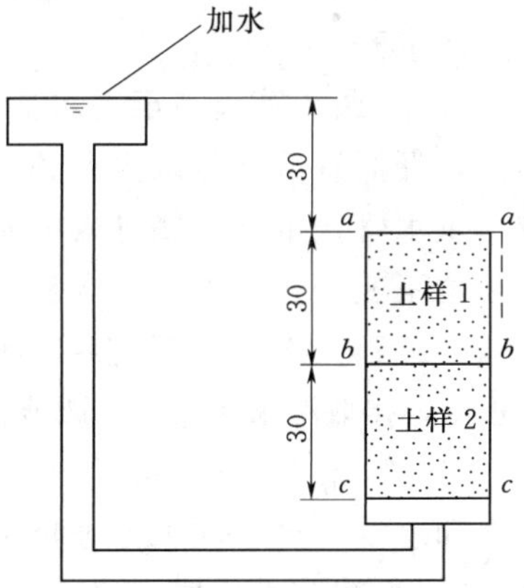

分析与解答：

如图 4-7 所示，本题为常水头实验，水自下而上流过两个土样，相关几何参数列于图中。

(1) 以 $c-c$ 为基准面，则有 $z_c = 0$，$h_{wc} = 90$cm，$h_c = 90$cm。

图 4-7 渗透试验装置示意图（单位：cm）

(2) 已知 $h_{bc} = 30\%$，而 h_{ac} 由图知为 30cm，所以 $h_{bc} = 30\%$，$h_{ac} = 0.3 \times 30 = 9$(cm)。

则 $h_b = h_c - h_{bc} = 90 - 9 = 81$(cm)

又因为 $z_b = 30$cm，故 $h_{wb} = h_b - z_b = 81 - 30 = 51$(cm)。

(3) 已知 $k_2 = 0.05$cm/s，则

$$q/A = k_2 i_2 = k_2 h_{bc}/L_2 = 0.05 \times 9/30 = 0.015 \text{(cm/s)}$$

(4) 因为 $i_1 = h_{ab}/L_1 = (h_{ac} - h_{bc})/L_1 = (30-9)/30 = 0.7$，由连续性条件 $q/A = k_1 i_1 = k_2 i_2$ 得

$$k_1 = k_2 i_2 / i_1 = 0.015/0.7 = 0.021 (\text{cm/s})$$

❖ 技能应用 ❖

一、常水头法测定渗透系数

（1）试验仪器设备。本试验所用的主要仪器设备，应符合下列规定：

常水头渗透仪装置：由金属封底圆筒、金属孔板、滤网、测压管和供水瓶组成。

金属圆筒内径为10cm，高40cm。当使用其他尺寸的圆筒时，圆筒内径应大于试样最大粒径的10倍。

（2）试验步骤。

1）按要求装好仪器，量测滤网至筒顶的高度，将调节管和供水管相连。从渗水孔向圆筒充水至高出滤网顶面。

2）取具有代表性的风干土样3~4kg，测定其风干含水率。将风干土样分层装入圆筒内，每层2~3cm，根据要求的孔隙比，控制试样厚度。当试样中含黏粒时，应在滤网上铺2cm厚的粗砂作为过滤层，防止细粒流失。每层试样装完后从渗水孔向圆筒充水至试样顶面，最后一层试样应高出测压管3~4cm，并在试样顶面铺2cm砾石作为缓冲层。当水面高出试样顶面时，应继续充水至溢水孔有水溢出。

3）量试样顶面至筒顶高度，计算试样高度，称剩余土样的质量，计算试样质量。

4）检查测压管水位，当测压管与溢水孔水位不平时，用吸球调整测压管水位，直至两者水位齐平。

5）将调节管提高至溢水孔以上，将供水管放入圆筒内，开止水夹，使水由顶部注入圆筒，降低调节管至试样上部1/3高度处，形成水位差使水渗入试样，经过调节管流出。调节供水管止水夹，使进入圆筒的水量多于溢出的水量，溢水孔始终有水溢出，保持圆筒内水位不变，试样处于常水头下渗透。

6）当测压管水位稳定后，测记水位，并计算各测压管之间的水位差。按规定时间记录渗出水量，接取渗出水量时，调节管口不得浸入水中，测量进水和出水处的水温，取平均值。

7）降低调节管至试样的中部和下部1/3处，按本条5）、6）款的步骤重复测定渗出水量和水温，当不同水力坡降下测定的数据接近时，结束试验。

8）根据工程需要，改变试样的孔隙比，继续试验。

表4-2　　　　　　　水的动力黏滞系数、黏滞系数比、温度校正值

温度/℃	动力黏滞系数 η /[kPa·s(10^{-6})]	η_T/η_{20}	温度校正值 T_p	温度/℃	动力黏滞系数 η /[kPa·s(10^{-6})]	η_T/η_{20}	温度校正值 T_p
5.0	1.516	1.501	1.17	8.0	0.387	1.373	1.28
5.5	1.498	1.478	1.19	8.5	1.367	1.353	1.30
6.0	1.470	1.455	1.21	9.0	1.347	1.334	1.32
6.5	1.449	1.435	1.23	9.5	1.328	1.315	1.34
7.0	1.428	1.414	1.25	10.0	1.310	1.297	1.36
7.5	1.407	1.393	1.27	10.5	1.292	1.279	1.38

续表

温度 /℃	动力黏滞系数 η /[kPa·s(10^{-6})]	η_T/η_{20}	温度校正值 T_p	温度 /℃	动力黏滞系数 η /[kPa·s(10^{-6})]	η_T/η_{20}	温度校正值 T_p
11.0	1.274	1.261	1.40	20.5	0.998	0.988	1.78
11.5	1.256	1.243	1.42	21.0	0.986	0.976	1.80
12.0	1.239	1.227	1.44	21.5	0.974	0.964	1.83
12.5	1.223	1.211	1.46	22.0	0.968	0.958	1.85
13.0	1.206	1.194	1.48	22.5	0.952	0.943	1.87
13.5	1.188	1.176	1.50	23.0	0.941	0.932	1.89
14.0	1.175	1.168	1.52	24.0	0.919	0.910	1.94
14.5	1.160	1.148	1.54	25.0	0.899	0.890	1.98
15.0	1.144	1.133	1.56	26.0	0.879	0.870	2.03
15.5	1.130	1.119	1.58	27.0	0.859	0.850	2.07
16.0	1.115	1.104	1.60	28.0	0.841	0.833	2.12
16.5	1.101	1.090	1.62	29.0	0.823	0.815	2.16
17.0	1.088	1.077	1.64	30.0	0.806	0.798	2.21
17.5	1.074	1.066	1.66	31.0	0.789	0.781	2.25
18.0	1.061	1.050	1.68	32.0	0.773	0.765	2.30
18.5	1.048	1.038	1.70	33.0	0.757	0.750	2.34
19.0	1.035	1.025	1.72	34.0	0.742	0.735	2.39
19.5	1.022	1.012	1.74	35.0	0.727	0.720	2.43
20.0	1.010	1.000	1.76				

(3) 常水头渗透系数按式（4-4）计算。

(4) 标准温度下的渗透系数应按式（4-7）计算。

(5) 常水头渗透试验的记录格式见表 4-3。

表 4-3　　　　　　　　　　常水头渗透试验记录

工程编号_____　　　　试验者_____
试样编号_____　　　　计算者_____
试验日期_____　　　　校核者_____

试验次数	经过时间	测压管水位 /cm			水位差			水力坡降	渗水量 /cm	渗透系数 /(cm/s)	水温 /℃	校正系数	水温20℃时的渗透系数 /(cm/s)	平均渗透系数 /(cm/s)
		Ⅰ	Ⅱ	Ⅲ	H_1	H_2	平均							
(1)	(2)	(3)	(4)	(5)=(2)-(3)	(6)=(3)-(4)	(7)=1/2[(5)+(6)]	(8)=(7)/L	(9)	(10)	(11)	(12)=η_T/η_{20}	(13)=(10)×(12)	(14)

二、变水头法测定渗透系数

(1) 试验仪器设备。本试验所用的主要仪器设备，应符合下列规定：

1) 渗透容器：由环刀、透水石、套环、上盖和下盖组成。环刀内径61.8mm，高40mm；透水石的渗透系数应大于10^{-3}cm/s。

2) 变水头装置：由渗透容器、变水头管、供水瓶、进水管等组成。变水头管的内径应均匀，管径不大于1cm，管外壁应有最小分度为1.0mm的刻度，长度宜为2m左右。

3) 试样制备应按《土工试验方法标准》（GB/T 50123—1999）的规定进行，并应测定试样的含水率和密度。

(2) 试验步骤。

1) 将装有试样的环刀装入渗透容器，用螺母旋紧，要求密封至不漏水不透气。对不易透水的试样，按《土工试验方法标准》（GB/T 50123—1999）的规定进行抽气饱和；对饱和试样和较易透水的试样，直接用变水头装置的水头进行试样饱和。

2) 将渗透容器的进水口与变水头管连接，利用供水瓶中的纯水向进水管注满水，并渗入渗透容器，开排气阀，排除渗透容器底部的空气，直至溢出水中无气泡，关排水阀，放平渗透容器，关进水管夹。

3) 向变水头管注纯水。使水升至预定高度，水头高度根据试样结构的疏松程度确定，一般不应大于2m，待水位稳定后切断水源，开进水管夹，使水通过试样，当出水口有水溢出时开始测记变水头管中起始水头高度和起始时间，按预定时间间隔测记水头和时间的变化，并测记出水口的水温。

4) 将变水头管中的水位变换高度，待水位稳定再进行测记水头和时间变化，重复5~6次，当不同开始水头下测定的渗透系数在允许差值范围内时，结束试验。

(3) 变水头渗透系数应按式（4-5）计算。

(4) 标准温度下渗透系数应按式（4-7）计算。

(5) 常水头渗透试验的记录格式见表4-4。

表4-4　　　　　　　　　　变水头渗透试验记录

工程编号_____　　试样面积_____　　试验者_____
试样编号_____　　试样高度_____　　计算者_____
仪器编号_____　　测压管面积_____　校核者_____
试验日期_____　　孔　隙　比_____

开始时间 t_1/s	终了时间 t_2/s	经过时间 t/s	开始水头 H_1/cm	终了水头 H_1/cm	$2.3\dfrac{a\times L}{A\times(3)}$	$\lg\dfrac{H_1}{H_2}$	T℃时的渗透系数 /(cm/s)	水温 /℃	校正系数	水温20℃时的渗透系数 /(cm/s)	平均渗透系数 /(cm/s)
(1)	(2)	(3)=(2)-(1)	(4)	(5)	(6)	(7)	(8)=(6)×(7)	(9)	(10)=η_T/η_{20}	(11)=(8)×(10)	(12)

❖知识强化与技能提升❖

一、判断题
1. 达西定律中的渗透速度不是孔隙水的实际流速。（　　）
2. 土的孔隙比越大，其渗透系数也越大。（　　）
3. 细粒土的渗透系数测定通常采用常水头试验进行。（　　）
4. 土中水的渗透速度即为其实际流动速度。（　　）

二、选择题
1. 土透水性的强弱可用土的哪一项指标来反映。（　　）
A. 压缩系数　　　　B. 固结系数　　　　C. 压缩模量　　　　D. 渗透系数
2. 土体渗流研究的主要问题不包括（　　）。
A. 渗流量问题　　　B. 渗透变形问题　　C. 渗流控制问题　　D. 地基承载力问题

三、简答题
1. 简述影响土的渗透性的因素主要有哪些。
2. 为什么室内渗透试验与现场测试得出的渗透系数有较大差别？

四、案例分析
1. 某次常水头渗透试验中，已知渗透仪直径$D=75$mm，在$L=200$mm渗流直径上的水头损失$h=83$mm，在60s时间内的渗水量$Q=71.6$cm^2，求土的渗透系数。

2. 某次变水头渗透试验中，黏土式样的截面积为30cm^2，厚度为40cm渗透仪细玻璃管的内径为0.4cm，实验开始时的水位差为145cm，经过7min 25s观察的水位差为100cm，实验室的水温为20℃，试求黏土式样的渗透系数。

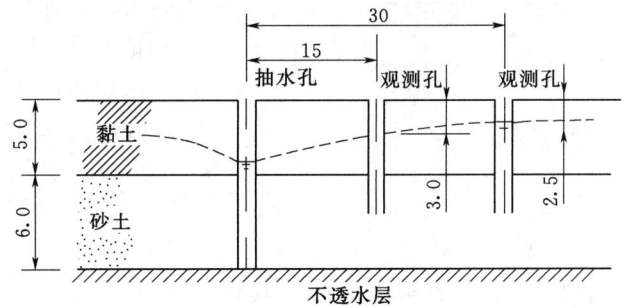

图4-8　某现场抽水试验（单位：m）

3. 某现场抽水试验，示意图如图4-8所示，在5.0m厚的黏土层下有一砂土层厚6.0m，其下为基岩（不透水）。为测定该沙土的渗透系数，打一钻孔到基岩顶面并以10^{-2}m^3/s的速率从孔中抽水。在距抽水孔15m和30m处各打一观测孔穿过黏土层进入砂土层，测得孔内稳定水位分别在地面以下3.0m和2.5m，试求该砂土的渗透系数。

任务二　土体的渗透变形及防治技术

❖任务导入❖

案例：提堂（Teton）坝位于美国爱达荷州斯内克（Snake）河支流提堂（Teton）河上。心墙土石坝，最大坝高93m（自河床至坝顶），水库总库容3.6亿m^3，装有1台1.6万kW的水轮发电机组，灌溉面积6.5万hm^2，兼有防洪作用。工程于1971年开工，

1975年10月大坝建成并开始蓄水。1976年6月5日发生溃坝失事。大坝失事后,美国内务部组成了一个官方检查团和一个非官方检查团研究失事原因并提出防止今后类似事故重演的措施。检查团的主要结论是:右岸坝基键槽处心墙因内部冲蚀(管涌)而破坏。那么,何为管涌?管涌发生的必要条件有哪些?以及如何防止管涌的发生?通过本任务的学习,你将会一一找到答案。

任务:1. 土体渗透变形的主要类型。
     2. 土体渗透变形的防治措施。

❖ 知识准备 ❖

土的渗透使土体受到渗透力的作用,在该作用下土体可能产生渗透破坏。破坏性的渗透破坏可导致水工建筑物的失事。以土石坝为例,根据近年资料来看,由于各种形式的渗透变形导致失事的仍占1/3~1/4。

一、渗透力

水在土中渗透时将受到土粒的阻力,同时水对土粒也产生一种反作用力。这种由于水的渗流作用对土粒产生的单位体积的力,称为渗透力或动水压力,记为j。

如图4-9所示,在渗流土体中沿渗流方向取出一个土柱体来研究,土柱长度为L,横截面积为A,水从截面1流向截面2。因为渗流速度很小,惯性力可以忽略不计,土柱体上作用的力有:作用于截面1上的总水压力,作用于截面2上的总水压力,土柱体对渗流的总阻力。显然,引起渗流的力与土柱体对渗流的总阻力应达到静力平衡。

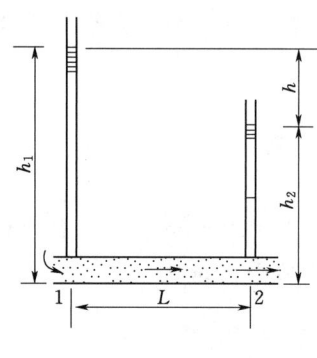

图4-9 水的渗透

即 $(h_1-h_2)\gamma_w A = jAL$

所以
$$j = \frac{h_1-h_2}{L}\gamma_w = \frac{h}{L}\gamma_w = i\gamma_w \tag{4-8}$$

可以看出,渗透力的大小等于水力坡降与水的容重之乘积,其作用方向与渗透方向一致,其单位为N/m^3或kN/m^3。

如图4-10所示,在渗流进口处A点,渗流自上而下,与土的重力方向一致,渗透力起增大重量作用,对土体稳定有利;在渗透近似水平的B点,渗透力与土的重力方

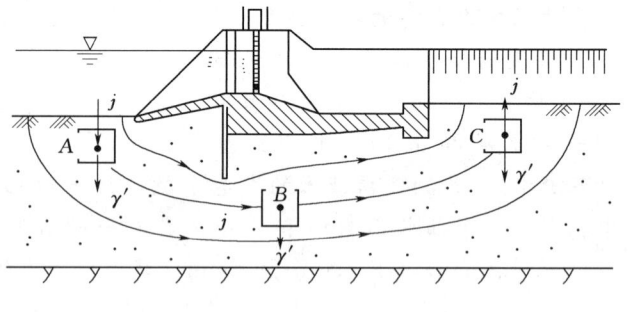

图4-10 渗流对闸基土的作用

向正交,使土粒产生向下游动的趋势,对土体稳定不太有利;在渗流的出口处C,渗流方向自下而上,与土的重力方向相反,渗透力起减轻土重作用,土体极可能失去稳定,发生渗透破坏,这就是引起渗透变形的根本原因。

二、临界水力坡降

显然,若渗透力等于土的浮重度,土体所受压力为零,土颗粒处于悬浮的临界状态。

若渗透力大于土的浮重度，土粒就会随流一起流动，向上涌出成破坏状态。

临界状态时，渗透力等于土的浮重度，写成

$$j=\gamma' \tag{4-9}$$

此时，i_{cr} 表示临界水力坡降。表示成与土的物理性质指标有关的形式，写成

$$i_{cr}=\frac{G_s-1}{1+e}=(1-n)(G_s-1) \tag{4-10}$$

临界水力坡降与土粒比重及孔隙比 e（或孔隙率）有关，其值约为 0.8~1.2。对于 $G_s=2.65$、$e=0.65$ 的中等密实砂土，$i_{cr}=1.0$。在工程计算中，通常将土的临界水力坡降除以安全系数 2~3 后才得出设计上采用的允许水力坡降数值。

$$[i_{cr}]=\frac{i_{cr}}{2\sim 3} \tag{4-11}$$

一些资料指出：匀粒砂土的允许水力坡降 $[i_{cr}]=0.27\sim 0.44$；细粒含量大于 30%~50% 的砂砾土的允许水力坡降 $[i_{cr}]=0.3\sim 0.4$。黏土一般不易发生变形，其临界坡降值较大，故 $[i_{cr}]$ 值也可以提高。有的资料建议用 $[i_{cr}]$ 取 4~6。

三、渗透变形的类型

土工建筑物及地基由于渗流作用而出现土层剥落、地面隆起、渗流通道等破坏或变形现象，叫作渗透破坏或者渗透变形。渗透破坏是土工建筑物破坏的重要原因之一，危害很大。

土的渗透变形主要类型有流土（流砂）、管涌、接触流土和接触冲刷。就单一土层来说，渗透变形的主要形式是流土和管涌。

1. 流土

流土是指在渗流作用下，局部土体隆起、浮动或颗粒群同时发生移动而流失的现象。流土一般发生在无保护的渗流出口处，而不会发生在土体内部。开挖基坑或渠道时出现的所谓"流砂"现象，就是流土的常见形式。如图 4-11（a）所示，河堤覆盖层下流砂涌出的现象是由于覆盖层下有一强透水砂层，而堤内、外水头差大，从而弱透水层的薄弱处被冲溃，大量砂土涌出，危及河堤的安全；在图 4-11（b）中，由于细砂层的承压水作用，当基坑开挖至细砂层时，在渗透力的作用下，细砂向上涌出，出现大量流土，引起房屋地基不均匀变形，上部结构开裂，影响房屋的正常使用。

任何类型的土，包括黏性土或无黏性土，只要水力坡降大于临界值，都会发生流土破坏。无黏性土中发生流土主要表现为颗粒群同时被悬浮，形成泉眼群、砂沸等现象，土体最终被渗流托起；而黏性土中发生流土则主要变现为土体隆起、浮动、膨胀和断裂等现象。流土一般最先发生在渗流逸出处的表面，然后向土体内部发展，过程迅速，对土工建筑物和地基危害极大。

2. 管涌

在渗透水流作用下，土中的细颗粒在粗颗粒形成的孔隙中移动以至流失，随着土的孔隙不断扩大，渗透速度不断增加，较粗的颗粒也被水流逐渐带走，最终导致土体内形成贯通的渗流管道，造成土体塌陷，这种现象叫管涌，如图 4-12 所示。

管涌一般发生在砂性土中，发生的部位一般在渗流出口处，但也可能发生在土体的内

项目四 土体渗透变形防治

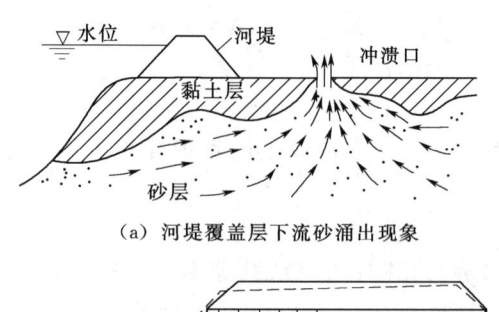

(a) 河堤覆盖层下流砂涌出现象

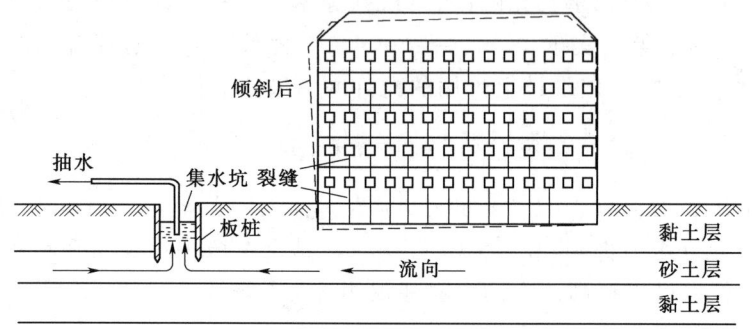

(b) 流砂涌向基坑引起房屋不均匀下沉的现象

图 4-11 流土的危害

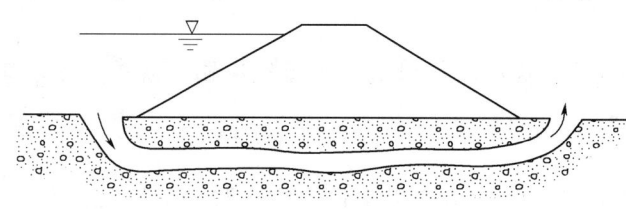

图 4-12 通过坝基的管涌示意图

部,管涌现象一般随时间增加不断发展,是一种渐进性质的破坏。

3. 接触流土

接触流土是指渗流垂直于两种不同介质的接触面流动时,把其中一层的细粒带入另一层土中的现象,如反滤层的淤堵。

4. 接触冲刷

接触冲刷是指渗流平行于两种不同介质的接触面流动时,把其中细粒层的细粒带走的现象,一般发生在土工建筑物地下轮廓线与地基土的接触面处。

四、渗透变形产生的条件

土的渗透变形的发生和发展主要取决于两个原因:一是几何条件,二是水力条件。

1. 几何条件

土体颗粒在渗流条件下产生松动和悬浮,必须克服土颗粒之间的黏聚力和内摩擦力,土的黏聚力和内摩擦力与土颗粒的组成和结构有密切关系。渗透变形产生的几何条件是指土颗粒的组成和结构等特征。例如,对于管涌来说,只有当土中粗颗粒所构成的孔隙直径大于细颗粒的直径,才可能让细颗粒在其中移动,这是管涌发生的必要条件之一。对于不均匀系数 $C_u<10$ 的土,粗颗粒形成的孔隙直径不能让细颗粒顺利通过,一般情况下这种土不会发生管涌;而对于不均匀系数 $C_u>10$ 的土,发生流土和管涌的可能性都存在,主要取决于土的级配情况和细粒含量。试验结果表明,当细粒含量小于 25% 时,细粒填不满粗颗粒所形成的孔隙时,渗透变形属于管涌;而当细粒含量大于 35% 时,则可能产生流土。

2. 水力条件

产生渗透变形的水力条件指的是作用在土体上渗透力的大小，是产生渗透变形的外部因素和主动条件。土体要产生渗透变形，只有在渗流水头作用下的渗透力，即水力坡降大到足以克服土颗粒之间的黏聚力和内摩擦力时，也就是说水力坡降大于临界水力坡降时，才可以发生渗透变形。

3. 渗流的逸出条件

渗流逸出处有无适当的保护对渗透变形的产生和发展有着重要的意义。当逸出处直接临空，此处的水力坡降是最大的，同时水流方向也有利于土的松动和悬浮，这种逸出处条件最易产生渗透变形。所以工程上一般在渗流逸出处设置反滤层以降低渗流逸出速度和水力坡降。

五、防治渗透变形的措施

根据渗透变形的机理可知，土体发生渗透破坏的原因有两个方面：一是渗流特征，即上下游水位差形成的水力坡降；二是土的类别及组成特性，即土的性质及颗粒级配。

故防治渗透变形的工程措施基本归结为：①延长渗径，减小下游出逸口水力坡降，降低渗透力；②增强渗流出逸处土体抗渗能力。

防治土体渗透变形的原则概括起来就是四个字"上挡下排"。具体措施如下：

（1）在上游入口处，采用设置水平与垂直防渗措施，如水平的黏性土铺盖，或垂直的黏土或混凝土防渗墙、帷幕灌浆及板桩等，达到增长渗径、截断渗流，从而降低水力坡降的目的，如图 4-13 和图 4-14 所示。

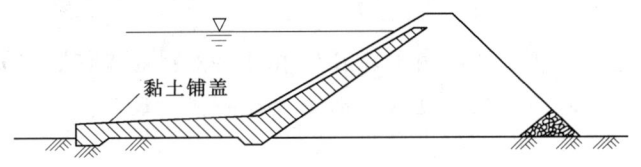

图 4-13 水平黏土铺盖示意图

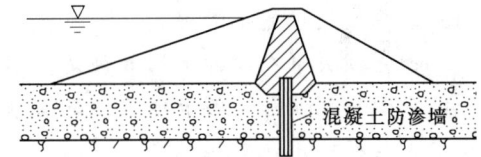

图 4-14 心墙坝混凝土防渗墙示意图

（2）在下游出口处，采用滤土排水的措施，如设置反滤层、盖重体，或排水沟、排水减压井，达到减小出逸水力坡降，减小渗透力，渗流出逸处土体抵抗渗透变形的能力的目的，如图 4-15 所示。

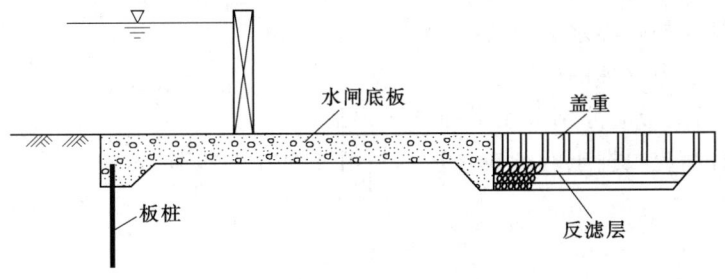

图 4-15 水闸防渗示意图

❖技术运用❖

【例 4-2】 在任务导入中我们提到了美国的提堂（Teton）坝的失事原因主要是：右岸坝基键槽处心墙因内部冲蚀（管涌）而破坏。那么，何为管涌？管涌发生的必要条件有哪些？以及如何防止管涌的发生？

分析与解答：

在渗透水流作用下，土中的细颗粒在粗颗粒形成的孔隙中移动以至流失，随着土的孔隙不断扩大，渗透速度不断增加，较粗的颗粒也被水流逐渐带走，最终导致土体内形成贯通的渗流管道，造成土体塌陷，这种现象叫管涌。

发生条件：①必要条件：土中粗颗粒所构成的孔隙直径必须大于细颗粒的直径，通常发生在 $C_u > 10$ 的土中；②水力条件：动水力能带动细颗粒在孔隙间滚动或移动。

防治原则：①改变几何条件，在渗流逸出部位铺设反滤层。②改变水力条件，降低水力梯度，如打板桩。

美国的提堂（Teton）坝的失事原因主要是：右岸坝基键槽处心墙因内部冲蚀（管涌）而破坏。具体破坏模式为渗水由截水槽上游张开节理渗入，沿灌浆帽顶部与粉土接触而流入下游张开节理，通过槽内填土的渗透比降为 710，此比降远远高于粉土的破坏比降，且槽内填土因拱作用易于发生水力劈裂，又由于有分散性粉土易被冲蚀崩解，湿化的填土塌入张开节理，加剧了槽底附近填土的渗流，使渗透比降更增大，因而冲蚀成孔洞。通过截水槽的渗水进入下游的斜节理，一部分渗水通过十分破碎的流纹岩和山麓堆积，流进坝体下游部位底面节理发育的岩石，因而在坝趾处出现漏水，逐渐使截水槽填土冲成大洞穴，导致大坝完全溃决。

提堂坝失事在设计上的教训是对不透水心墙土料的内部冲蚀没有提供充分的保护。截水槽底面和侧面基岩的节理裂缝没有很好地封闭；底面过窄；两侧开挖的岩坡过陡，对槽中填土起拱作用，引起水力劈裂。

❖技能应用❖

预测土的渗透变形

（1）土的渗透变形的判别应包括下列内容：

1）土的渗透变型类型的判别。

2）流土和管涌的临界水力比降的确定。

3）土的允许水力比降的确定。

（2）土的渗透变形应分别采用下列方法判别：

1）流土和管涌应根据土的细粒含量，采用下列方法判别：

a. 流土：

$$P_c \geq \frac{1}{4(1-n)} \times 100 \qquad (4-12)$$

b. 管涌：

$$P_c < \frac{1}{4(1-n)} \times 100 \quad (4-13)$$

式中 P_c——土的细粒颗粒含量，以质量百分率计，%；

n——土的孔隙率，%。

c. 土的细粒含量可按下列方法确定：

不连续级配的土，级配曲线中至少有一个以上的粒径级的颗粒含量不大于3%的平缓段，粗细粒的区分粒径 d_f 以平缓段粒径级的最大和最小粒径的平均粒径区分，或以最小粒径为区分粒径，相应于此粒径的含量为细粒含量。

连续级配的土，区分粗粒和细粒粒径的界限粒径 d_f 按式（4-14）计算：

$$d_f = \sqrt{d_{70} d_{10}} \quad (4-14)$$

式中 d_f——粗细粒的区分粒径，mm；

d_{70}——小于该粒径的含量占总土重70%的颗粒粒径，mm；

d_{10}——小于该粒径的含量占总土重10%的颗粒粒径，mm。

2）对于不均匀系数大于5的不连续级配土可采用下列方法判别：

a. 流土：

$$P_c \geqslant 35\%$$

b. 过渡型取决于土的密度、粒级、形状：

$$25\% \leqslant P_c < 35\%$$

c. 管涌：

$$P_c < 25\%$$

d. 土的不均匀系数可采用式（4-15）计算：

$$C_u = \frac{d_{60}}{d_{10}} \times 100 \quad (4-15)$$

式中 C_u——土的不均匀系数；

d_{60}——占总土重60%的颗粒粒径，mm；

d_{10}——占总土重10%的颗粒粒径，mm。

3）接触冲刷宜采用下列方法判别：

对双层结构的地基，当两层土的不均匀系数均不大于10，且符合下式规定的条件时，不会发生接触冲刷。

$$\frac{D_{10}}{d_{10}} \leqslant 10 \quad (4-16)$$

式中 D_{10}，d_{10}——较粗和较细一层土的颗粒粒径，mm，小于该粒径的土重占总土重的10%。

4）接触流失宜采用下列方法判别：

对于渗流向上的情况，符合下列条件将不会发生接触流失。

a. 不均匀系数不大于5的土层：

$$\frac{D_{15}}{d_{85}} \leqslant 5 \quad (4-17)$$

式中　D_{15}——较粗一层土的颗粒粒径，mm，小于该粒径的土重占总土重的 15%；
　　　d_{85}——较细一层土的颗粒粒径，mm，小于该粒径的土重占总土重的 85%。

b. 不均匀系数不大于 10 的土层：

$$\frac{D_{20}}{d_{70}} \leqslant 7 \tag{4-18}$$

式中　D_{20}——较粗一层土的颗粒粒径，mm，小于该粒径的土重占总土重的 20%；
　　　d_{70}——较细一层土的颗粒粒径，mm，小于该粒径的土重占总土重的 70%。

(3) 流土与管涌的临界水力比降宜采用下列方法确定：

1) 流土型宜采用式（4-19）计算：

$$J_{cr} = (G_s - 1)(1-n) \tag{4-19}$$

式中　J_{cr}——土的临界水力比降；
　　　G_s——土的颗粒密度与水的密度之比；
　　　n——土的孔隙率，%。

2) 管涌型或过渡型宜采用式（4-20）计算：

$$J_{cr} = 2.2(G_s - 1)(1-n)^2 \frac{d_5}{d_{20}} \tag{4-20}$$

式中　d_5、d_{20}——占总土重的 5% 和 20% 的土粒粒径，mm。

3) 管涌型也可采用式（4-21）计算：

$$J_{cr} = \frac{42d_3}{\sqrt{\frac{k}{n^3}}} \tag{4-21}$$

式中　k——土的渗透系数，cm/s；
　　　d_3——占总土重 3% 的土粒粒径，mm。

4) 土的渗透系数应通过渗透试验测定。若无渗透系数试验资料，可根据式（4-22）计算近似值：

$$k = 6.3 C_u^{-3/8} d_{20}^2 \tag{4-22}$$

式中　d_{20}——占总土重 20% 的土粒粒径，mm。

(4) 无黏性土的允许比降宜采用下列方法确定：

1) 以土的临界水力比降除以 1.5~2.0 的安全系数；对水工建筑物的危害较大，取 2 的安全系数；对于特别重要的工程也可用 2.5 的安全系数。

2) 无试验资料时，可根据表 4-5 选用经验值。

表 4-5　　　　　　　　　无黏性土允许水力比降

允许水力比降	渗透变形型式					
	流土型			过渡型	管涌型	
	$C_u \leqslant 3$	$3 < C_u \leqslant 5$	$C_u \geqslant 5$		级配连续	级配不连续
$J_{允许}$	0.25~0.35	0.35~0.50	0.50~0.80	0.25~0.40	0.15~0.25	0.10~0.20

注　本表不适用于渗流出口有反滤层情况。

❖ 知识强化与技能提升 ❖

一、判断题
1. 发生流砂时，渗流力方向与重力方向相同。（　　）
2. 管涌发生在渗流溢出处，而流土发生的部位可以在渗流溢出处，也可以在土体内部。（　　）

二、选择题
1. 下列有关流土与管涌的概念，正确的说法是（　　）。
A. 发生流土时，水流向上渗流；发生管涌时，水流向下渗流
B. 流土多发生在黏性土中，而管涌多发生在无黏性土中
C. 流土属于突发性破坏，管涌属于渐进式破坏
D. 流土属于渗流破坏，管涌不属于渗流破坏
2. 发生在地基中的下列现象，哪一种不属于渗透变形？（　　）
A. 坑底隆起　　　　　　　B. 流土
C. 砂沸　　　　　　　　　D. 流砂
3. 下列关于渗流力的描述不正确的是（　　）。
A. 其数值与水力梯度成正比，其方向与渗流方向一致
B. 是一种体积力，其量纲与重度的量纲相同
C. 流网中等势线越密集的区域，其渗流力也越大
D. 渗流力的存在对土体稳定总是不利的
4. 下列哪一种土样更容易发生流砂？（　　）
A. 砂砾或粗砂　　　　　　B. 细砂或粉砂
C. 粉质黏土　　　　　　　D. 黏土

三、简答题
1. 防治流砂现象的方法有哪些？
2. 流土与管涌现象有什么区别和联系？
3. 渗透力都会引起哪些破坏？

四、案例分析
1. 如图 4-16 所示，在长为 10cm，面积 8cm² 的圆筒内装满砂土。经测定，粉砂的 $G_s = 2.65$，$e = 0.900$。筒下端与管相连，管内水位高出筒 5cm（固定不变），流水自下而上通过试样后可溢流出去。试求：（1）渗流力的大小，判断是否会产生流砂现象；（2）临界水利梯度 i_{cr} 值。

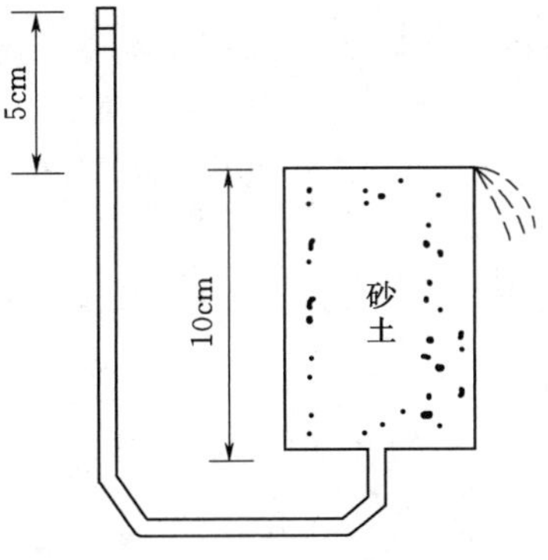

2. 某场地土层如图 4-17 所示，其中黏性土的饱和容重为 20.0kN/m³；砂土层含承压水，其水头高出该层顶面 7.5m。在黏性土层内挖一深 6.0m 的基坑，为使坑底土不致因渗流而破坏，问坑内的水深 h 不得

图 4-16　砂土装置示意图

小于多少?

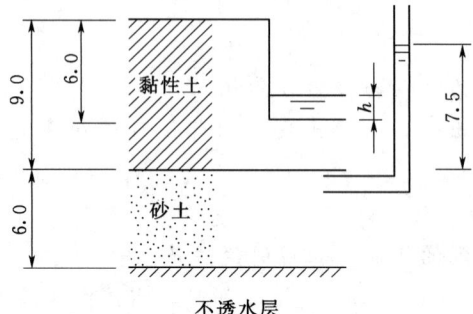

图 4-17 某场地土层(单位:m)

项目五 地基变形计算

任务一 土体的应力计算

❖任务导入❖

为了对建筑物地基或土工结构物（如土坝）进行稳定性分析或沉降（变形）计算，必须首先了解和计算在建筑物修建前后土体中的应力。

实际工程中，土体在压力、湿度、温度及周围环境发生变化时将引起体积收缩，土体也会产生应力。土体的应力主要包括：①由土体自身重量产生的自重应力；②由建筑物荷载在地基土体中引起的附加应力；③土体中渗透水流引起的渗透力。本任务只讲述自重应力和附加应力，有关渗透力在其他项目中介绍。

土力学中有多种求解土中应力的方法，本任务只介绍常用的经典弹性力学解法，它主要研究半空间体的线性问题。

理想弹性体系指受力体是连续的、完全弹性的、均质的和各向同性的物体。实际上，土体并不完全符合这三个条件。但是，在通常情况下，尤其在中小应力条件下，引用理想弹性体理论计算土体中的应力，能够满足一般工程设计的要求。所以，工程中通常都采用古典弹性理论进行计算和设计。

任务：1. 土体应力经典弹性力学解法的假设条件。
   2. 土体自重应力计算。
   3. 土体附加应力计算。

❖知识准备❖

模块一 土体自重应力和附加应力计算的假设条件

（1）土体是理想弹性体。
（2）土体为半无限空间体，即土体在水平方向以及地面下深度 z 方向均为无限长。
（3）土体所有竖直面和水平面均不存在剪应力。

土体中某点总应力等于土中某点的自重应力和附加应力之和。

模块二 土体自重应力计算

土体有效自重产生的应力称为自重应力（单位：kN/m^2），有竖直向自重应力和水平向自重应力之分。

竖直自重应力也称为自重应力，用 σ_{sz} 表示。

设地基中某单元体离地面的距离 z，土的容重为 γ，则单元体上竖直向自重应力等于单位面积上的土柱有效重量，即

$$\sigma_{sz} = \frac{G}{A} = \frac{\gamma A z}{A} = \gamma z \tag{5-1}$$

在水平方向上,自重应力均匀分布(图5-1),在竖直方向上,自重应力随着深度呈线性增大,呈三角形分布(图5-2)。

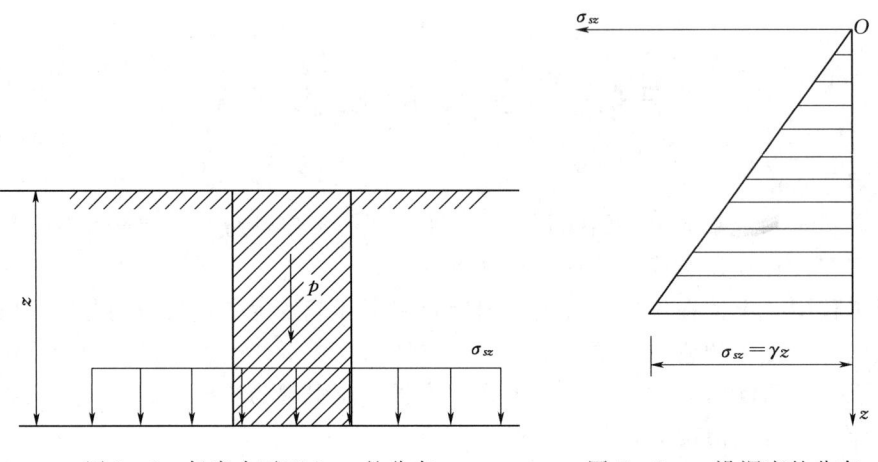

图5-1 任意水平面上 σ_{sz} 的分布　　图5-2 σ_{sz} 沿深度的分布

土体在自重作用下除有竖向的自重应力 σ_{sz} 外,还有水平向应力 σ_{sx} 和 σ_{sy} 存在,数值大小可由广义胡克定律求得。

$$\sigma_{sx} = \sigma_{sy} = \frac{\mu}{1-\mu}\sigma_{sz} = K_0 \sigma_{sz} \tag{5-2}$$

$$K_0 = \frac{\mu}{1-\mu}$$

式中　μ——土的泊松比,其值可查阅有关资料;
　　　K_0——土的静止侧压力系数。

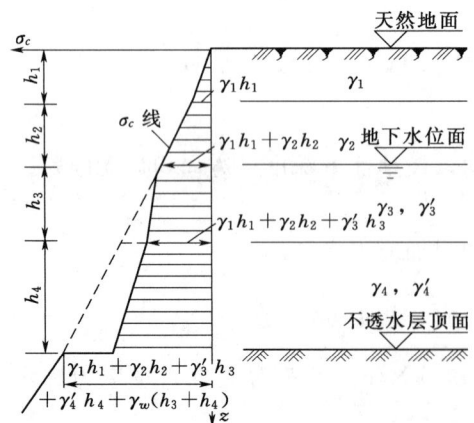

图5-3 成层土中竖直自重应力沿深度分布

如果地基是由不同性质的几层土组成的,或有地下水存在时,则在地面以下任一深度 z 处的竖直方向的自重应力为

$$\sigma_{sz} = \sum_{i=1}^{n} \gamma_i h_i \tag{5-3}$$

式中　n——土层的层数;
　　　γ_i——第 i 层土的重度,kN/m^3,地下水位以上的土层一般采用天然重度,地下水位以下的土层采用浮重度,毛细饱和带的土层采用饱和重度。
　　　h_i——第 i 层土的厚度,m。

地基成层土中竖直自重应力沿深度分布如图5-3所示。

模块三 基底压力计算

1. 基底压力

作用于建筑物上部结构荷载,以及建筑物上部结构和基础的自重,都是通过基础底面传递给地基表面的。基础与地基接触面处的压力称为基底压力。由于基底压力作用于基础与地基的接触面上,故也称为基底接触压力。

基底反力——基底压力的反作用力,即地基土层反向施加于基础底面上的压力。

确定基底压力的大小和分布,是计算地基中附加应力和进行基础设计的前提。

精确地确定基底压力是一个相当复杂的课题。因为试验和理论都已证明,基底压力的大小和分布受很多因素的影响。如基础形状、尺寸和埋置深度,基础刚度,基础所受荷载大小和分布情况,以及地基土体性质等。

如果基础的刚度较小,基础的变形能够适应地基表面的变形,则基底压力的大小和分布状况与作用在基础上的荷载大小和分布状况相接近。例如,土堤、土坝的地基大部分为天然地基,通过对天然地基进行清基后,直接填筑,当土堤、土坝的荷载是梯形分布时,其基底压力分布也接近于梯形分布。

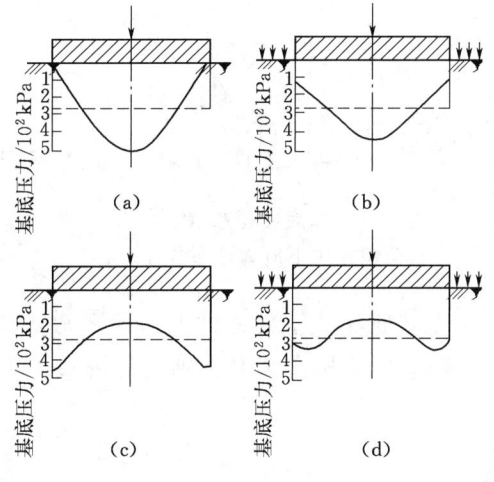

图 5-4 基底压力分布图

如果是刚性基础,其基底压力分布将随上部荷载的大小、基础的埋置深度和土的性质而异。例如,砂土地基表面上的条形刚性基础,由于受到中心荷载作用时,基底压力呈抛物线分布,随着荷载增加,基底压力分布的抛物线的曲率增大[图 5-4 (a)、(b)]。这主要是散状砂土颗粒的侧向移动导致边缘的压力向中部转移而形成的。又如黏性土表面上的条形基础,其基底压力分布呈中间小边缘大的马鞍形[图 5-4 (c)、(d)],随着荷载增加,基底压力分布变化呈中间大边缘小的形状。

2. 基底压力的简化计算

(1) 中心荷载作用下的基底压力。当基础受中心铅直荷载作用时,基底压力呈均匀分布,如基础为矩形,根据材料力学公式进行简化计算,即

$$p = \frac{F+G}{A} \tag{5-4}$$

$$G = \gamma_G A d$$

式中　p——基底压力,kPa;

　　　G——基础自重及其上回填土重的总重;

　　　γ_G——平均重度;

　　　d——基础埋深;

　　　F——作用在基础上的中心荷载。

如基础的长度大于宽度的 10 倍时，一般可视为条形基础。条形基础的基底压力按截取沿长度方向 1m（称一延米）的基底面积来计算。即

$$P = \frac{P_1}{B} \tag{5-5}$$

式中　　P——基底压力，kPa；
　　　　P_1——沿基础长度方向单位长度内所受荷载的合力，kN/m；
　　　　B——基础宽度，m。

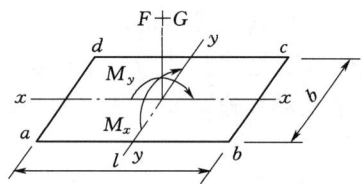

（2）偏心荷载作用下的基底压力。如图 5-5 所示，当矩形基础受（$F+G$）的铅直力作用，偏心距为 e，基底任意一点 $P_{(x,y)}$ 的基底压力为

$$P_{(x,y)} = \frac{F+G}{A} + \frac{M_x}{W_x} + \frac{M_y}{W_y} \tag{5-6}$$

式中　　A——基础面积，m²；
　　　　M_x、M_y——荷载合力分别对矩形基底 x、y 对称轴的力矩，kN·m；
　　　　W_x、W_y——基础底面分别对 x、y 轴的抵抗矩，m³；
　　　　其余符号意义同前。

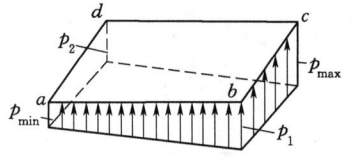

图 5-5　基底在任意偏心荷载作用下应力分布

因这种偏心荷载分别对矩形基底 x、y 对称轴产生力矩，即平常所说的双向偏心荷载。如果这种偏心荷载作用在基底 x 或 y 对称轴上，即平常所说的单向偏心荷载，此时式（5-6）可简化为式（5-7）（以作用在 x 对称轴上为例）：

$$P_{(x,y)} = \frac{F+G}{A} + \frac{M_y}{W_y} \tag{5-7}$$

$$W_y = \frac{bl^2}{6}$$

式中　　W_y——基础底面的抵抗矩；
　　　　l——矩形基底的长度；
　　　　b——矩形基底的宽度。

又

$$e = \frac{M}{F+G}$$

得

$$P_{(x,y)} = \frac{F+G}{bl}\left(1 \pm \frac{6e}{l}\right) \tag{5-8}$$

如果这种偏心荷载作用在基底 x 和 y 对称轴的交点上，即平常所说的中心荷载，基底压力按中心荷载计算法求解。

在实际结构中中心荷载是很少有的，通常为偏心荷载。因此，在进行基础设计时，为增大基础的抵抗矩，通常基底长边方向取与偏心方向一致，两短边边缘应力按式（5-9）计算：

$$\genfrac{}{}{0pt}{}{p_{\max}}{p_{\min}} = \frac{F+G}{bl}\left(1 \pm \frac{6e}{l}\right) \tag{5-9}$$

式中 p_{max}，p_{min}——两短边边缘最大、最小应力。

讨论：

当 $e<\dfrac{l}{6}$ 时，基底压力呈梯形分布。

当 $e=\dfrac{l}{6}$ 时，基底压力呈三角形分布。

当 $e>\dfrac{l}{6}$ 时，基底压力 $p_{min}<0$，表明基底出现拉应力，此时，基底与地基间局部脱离，而使基底压力重新分布。

一般而言，工程上不允许基底出现拉应力，因此，在设计基础尺寸时，应使合力偏心矩满足 $e<\dfrac{l}{b}$ 的条件，以保证安全。

单向偏心荷载下的矩形基础压力分布图如图 5-6 所示。

为了减少因地基应力不均匀而引起过大的不均匀沉降，通常要求 $\dfrac{p_{max}}{p_{min}} \leqslant 1.5 \sim 3.0$；对压缩性大的黏性土应采取小值；对压缩性小的无黏性土，可用大值。当计算得到 $p_{min}<0$ 时，一般应调整结构设计和基础尺寸设计，以避免基底与地基间局部脱离的情况。

模块四 地基附加应力计算

地基中的附加应力是建筑物荷载作用下在地基土体中任一点所引起的应力，也称为增加应力。地基附加应力主要是针对竖向正应力 σ_z 而言的。

由于基础底面积与基础底面下的土体相比是非常小的，所以基础底面以下的土体可视为半无限大空间，同时，当外荷载不太大时，地基变形量与所受荷载基本上成线性关系。因此，可把地基视为半无限的线弹性变形体。这样，可以采用弹性力学理论来确定地基中的附加应力。

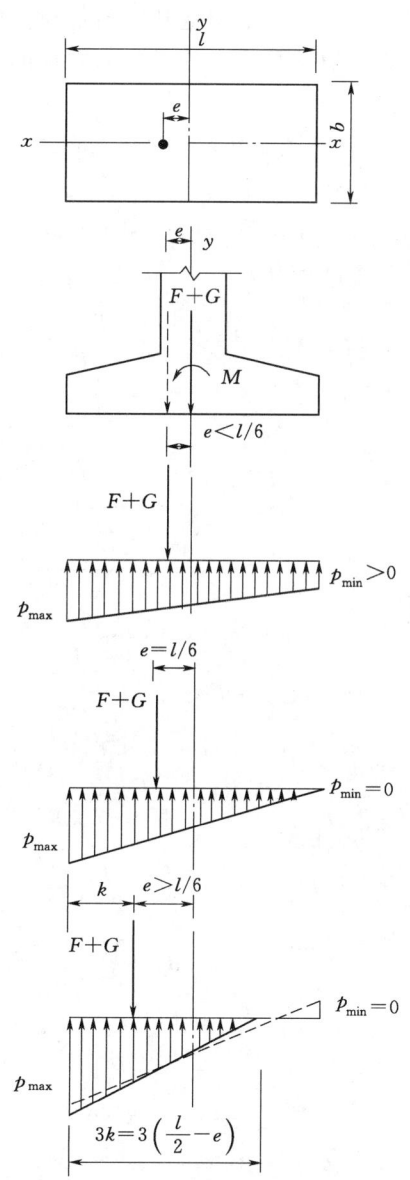

图 5-6 单向偏心荷载下的矩形基础压力分布图

在以上假设的基础上，对地基中附加应力的求解计算都是空间的，即平常所说的空间问题。但如果荷载面为长条形荷载，宽度有限、长度很大（即常说的条形基础）的情况，在土体中垂直于长度方向的某截面上，附加应力的分布规律和任一其他平行截面的相同，此时土体中的附加应力计算只需计算一个截面就行了，形式上就简化成平常所说的平面问题了。由此看来，平面问题是空间问题的特例，准确地说，平面问题求解适用于条形基础（基础长度 $L \geqslant 10B$ 宽度）下的地基中附加应力求解。

此外，在推求地基中附加应力中有地基变形量与所受荷载基本上成线性关系的假设，意味着地基是均一的，各向同性的。实际上，地基并不是如此，至少地基土体是分层的，因此，分层地基对土体中附加应力的影响也是本任务中需了解的内容。

1. 竖直集中力作用下的附加应力计算

在弹性半空间表面上作用一个竖向集中力时，半空间内任意点处做引起的应力和位移的弹性力学解答是由法国 J·布辛奈斯克（Boussinesq, 1885）作出的。如图 5-7 所示，在半空间内任意一点 $M(x, y, z)$ 处的六个应力分量和三个位移分量的解答如下：

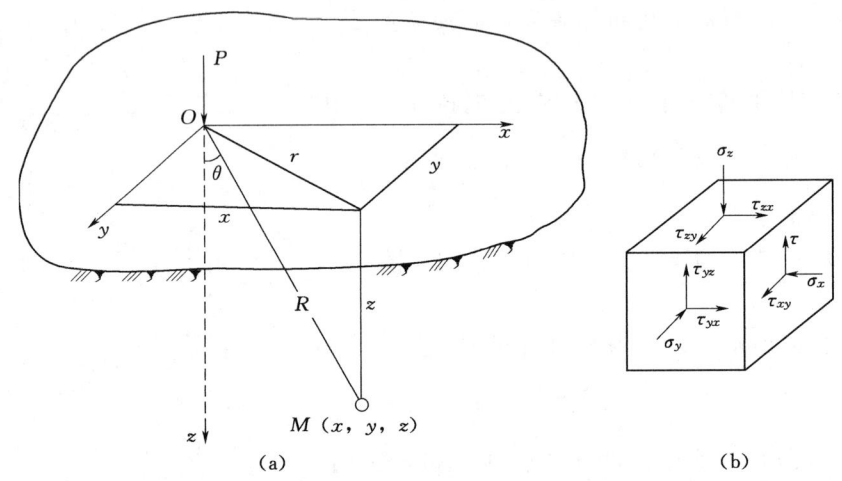

图 5-7 弹性半无限体在竖向集中力作用下的附加应力

$$\sigma_x = \frac{3P}{2\pi}\left\{\frac{x^2 z}{R^5} + \frac{1-2\nu}{3}\left[\frac{R^2-Rz-z^2}{R^3(R+z)} - \frac{x^2(R+z)}{R^3(R+z)^2}\right]\right\} \quad (5-10a)$$

$$\sigma_y = \frac{3P}{2\pi}\left\{\frac{y^2 z}{R^5} + \frac{1-2\nu}{3}\left[\frac{R^2-Rz-z^2}{R^3(R+z)} - \frac{y^2(2R+z)}{R^3(R+z)^2}\right]\right\} \quad (5-10b)$$

$$\sigma_z = \frac{3P}{2\pi}\frac{z^3}{R^5} = \frac{3P}{2\pi R^2}\cos^3\theta \quad (5-10c)$$

$$\tau_{xy} = \tau_{yx} = \frac{3P}{2\pi}\left[\frac{xyz}{R^5} - \frac{1-2\nu}{3}\frac{xy(2R+z)}{R^3(R+z)^2}\right] \quad (5-11a)$$

$$\tau_{yz} = \tau_{zy} = \frac{3P}{2\pi}\frac{yz^2}{R^5} = \frac{3Py}{2\pi R^3}\cos^2\theta \quad (5-11b)$$

$$\tau_{zx} = \tau_{xz} = \frac{3P}{2\pi}\frac{xz^2}{R^5} = \frac{3Px}{2\pi R^3}\cos^2\theta \quad (5-11c)$$

$$u = \frac{P(1+\nu)}{2\pi E}\left[\frac{xz}{R^3} - (1-2\nu)\frac{x}{R(R+z)}\right] \quad (5-12a)$$

$$v = \frac{P(1+\nu)}{2\pi E}\left[\frac{yz}{R^3} - (1-2\nu)\frac{y}{R(R+z)}\right] \quad (5-12b)$$

$$w = \frac{P(1+\nu)}{2\pi E}\left[\frac{z^2}{R^3} + 2(1-\nu)\frac{1}{R}\right] \quad (5-12c)$$

式中 σ_x、σ_y、σ_z——平行于 x、y、z 坐标轴的正应力；

τ_{xy}、τ_{yz}、τ_{zx}——剪应力，其中前一个角标表示与它作用的微面的法线方向平行的坐标轴，后一个角标表示与它作用方向平行的坐标轴；

u、v、w——M 点分别沿坐标轴 x、y、z 方向的位移；

P——作用于坐标原点 O 的竖向集中力；

R——M 点至坐标原点 O 的距离，$R=\sqrt{x^2+y^2+z^2}=\sqrt{r^2+z^2}=z/\cos\theta$；

θ——R 线与 z 坐标轴的夹角；

r——M 点与集中力作用点的水平距离；

E——弹性模量（或土力学中专用的地基变形模量，以 E_0 代之）；

v——泊松比。

在上述各式中，若 $R=0$，则各式所得结果均为无限大，因此，所选择的计算点不应过于接近集中力的作用点。

以上这些计算应力和位移的公式中，竖向正应力 σ_z 和竖向位移 w 最为常用，以后有关地基附加应力的计算主要是针对 σ_z 而言的。

为了计算方便起见，将 $R=\sqrt{r^2+z^2}$ 代入式（5-10c），得

$$\sigma_z=\frac{3P}{2\pi}\frac{z^3}{(r_2+y^2)^{5/2}}=\frac{3}{2\pi}\frac{1}{[(r/z)^2+1]^{5/2}}\frac{P}{z^2} \quad (5-13)$$

令 $K=\dfrac{3}{2\pi}\dfrac{1}{[(r/z)^2+1]^{5/2}}$，则上式改写为

$$\sigma_z=K\frac{P}{z^2} \quad (5-14)$$

式中 K——集中荷载作用下的地基竖向附加应力系数，r/z 值查表 5-1。

表 5-1　　　　　　　集中荷载作用下的地基竖向附加应力系数 K

r/z	K	r/z	K	r/z	K	r/z	K	r/z	K
0	0.4775	0.50	0.2733	1.00	0.0844	1.50	0.0251	2.00	0.0085
0.05	0.4745	0.55	0.2466	1.05	0.0744	1.55	0.0224	2.20	0.0058
0.10	0.4657	0.60	0.2214	1.10	0.0658	1.60	0.0200	2.40	0.0040
0.15	0.4516	0.65	0.1978	1.15	0.0581	1.65	0.0179	2.60	0.0029
0.20	0.4329	0.70	0.1762	1.20	0.0513	1.70	0.0160	2.80	0.0021
0.25	0.4103	0.75	0.1565	1.25	0.0454	1.75	0.0144	3.00	0.0015
0.30	0.3849	0.80	0.1386	1.30	0.0402	1.80	0.0129	3.50	0.0007
0.35	0.3577	0.85	0.1226	1.35	0.0357	1.85	0.0116	4.00	0.0004
0.40	0.3294	0.90	0.1083	1.40	0.0317	1.90	0.0105	4.50	0.0002
0.45	0.3011	0.95	0.0956	1.45	0.0282	1.95	0.0095	5.00	0.0001

由式（5-14）可看出，当深度 z 为一定值时，水平距离 r 越大，则 K 值越小，因而 σ_z 也越小。在 p 的作用线之下，即 $r=0$ 的铅直线上，z 值越大，σ_z 越小。这种现象称为土中应力扩散现象［图 5-8（a）］。

经计算表明：$r/z=2.0$（即 $K=0.01$）处的斜线上各点的附加应力已经很小，可以把

此斜线作为应力分布边界,在此斜线以外的附加应力很小,忽略不计。

连接地基中相同 σ_z 值的各点,绘出等值应力线图,这样图的形状像水泡,故称为应力泡 [图 5-8(b)]。

当有若干个竖向荷载 $P_i(i=1, 2, \cdots, n)$ 作用在地基表面时,按叠加原理,地面下 z 深度处某点 M 的附加应力 σ_z 为

$$\sigma_z = \sum_{i=1}^{n} K_i \frac{P_i}{z^2} = \frac{1}{z^2} \sum_{i=1}^{n} K_i P_i \tag{5-15}$$

式中 K_i——第 i 个集中荷载下的竖向附加应力系数,按 r_i/z 由表 5-1 查得,其中 r_i 是第 i 个集中荷载作用点到 M 点的水平距离。

这种有若干个竖向荷载作用在地基表面时,地下某一深度的附加应力 σ_z 可以叠加的现象,称作应力集中现象 [图 5-8(c)]。

因附加应力的扩散和集中作用,邻近基础将互相影响,引起基础的附加沉降,旧建筑物在新建筑物作用下可能产生裂缝和倾斜等。因此,在工程设计和施工中必须考虑邻近建筑的相互影响。

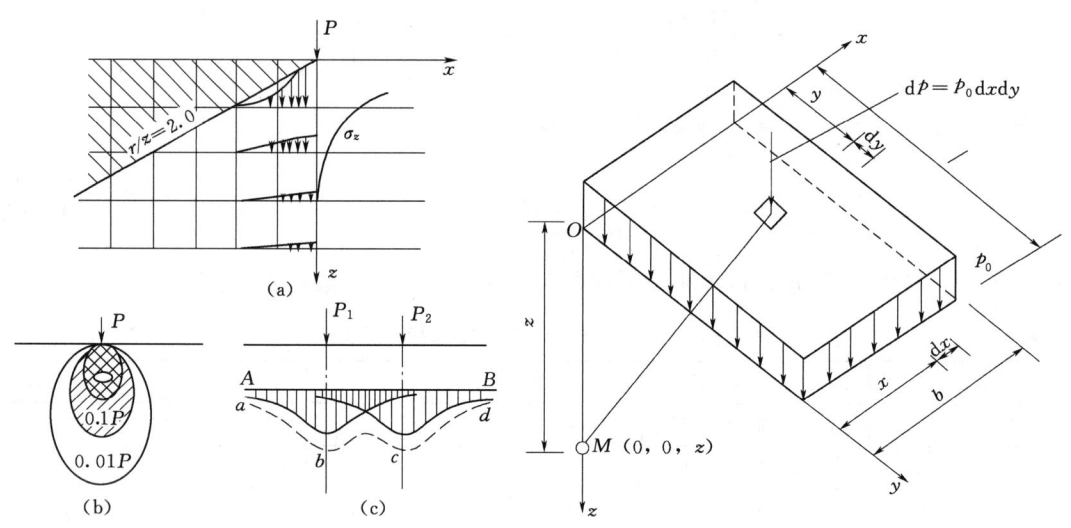

图 5-8 集中荷载作用下土中附加应力的扩散与集聚现象

图 5-9 均布矩形荷载角点下的附加应力 σ_z

2. 矩形基底受竖直均布荷载作用时角点下的竖向附加应力

当矩形基础底面受到竖直均布荷载(此处指均布压力,如图 5-9 所示)作用时,基础角点下任意点深度处的竖向附加应力,可以利用基本公式(5-14)沿着整个矩形面积进行积分求得。

若设基础面上作用着强度为 p 的竖直均布荷载,则微小面积 $dxdy$ 上的作用力 $dp = pdxdy$ 可作为集中力来看待,于是,由该集中力在基础角点 o 以下深度为 z 处的 M 点所引起的竖向附加应力为

$$d\sigma_z = \frac{3p}{2\pi} \frac{1}{\left[1+\left(\frac{r}{z}\right)^2\right]^{5/2}} \frac{dxdy}{z^2} \tag{5-16}$$

将 $r^2 = x^2 + y^2$ 代入式（5-16）并沿整个基底面积积分，即可得到矩形基底竖直均布荷载对角点 o 以下深度为 z 处所引起的附加应力为

$$\sigma_z = \int_o^B \int_o^L \frac{3p}{2\pi} \frac{z^3 dxdy}{(\sqrt{x^2+y^2+z^2})^5}$$

$$= \frac{p}{2\pi} \left[\frac{mn}{\sqrt{1+m^2+n^2}} \left(\frac{1}{m^2+n^2} + \frac{1}{1+n^2} \right) + \arctan\left(\frac{m}{\sqrt{1+m^2+n^2}} \right) \right]$$

$$= K_c P \tag{5-17}$$

式中　K_c——矩形基础，底面受竖直局部荷载作用时，角点以下的竖直附加应力分布系数，$K_c = f(m, n)$。

根据表 5-2 可知

$$m = \frac{l}{b}, n = \frac{z}{b}$$

式中　l——基础底面的长边；
　　　b——基础底面的短边，且 $l \geq b$。

表 5-2　　　　　　　　　均布矩形荷载角点下的竖向附加应力系数 K_c

z/b \ l/b	1.0	1.2	1.4	1.6	1.8	2.0	3.0	4.0	5.0	6.0	10.0	条形
0	0.2500	0.2500	0.2500	0.2500	0.2500	0.2500	0.2500	0.2500	0.2500	0.2500	0.2500	0.2500
0.2	0.2485	0.2489	0.2490	0.2491	0.2491	0.2492	0.2492	0.2492	0.2492	0.2492	0.2492	0.2492
0.4	0.2401	0.2420	0.2429	0.2434	0.2437	0.2439	0.2442	0.2443	0.2443	0.2443	0.2443	0.2443
0.6	0.2229	0.2275	0.2300	0.2315	0.2324	0.2329	0.2339	0.2341	0.2342	0.2342	0.2342	0.2342
0.8	0.1999	0.2075	0.2120	0.2147	0.2165	0.2176	0.2196	0.2200	0.2202	0.2202	0.2202	0.2203
1.0	0.1752	0.1851	0.1911	0.1955	0.1981	0.1999	0.2034	0.2042	0.2044	0.2045	0.2046	0.2046
1.2	0.1516	0.1626	0.1705	0.1758	0.1793	0.1818	0.1870	0.1882	0.1885	0.1887	0.1888	0.1889
1.4	0.1308	0.1423	0.1508	0.1569	0.1613	0.1644	0.1712	0.1730	0.1735	0.1738	0.1740	0.1740
1.6	0.1123	0.1241	0.1329	0.1396	0.1445	0.1482	0.1567	0.1590	0.1598	0.1601	0.1604	0.1605
1.8	0.0969	0.1083	0.1172	0.1241	0.1294	0.1334	0.1434	0.1463	0.1474	0.1478	0.1482	0.1483
2.0	0.0840	0.0947	0.1034	0.1103	0.1158	0.1202	0.1314	0.1350	0.1363	0.1368	0.1374	0.1375
2.2	0.0732	0.0823	0.0917	0.0984	0.1039	0.1084	0.1205	0.1248	0.1264	0.1271	0.1277	0.1279
2.4	0.0642	0.0734	0.0813	0.0879	0.0934	0.0979	0.1108	0.1156	0.1175	0.1184	0.1192	0.1194
2.6	0.0566	0.0651	0.0725	0.0788	0.0842	0.0887	0.1020	0.1073	0.1095	0.1106	0.1116	0.1118
2.8	0.0502	0.0580	0.0649	0.0709	0.0761	0.0805	0.0942	0.0999	0.1024	0.1036	0.1048	0.1050
3.0	0.0447	0.0519	0.058	0.0640	0.0690	0.0732	0.0870	0.0931	0.0959	0.0973	0.0987	0.0990
3.2	0.0401	0.0467	0.0526	0.0580	0.0627	0.0668	0.0806	0.0870	0.0900	0.0916	0.0933	0.0935
3.4	0.0361	0.0421	0.0477	0.0527	0.0571	0.0811	0.0747	0.0814	0.0847	0.0864	0.0882	0.0886

续表

z/b \ l/b	1.0	1.2	1.4	1.6	1.8	2.0	3.0	4.0	5.0	6.0	10.0	条形
3.6	0.0326	0.0382	0.0433	0.0480	0.0523	0.0561	0.0694	0.0763	0.0799	0.0816	0.0830	0.0842
3.8	0.0296	0.0348	0.0395	0.0439	0.0479	0.0516	0.0646	0.0717	0.0753	0.0773	0.0796	0.0802
4.0	0.0270	0.0318	0.0362	0.0430	0.0441	0.0474	0.0603	0.0674	0.0712	0.0733	0.0758	0.0765
4.2	0.0247	0.0291	0.0333	0.0371	0.0407	0.0439	0.0563	0.0634	0.0674	0.0696	0.0724	0.0731
4.4	0.0227	0.0268	0.0306	0.0343	0.0376	0.0407	0.0527	0.0597	0.0639	0.662	0.0692	0.0700
4.6	0.0209	0.0247	0.0283	0.0317	0.0348	0.0378	0.0493	0.0564	0.0606	0.0630	0.0663	0.0671
4.8	0.0193	0.0229	0.0262	0.0294	0.0324	0.0352	0.0463	0.0533	0.0576	0.0601	0.0635	0.0645
5.0	0.0179	0.0212	0.0243	0.0274	0.0302	0.0328	0.0435	0.0504	0.0547	0.0573	0.0610	0.0620
6.0	0.0127	0.0151	0.0174	0.0196	0.0218	0.0238	0.0325	0.0388	0.0431	0.0460	0.0506	0.0521
7.0	0.0094	0.0112	0.0130	0.0147	0.0164	0.0180	0.0251	0.0306	0.0346	0.0376	0.0428	0.0449
8.0	0.0073	0.0087	0.0101	0.0114	0.0127	0.0140	0.0198	0.0246	0.0283	0.0311	0.0367	0.0394
9.0	0.0058	0.0069	0.0080	0.0091	0.0102	0.0112	0.0161	0.0202	0.0235	0.0262	0.0319	0.0351
10.0	0.0047	0.0056	0.0065	0.0074	0.0083	0.0092	0.0132	0.0168	0.0198	0.0222	0.0280	0.0316
12.0	0.0033	0.0039	0.0046	0.0052	0.0058	0.0064	0.0094	0.0121	0.0145	0.0165	0.0219	0.0264
14.0	0.0024	0.0029	0.0034	0.0038	0.0043	0.0048	0.0070	0.0091	0.0110	0.0127	0.0175	0.0227
16.0	0.0019	0.0022	0.0026	0.0029	0.0033	0.0037	0.0054	0.0071	0.0086	0.0100	0.0143	0.0198
18.0	0.0015	0.0018	0.0020	0.0023	0.0026	0.0029	0.0043	0.0056	0.0069	0.0081	0.0118	0.0176
20.0	0.0012	0.0014	0.0017	0.0019	0.0021	0.0024	0.0035	0.0046	0.0057	0.0067	0.0099	0.0159

实际计算中，常会遇到计算点不位于矩形荷载面角点下的情况。这时可以通过作辅助线把荷载面分成若干个矩形面积，而计算点正好位于这些矩形面积的角点下，这样就可以应用式（5-17）及力的叠加原理来求解。这种方法称为角点法。

下面分四种情况（如图5-10所示，计算点在图中 o 点以下任意深度处）说明角点法的具体应用。

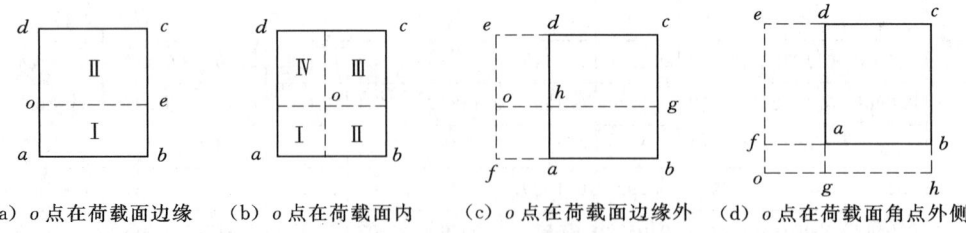

(a) o 点在荷载面边缘　　(b) o 点在荷载面内　　(c) o 点在荷载面边缘外　　(d) o 点在荷载面角点外侧

图 5-10　以角点法计算均布矩形荷载面 o 点下的地基附加应力

（1）o 点在荷载面边缘。过 o 点作辅助线 oe，将荷载面分成Ⅰ、Ⅱ两块，由叠加原理得

$$\sigma_z = (K_{c1} + K_{c2}) p_0$$

式中　K_{c1}、K_{c2}——分别按两块小矩形面积Ⅰ和Ⅱ查得的角点附加应力系数。

(2) o 点在荷载面内。作两条辅助线将荷载面分成 Ⅰ、Ⅱ、Ⅲ 和 Ⅳ 共四块面积。于是
$$\sigma_z = (K_{c1} + K_{c2} + K_{c3} + K_{c4})p_0$$

如果 o 点位于荷在面中心，则 $K_{c1} = K_{c2} = K_{c3} = K_{c4}$，可得 $\sigma_z = 4K_{c1}p_0$，此即利用角点法求基底中心点下 σ_z 的解，也可直接查中点附加应力系数。

(3) o 点在荷载面边缘外侧。将荷载面 $abcd$ 看成 Ⅰ$(ofbg)$ − Ⅱ$(ofah)$ + Ⅲ$(oecg)$ − Ⅳ$(oedh)$，则
$$\sigma_z = (K_{c1} - K_{c2} + K_{c3} - K_{c4})p_0$$

(4) o 点在荷载面角点外侧。将荷载面看成 Ⅰ$(ohce)$ − Ⅱ$(ohbf)$ − Ⅲ$(ogde)$ + Ⅳ$(ogaf)$，则
$$\sigma_z = (K_{c1} - K_{c2} - K_{c3} + K_{c4})p_0$$

3. 矩形基底受竖直三角形分布荷载作用时角点以下的竖向附加应力

矩形基底受竖直三角形分布荷载作用时，把荷载强度为零的角点 o 作为坐标原点，同样可利用公式 $\sigma_z = \dfrac{3p}{2\pi}\dfrac{z^3}{R^5}$ 沿着整个面积积分来求得，如图 5-11 所示。

若矩形基底上三角形荷载的最大强度为 p_0，则微分面积 $dxdy$ 上的作用力 $dp = \dfrac{xp_0}{b}dxdy$ 可作为集中力看待，于是角点 o 以下任意深度 z 处，由于该集中力所引起的竖向附加应力为

$$d\sigma_z = \frac{3p_0}{2\pi b}\frac{1}{\left[1+\left(\dfrac{r}{z}\right)^2\right]^{5/2}}\frac{xdxdy}{z^2}$$

(5-18)

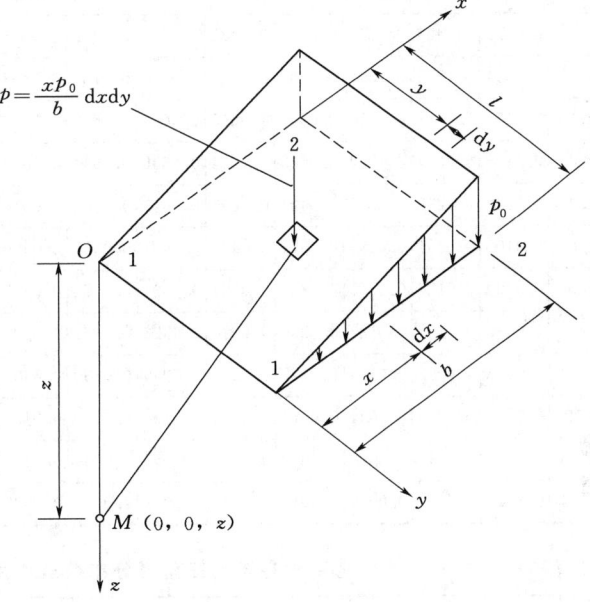

图 5-11 三角形分布矩形荷载角点下的 σ_z

将 $r^2 = x^2 + y^2$ 代入上式并沿整个底面积积分，即可得到矩形基底受竖直三角形分布荷载作用时角点下的附加应力为

$$\sigma_z = K_{t1}p_0 \quad (5-19)$$

其中
$$K_{t1} = \frac{mn}{2\pi}\left[\frac{1}{\sqrt{m^2+n^2}} - \frac{n^2}{(1+n^2)\sqrt{1+m^2+n^2}}\right]$$

式中 K_{t1}——矩形基底受竖直三角形分布荷载作用时的荷载强度为零时，竖向附加应力分布系数。

同理，还可求得荷载最大值边的角点 2 下任意深度 z 处的竖向附加应力 σ_z 为

$$\sigma_z = K_{t2}p_0 \quad (5-20)$$

式中 K_{t2}——矩形基底受竖直三角形分布荷载作用时的荷载强度为 P_0 时，竖向附加应力分布系数。

根据表 5-3 和表 5-4 可知

$$m = \frac{l}{b}, n = \frac{z}{b}$$

式中　l——基础底面的长边；

　　　b——基础底面的短边，且 $l \geqslant b$。

表 5-3　　矩形基础在竖向三角形分布荷载作用的附加应力系数 K_{t1} 值

z/b \ l/b	0.2	0.4	0.6	0.8	1.0	1.2	1.4	1.6	1.8	2.0	3.0	4.0	6.0	8.0	10.0
0.0	0.0000	0.0000	0.0000	0.0000	0.0000	0.0000	0.0000	0.0000	0.0000	0.0000	0.0000	0.0000	0.0000	0.0000	0.0000
0.2	0.0223	0.0280	0.0296	0.0301	0.0304	0.0305	0.0305	0.0306	0.0306	0.0306	0.0306	0.0306	0.0306	0.0306	0.0306
0.4	0.0269	0.0420	0.0487	0.0517	0.0531	0.0539	0.0543	0.0545	0.0546	0.0547	0.0548	0.0549	0.0549	0.0549	0.0549
0.6	0.0259	0.0448	0.0560	0.0621	0.0654	0.0673	0.0684	0.0690	0.0694	0.0696	0.0701	0.0702	0.0702	0.0702	0.0702
0.8	0.0232	0.0421	0.0553	0.0637	0.0688	0.0720	0.0739	0.0751	0.0759	0.0764	0.0773	0.0776	0.0776	0.0776	0.0776
1.0	0.0201	0.0375	0.0508	0.0602	0.0666	0.0708	0.0735	0.0753	0.0766	0.0774	0.0790	0.0794	0.0795	0.0796	0.0796
1.2	0.0171	0.0327	0.0450	0.0546	0.0615	0.0664	0.0698	0.0721	0.0738	0.0749	0.0774	0.0779	0.0782	0.0783	0.0783
1.4	0.0145	0.0278	0.0392	0.0483	0.0554	0.0606	0.0644	0.0672	0.0692	0.0707	0.0739	0.0748	0.0752	0.0752	0.0753
1.6	0.0123	0.0238	0.0339	0.0424	0.0492	0.0545	0.0586	0.0616	0.0639	0.0656	0.0697	0.0708	0.0714	0.0715	0.0715
1.8	0.0105	0.0204	0.0294	0.0371	0.0435	0.0487	0.0528	0.0560	0.0585	0.0604	0.0652	0.0666	0.0673	0.0675	0.0675
2.0	0.0090	0.0176	0.0255	0.0324	0.0384	0.0434	0.0474	0.0507	0.0533	0.0553	0.0607	0.0624	0.0634	0.0636	0.0636
2.5	0.0063	0.0125	0.0183	0.0236	0.0284	0.0326	0.0362	0.0393	0.0419	0.0440	0.0504	0.0529	0.0543	0.0547	0.0548
3.0	0.0046	0.0092	0.0135	0.0176	0.0214	0.0249	0.0280	0.0307	0.0331	0.0352	0.0419	0.0449	0.0469	0.0474	0.0476
5.0	0.0018	0.0036	0.0054	0.0071	0.0088	0.0104	0.0120	0.0135	0.0148	0.0161	0.0214	0.0248	0.0283	0.0296	0.0301
7.0	0.0009	0.0019	0.0028	0.0038	0.0047	0.0056	0.0064	0.0073	0.0081	0.0089	0.0124	0.0152	0.0186	0.0204	0.0212
10.0	0.0005	0.0009	0.0014	0.0019	0.0023	0.0028	0.0033	0.0037	0.0041	0.0046	0.0066	0.0084	0.0111	0.0218	0.0139

表 5-4　　矩形基础在竖向三角形分布荷载作用的附加应力系数 K_{t2} 值

z/b \ l/b	0.2	0.4	0.6	0.8	1.0	1.2	1.4	1.6	1.8	2.0	3.0	4.0	6.0	8.0	10.0
0.0	0.2500	0.2500	0.2500	0.2500	0.2500	0.2500	0.2500	0.2500	0.2500	0.2500	0.2500	0.2500	0.2500	0.2500	0.2500
0.2	0.1821	0.2115	0.2165	0.2178	0.2182	0.2148	0.2185	0.2185	0.2185	0.2185	0.2186	0.2186	0.2186	0.2186	0.2186
0.4	0.1094	0.1604	0.1781	0.1844	0.1870	0.1881	0.1886	0.1889	0.1891	0.1892	0.1894	0.1894	0.1894	0.1894	0.1894
0.6	0.0700	0.1165	0.1405	0.1520	0.1575	0.1602	0.1616	0.1625	0.1630	0.1633	0.1638	0.1639	0.1640	0.1640	0.1640
0.8	0.0480	0.0853	0.1093	0.1232	0.1311	0.1355	0.1381	0.1396	0.1405	0.1412	0.1423	0.1424	0.1426	0.1426	0.1426
1.0	0.0346	0.0638	0.0852	0.0996	0.1086	0.1143	0.1176	0.1202	0.1215	0.1225	0.1244	0.1248	0.1250	0.1250	0.1250
1.2	0.0260	0.0491	0.0673	0.0807	0.0901	0.0962	0.1007	0.1037	0.1055	0.1069	0.1096	0.1103	0.1105	0.1105	0.1105
1.4	0.0202	0.0386	0.0540	0.0661	0.0751	0.0817	0.0864	0.0897	0.0921	0.0937	0.0973	0.0982	0.0986	0.0987	0.0987
1.6	0.0160	0.0310	0.0440	0.0547	0.0628	0.0696	0.0743	0.0780	0.0806	0.0826	0.0870	0.0882	0.0887	0.0888	0.0889
1.8	0.0130	0.0254	0.0363	0.0457	0.0534	0.0596	0.0644	0.0681	0.0709	0.0730	0.0782	0.0797	0.0805	0.0806	0.0808

续表

z/b \ l/b	0.2	0.4	0.6	0.8	1.0	1.2	1.4	1.6	1.8	2.0	3.0	4.0	6.0	8.0	10.0
2.0	0.0108	0.0211	0.0304	0.0387	0.0456	0.0513	0.0560	0.0596	0.0625	0.0649	0.0707	0.0726	0.0734	0.0736	0.0738
2.5	0.0072	0.0140	0.0250	0.0650	0.0313	0.0365	0.0405	0.0440	0.0469	0.0491	0.0559	0.0585	0.0601	0.0604	0.0605
3.0	0.0051	0.0100	0.0148	0.0192	0.0233	0.0270	0.0303	0.0333	0.0359	0.0380	0.0451	0.0482	0.0504	0.0509	0.0511
5.0	0.0019	0.0038	0.0056	0.0074	0.0091	0.0108	0.0123	0.0139	0.0154	0.0167	0.0221	0.0256	0.0290	0.0303	0.0309
7.0	0.0010	0.0019	0.0029	0.0038	0.0047	0.0056	0.0066	0.0074	0.0083	0.0091	0.0126	0.0154	0.0190	0.0207	0.0216
10.0	0.0004	0.0010	0.0014	0.0019	0.0024	0.0028	0.0032	0.0037	0.0042	0.0046	0.0066	0.0083	0.0111	0.0130	0.0141

对于基底范围内（或外）任意点下的竖向附加应力，仍然可以利用"角点法"和叠加原理进行计算。但注意两点：①计算点应落在三角形分布荷载强度为零的一点垂线上；②B点始终指荷载变化方向矩形基底的长度。

❖ 技术应用 ❖

【例 5-1】 已知某成层土各层物理性质指标如图 5-12 所示，地下水位于地面下 3.5m 处，试计算其自重应力并绘制自重应力分布图。

分析与解答：

从地面往下作一竖直基准线 oz，各层面处用字母 O、A、B、C、D 标记。

(1) O 处：$z=0$，$\sigma_{sz}=0$；

(2) A 处：$z=2.0m$，$\sigma_{sz}=18kN/m^3 \times 2m = 36kN/m^2 = 36kPa$；

(3) B 处：$z=3.5m$，$\sigma_{sz}=36+19\times 1.5=64.5(kPa)$；

(4) C 处上：$z=6m$，$\sigma_{sz}=64.5+(19.8-9.8)\times 2.5=89.5(kPa)$；

(5) C 处下：$z=6m$，$\sigma_{sz}=89.5+9.8\times 2.5=114(kPa)$ 或 $\sigma_{sz}=64.5+19.8\times 2.5=114(kPa)$；

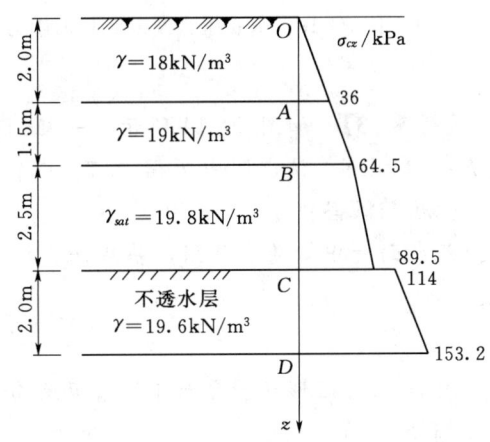

图 5-12 某成层土各层物理性质

(6) D 处：$z=8m$，$\sigma_{sz}=114+19.6\times 2.0=153.2(kPa)$。

在 Oz 线的一侧按比例绘制各层面处的 σ_{sz} 值，并依次连接成折线，即自重应力分布图。

【例 5-2】 如图 5-13 所示，一矩形基础，底面尺寸为 $2m\times 4m$，作用一竖向偏心荷载 $P=200kN$，偏心距 $e=0.2m$，基础埋深 $d=1m$，地基土体重度 $\gamma=18kN/m^3$，试求基底压力及基底附加压力。

分析与解答：

由于 $e=0.2m$，$L/6=4/6=0.67m$，即 $e<L/6$，故可用式 (5-9) 计算基底压力：

$$\frac{p_{\max}}{p_{\min}}=\frac{P}{A}\left(1\pm\frac{6e}{L}\right)=\frac{200}{2\times 4}\left(1\pm\frac{6\times 0.2}{4}\right)=125(1\pm 0.3)=\frac{162.5}{87.5}(kPa)$$

基底附加压力为

$$\frac{p'_{\max}}{p'_{\min}} = \frac{p_{\max}}{p_{\min}} - \gamma d = \frac{162.5}{87.5} - 18 \times 1 = \frac{144.5}{69.5}(\text{kPa})$$

基底压力及基底附加压力分布图如图 5-13 所示。

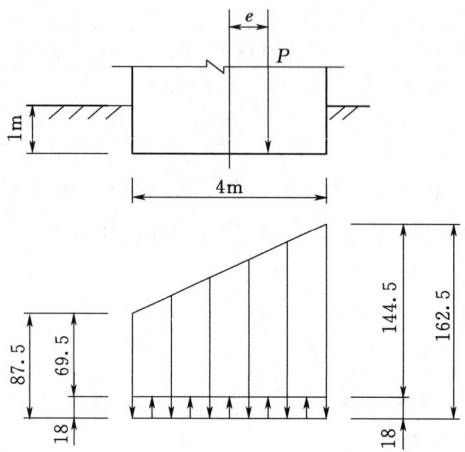

图 5-13 基底压力及基底附加压力分布图

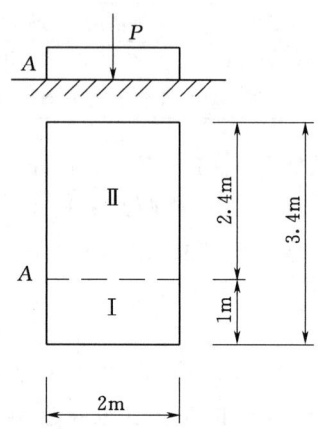

图 5-14 矩形基础载荷
及角点划分示意图

【**例 5-3**】 如图 5-14 所示，一矩形基础，底面尺寸为 2m×3.4m，基础及其上部荷载 $P=1360$kN，试求图中 A 点以下 $z=4$m 处的竖向附加应力 σ_z。

分析与解答：

基底面受中心荷载作用，基底压力按均匀分布简化，基底压力为

$$p = \frac{1360}{2 \times 3.4} = 200(\text{kPa})$$

过 A 点将矩形底面分为Ⅰ、Ⅱ两部分。对部分Ⅰ：$l/b=2/1=2$，$z/b=4/1=4$，查表 5-2 得 $K_c^{\mathrm{I}}=0.0474$。

对部分Ⅱ：$L/B=2.4/2=1.2$，$z/B=4/2=2$，查表 5-2 得 $K_c^{\mathrm{II}}=0.0947$。

$$\sigma_z = (K_c^{\mathrm{I}} + K_c^{\mathrm{II}})p = (0.0474 + 0.0947) \times 200 = 28.21(\text{kPa})$$

【**例 5-4**】 某水闸基础宽度 $b=15$m，长度 $l=150$m，其上作用偏心竖直荷载与水平荷载，如图 5-15 所示。试绘出基底中点 O 以及 A 点以下 30m 深度范围的附加应力的分布曲线（基础埋深不大，可不计埋深的影响）。

分析与解答：

1. 基底压力的计算

因 $l/b=150/15=10>5$，故属于条型基础。

竖向基底压力为

$$\frac{p_{\max}}{p_{\min}} = \frac{\overline{P}}{b}\left(1 \pm \frac{6e}{b}\right) = \frac{1500}{15} \times \left(1 \pm \frac{6 \times 0.5}{15}\right) = \frac{120}{80}(\text{kPa})$$

水平基底压力为

$$P_h = \frac{\overline{P_h}}{b} = \frac{600}{15} = 40(\text{kPa})$$

2. 基础中心点下竖向附加应力的计算

(1) 在计算时，应用叠加原理，将梯形分布的竖直基底压力分解为两部分，即均布竖直压力 $p=80\text{kPa}$ 和三角形分布竖直压力 $p_t=40\text{kPa}$，另有水平向基底压力 $p_h=40\text{kPa}$。

(2) 该基础属于条型基础，可按平面问题计算 σ_z。

(3) 列表计算基础中心点下不同深度的附加应力见表 5-5。

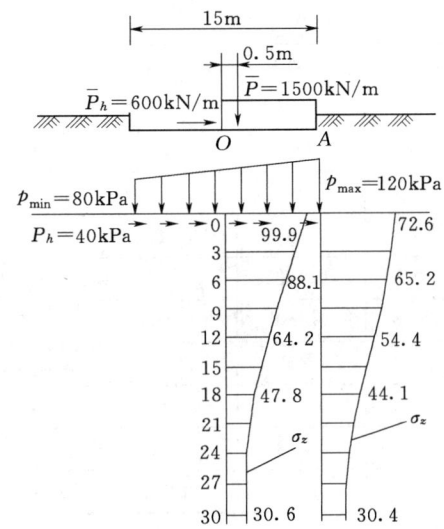

图 5-15 水闸基础附加应力计算

表 5-5　　　　　基础中心点下附加应力计算

基底以下深度 z/m	z/b	竖直均布荷载 $p=80\text{kPa}$		三角形荷载 $p=40\text{kPa}$		水平均布荷载 $p_h=40\text{kPa}$		总附加应力 $\sum\sigma_z$ /kPa
		$x/b=7.5/15=0.5$		$x/b=7.5/15=0.5$		$x/b=7.5/15=0.5$		
		K_z^s	σ_z	K_z^t	σ_z	K_z^h	σ_z	
0.15	0.01	0.999	79.92	0.500	20.00	0	0	99.9
1.5	0.1	0.997	79.76	0.498	19.92	0	0	99.7
3.0	0.2	0.978	78.24	0.489	19.56	0	0	97.8
6.0	0.4	0.881	70.48	0.441	17.64	0	0	88.1
9.0	0.6	0.756	60.48	0.378	15.12	0	0	75.6
12.0	0.8	0.642	51.36	0.327	12.84	0	0	64.2
15.0	1.0	0.549	43.92	0.275	11.00	0	0	54.9
18.0	1.2	0.478	38.24	0.239	9.56	0	0	47.8
21.0	1.4	0.420	33.60	0.210	8.40	0	0	42.0
30.0	2.0	0.306	24.48	0.153	6.21	0	0	30.7

(4) 根据计算结算结果绘出 O 点下的沿深度分布曲线。

3. 基底 A 点下竖向附加应力的计算

计算步骤同前，结果详表见表 5-6。

表 5-6　　　　　基底 A 点下附加应力计算

基底以下深度 z/m	z/b	竖直均布荷载 $p=80\text{kPa}$		三角形荷载 $p=40\text{kPa}$		水平均布荷载 $p=40\text{kPa}$		总附加应力 $\sum\sigma_z$ /kPa
		$x/b=15/15=1$		$x/b=15/15=1$		$x/b=15/15=1$		
		K_z^s	σ_z	K_z^t	σ_z	K_z^h	σ_z	
0.15	0.01	0.500	40.00	0.497	19.88	0.318	12.72	72.6
1.5	0.1	0.499	39.92	0.468	18.72	0.315	12.6	71.2

续表

基底以下深度 z/m	z/b	竖直均布荷载 p=80kPa		三角形荷载 p=40kPa		水平均布荷载 p=40kPa		总附加应力 $\sum \sigma_z$ /kPa
		x/b=15/15=1		x/b=15/15=1		x/b=15/15=1		
		K_z^s	σ_z	K_z^t	σ_z	K_z^h	σ_z	
3.0	0.2	0.498	39.84	0.437	17.48	0.306	12.24	69.6
6.0	0.4	0.489	39.12	0.379	15.16	0.274	10.96	65.2
9.0	0.6	0.468	37.44	0.328	13.12	0.234	9.36	59.9
12.0	0.8	0.440	35.20	0.285	11.40	0.194	7.76	54.4
15.0	1.0	0.409	32.72	0.250	10.00	0.159	6.36	49.1
18.0	1.2	0.375	30.00	0.221	8.84	0.131	5.24	44.1
21.0	1.4	0.348	27.84	0.198	7.92	0.108	4.32	40.1
30.0	2.0	0.275	22.00	0.147	5.88	0.064	2.56	30.4

❖知识强化与技能提升❖

1. 土的自重应力分布有何规律？分布图如何绘制？成层土的自重应力分布图中各层斜率受什么影响？地下水和不透水层对自重应力有何影响？

2. 基底压力和基底附加压力有何区别？为何要计算基底附加压力？

3. 偏心荷载作用下的基底压力简化计算应注意什么？

4. 土中附加应力的计算对于矩形基础和条形基础有何区别？为什么？

5. 角点法计算附加应力应注意些什么？

6. 如图 5-16 所示，某地基土层剖面，各层土的厚度及重度见图，试绘制土的自重应力分布图。

7. 如图 5-17 所示形状基础，其上作用着均布荷载 $p=140$kPa，试求图中 A 点以下 6m 深处的附加应力 σ_z。

8. 如图 5-18 所示，某条形基础的宽度 $B=10$m，受竖直中心荷载 $\overline{P}=1200$kN/m 的作用，试求基础中点 O 及一侧 O_1 点下 12m 深度范围内的附加应力 σ_z，并绘制附加应力分布图。

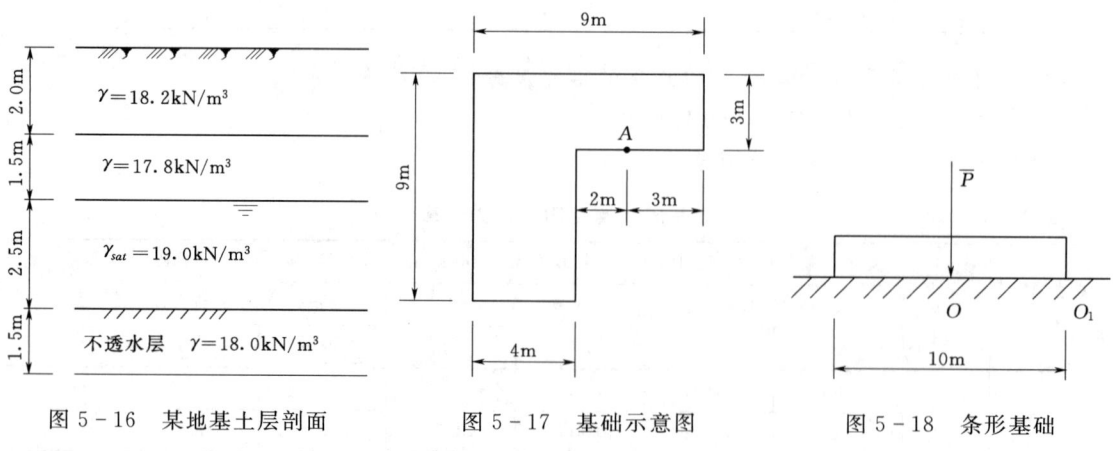

图 5-16　某地基土层剖面　　图 5-17　基础示意图　　图 5-18　条形基础

任务二 土的压缩性指标测定

❖任务导入❖

土的压缩性是导致地基产生变形、建筑物发生沉降的根本原因,也是土区别于其他一般建筑材料的重要特征之一。本任务的目的是:从试验出发,研究土的压缩性,利用弹性理论计算土的压缩性指标,为水工建筑物沉降设计计算提供依据。

任务:1. 土的压缩试验原理是什么?它的试验条件是什么?

2. 土的压缩性指标有哪些?如何测定?

3. 土的压缩性指标的是否能通过其他途径或试验得到?

❖知识准备❖

一、基本概念

土的压缩性是指土体在外部压力及周围环境作用下,体积变化的性质。

它包括土体体积的缩小、膨胀和体积不变下土体性状的改变。一般来说,土在外力都是可以压缩的。这是由土的组成和结构所决定的。

土由固体颗粒、土中水和气体组成。土体被压缩的主要原因可概括为三种情况:

(1) 土颗粒发生相对位移,土中水及气体从孔隙中排除,从而使土体孔隙减小。

(2) 土体颗粒本身的压缩。

(3) 土中水及封闭在土中的气体被压缩。在一般情况下,土受到的压力常在100~600kPa,这时土颗粒及水的压缩变形量不到全部土体压缩变形量的1/400,可以忽略不计。因此,土的压缩变形主要是由于土体孔隙体积减小的缘故。

土体压缩快慢取决于土中水排出的速度,排水速率既取决于土体孔隙通道的大小,又取决于土中黏粒含量的多少。对透水性大的砂土,其压缩过程在加荷后的较短时期内即可完成;对于黏性土,尤其是饱和软黏土,由于黏粒含量多,排水通道狭窄,孔隙水的排出速率很低,其压缩过程比砂性土要长得多。

土体在外部压力下,压缩量随时间增长的过程称为土的固结。由于是依赖于孔隙水压力变化而产生的固结,称为主固结。

不依赖于孔隙水压力变化,在有效应力不变时,由于颗粒间位置变动引起的固结称为次固结。

在相同压力条件下,不同土的压缩变形量差别很大,可通过室内压缩试验或现场荷载试验测定。

二、土的压缩试验原理与压缩定律

1. 压缩试验原理

室内压缩试验是取原状土样放入压缩仪内进行试验,压缩仪的构造如图5-19所示。由于土样受到环刀和护环等刚性护壁的约束,在压缩过程中只能发生竖向压缩,不能发生侧向膨胀,所以又叫侧限压缩试验。

试验时是通过加荷装置和加压板将压力均匀地施加到土样上(图5-19)。荷载逐级加上,每加一级荷载,要等土样压缩相对稳定后,才施加下一级荷载。

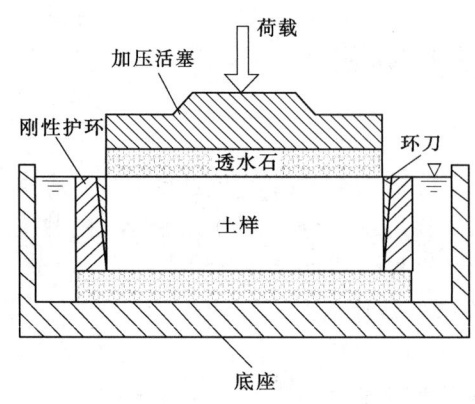

图 5-19 压缩仪的压缩容器简图

土样的压缩量可通过位移传感器测量,并根据每一级压力下的稳定变形量,计算出与各级压力下相应的稳定孔隙比。

若试验前试样的横截面积为 A,土样的原始高度为 h_0,原始孔隙比为 e_0,当加压 p_1 后,土样的压缩量为 Δh_1,土样高度由 h_0 减至 $h_1 = h_0 - \Delta h_1$,相应的孔隙比由 e_0 减至 e_1,如图 5-20 所示。由于土样压缩时不可能发生侧向膨胀,故压缩前后土样的横截面积不变。在压力很小(小于 600kPa)的压缩过程中,可视土粒体积近似是不变的,因此加压前土粒体积 $\dfrac{Ah_0}{1+e_0}$ 等于加压后土粒体积 $\dfrac{Ah_1}{1+e_1}$,即

$$\frac{Ah_0}{1+e_0} = \frac{A(h_0 - \Delta h_1)}{1+e_1}$$

整理得

$$\frac{\Delta h_1}{h_0} = \frac{e_0 - e_1}{1+e_0}$$

则

$$e_1 = e_0 - \frac{\Delta h_1}{h_0}(1+e_0) \tag{5-21}$$

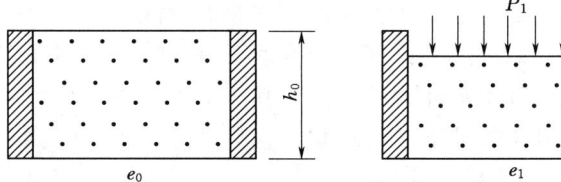

图 5-20 土体的压缩过程示意简图

同理,各级压力 p_i 作用下土样压缩稳定后相应的孔隙比 e_i 为

$$e_i = e_0 - \frac{\Delta h_i}{h_0}(1+e_0) \tag{5-22}$$

式中 e_0 与 h_0 值已知,Δh 可由位移传感器测得,求得各级压力下的孔隙比后(一般为 3～5 级荷载),以纵坐标表示孔隙比,以横坐标表示压力,便可根据压缩试验成果绘制孔隙比与压力的关系曲线,称为压缩曲线,如图 5-21 所示。

从压缩曲线的形状可以看出,压力较小时曲线较陡,随压力逐渐增加,曲线逐渐变缓,这说明土在压力增量不变的情况下进行压缩时,其压缩变形的增量是递减的。这是因为在侧限条件下进行压缩时,开始

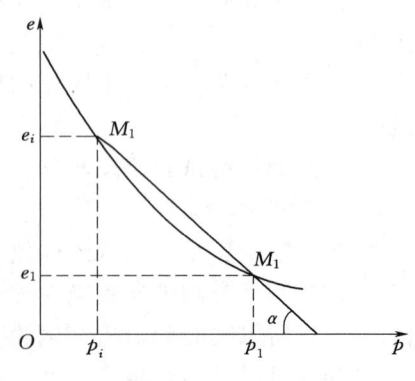

图 5-21 压缩曲线

加压时接触不稳定的土粒首先发生位移，孔隙体积减小得很快，因而曲线的斜率比较大。随着压力的增加，进一步的压缩主要是孔隙中水与气体的挤出，当水与气体不再被挤出时，土的压缩就逐渐停止，曲线逐渐趋于平缓。

2. 压缩定律

压缩曲线的形状与土样的成分、结构、状态以及受力历史有关。若压缩曲线较陡，说明压力增加时孔隙比减小得多，土易变形，土的压缩性相对高；若曲线是平缓的，土不易变形，土的压缩性相对低。因此，压缩曲线的坡度可以形象地说明土的压缩性高低。

在压缩曲线上，当压力的变化范围不大时，可将压缩曲线上相应一小段 $M_1 M_2$ 近似地用直线来代替。若 M_1 点的压力为 p_1，相应的孔隙比为 e_1，M_2 点的压力为 p_2，相应的孔隙比为 e_2，则 $M_1 M_2$ 段的斜率可用式（5-23）表示，即

$$a = \tan\alpha = \frac{\Delta e}{\Delta p} = \frac{e_1 - e_2}{p_2 - p_1} \quad (5-23)$$

式（5-23）是土的力学性质的基本定律之一，称为压缩定律。它表明：在压力变化范围不大时，孔隙比的变化值（减小值）与压力的变化值（增加值）成正比。其比例系数称为压缩系数，用符号 a 表示，单位为 MPa^{-1}。

三、土的压缩指标的计算

1. 压缩系数 a

压缩系数是表示土的压缩性大小的主要指标，其值越大，表明在某压力变化范围内孔隙比减少得越多，压缩性就越高。但由图 5-21 可以看出，同一种土的压缩系数并不是常数，而是随所取压力变化范围的不同而改变。因此，评价不同类型和状态土的压缩性大小时，必须以同一压力变化范围来比较。《建筑地基基础设计规范》（GB 50007—2011）规定，以 $p_1 = 0.1 MPa$、$p_2 = 0.2 MPa$ 时相应的压缩系数 a_{1-2} 作为判断土的压缩性的标准。

低压缩性土：$a_{1-2} < 0.1 MPa^{-1}$。

中等压缩性土：$0.1 MPa^{-1} \leqslant a_{1-2} < 0.5 MPa^{-1}$。

高压缩性土：$a_{1-2} \geqslant 0.5 MPa^{-1}$。

2. 压缩指数 C_c

压缩指数 C_c 是通过压缩试验求得不同压力下的孔隙比 e 值，将压缩曲线的横坐标用对数坐标表示，纵坐标轴不变（图 5-22），在一定压力 p 值之下，e-$\lg p$ 曲线是直线，用直线段的斜率作为土的压缩指数 C_c（无因次）。

$$C_c = \frac{e_1 - e_2}{\lg p_2 - \lg p_1} \quad (5-24)$$

试验证明，e-$\lg p$ 曲线在很大范围内是一条直线，故压缩指数 C_c 值是比较稳定的数值，不像压缩系数 a 是随压力变化范围而变化的，一般黏性土的 C_c 值多数在 0.1~1.0 之间，C_c 值越大，土的压缩性越高。

对于正常固结的黏性土，压缩系数和压缩指数

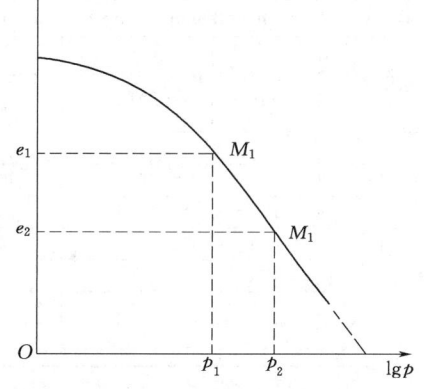

图 5-22 e-$\lg p$ 曲线

之间，存在如下关系：

$$C_c = \frac{a(p_2-p_1)}{\lg p_2 - \lg p_1} \quad 或 \quad a = \frac{C_c}{p_2-p_1} \lg \frac{p_2}{p_1} \tag{5-25}$$

3. 压缩模量 E_s

压缩试验除了求得压缩系数 a 和压缩指数 C_c 外，还可求得另一个常用的压缩性指标——压缩模量 E_s（单位为 MPa 或 kPa），E_s 是指土在侧限条件下受压时压应力 σ_z 与相应的应变 ε_z 之间的比值，即

$$E_s = \frac{\sigma_z}{\varepsilon_z} \tag{5-26}$$

因为 $\sigma_z = p_2 - p_1$，$\varepsilon_z = \frac{\Delta h_1}{h_0} = \frac{e_1 - e_2}{1 + e_1}$

故压缩模量 E_s 与压缩系数 a 的关系为

$$E_s = \frac{p_2-p_1}{e_1-e_2}(1+e_1) = \frac{1+e_1}{a} \tag{5-27}$$

式中 a——压力从 p_1 增加至 p_2 时的压缩系数；

e_1——压力 p_1 时对应的孔隙比。

4. 变形模量 E_0

土的变形模量是指土在无侧限压缩条件下，压应力与相应的压缩应变的比值，单位也是 MPa，它是通过现场载荷试验求得的压缩性指标，能较真实地反映天然土层的变形特性。但载荷试验设备笨重，历时长和花费多，且目前深层土的载荷试验在技术上极为困难，故土的变形模量常根据室内三轴压缩试验的应力-应变关系曲线来确定，或根据压缩模量的资料来估算。

❖ **技术运用** ❖

【例 5-5】 某同学对一土样进行固结试验后，来不及完成试验报告（表 5-7），请你帮助他完善试验报告，并绘制出 $e-p$ 曲线。已知：土料的相关物理参数为：$\omega = 21.3\%$，$\rho = 1.87 \text{g/cm}^3$，$G_s = 2.72$。

表 5-7 （快速）固结试验报告

试样初始高度：$h_0 = 20\text{mm}$ $K = (hn)T/(hn)t =$

加压历时/h	压力/kPa	百分表读数/0.01mm	仪器变形量/mm	校正前试样总变形量/mm	校正后试样总变形量/mm	压缩后试样高度/mm	孔隙比
0	0	0	0				
1	50	36.0	0.03				
1	100	71.5	0.05				
1	200	95.7	0.08				
1	400	123.1	0.11				
24	400	129.8	0.11				

压缩系数 $a_{1-2} =$ MPa^{-1}，压缩模量 $E_{s(1-2)} =$ MPa，属   压缩性土

注 表中 $(hn)T$ 表示最后一级压力下达到稳定标准的总变形量减去该压力下的仪器变形量，mm；$(hn)t$ 表示最后一级压力下固结 1h 的总变形量减去该压力下的仪器变形量，mm；K 表示校正系数。

分析与解答：

1. 土体压缩前的孔隙比：$e_0 = \dfrac{G_s(1+\omega)\rho_w}{\rho} - 1 = \dfrac{2.72 \times (1+0.213) \times 1}{1.87} - 1 = 0.764$

2. 校正系数：$K = \dfrac{(hn)T}{(hn)t} = \dfrac{1.298 - 0.11}{1.231 - 0.11} = 1.06$

3. 校正后土样变形量及相应孔隙比：

$$S_1 = 1.06 \times (0.360 - 0.03) = 0.350 \text{(mm)}$$

$$S_2 = 1.06 \times (0.715 - 0.05) = 0.705 \text{(mm)}$$

$$S_3 = 1.06 \times (0.957 - 0.08) = 0.930 \text{(mm)}$$

$$S_4 = 1.298 - 0.11 = 1.188 \text{(mm)}$$

$$e_1 = e_0 - \dfrac{s_1}{H_0}(1+e_0) = 0.764 - \dfrac{0.350}{20}(1+0.764) = 0.733$$

$$e_2 = e_1 - \dfrac{s_2}{H_0}(1+e_0) = 0.764 - \dfrac{0.705}{20}(1+0.764) = 0.702$$

$$e_3 = e_0 - \dfrac{s_3}{H_0}(1+e_0) = 0.764 - \dfrac{0.930}{20}(1+0.764) = 0.682$$

$$e_4 = e_0 - \dfrac{s_4}{H_0}(1+e_0) = 0.764 - \dfrac{1.188}{20}(1+0.764) = 0.659$$

4. 压缩性指标：$a_{1\text{-}2} = \dfrac{e_1 - e_2}{p_2 - p_1} = \dfrac{0.702 - 0.682}{0.2 - 0.1} = 0.20 \text{(MPa}^{-1}\text{)}$

$$E_{s(1\text{-}2)} = \dfrac{1+e_1}{a_{1\text{-}2}} = \dfrac{1+0.702}{0.20} = 8.51 \text{(MPa)}$$

5. 判别土的压缩性：由于 $0.1\text{MPa}^{-1} < a_{1\text{-}2} = 0.20\text{MPa}^{-1} < 0.5\text{MPa}^{-1}$，该土样为中等压缩性。

6. 绘制 $e\text{-}p$ 曲线

以 p 为横坐标，e 为纵坐标，绘制 $e\text{-}p$ 曲线，如图 5-23 所示。

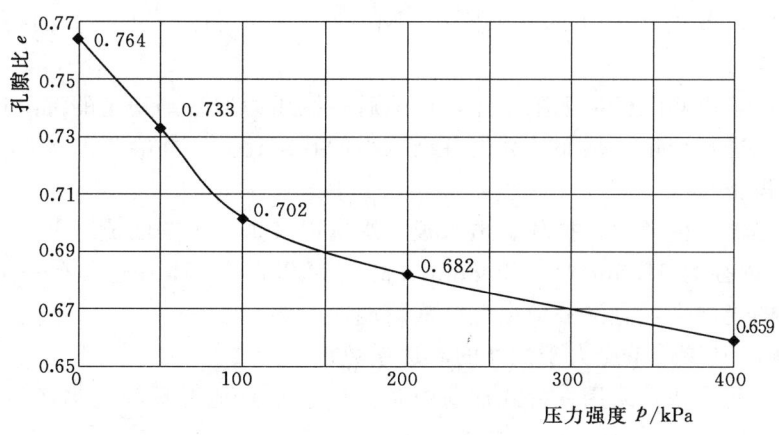

图 5-23　$e\text{-}p$ 曲线

❖ **技能应用** ❖

技能：快速固结试验测定土的压缩指标

一、目的要求

掌握土的压缩试验基本原理和试验方法，了解试验的仪器设备，熟悉试验的操作步骤，掌握压缩试验成果的整理方法，计算压缩系数、压缩模量，并绘制土的压缩曲线。

二、试验原理

(1) 以侧限模拟半无限空间体，以最后一级压力取达到稳定的沉降量为依据，对各级压力沉降量进行校正，从而计算出各级压力的孔隙比 e，并绘制出 $e-p$ 曲线。

(2) 由土体弹性力学知识可知，土体在外力作用下的体积减小是由孔隙体积减小引起的，土体颗粒体积在压力作用前后的体积不变。即

$$\frac{AH_0}{1+e_0}=\frac{A(H_0-s)}{1+e_1}$$

在侧向不变形的条件下，试样由荷载 P_0 增加至 P_1 作用下，孔隙比由 e_0 变化至 e_1，试样高度由 H_0 变化至 H_1，则压缩量 $s(s=H_0-H_1)$ 可表示为

$$s=\frac{e_1-e_2}{1+e_1}H_0$$

式中　A——试验面积，cm^2；

　　　s——土样在 Δp 作用下的压缩量，cm；

　　　H_0——土样在 p_1 作用下压缩稳定后的厚度，cm；

　　　e_0——土样高度为 H_0 时的孔隙比；

　　　e_1——土样高度为 H_1 时的孔隙比。

由上式变换得到 e_1 的表达式为

$$e_1=e_0-\frac{s}{H_0}(1+e_0)$$

由上述公式可知，只要知道土样在初始条件下：$p_0=0$ 时的高度 H_0 和孔隙比 e_0，就可以计算出每级荷载 p_i 作用下的孔隙比 e_i。由 (p_i, e_i) 可以绘出 $e-p$ 曲线。

三、试验方法

快速固结试验以侧限模拟无限土体，以最后一级压力取达到稳定的沉降量为依据，对各级压力沉降量进行校正，从而计算出各级压力的孔隙比 e_i，并绘制出 $e-p$ 曲线。

四、仪器设备

(1) 固结容器：由环刀、护环、透水板、水槽以及加压上盖组成。

1) 环刀：内径为 61.8mm 和 79.8mm，高度为 20mm，环刀应具有一定的刚度，内壁应保持较高的光洁度，宜涂一薄层硅脂或聚四氟乙烯。

2) 透水板：其渗透系应大于试样的渗透系数。

(2) 轴向加荷设备：采用杠杆式加荷设备。应能垂直地在瞬间施加各级规定的压力，且没有冲击力。

(3) 变形量测设备：量程 10mm，最小分度值为 0.01mm 的百分表或准确度为全量程

0.2%的位移传感器。

（4）其他：切土器刮切，天平，秒表，烘箱，土样盒等。

固结仪示意图如图5-24所示。

五、试验步骤

（1）试样安装：试样安装顺序为：在固结容器内放置护环、透水板和薄滤纸，将带有环刀的试样小心装入护环，然后在试样上放薄滤纸、透水板和加压盖板，置于加压框架下，对准加框架的正中。

（2）百分表的安装：对试样变形进行估计，将百分表的小指针调整到约6~7mm，稍稍提起量表导杆，能否上下运行自如，估计百分表的读数，并记下该读数。

（3）预压：施加1kPa的压力，判断各部件的连接是否良好，调整量表，使长指针读数为零。

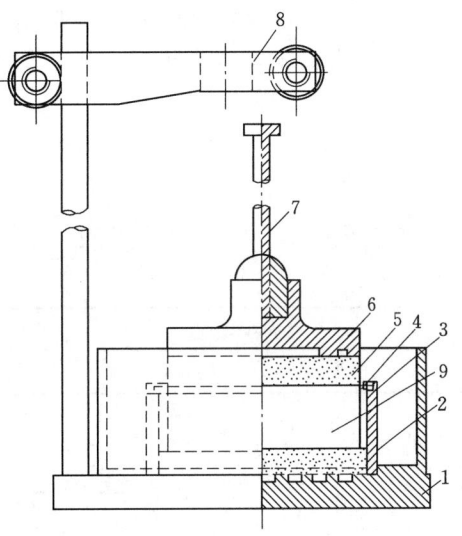

图5-24 固结仪示意图

1—水槽；2—护环；3—环刀；4—导环；
5—透水板；6—加压上盖；7—位移计
导杆；8—位移计架；9—试样

（4）施加各级荷载：一般为0kPa、100kPa、200kPa、400kPa，记录各级荷载的变形量。

最后一级荷载测读变形稳定后的变形量。

（5）拆卸仪器各部件，取出环刀和土样，清理试验台。

六、数据处理与制图

（1）计算初始孔隙比 e_0。

（2）各级压下下固结稳定后的单位沉降量 S_i。

$$S_i = (\sum \Delta h_i)/h_0$$

（3）各级压力下固结稳定后的孔隙为 e_i。

$$e_i = e_0 - (1+e_0)S_i$$

（4）某一压力范围内的压缩系数 a_v。

$$a_v = \frac{e_i - e_{i+1}}{p_{i+1} - p_i}$$

（5）某级压力范围内的压缩模量和体积压缩系数。

$$E_s = \frac{p_{i+1} - p_i}{S_{i+1} - S_i}, \quad m_V = \frac{1}{E_s} = \frac{a_v}{1+e_0}$$

（6）绘制出 e-p 曲线。

❖ **知识强化与技能提升** ❖

一、简答题

1. 土的压缩试验原理是什么？
2. 固结仪由哪几部分组成？各有什么作用？

3. 固结试验的步骤有哪几步？可以测定或计算哪些指标？

4. 快速法固结试验中，什么是校正系数，它的含义是什么？它的意义是什么？

二、计算题

对一土样作压缩试验，已知试验土样的天然重度 $\gamma = 18.2 \text{kN/m}^3$，天然含水率 $\omega = 38\%$，土粒比重 $G_s = 2.75$，试样高度 $H = 20\text{mm}$，试样在各级荷载作用下压缩稳定后的总变形量见表 5-8，试绘制 e-p 曲线并求压缩系数及评定土的压缩性大小。

表 5-8　　　　　　　　　　土 样 变 形 量

压力 p/kPa	0	50	100	200	300	400
试样总变形量 $\sum\Delta H_i$/mm	0	0.926	1.308	1.886	2.310	2.564

任务三　地基的变形计算

❖任务导入❖

建筑物自身重量及所受荷载作用于地基，地基产生变形，建筑物则发生沉降。按照沉降的均匀程度，可将沉降分为均匀沉降和不均匀沉降（沉降差）两大类。对于建筑物而言，不管是哪类沉降，都可能带来危害，轻者影响建筑物的使用，重者则导致建筑物破坏。如泄水闸，不均匀沉降会引起闸门的启闭困难，造成洪水漫溢；而溢流坝即使均匀沉降，也会因沉降太大，不能维持需要的水位而失去使用价值。

因此，为了保证建筑物的安全和正常使用，对于可压缩地基的水工建筑物，尤其比较重要的建筑物，设计时必须计算可能产生的最大沉降和沉降差，必须了解施工和使用过程中不同时期的沉降量，以将其控制在允许的范围内。如果超过建筑物所要求的范围，则必须采取改善地基条件（地基处理）或修正建筑物设计方案的措施。

任务：计算地基的最终沉降量。

❖知识准备❖

地基土层在建筑物荷载作用下达到固结稳定时的最大沉降量，称为地基最终沉降量。通常我们采用分层总和法和规范法（应力面积法）计算地基最终沉降量。

一、分层总和法和

1. 计算原理

分层总和法一般取基底中心点下地基附加应力来计算各分层土的竖向压缩量，认为基础的平均沉降量 s 为各分层上竖向压缩量 s_i 之和。在计算出 s_i 时，假设地基土只在竖向发生压缩变形，没有侧向变形，故可利用室内侧限压缩试验成果进行计算。

$$s = \sum_{i=1}^{n} s_i \quad (5-28)$$

式中　s——地基最终沉降量，mm；

　　　s_i——第 i 分层土的竖向压缩量，mm。

2. 计算公式

各分层的沉降量可按下式计算：

$$s_i = \Delta H_i = \frac{e_{1i} - e_{2i}}{1 + e_{1i}} H_i = \frac{\Delta e_i}{1 + e_{1i}} H_i \quad (5-29)$$

式中 ΔH_i——施加荷载达沉降稳定后第 i 分层土的沉降量，mm；

H_i——施加荷载前第 i 分层土的厚度，mm；

e_{1i}——对应于第 i 分层土应力 p_{1i} 从土的压缩曲线上得到的孔隙比；p_{1i} 即第 i 分层土上下层面自重应力值的平均值；

e_{2i}——对应于第 i 分层土应力 p_{2i} 从土的压缩曲线上得到的孔隙比；p_{2i} 即第 i 分层土自重应力平均值 p_{1i} 与应力增量 Δp_i（上下层面附加应力值的平均值）之和。

若引入压缩系数 a，压缩模量 E_s，上式可变为

$$s_i = \frac{a_i}{1 + e_{i1}} \Delta p_i H_i \quad (5-30)$$

式中 a_i——第 i 分层土的压缩系数，kPa^{-1} 或 MPa^{-1}。

$$s_i = \frac{\Delta p_i}{E_{si}} H_i \quad (5-31)$$

式中 E_{si}——第 i 分层土的压缩模量，kPa 或 MPa。

3. 计算步骤

（1）地基土分层。成层土的层面（不同土层的压缩性及重度不同）及地下水位面（水位下土受到浮力）是天然的分层界面，其中较厚土层需再分，分层厚度一般不宜大于 $0.4B$（B 为基底宽度）。

（2）计算各分层界面处土的自重应力，土的自重应力应从天然地面起算。

（3）计算基底压力及基底附加压力。

（4）计算各分层界面处附加应力。

（5）确定计算深度（压缩层厚度）。一般取地基附加应力等于自重应力的 20% 深度处作为沉降计算深度的限值（即 $\sigma_z/\sigma_{cz} \leq 0.2$）；若在该深度以下为高压缩性土，则应取地基附加应力等于自重应力的 10% 深度处作为沉降计算深度的限值（即 $\sigma_z/\sigma_{cz} \leq 0.1$）；

（6）计算各分层土的压缩量 s_i：

$$s_i = \frac{e_{1i} - e_{2i}}{1 + e_{1i}} H_i \quad (5-32)$$

（7）计算总变形量 s：

$$s = \sum s_i = \sum_{i=1}^{n} \frac{e_{1i} - e_{2i}}{1 + e_{1i}} H_i \quad (5-33)$$

二、规范法（应力面积法）

1. 计算原理

应力面积法是《建筑地基基础设计规范》（GB 50007—2011）中推荐使用的一种计算地基最终沉降量的方法，故又称为规范法。应力面积法一般按地基土的天然分层面划分计算土层，引入土层平均附加应力的概念，通过平均附加应力系数，将基底中心以下地基中

$z_{i-1} \sim z_i$ 深度范围的附加应力按等面积原则化为相同深度范围内矩形分布时的分布应力大小,再按矩形分布应力情况计算土层的压缩量,各土层压缩量的总和即为地基的计算沉降量。应力面积法计算原理如图 5-25 所示。

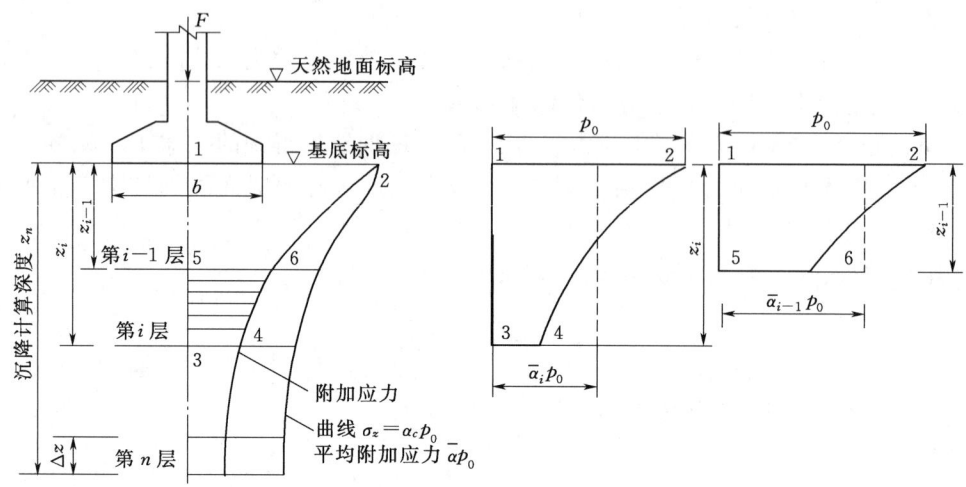

图 5-25 应力面积法计算原理图

理论上基础的平均沉降量可表示为

$$s' = \sum_{i=1}^{n} \Delta s'_i = \sum_{i=1}^{n} \frac{p_0}{E_{si}} (z_i \bar{\alpha}_i - z_{i-1} \bar{\alpha}_{i-1}) \tag{5-34}$$

式中 n——沉降计算深度范围划分的土层数;

p_0——基底附加压力,kPa;

$\bar{\alpha}_i$、$\bar{\alpha}_{i-1}$——平均竖向附加应力系数,对于矩形面积上均布荷载作用时角点下平均竖向附加应力系数 $\bar{\alpha}$ 值,可从表 5-9 查得;

$\bar{\alpha}_i p_0$、$\bar{\alpha}_{i-1} p_0$——分别将基底中心以下地基中 $z_{i-1} \sim z_i$ 深度范围附加应力,按等面积化为相同深度范围内矩形分布时分布应力的大小。

表 5-9 矩形面积受铅直均布荷载作用下基础中心点下地基的平均附加应力系数 $\bar{\alpha}$

z/b	l/b												
	1.0	1.2	1.4	1.6	1.8	2.0	2.4	2.8	3.2	3.6	4.0	5.0	>10
0.0	1.000	1.000	1.000	1.000	1.000	1.000	1.000	1.000	1.000	1.000	1.000	1.000	1.000
0.1	0.997	0.998	0.998	0.998	0.998	0.998	0.998	0.998	0.998	0.998	0.998	0.998	0.998
0.2	0.987	0.990	0.991	0.992	0.992	0.992	0.993	0.993	0.993	0.993	0.993	0.993	0.993
0.3	0.967	0.973	0.976	0.978	0.979	0.979	0.980	0.980	0.981	0.981	0.981	0.981	0.982
0.4	0.936	0.947	0.953	0.956	0.958	0.965	0.961	0.962	0.962	0.963	0.963	0.963	0.963
0.5	0.900	0.915	0.924	0.929	0.933	0.935	0.937	0.939	0.939	0.940	0.940	0.940	0.940
0.6	0.858	0.878	0.890	0.898	0.903	0.906	0.910	0.912	0.913	0.914	0.914	0.915	0.915
0.7	0.816	0.840	0.855	0.865	0.871	0.876	0.881	0.884	0.885	0.886	0.887	0.887	0.888
0.8	0.775	0.801	0.819	0.831	0.839	0.844	0.851	0.855	0.857	0.858	0.859	0.860	0.860
0.9	0.735	0.764	0.784	0.797	0.806	0.813	0.821	0.826	0.829	0.830	0.831	0.832	0.833

续表

z/b	l/b												
	1.0	1.2	1.4	1.6	1.8	2.0	2.4	2.8	3.2	3.6	4.0	5.0	>10
1.0	0.698	0.723	0.749	0.764	0.775	0.783	0.792	0.798	0.801	0.803	0.804	0.806	0.807
1.1	0.663	0.694	0.717	0.733	0.744	0.753	0.764	0.771	0.775	0.777	0.779	0.780	0.782
1.2	0.631	0.663	0.686	0.703	0.715	0.725	0.737	0.744	0.749	0.752	0.754	0.756	0.758
1.3	0.601	0.633	0.657	0.674	0.688	0.698	0.711	0.719	0.725	0.728	0.730	0.733	0.735
1.4	0.573	0.605	0.629	0.648	0.661	0.672	0.687	0.696	0.701	0.705	0.708	0.711	0.714
1.5	0.548	0.580	0.604	0.622	0.637	0.643	0.664	0.676	0.679	0.683	0.686	0.690	0.693
1.6	0.524	0.556	0.580	0.599	0.613	0.625	0.641	0.651	0.658	0.663	0.666	0.670	0.675
1.7	0.502	0.533	0.558	0.577	0.591	0.603	0.620	0.631	0.638	0.643	0.646	0.651	0.656
1.8	0.482	0.513	0.537	0.556	0.571	0.583	0.600	0.611	0.619	0.624	0.629	0.633	0.638
1.9	0.463	0.493	0.517	0.536	0.551	0.563	0.581	0.593	0.601	0.606	0.610	0.616	0.622
2.0	0.446	0.475	0.499	0.518	0.533	0.545	0.563	0.575	0.584	0.590	0.594	0.600	0.606
2.1	0.429	0.459	0.482	0.500	0.515	0.528	0.546	0.559	0.567	0.574	0.578	0.585	0.591
2.2	0.414	0.443	0.466	0.484	0.499	0.511	0.530	0.543	0.552	0.558	0.563	0.570	0.577
2.3	0.400	0.428	0.451	0.469	0.484	0.496	0.515	0.528	0.537	0.544	0.548	0.556	0.564
2.4	0.387	0.414	0.436	0.454	0.469	0.481	0.500	0.513	0.523	0.530	0.535	0.543	0.551
2.5	0.374	0.401	0.423	0.441	0.455	0.468	0.486	0.500	0.509	0.516	0.522	0.530	0.539
2.6	0.362	0.389	0.410	0.428	0.442	0.455	0.473	0.487	0.496	0.504	0.509	0.518	0.528
2.7	0.351	0.377	0.398	0.416	0.430	0.442	0.461	0.474	0.484	0.492	0.497	0.506	0.517
2.8	0.341	0.366	0.387	0.404	0.418	0.430	0.449	0.463	0.472	0.480	0.486	0.495	0.506
2.9	0.331	0.356	0.377	0.393	0.407	0.419	0.438	0.451	0.461	0.469	0.475	0.485	0.496
3.0	0.322	0.346	0.366	0.383	0.397	0.409	0.427	0.441	0.451	0.459	0.465	0.474	0.487
3.1	0.313	0.337	0.357	0.373	0.387	0.398	0.417	0.430	0.440	0.448	0.454	0.464	0.477
3.2	0.305	0.328	0.348	0.364	0.377	0.389	0.407	0.420	0.431	0.439	0.445	0.455	0.468
3.3	0.297	0.320	0.339	0.355	0.368	0.379	0.397	0.411	0.421	0.429	0.436	0.446	0.460
3.4	0.289	0.312	0.331	0.346	0.359	0.371	0.388	0.402	0.412	0.420	0.427	0.437	0.452
3.5	0.282	0.304	0.323	0.338	0.351	0.362	0.380	0.393	0.403	0.412	0.418	0.429	0.444
3.6	0.276	0.297	0.315	0.330	0.343	0.354	0.372	0.385	0.395	0.403	0.410	0.421	0.436
3.7	0.269	0.290	0.308	0.323	0.335	0.346	0.364	0.377	0.387	0.395	0.402	0.413	0.429
3.8	0.263	0.284	0.301	0.316	0.328	0.339	0.356	0.369	0.379	0.388	0.394	0.405	0.422
3.9	0.257	0.277	0.294	0.309	0.321	0.332	0.349	0.362	0.372	0.380	0.387	0.398	0.415
4.0	0.251	0.271	0.288	0.302	0.314	0.325	0.342	0.355	0.365	0.373	0.379	0.391	0.408
4.1	0.246	0.265	0.282	0.296	0.308	0.318	0.335	0.348	0.358	0.366	0.372	0.384	0.402
4.2	0.241	0.260	0.276	0.290	0.302	0.312	0.328	0.341	0.352	0.359	0.366	0.377	0.396
4.3	0.236	0.255	0.270	0.284	0.296	0.306	0.322	0.335	0.345	0.363	0.359	0.371	0.390
4.4	0.231	0.250	0.265	0.278	0.290	0.300	0.316	0.329	0.339	0.347	0.353	0.365	0.384
4.5	0.226	0.245	0.260	0.273	0.285	0.294	0.310	0.323	0.333	0.341	0.347	0.359	0.378
4.6	0.222	0.240	0.255	0.268	0.279	0.289	0.305	0.317	0.327	0.335	0.341	0.353	0.373
4.7	0.218	0.235	0.250	0.263	0.274	0.284	0.299	0.312	0.321	0.329	0.336	0.347	0.367
4.8	0.214	0.231	0.245	0.258	0.269	0.279	0.294	0.306	0.316	0.324	0.330	0.342	0.362
4.9	0.210	0.227	0.241	0.253	0.265	0.274	0.289	0.301	0.311	0.319	0.325	0.337	0.357
5.0	0.206	0.223	0.237	0.249	0.260	0.269	0.284	0.296	0.306	0.313	0.320	0.332	0.352

注 l、b 分别为矩形的长边与短边，z 为计算点距基础底面的垂直距离。

2. 沉降计算经验系数 ψ_s

为提高计算准确度,《建筑地基基础规范》(GB 50007—2011)规定按式(5-40)计算得到的沉降 s' 尚应乘以一个沉降计算经验系数 ψ_s。ψ_s 定义为根据地基沉降观测资料推算的最终沉降量 s 与由式(5-40)计算得到的 s' 之比,一般根据地区沉降观测资料及经验确定,也可按表 5-10 查取。

表 5-10 沉降计算经验系数 ψ_s

基底附加压力 p_0/kPa	$\overline{E}_s$				
	2.5	4.0	7.0	15.0	20.0
$p_0 \geqslant f_{ak}$	1.4	1.3	1.0	0.4	0.2
$p_0 \leqslant 0.75 f_{ak}$	1.1	1.0	0.7	0.4	0.2

注 f_{ak} 为地基承载力特征值。

$\overline{E}_s$ 为沉降计算深度范围内压缩模量当量值,按下式计算:

$$\overline{E}_s = \frac{\sum_{i=1}^{n} A_i}{\sum_{i=1}^{n} A_i/E_{si}} \tag{5-35}$$

式中 A_i——第 i 层土附加应力曲线所围的面积。

综上所述,应力面积法的地基最终沉降量计算公式为

$$s = \psi_s s' = \psi_s \sum_{i=1}^{n} \frac{p_0}{E_{si}} (z_i \overline{\alpha}_i - z_{i-1} \overline{\alpha}_{i-1}) \tag{5-36}$$

3. 沉降计算深度的确定

《建筑地基基础设计规范》(GB 50007—2011)规定沉降计算深度 z_n 由下列要求确定:

$$\Delta s'_n \leqslant 0.025 \sum_{i=1}^{n} s'_i \tag{5-37}$$

式中 $\Delta s'_n$——自试算深度往上 Δz 厚度范围的压缩量(包括考虑相邻荷载的影响),Δz 的取值按表 5-11 确定;

s'_i——在计算深度范围内,第 i 层土的计算变形值。

表 5-11 Δz 的取值表

b/m	$b \leqslant 2$	$2 < b \leqslant 4$	$4 < b \leqslant 8$	$8 < b$
$\Delta z/\text{m}$	0.3	0.6	0.8	1.0

如确定的沉降计算深度下部仍有较软弱土层时,应继续往下进行计算,同样也应满足式(5-35)为止。

当无相邻荷载影响,基础宽度在 1~30m 范围内时,地基沉降计算深度也可按下列简化公式计算:

$$z_n = b(2.5 - 0.4 \ln b) \tag{5-38}$$

式中 b——基础宽度。

在计算深度范围内存在基岩时,z_n 可取至基岩表层;当存在较厚的坚硬黏性土层时,

其孔隙比小于 0.5，压缩模量大于 50MPa，或存在较厚的密实砂卵石层，其压缩模量大于 80MPa 时，z_n 可取至该层土表面。

❖ **技术运用** ❖

【**例 5-6**】 墙下条形基础宽度为 2.0m，传至地面的荷载为 100kN/m，基础埋置深度为 1.2m，地下水位在基底以下 0.6m，如图 5-26 所示，计算时黏土层的饱和重度与天然重度取值相同，地基土的室内压缩试验试验 $e-p$ 数据见表 5-12，用分层总和法求基础中点的沉降量。

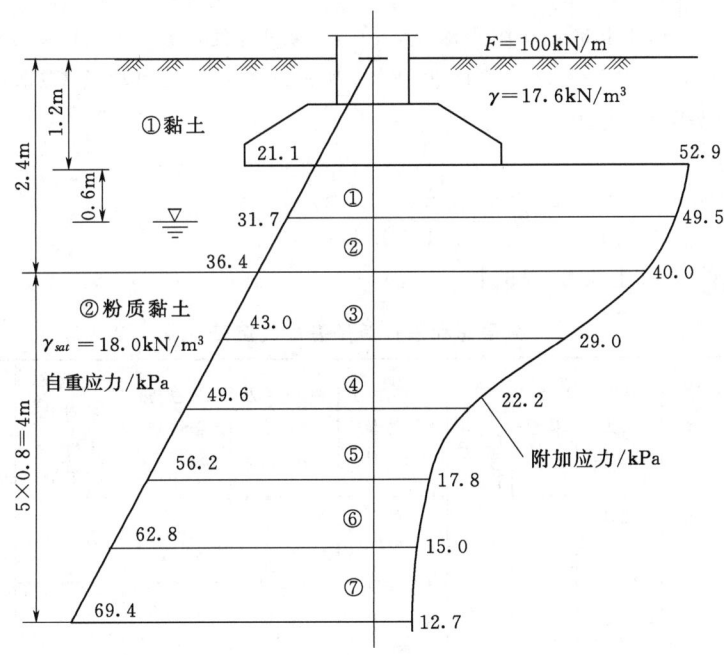

图 5-26 墙下条形基础示意图

表 5-12　　　　　　　　地基土的室内压缩试验试验 $e-p$ 数据

e \ p	0	50	100	200	300
黏土①	0.651	0.625	0.608	0.587	0.570
粉质黏土②	0.978	0.889	0.855	0.809	0.773

分析与解答：

1. 地基分层

考虑分层厚度不超过 $0.4b=0.8$m 以及地下水位，基底以下厚 1.2m 的黏土层分成两层，层厚均为 0.6m，其下粉质黏土层分层厚度均取为 0.8m。

2. 计算自重应力

计算分层处的自重应力，地下水位以下取浮重度进行计算。

计算各分层上下界面处自重应力的平均值，作为该分层受压前所受侧限竖向应力 p_1，各分层点的自重应力值及各分层的平均自重应力值见图 5-26 及表 5-12。

3. 计算竖向附加应力

基底平均附加应力为

$$p_0 = \frac{100+20\times 2.0\times 1.2}{2.0\times 1.0} - 1.2\times 17.6 = 52.9 \text{(kPa)}$$

查条形基础竖向应力系数表，可得应力系数 K_z^s 及计算各分层点的竖向附加应力，并计算各分层上下界面处附加应力的平均值，见图 5-26 及表 5-12。

4. 将各分层自重应力平均值和附加应力平均值之和作为该分层受压后的总应力 p_2。

5. 确定压缩层深度

一般可按 $\sigma_z/\sigma_c=0.2$ 来确定压缩层深度，在 $Z=4.4$m 处，$\sigma_z/\sigma_c=14.8/62.5=0.237>0.2$，在 $Z=5.2$m 处，$\sigma_z/\sigma_c=12.7/69.0=0.184<0.2$，所以压缩层深度可取为基底以下 5.2m。

6. 计算各分层的压缩量

如第③层

$$s_3 = \frac{e_{1i}-e_{2i}}{1+e_{1i}} H_3 = \frac{0.901-0.872}{1+0.901}\times 800 = 11.8 \text{(mm)}$$

各分层的压缩量列于表 5-13 中。

表 5-13　　　　　　　　　　分层总和法计算地基最终沉降

分层点	深度 z_i/m	自重应力 σ_c/kPa	附加应力 σ_z/kPa	层号	层厚 H_i/m	自重应力平均值 p_{1i}/kPa	附加应力平均值 Δp_i/kPa	总应力平均值 p_{2i}/kPa	受压前孔隙比 e_{1i}（对应 p_{1i}）	受压后孔隙比 e_{2i}（对应 p_{2i}）	分层压缩量 s_i/mm
0	0	21.1	52.9								
				①	0.6	26.4	51.2	77.6	0.637	0.616	7.7
1	0.6	31.7	49.5								
				②	0.6	34.1	44.8	78.9	0.633	0.615	6.6
2	1.2	36.4	40.0								
				③	0.8	39.7	34.5	74.2	0.901	0.873	11.8
3	2.0	42.9	29.0								
				④	0.8	46.2	25.6	71.8	0.896	0.874	9.3
4	2.8	49.5	22.2								
				⑤	0.8	52.8	20.0	72.8	0.887	0.874	5.5
5	3.6	56.0	17.8								
				⑥	0.8	59.3	16.3	75.6	0.883	0.872	4.7
6	4.4	62.6	14.8								
				⑦	0.8	65.7	13.8	79.4	0.878	0.869	3.8
7	5.2	68.8	12.7								

7. 计算基础平均最终沉降量

$$s = \sum_{i=1}^{7} s_i = 7.7+6.6+11.8+9.3+5.5+4.7+3.8 = 49.4 \text{(mm)}$$

【例 5-7】 设基础底面尺寸为 4.8m× 3.2m，埋深为 1.5m，传至地面的中心荷载 F= 1800kN，地基的土层分层及各层土的侧限压缩模量（相应于自重应力至自重应力加附加应力段）如图 5-27 所示，持力层的地基承载力为 f_{ak}=180kPa，用应力面积法计算基础中点的最终沉降。

解：1. 基底附加压力

$$p_0 = \frac{1800 + 4.8 \times 3.2 \times 1.5 \times 20}{4.8 \times 3.2} - 18 \times 1.5$$
$$= 120(\text{kPa})$$

2. 取计算深度为 8m，计算过程见表 5-14，计算沉降量为 123.4mm。

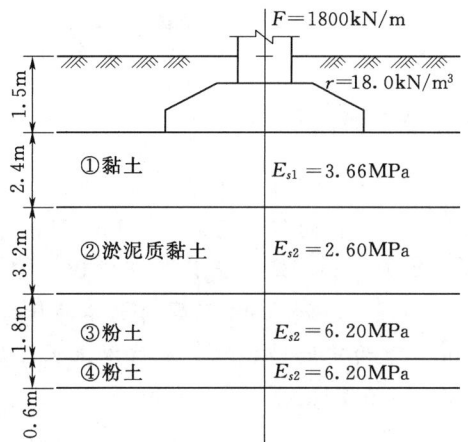

图 5-27　地基的土层分层及各层土的
侧限压缩模量

3. 确定沉降计算深度 z_n

根据 b=3.2m，查表 5-11 可得 Δz=0.6m 相应于往上取 Δz 厚度范围（即 7.4～8.0m 深度范围）的土层计算沉降量为 1.3mm≤0.025×123.4mm=3.08mm，满足要求，故沉降计算深度可取为 8.0m。

表 5-14　　　　　　　　应力面积法计算地基最终沉降

z /m	l/b	z/b	$\bar{a}$	$z_i \bar{a}_i$	$z_i \bar{a}_i - z_{i-1} \bar{a}_{i-1}$	E_{si} /MPa	s'_i /mm	s' /mm
0.0	4.8/3.2=1.5	0/1.6=0.0	4×0.2500=1.0000	0.000				
2.4	1.5	2.4/1.6=1.5	4×0.2108=0.8432	2.024	2.204	3.66	66.3	
5.6	1.5	5.6/1.6=3.5	4×0.1392=0.5568	3.118	1.094	2.60	50.5	123.4
7.4	1.5	7.4/1.6=4.625	4×0.1145=0.4580	3.389	0.271	6.20	5.3	
8.0	1.5	8.0/1.6=5.0	4×0.1080=0.4320	3.456	0.067	6.20	1.3≤0.025×123.4	

4. 确定修正系数 ψ_s

$$\bar{E}_s = \frac{\sum_{i=1}^{n} A_i}{\sum_{i=1}^{n} A_i/E_{si}}$$

$$= \frac{z_4 \bar{a}_4 - 0}{\frac{z_1 \bar{a}_1 - 0}{E_{s1}} + \frac{z_2 \bar{a}_2 - z_1 \bar{a}_1}{E_{s2}} + \frac{z_3 \bar{a}_3 - z_2 \bar{a}_2}{E_{s3}} + \frac{z_4 \bar{a}_4 - z_3 \bar{a}_3}{E_{s4}}}$$

$$= \frac{3.456}{\frac{2.024}{3.66} + \frac{1.904}{2.60} + \frac{0.271}{6.20} + \frac{0.067}{6.20}}$$

$$= 3.36(\text{MPa})$$

由于 $p_0 \leq 0.75 f_{ak}$=135kPa，查表 5-14 得 ψ_s=1.04。

5. 计算基础中点最终沉降量 s

$$s = \psi_s s' = 1.04 \times 123.4 = 128.3 \text{(mm)}$$

❖ 技能应用 ❖

【例 5-8】 某水闸基底长 200m，宽 20m，作用在基底上的荷载如图 5-28 所示，沿宽度方向的轴向偏心荷载 $p=360000$kN（偏心距 $e=0.5$m），水平荷载 $P_h=30000$kN，基地埋深 $d=3$m，地基土体为正常固结黏性土，地下水位在基底以下 3m 处，基底以下 0～3m、3～8m、8～15m 范围内土体的压缩性分别如图 5-29 中曲线 Ⅰ、Ⅱ、Ⅲ 所示，基底 15m 以下为中地砂。地下水位以上土体的重度 $\gamma_1=19.62$kN/m³，地下水位以下土体的浮重度 $\gamma'=9.81$kN/m³。

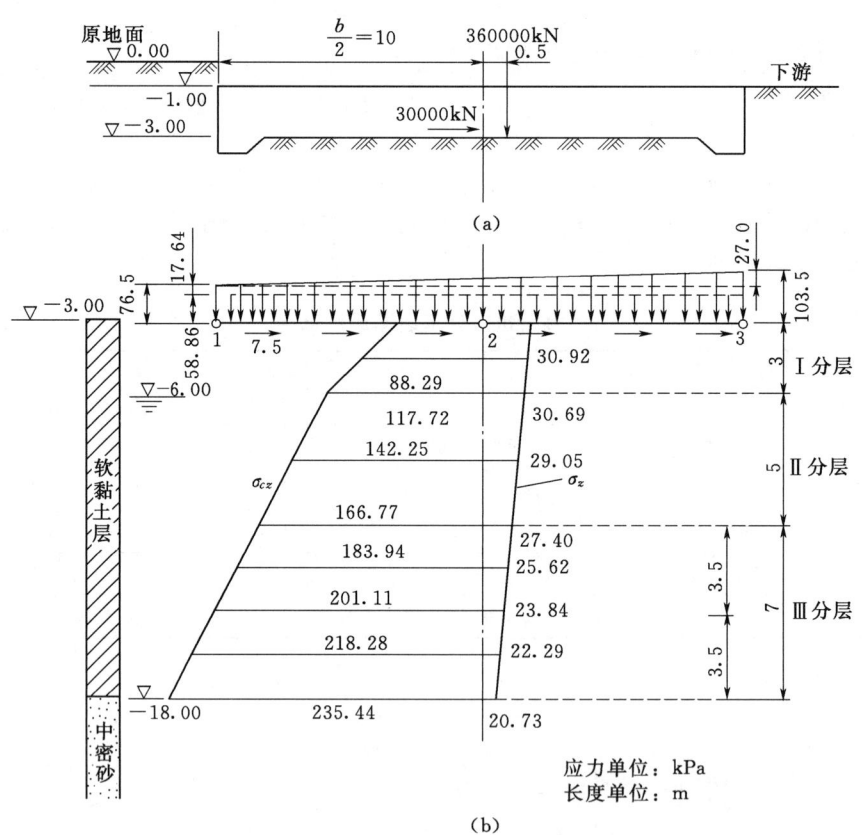

图 5-28 水闸基底荷载

计算基础中心线下（点 2）和两侧边点（点 1、3）的最终沉降量（不计砂土层的变形）。

分析与解答：

1. 地基土分层

以基地为计算零点，取层底深度分别为 $z_1=3$m、$z_2=8$m、$z_3=11.5$m、$z_4=15$m，最大分层厚度为 5m$=0.25b$，符合闸基要求的最大分层厚度 $h \leq 0.25b$。

2. 计算基底压力及附加压力

因为 $l/b=200\div20=10>5$，故可按条形基础计算。基础每米宽度上所受的竖直荷载 $\overline{P}=360000\div200=1800(\text{kN/m})$，所受水平荷载 $\overline{P}_h=30000\div200=150(\text{kN/m})$。

因此，基底竖直压力为

$$\frac{P_{\max}}{P_{\min}}=\frac{\overline{P}}{b}\left(1\pm\frac{6e}{b}\right)=\frac{1800}{20}\times\left(1\pm\frac{6\times0.5}{20}\right)=\frac{103.5}{76.5}(\text{kPa})$$

基底附加压力为

$$\frac{P_{\max}}{P_{\min}}=\frac{P_{\max}}{P_{\min}}-\gamma_1 d=\frac{103.5}{76.5}-19.62\times3=\frac{44.64}{17.64}(\text{kPa})$$

基底水平基底压力为 $P_h=150/20=7.5(\text{kPa})$。

基底附加压力分布如图 5-28（b）所示。

3. 计算各分层面处的自重应力

基础底面处（$z=0$）：

$$\sigma_{sz0}=\gamma_1 d=19.62\times3=58.86(\text{kPa})$$

地下水位处（$z=3\text{m}$）：

$$\sigma_{sz3}=19.62\times(3+3)=117.72(\text{kPa})$$

基底以下 8m 处（$z=8\text{m}$）：

$$\sigma_{sz8}=19.62\times(3+3)+9.81\times5=166.77(\text{kPa})$$

基底以下 11.5m 处（$z=11.5\text{m}$）：

$$\sigma_{sz11.5}=19.62\times(3+3)+9.81\times8.5=201.11(\text{kPa})$$

中密砂层顶面处（$z=15\text{m}$）：

$$\sigma_{sz15}=19.62\times(3+3)+9.81\times(5+7)=235.44(\text{kPa})$$

自重应力 σ_{sz} 分布如图 5-28（b）所示。

4. 各层面处附加应力计算

将基底竖直附加应力分为均布荷载和三角形荷载，其中三角形竖直荷载为

$$P_t=44.64-17.64=27(\text{kPa})$$

均布竖直荷载 $P_0=17.64\text{kPa}$，此外水平荷载 $P_h=7.50\text{kPa}$，各荷载在地基中引起的附加应力计算见表 5-15，附加应力分布如图 5-28（b）所示。

5. 确定压缩层计算深度

由题意可知，中密砂土层的压缩量可以忽略不计，软黏土底部（$z=15\text{m}$）处的附加应力 $Q_z=20.73\text{kPa}<0.1Q_{cz}$，故压缩层计算深度可取为 15m。

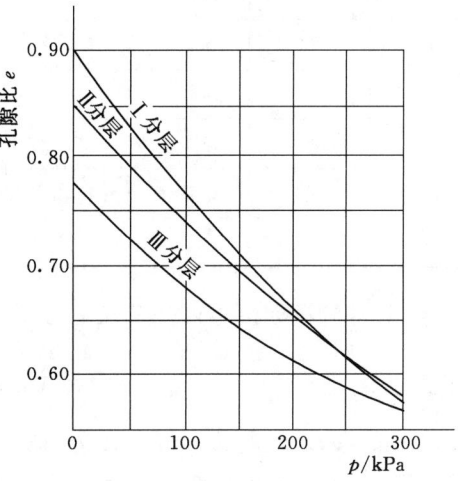

图 5-29 黏土层有 e-p 曲线

6. 计算各土层自重应力平均值和附加应力平均值

计算结果见表 5-15，其中第一层应力平均值为

$$\overline{\sigma}_{cz}=1/2\times(58.86+117.72)=88.29(\text{kPa})$$

$$\bar{\sigma}_z = 1/2 \times (31.14 + 30.69) = 30.92 \text{(kPa)}$$

同理，计算出其他各土层的应力平均值。

表 5-15　　　　　　　　基础中心下（点 2）的附加应力计算

z/m	z/b	$P_0=17.64$kPa		$P_t=17.64$kPa		$P_h=17.64$kPa		$\sum\sigma_z$/kPa
		K_z^s	σ_z	K_z^t	σ_z	K_z^h	σ_z	
0	0	1.00	17.64	0.50	13.50	0	0	31.14
3	0.15	0.99	17.46	0.49	13.23	0	0	30.69
8	0.40	0.88	15.52	0.44	11.88	0	0	27.40
11.5	0.58	0.77	13.58	0.38	10.26	0	0	23.84
15	0.75	0.67	11.82	0.33	8.91	0	0	20.73

（表头注：$b=20$m　$x/b=0.5$）

7. 计算基础中心点的变形量

由初始应力平均值 $\bar{\sigma}_{cz}$ 查出初始孔隙比 e_1，由最终应力平均值 $\bar{\sigma}_{cz}+\bar{\sigma}_z$ 查出最终孔隙比 e_2，代入式（5-32）计算各层的变形量 s_i，然后求和得到基础中心点的沉降量为 21.1cm。计算结果见表 5-16。

表 5-16　　　　　　　　变形量计算结果

分层编号	分层厚度/cm	初始应力平均值/kPa	压缩应力平均值/kPa	最终应力平均值/kPa	e_{1i}	e_{2i}	$\dfrac{e_{1i}-e_{2i}}{1+e_{1i}}$	s_i/cm
Ⅰ	300	88.29	30.92	119.21	0.783	0.745	0.0213	6.4
Ⅱ	500	142.25	29.05	171.30	0.695	0.665	0.0177	8.9
Ⅲ$_1$	350	183.94	25.62	209.56	0.619	0.604	0.0093	3.2
Ⅲ$_2$	350	218.28	22.29	240.57	0.602	0.590	0.0075	2.6
				$S=\sum s_i=21.1$cm				

按上述同样方法可以计算出点 1 和点 3 的沉降量分别为 4.3mm 和 7.2mm。

❖ 知识强化与技能提升 ❖

1. 某基础宽度为 6m，长为 18m，基础埋深为 1.5m，承受垂直中心荷载 $F=12960$kN。地基为均质土，且自重作用下已压缩稳定。地下水位在地面以下 8m 深处，地基土的湿重度 $\gamma=18.6$kN/m³，饱和重度为 $\gamma_{sat}=20.6$kN/m³，地基土的压缩曲线如图 5-30 所示，试求基础中点下的最终沉降量。

2. 图 5-31 所示为建筑物的柱基础，基底为正方形，边长为 4.0m，基础埋置深度 $d=1.0$m，上部结构传至基础顶面的荷载 $F=1440$kN，地基为粉质黏土，其天然重度 $\gamma=16.0$kN/m³，土的天然孔隙比 $e=0.97$，地下水位埋深 3.4m，地下水位以下土体的饱和

重度 $\gamma_{sat}=18.2\text{kN/m}^3$。土的压缩模量为：地下水位以上 $\overline{E}_{s1}=5.5\text{MPa}$，地下水位以下 $\overline{E}_{s2}=6.5\text{MPa}$。地基土的承载力特征值 $f_{ak}=94\text{kPa}$，试用应力面积法（规范法）计算柱基中点的沉降量。

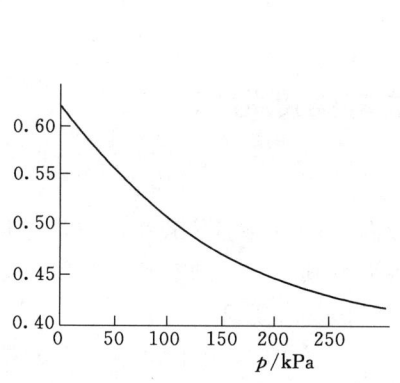

图 5-30 地基土的压缩曲线图

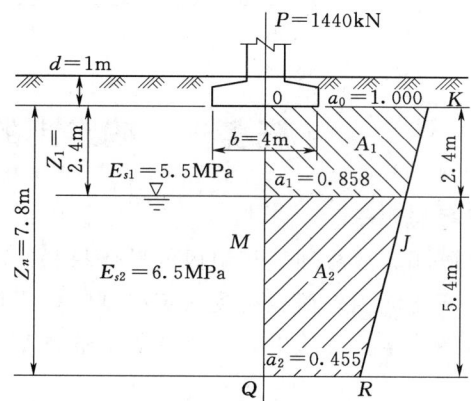

图 5-31 建筑物的柱基础

项目六 地基强度计算

任务一 确定土的抗剪强度指标

❖**任务导入**❖

土是固相、液相和气相组成的散体材料。一般而言,在外部荷载作用下,土体中的应力将发生变化。当外荷载达到一定程度时,土体将沿着其中某一滑裂面产生滑动,而使土体丧失整体稳定性。所以,土体的破坏通常都是剪切破坏(剪坏)。

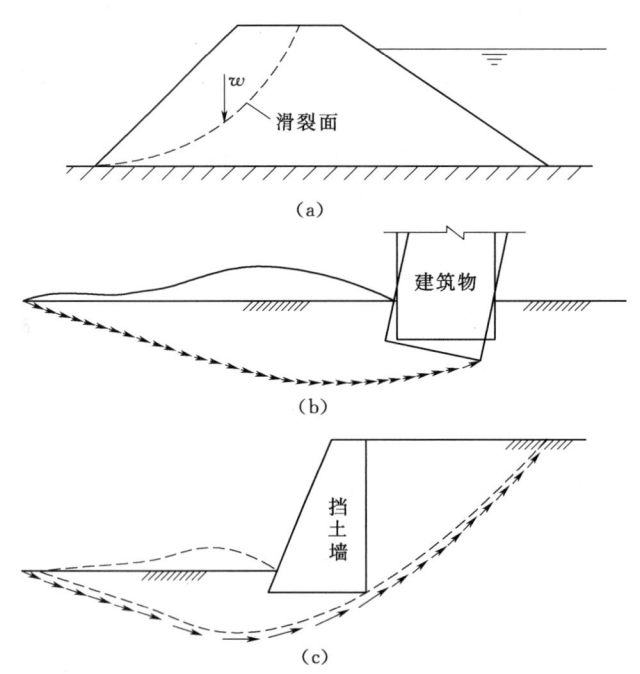

图 6-1 工程中的土的强度问题

在岩土工程中,土的抗剪强度是一个很重要的问题,是土力学中十分重要的内容。它不仅是地基设计计算的重要理论基础,而且是边坡稳定、挡土墙侧压力分析等许多岩土工程的设计的理论基础。为了保证土木工程建设中建(构)筑物的安全和稳定,就必须详细研究土的抗剪强度和土的极限平衡等问题。在工程建设实践中,道路的边坡、路基、土石坝、建筑物的地基等丧失稳定性的例子是很多的(图6-1)。所有这些事故均是由于土中某一点或某一部分的应力超过土的抗剪强度造成的。

在实际工程中,与土的抗剪强度有关的问题主要有以下三方面:①土坡稳定性问题:包括土坝、路堤等人工填方土坡和山坡、河岸等天然土坡以及挖方边坡等的稳定性问题,如图6-1(a)所示;②土压力问题:包括挡土墙、地下结构物等周围的土体对其产生的侧向压力可能导致这些构造物发生滑动或倾覆,如图6-1(b)所示;③地基的承载力问题:若外荷载很大,基础下地基中的塑性变形区扩展成一个连续的滑动面,使得建筑物整体丧失了稳定性,如图6-1(c)所示。

任何材料都有其极限承载能力,通常称为材料的强度。土体作为一种天然的材料也有其强度,大量的工程实践和实验表明,土的抗剪性能在很大程度上可以决定土体承载能力,所以在土力学中土的强度特指抗剪强度,土体的破坏为剪切破坏。与其他连续介质材料的破坏不同，土是由颗粒组成的，但一般很少考虑颗粒本身的破坏。土体破坏主要是研究土颗粒之间的连接破坏，或土颗粒之间产生过大的相对移动。

土的抗剪强度是指土体抵抗剪切破坏的能力。在外部荷载作用下，土体中便产生应力分布，从材料力学中可以知道，土体的任意斜面一般均会同时出现正应力和剪应力。土体沿该斜面是否被剪应力破坏，不但取决于这个斜面上的剪应力，还和斜面上所受到的正应力有关。这是因为剪应力作用的结果迫使土颗粒相互错动产生破坏；而正应力的作用则对土颗粒有压实、增加土抗剪的能力，有利于土体的稳定和强度的提高。由此可见，土的抗剪能力是和某一斜面上的正应力和剪应力两个因素有关的。土在什么情况下发生破坏，确切地说，当正应力和剪应力在什么组合情况下才会发生破坏。研究表明土的抗剪强度不仅与土颗粒大小、形状、级配、密实度、矿物成分和含水量等因素有关，而且还与土受剪时的排水条件、剪切速率等外界环境条件有关。这就是土的抗剪强度的试验手段和指标选用较为复杂的原因。

❖知识准备❖

一、土的抗剪强度定律——库仑定律

当土体在外部荷载作用下发生剪切破坏时，作用在剪切面上的极限剪应力就称为土的抗剪强度。测定土的抗剪强度的方法之一是直接剪切试验，简称为直剪试验。图6-2为直接剪切仪示意图。该仪器的主要部分由固定的上盒和活动的下盒组成，将土样放置于刚性金属盒内上下透水石之间。进行直剪试验时，先由加荷板施加法向压力P，土样产生相应的压缩ΔS，然后再在下盒施加水平向力，使其产生水平向位移Δl，从而使土样沿着上盒和下盒之间预定的横截面承受剪切作用，直至土样破坏。假设这时土样所承受的水平向推力为T，土样的水平横断面面积为A，那么，作用在土样上的法向应力则为$\sigma = P/A$，而土的抗剪强度就可以表示为$\tau_f = T/A$。

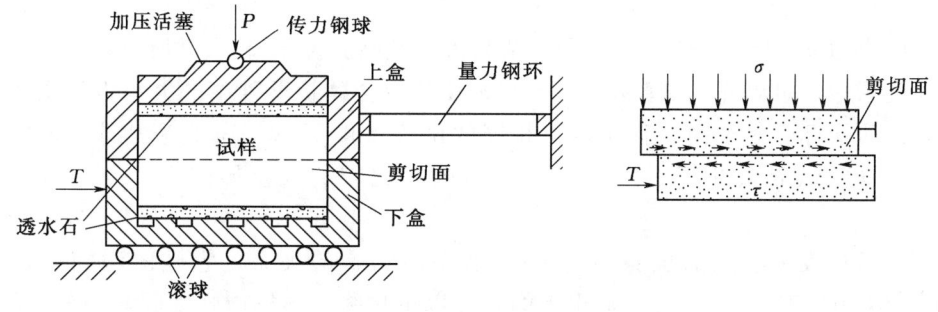

图6-2 直接剪切仪示意图

为了绘制出土的抗剪强度τ_f与法向应力σ的关系曲线，一般需要采用至少四个相同的土样进行直剪试验。方法是，分别对这些土样施加不同的法向应力，并使之产生剪切破坏，可以得到四组不同的τ_f和σ的数值。然后，以τ_f作为纵坐标轴，以σ作为横坐标轴，就可绘制出土的抗剪强度τ_f和法向应力σ的关系曲线。

图6-3为直剪试验的试验结果。可见，对于砂土而言，τ_f与σ的关系曲线是通过原点的，而且，它是与横坐标轴呈φ角的一条直线［图6-3（a）］。该直线方程为

$$\tau_f = \sigma \tan\varphi \tag{6-1a}$$

式中 τ_f——砂土的抗剪强度，kN/m^2；

σ——砂土试样所受的法向应力，kN/m^2；

φ——砂土的内摩擦角，(°)。

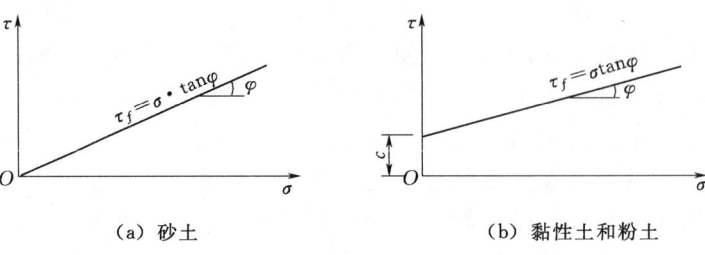

(a) 砂土　　　　　　　　(b) 黏性土和粉土

图 6-3　抗剪强度 τ_f 与法向应力 σ 的关系曲线

对于黏性土和粉土而言，τ_f 和 σ 之间的关系基本上仍呈一条直线，但是，该直线并不通过原点，而是与纵坐标轴形成一截距 c [图 6-3 (b)]，其方程为

$$\tau_f = \sigma \tan\varphi + c \tag{6-1b}$$

式中　c——黏性土或粉土的黏聚力，kN/m^2；

其余符号的意义同前。

由式 (6-1) 可以看出，砂土的抗剪强度是由法向应力产生的内摩擦力 $\sigma\tan\varphi$ ($\tan\varphi$ 称为内摩擦系数) 形成的；而黏性土和粉土的抗剪强度则是由内摩擦力和黏聚力 c 形成的。一般认为土的内摩擦力包含土颗粒表面的摩擦力和颗粒间的嵌入和连锁作用产生的咬合力这两部分。而黏聚力 c 包括了结合水连结作用、胶结作用、毛细水及冰的连结作用等三种作用。无黏性土一般无连结，抗剪强度主要是由颗粒间的摩擦力组成无黏性土黏聚力 $c=0$。

在法向应力 σ 一定的条件下，c 和 φ 值越大，抗剪强度 τ_f 越大，所以，称 c 和 φ 为土的抗剪强度指标，可以通过试验测定。c 和 φ 反映了土体抗剪强度的大小，是土体非常重要的力学性质指标。对于同一种土，在相同的试验条件下，c、φ 值为常数，但是，当试验方法和土样的试验条件等不同时，c、φ 值则有比较的大差异，这一点应引起足够的重视。

式 (6-1) 表示了土的抗剪强度 τ_f 与法向应力 σ 的关系，它是由法国科学家库仑 (C. A. Coulomb) 于 1776 年首先提出来的，所以也称为土体抗剪强度的库仑公式。

莫尔 (Mohr，1910) 继库仑的早期研究工作，提出土体的破坏是剪切破坏的理论，认为在破裂面上，法向应力 σ 与抗剪强度 τ_f 之间存在着函数关系，即

$$\tau_f = f(\sigma) \tag{6-2}$$

这个函数所定义的曲线为一条微弯的曲线，称为莫尔破坏包线或抗剪强度包线 (图 6-4)。如果代表土单元体中某一个面上 σ 和 τ 的点落在破坏包线以下，如 A 点，表明该面上的剪应力 τ 小于土的抗剪强度 τ_f，土体不会沿该面发生剪切破坏。B 点正好落在破坏包线上，表明 B 点所代表的截面上剪应力等于抗剪强度，土单元体处于临界破坏状态或

极限平衡状态。C 点落在破坏包线以上，表明土单元体已经破坏。实际上 C 点所代表的应力状态是不会存在的，因为剪应力 τ 增加到抗剪强度 τ_f 时，不可能再继续增长。

实验证明，一般土在应力水平不很高的情况下，莫尔破坏包线近似于一条直线，可以用库仑抗剪强度公式（6-1）来表示。这种以库仑公式作为抗剪强度公式，根据剪应力是否达到抗剪强度作为破坏标准的理论就称为莫尔-库仑（Mohr - Coulomb）破坏理论。

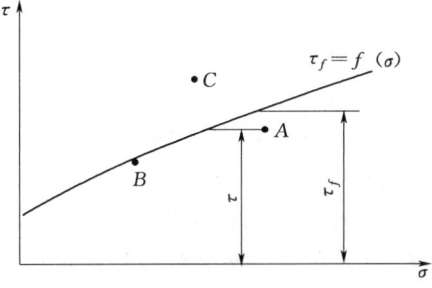

图 6-4 莫尔-库仑破坏包线

二、土的抗剪强度指标的确定

土的抗剪强度试验是确定土的抗剪强度指标 c、φ 的试验。测定土的抗剪强度的设备与方法很多，常用的室内试验有直接剪切试验、三轴压缩试验、无侧限抗压强度试验，野外常用的有十字板剪切试验等。各种试验的仪器、试验原理和方法都不一样，取决于土的性质和工程的规模。

1. 直接剪切试验

直接剪切试验是最早测定土的抗剪强度的试验方法，也是最简单的方法，所以在世界各国广泛应用。直接剪切试验的主要仪器为直剪仪，按照加荷载的方式的不同分应力控制式与应变控制式两种。两者的区别在于施加水平剪切荷载的方式不同：应力控制式采用砝码与杠杆分级加荷；应变控制式采用手轮连续加荷，后者优于前者。我国目前普遍采用的是应变控制式直剪仪。

（1）试验装置。应变控制直剪仪：包括剪切盒（包括固定的上盒与活动的下盒）、垂直加荷设备、剪切传动装置、测力计、位移量测系统，如图 6-5 所示。

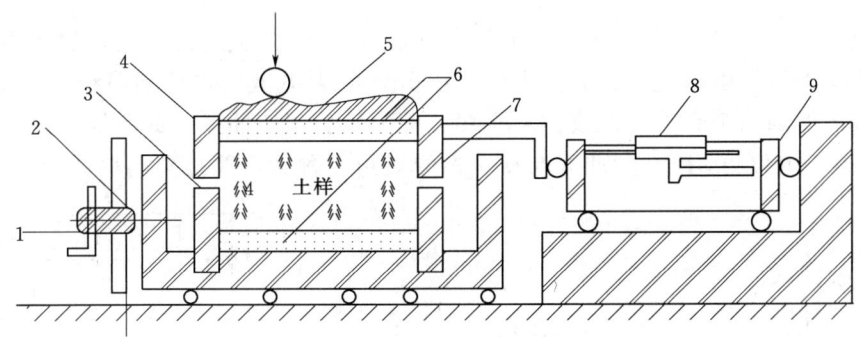

图 6-5 应变控制式直剪仪示意图
1—手轮；2—螺杆；3—下盒；4—上盒；5—传压板；6—透水石；
7—开缝；8—测微计；9—弹性量力环

（2）试验方法。试验时首先通过加载架对试样施加竖向压力 p，然后以规定的速率对下盒施加水平剪力，并逐渐加大，直至试件沿上、下盒的交界面被剪坏为止。在剪应力施加过程中，记录下盒的位移及所加水平剪力的大小，绘制该竖向应力 p 作用下的剪应力与剪变形关系曲线，如图 6-6 所示。并以曲线的峰值应力作为试样在该竖向应力 p 作用下的抗剪强度。

为了确定土的抗剪强度指标。取四组相同的试样，对各个试样施加不同的竖向应力 p_1、p_2、p_3 和 p_4，然后进行剪切得到相应的抗剪强度 τ_{f1}、τ_{f2}、τ_{f3} 和 τ_{f4}。把试验结果绘在以竖向应力 p 为横坐标、以抗剪强度 τ_f 为纵坐标的平面图上。通过各试验点绘一直线，即抗剪强度线。抗剪强度线与水平线的夹角为试样的内摩擦角 φ。在纵轴的截距为试样土的黏聚力 c。直接剪试验按加载速率的不同，分为快剪、固结快剪和慢剪三种，具体做法如下：

1）快剪。竖向应力施加后，立即进行剪切，剪切速率要快。如《土工试验规程》(SL 237—1999) 规定：要使试样在 3~5min 内剪坏。

2）固结快剪。竖向应力施加后，让试件充分固结，固结完成后，再进行快速剪切，其剪切的速率与快剪的相同。

3）慢剪。竖向应力施加后，允许试样排水固结。待固结完成后，施加水平剪应力、剪切速率放慢、使试件在剪切过程中有充分的时间产生体积变形和排水（对剪胀性上则为吸水）。

对无黏性土，因其渗透性好，即使快剪也能使其排水固结，因此《土工试验规程》(SL 237—1999) 规定：对无黏性土，一律采用一种加荷速率进行。

对正常固结的黏性土（通常为软土），在竖向应力和剪应力作用下，土样都被压缩，所以通常在一定应力范围内，快剪的抗剪强度 τ_q 最小，固结快剪的抗剪强度 τ_{cq} 有所增大，而慢剪抗剪强度 τ_s 最大。

（3）试验成果。

1）按实验设备提供的方法计算剪切位移和对应的剪应力。

2）剪应力与剪切位移的关系曲线以剪应力为纵坐标、剪切位移为横坐标，按比例绘制曲线。

3）垂直压应力与抗剪强度的关系曲线。在图 6-6 中的关系曲线上，取峰值点或稳定值，作为抗剪强度。以垂直压力为横坐标、抗剪强度为纵坐标，绘制曲线，如图 6-7 所示。四个试样得到四个数据，连成一条直线，称为抗剪强度曲线，此曲线与纵坐标的截距 c 即为黏聚力，单位为 kPa；此曲线与横坐标的夹角 φ 称为内摩擦角，单位为度（°）。

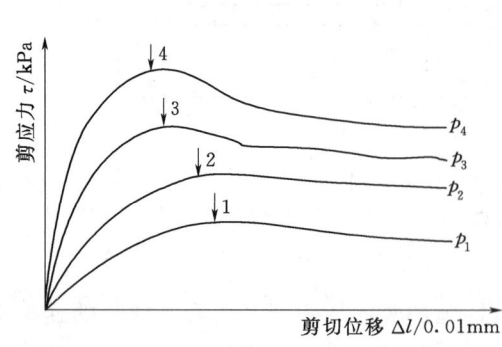

图 6-6 剪应力与剪切位移之间的关系

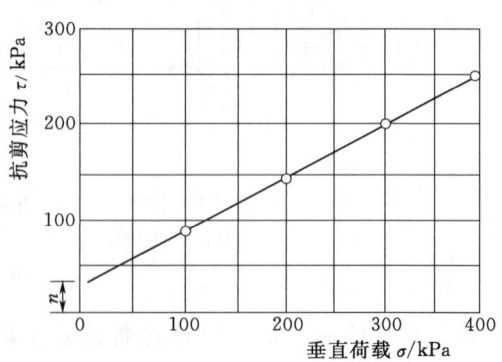

图 6-7 抗剪强度与垂直压力之间的关系

需要强调的是,由于土样和试验条件的限制,试验结果会有一定的离散性,也就是说,各土样的结果不可能恰好位于一条直线上,而是分布在一条直线附近,这条直线就是强度准则。可用线性回归的方法确定该直线。由图6-7可得库仑定律公式:

砂土 $\qquad \tau_f = \sigma\tan\varphi$ (6-3)

黏性土 $\qquad \tau_f = \sigma\tan\varphi + c$ (6-4)

2. 三轴剪切试验

三轴剪切试验是针对直剪仪的缺点而发展起来的,是测定土的抗剪强度的较为完善的一种方法。所用仪器称为三轴压缩仪,它由加载系统(对试样施加周围压力及竖向应力增量)、量测系统(量测孔隙水压力及试样排水量)、压力室(底座和有机玻璃罩等组成的密封容器)等组成,如图6-8所示。

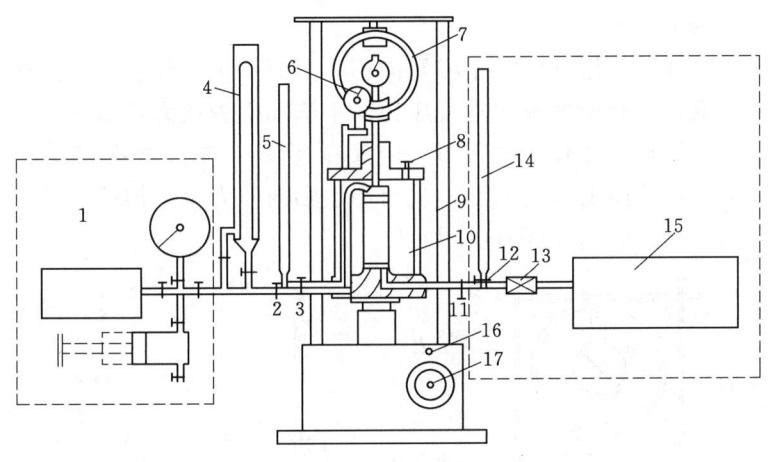

图6-8 三轴压缩仪

1—周围压力系统;2—周围压力阀;3—排水阀;4—体变管;5—排水管;6—轴向位移表;
7—测力计;8—排气孔;9—轴向加压设备;10—压力室;11—孔压阀;12—量管阀;
13—孔压传感器;14—量管;15—孔压量测系统;16—离合器;17—手轮

试验用的土样为圆柱体,套在橡胶膜内,上下扎紧置于密封的压力室内。开启阀门向压力室压入液体,使试样在三轴方向承受相同的周围压力 σ_3,如图6-9(a)所示。此时,土样不受剪力。然后通过活塞杆对试样施加垂直压力 $\Delta\sigma$,$\Delta\sigma$ 逐渐增大直至土样剪裂,则剪切时的大主应力为 $\sigma_1 = \Delta\sigma + \sigma_3$,如图6-9(b)所示。

据剪切时的大主应力、小主应力可画出一个应力圆,重复做3~5个试样,施加不同的周围压力 σ_3,可以得到不同的剪切破坏时的大主应力 σ_1,由此得出同一种土的不同的极限应力圆。作出这组极限应力圆的公切线即摩尔破裂包线,就是所求土的抗剪强度曲线,从而获得土的抗剪强度指标 c 和 φ,如图6-9(c)所示。

三轴压缩仪是一种较完善的抗剪强度测量仪器,其最突出的优点是试样中的应力状态明确,破裂面就是最薄弱的面;能较严格地控制排水条件,并能准确量测剪切过程中试样的孔隙水压力变化,定量得到土样中有效应力的变化情况,结果比较可靠。试验的难点是仪器设备与试验操作较复杂等。

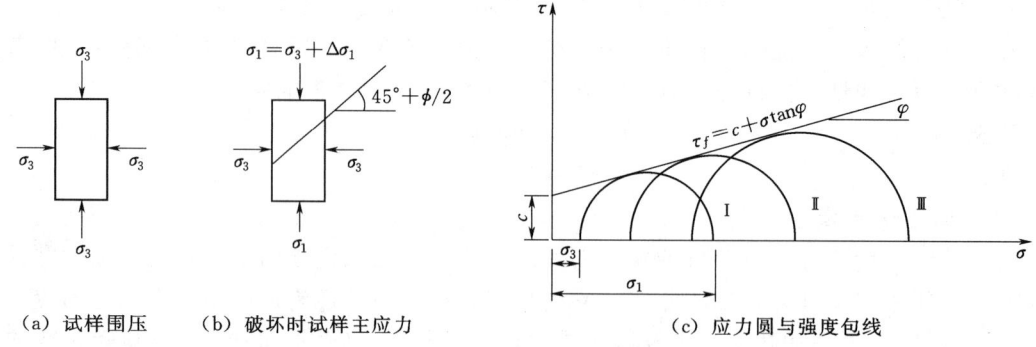

(a) 试样围压　　(b) 破坏时试样主应力　　　　　(c) 应力圆与强度包线

图 6-9　三轴试验基本原理

3. 无侧限抗压强度试验

无侧限抗压强度试验是指试验时土样侧向不受限制，可以任意变形的试验。实际上是三轴试验的一个特例，只对土样施加垂直压力，不施加周围压力，即 $\sigma_3=0$。

试验设备称为无侧限压缩仪，如图 6-10（a）所示。试样放在仪器底座上，摇动手轮，使底座缓慢上升，顶压上部量力环，从而产生轴向压力至土样剪切破坏。试验时的轴向压应力用 q_u 表示，q_u 称为无侧限抗压强度。

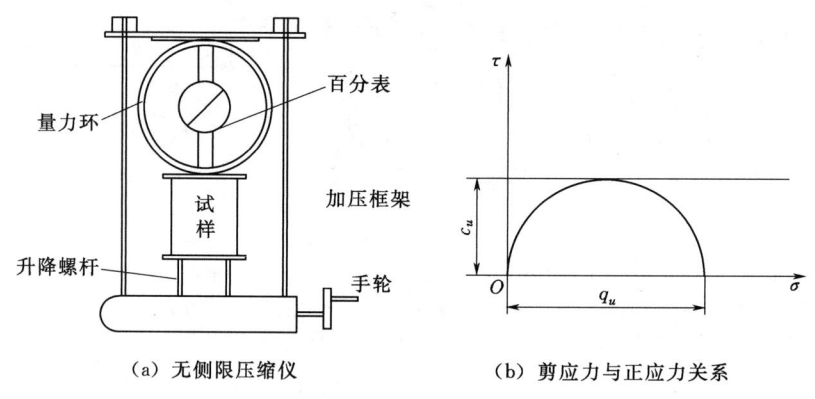

(a) 无侧限压缩仪　　　　　(b) 剪应力与正应力关系

图 6-10　无侧限压缩试验

三轴剪切试验是通过施加不同的周围压力 σ_3，得出同一种土的不同的极限应力圆后，作出公切线即为强度包线。无侧限压缩试验据试验结果只能作一个极限应力圆（$\sigma_3=0$，$\tau_f=2$），因此对一般黏性土就难以作出强度包线。但饱和黏性土的三轴不固结不排水试验结果的强度包线是一条水平线，如图 6-10（b）所示。因此，如仅测定饱和黏性土的不固结不排水强度时，可用无侧限抗压强度试验代替三轴试验，据无侧限压缩试验试验结果推算饱和黏性土的不排水剪强度 c。也就是说，无侧限压缩试验适用土质是饱和黏性土。

$$\tau_f = c = \frac{q_u}{2} \tag{6-5}$$

式中　c——土的不排水抗剪强度，kPa；

q_u——无侧限抗压强度，kPa。

4. 十字板剪切试验

十字板剪切试验是一种在工地现场直接测试地基土强度的方法，适用于地基为取原状土困难的软弱黏性土，也避免了软弱黏性土取土、运送、制备土样过程中受扰动强度变化的缺点。

试验所用仪器为十字板剪切仪，主要由十字板、加力装置及量测设备三个部分组成，图 6-11 为设备的示意图。

试验时先在地基中钻孔至要求测试的深度以上 75cm 左右。清理孔底，将十字板头压入土中至测试深度。由地面设备施加扭力矩，直至十字板旋转土体剪破破坏为止，破裂面为十字板旋转形成的圆柱面。测得土的抗剪强度 τ_f，即

$$\tau_f = \frac{2M}{\pi D^2 \left(H + \dfrac{D}{3}\right)} \quad (6-6)$$

式中 M——剪切破坏时的扭力矩，kN·m；
H——十字板的高度，m；
D——十字板的直径，m。

由十字板在现场测定的土的抗剪强度，属于不排水剪切的试验条件，因此其结果应与无侧限抗压强度试验结果接近，即 $\tau_f = \dfrac{q_u}{2}$。十字板剪切试验的优点是设备简单，操作方便，土样扰动少，故国内外广泛应用于工程勘察。

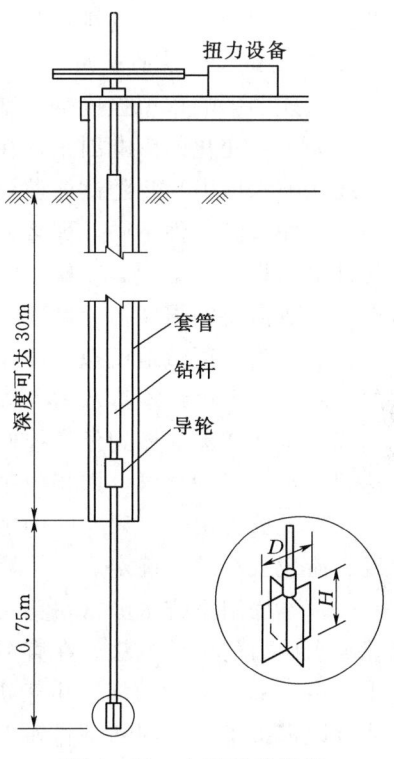

图 6-11 十字板剪切仪

三、剪切试验方法的分析与选用

1. 抗剪强度指标的影响因素

影响抗剪强度的因素是多方面的，主要的有下述几个方面。

(1) 土本身固有的物理性质。

1) 土粒的形状、成分、级配。土的固体颗粒形状越不规则，表面越粗糙，级配越好，内摩擦角越大，内摩擦力越大，抗剪强度也越高。黏土矿物成分不同，其黏聚力也不同。

2) 土的初始密度。土的初始密度越大，土粒间接触较紧，土粒表面摩擦力和咬合力也越大。黏性土的紧密程度越大，黏聚力 c 值也越大。

3) 土中含水量。土中含水量的多少，对土抗剪强度的影响十分明显。无黏性土中含水量大时，会降低土粒表面上的摩擦力，使土的内摩擦角 φ 值减小；黏性土含水量增高时，会使结合水膜加厚，因而也就降低了黏聚力。

(2) 土的应力状态和历史。

1) 黏性土的扰动。黏性土的天然结构如果被破坏时，其抗剪强度就会明显下降，其原状土的抗剪强度高于同密度和同含水量的重塑土。

2) 孔隙水压力的影响。根据有效应力原理，作用于试样剪切面上总应力等于有效应

力与孔隙水压力之和。孔隙水压力由于作用在土中自由水上,不会产生土粒之间的内摩擦力,只有作用在土的颗粒骨架上的有效应力,才能产生土的内摩擦强度。因此,土的抗剪强度应为有效应力的函数,库仑公式应改为 $\tau_f = (\sigma - u)\tan\varphi' + c'$,式中 u 为孔隙水压力,c' 为有效黏聚力。然而,在剪切试验中试样内的有效应力(或孔隙水压力)将随剪切前试样的固结程度和剪切中的排水条件而异。

2. 剪切试验方法的选用

在上述的影响抗剪强度的各因素中,孔隙水压力会随着所加荷载和时间的变化而变化,作为一个变化的影响因素,在各剪切试验中必须予以考虑。事实上,试样内的有效应力(或孔隙水压力)将随试样剪切前的固结程度和剪切中的排水条件而异。也就是说,同一种土,如试验条件不同,那么,即使剪切面上的总应力相同,也会因土中孔隙水是否排出与排出的程度,也即有效应力的数值不同,使试验结果的抗剪强度不同。因而在土工工程设计中所需要的强度指标试验方法必须与现场的施工加荷实际相符合。

目前,为了近似地模拟土体在现场能受到的受剪条件,而把剪切试验按固结和排水条件的不同分为不固结不排水剪、固结不排水剪和固结排水剪三种基本试验类型。但是直接剪切仪的构造却无法做到任意控制土样是否排水。在试验中,便通过采用不同的加荷速率来达到排水控制的要求,即相应采用快剪、固结快剪和慢剪三种试验方法。

三种试验方法在工程实践中的正确选用非常复杂,应根据土层性质、排水情况、加荷速度、荷载大小综合确定。

(1) 不固结不排水剪(快剪):在整个试验过程中不让孔隙水排出,使土样中始终存在孔隙水压力的试验方法。在直剪试验中,竖向压力施加后立即施加水平剪力进行剪切,使土样在 3~5min 内剪坏。由于剪切速度快,可认为土样在这样短暂时间内没有排水固结或者说模拟了"不固结不排水"剪切情况,得到的强度指标用 c_q、φ_q 表示。实际工程中,若地基土为黏性土,透水性小、排水条件差、施工速度快的情况应用此试验方法。

(2) 固结不排水剪(固结快剪):在整个试验过程中使孔隙水压力全部消散固结后使土样剪破的试验方法。在直剪试验中,竖向压力施加后,给以充分时间使土样排水固结。固结终了后施加水平剪力,快速地(约在 3~5min 内)把土样剪坏,即剪切时模拟不排水条件,得到的指标用 c_{cq}、φ_{cq} 表示。实际工程中,若地基土土层较薄,透水性较大,排水条件好,施工速度不快的情况应用此试验方法。一般认为击实填土地基、船闸、挡土墙等的地基,以及验算水库水位骤降时土坝边坡的稳定安全系数的情况,采用固结不排水剪。

(3) 固结排水剪(慢剪):在整个试验过程中使孔隙水压力全部消散固结,之后的土样剪破的试验过程中仍充分排水的试验方法。在直剪试验中,竖向压力施加后,让土样充分排水固结,固结后以慢速施加水平剪力,使土样在受剪过程中一直有充分时间排水固结,直到土被剪破,得到的指标用 c_s、φ_s 表示。实际工程中,地基土土层透水性好、排水条件好、施工速度慢的情况用此试验方法。

由上述三种试验方法可知,即使在同一垂直压力作用下,由于试验时的排水条件不同,故作用在受剪面积上的有效应力也不同,所以测得的抗剪强度指标也不同。在一般情况下,$\varphi_s > \varphi_{cq} > \varphi_q$。

上述三种试验方法对黏性土是有意义的，但效果要视土的渗透性大小而定。对于无黏性土，由于土的渗透性很大，即使快剪也会产生排水固结。

任务二 判断土体的极限平衡状态

❖ **任务导入** ❖

如果说，抗剪强度定律从内因解决了土的抗剪强度变化情况，土在所受荷载作用下的应力状态则是土体破坏的外部因素。

当土体中任意一点在某一平面上的剪应力等于土的抗剪强度时的临界状态称为极限平衡状态，当土体中任意一点在某一平面上的剪应力大于土的抗剪强度时的状态称为剪切破坏状态。极限平衡状态下土的应力状态和土的抗剪强度之间的关系，则称为土的极限平衡条件。

作用在土中点任一平面的剪应力 τ 与抗剪强度 τ_f 如图 6-12 所示，如果将两者比较，就可能有三种情况：

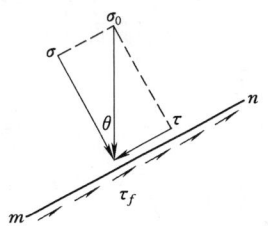

图 6-12 剪切面上的剪应力

(1) 当 $\tau < \tau_f$ 时，土体处于稳定平衡状态。
(2) 当 $\tau = \tau_f$ 时，土体处于极限平衡状态。
(3) 当 $\tau > \tau_f$ 时，土体处于剪切破坏状态。

❖ **知识准备** ❖

一、土中某点的应力状态

根据材料力学关于应力状态的理论，土中任一点的应力可以用该点主应力平面上的最大主应力与最小主应力表示，如图 6-13 所示。

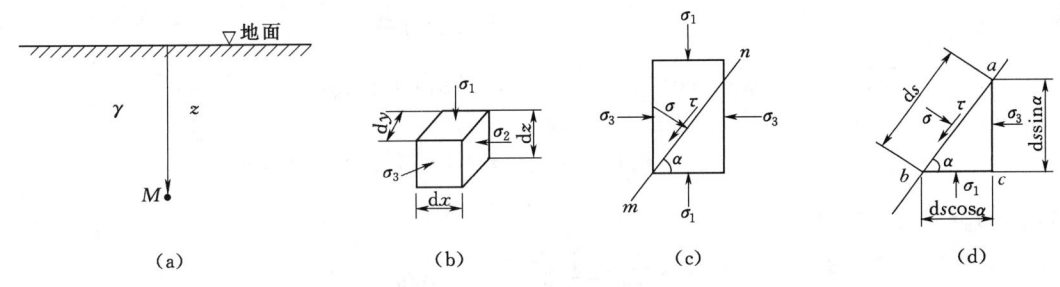

图 6-13 土体中任一点的应力

在地基土中任意点取出一微分单元体 [图 6-13（a）]，设作用在该微分体上的最大和最小主应力分别为 σ_1 和 σ_3 [图 6-13（b）]，而且，微分体内与最大主应力作用平面成任意角度 α 的平面 mn 上有正应力 σ 和剪应力 τ [图 6-13（c）]。为了建立 σ、τ 与 σ_1、σ_3 之间的关系，取微分三角形斜面体 abc 为隔离体 [图 6-13（d）]。将各个应力分别在水平方向和垂直方向上投影，根据静力平衡条件得

$$\sum X = 0 \qquad \sigma_3(ds\sin\alpha) - (\sigma ds)\sin\alpha + (\tau ds)\cos\alpha = 0 \qquad (6-7a)$$

$$\sum Y = 0 \qquad \sigma_1(ds\cos\alpha) - (\sigma ds)\cos\alpha - (\tau ds)\sin\alpha = 0 \qquad (6-7b)$$

项目六 地基强度计算

联立求解以上方程，即得平面 mn 上的应力为

$$\begin{cases} \sigma - \dfrac{\sigma_1 + \sigma_3}{2} = \dfrac{\sigma_1 - \sigma_3}{2}\cos 2\alpha \\ \tau = \dfrac{\sigma_1 - \sigma_3}{2}\sin 2\alpha \end{cases} \quad (6-8)$$

式中 σ——任一截面 mn 上的法向应力，kPa；

τ——任一截面 mn 上的剪应力，kPa；

σ_1——最大主应力，kPa；

σ_3——最小主应力，kPa；

α——截面 mn 与最小主应力作用方向的夹角。

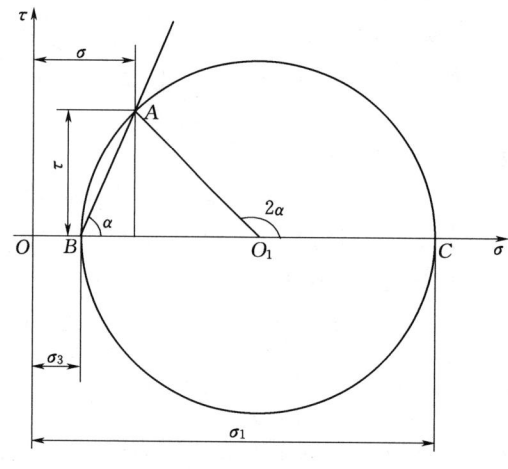

图 6-14 用莫尔应力圆求正应力和剪应力

以上 σ、τ 与 σ_1、σ_3 之间的关系也可以用莫尔应力圆的图解法表示。即在直角坐标系中（图 6-14），以 σ 为横坐标轴，以 τ 为纵坐标轴，按一定的比例尺，在 σ 轴上截取 $OB = \sigma_3$、$OC = \sigma_1$，以 O_1 为圆心，以 $(\sigma_1 - \sigma_3)/2$ 为半径，绘制出一个应力圆。此圆的方程为

$$\left(\sigma - \dfrac{\sigma_1 + \sigma_3}{2}\right)^2 + \tau^2 = \left(\dfrac{\sigma_1 - \sigma_3}{2}\right)^2 \quad (6-9)$$

并从 O_1C 开始逆时针旋转 2α 角，在圆周上得到点 A。可以证明，A 点的横坐标就是斜面 mn［图 6-13（c）］上的正应力 σ，而其纵坐标就是剪应力 τ。事实上，可以看出，A 点的横坐标为

$$\overline{OB} + \overline{BO_1} + \overline{O_1A}\cos 2\alpha = \sigma_3 + \dfrac{1}{2}(\sigma_1 - \sigma_3) + \dfrac{1}{2}(\sigma_1 - \sigma_3)\cos 2\alpha$$

$$= \dfrac{1}{2}(\sigma_1 + \sigma_3) + \dfrac{1}{2}(\sigma_1 - \sigma_3)\cos 2\alpha = \sigma$$

而 A 点的纵坐标为

$$\overline{O_1A}\sin 2\alpha = \dfrac{1}{2}(\sigma_1 - \sigma_3)\sin 2\alpha = \tau$$

上述用图解法求应力所采用的圆通常称为莫尔应力圆。由于莫尔应力圆上点的横坐标表示土中某点在相应斜面上的正应力，纵坐标表示该斜面上的剪应力，所以，我们可以用莫尔应力圆来研究土中任一点的应力状态。

【例 6-1】 已知土体中某点所受的最大主应力 $\sigma_1 = 500 \text{kN/m}^2$，最小主应力 $\sigma_3 = 200 \text{kN/m}^2$。试分别用解析法和图解法计算与最大主应力 σ_1 作用平面成 30°角的平面上的正应力 σ 和剪应力 τ。

解：1. 解析法

由式（6-9）计算，得

$$\sigma = \frac{1}{2}(\sigma_1+\sigma_3)+\frac{1}{2}(\sigma_1-\sigma_3)\cos2\alpha$$
$$= \frac{1}{2}\times(500+200)+\frac{1}{2}\times(500-200)\cos60°=425(\mathrm{kN/m^2})$$
$$\tau=\frac{1}{2}(\sigma_1-\sigma_3)\sin2\alpha=\frac{1}{2}\times(500-200)\times\sin60°=130(\mathrm{kN/m^2})$$

2. 图解法

按照莫尔应力圆确定其正应力 σ 和剪应力 τ。绘制直角坐标系，按照比例尺在横坐标上标出 $\sigma_1=500\mathrm{kN/m^2}$，$\sigma_3=200\mathrm{kN/m^2}$，以 $\sigma_1-\sigma_3=300\mathrm{kN/m^2}$ 为直径绘圆，从横坐标轴开始，逆时针旋转 $2\alpha=60°$ 角，在圆周上得到 A 点（图 6-15）。以相同的比例尺量得 A 的横坐标，即 $\sigma=425\mathrm{kN/m^2}$，纵坐标即 $\tau=130\mathrm{kN/m^2}$。

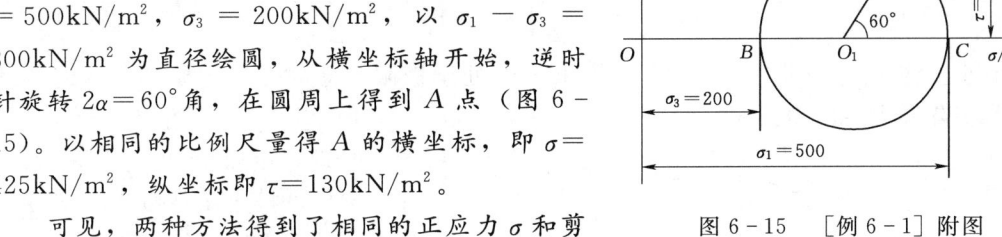

图 6-15 [例 6-1] 附图

可见，两种方法得到了相同的正应力 σ 和剪应力 τ，但用解析法计算较为准确，用图解法计算则较为直观。

二、土的极限平衡条件

土体中某点达到极限平衡状态时的条件式，表示了土中某点上所作用的最大主应力 σ_1 与最小主应力 σ_3，以及土的抗剪强度指标 c 和 φ 值之间的关系。可由莫尔应力圆与库仑强度线相切的几何关系推出。根据莫尔应力圆与抗剪强度线相切的几何关系，就可以建立起土体的极限平衡条件。下面，我们就以图 6-16 中的几何关系为例，说明如何建立无黏性土的极限平衡条件。

$$\sigma_1=\sigma_3\tan^2\left(45°+\frac{\varphi}{2}\right) \tag{6-10}$$

土体达到极限平衡条件时，莫尔应力圆与抗剪强度线相切于 B 点，延长 CB 与 τ 轴交于 A 点，由图中关系可知：

$$OB=OA$$

再由切割定理，可得

$$\sigma_1\sigma_3=OB^2=OA^2$$

在 $\triangle AOC$ 中，有

$$\sigma_1^2=AO^2\tan^2\left(45°+\frac{\varphi}{2}\right)$$

故

$$\sigma_1^2=\sigma_1\sigma_3\tan^2\left(45°+\frac{\varphi}{2}\right)$$

因此，$\sigma_1=\sigma_3\tan^2\left(45°+\frac{\varphi}{2}\right)$，即方程 (6-10)

又由于

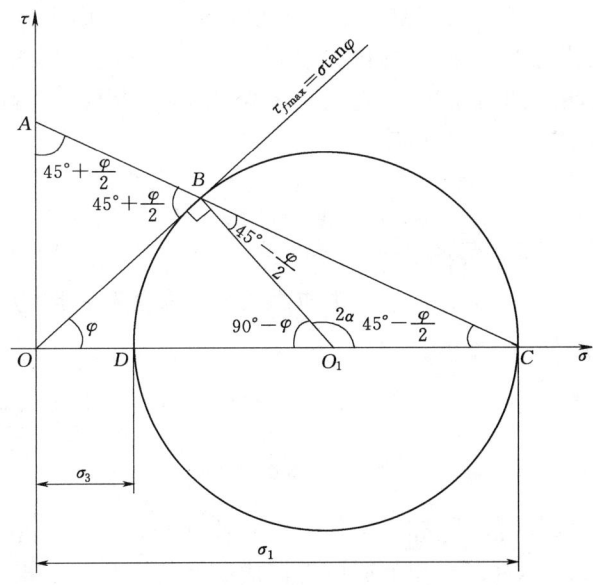

图 6-16 无黏性土极限平衡条件推导示意图

$$\tan\left(45°+\frac{\varphi}{2}\right)=\frac{1}{\tan\left(45°-\frac{\varphi}{2}\right)}=\cot\left(45°-\frac{\varphi}{2}\right)$$

所以，又可得

$$\sigma_3=\sigma_1\tan^2\left(45°-\frac{\varphi}{2}\right) \tag{6-11}$$

对黏性土和粉土而言，可以类似地推导出其极限平衡条件，为

$$\sigma_1=\sigma_3\tan^2\left(45°+\frac{\varphi}{2}\right)+2c\tan\left(45°+\frac{\varphi}{2}\right) \tag{6-12}$$

$$\sigma_3=\sigma_1\tan^2\left(45°-\frac{\varphi}{2}\right)-2c\tan\left(45°-\frac{\varphi}{2}\right) \tag{6-13}$$

由最小主应力 σ_3 及式（6-12）可推求土体处于极限状态时，能承受的最大主应力 $\sigma_{1极限}$（若实际最大主应力为 σ_1）。

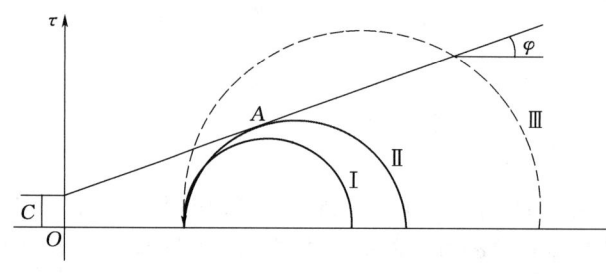

图 6-17　莫尔应力圆与抗剪强度关系示意图

同理，由最大主应力 σ_1 及式（6-13）可推求土体处于极限平衡状态时，所能承受的最小主应力 $\sigma_{3极限}$（若实际最小主应力为 σ_3）。

判断时，如图 6-17 所示，圆Ⅱ为满足 $\sigma_1=\sigma_{1极限}$（或 $\sigma_{3极限}=\sigma_3$）条件的极限应力圆，与抗剪强度线相切，表明切点 A 所代表的平面上的剪应力正好等于土的抗剪强度，该点处于极限平衡状态。

若 $\sigma_1<\sigma_{1极限}$（或 $\sigma_{3极限}>\sigma_3$），圆Ⅰ与抗剪强度线相离，表明该点在任何平面上的剪应力都小于土所能发挥的抗剪强度，因此未被剪破而处于稳定状态。

若 $\sigma_1>\sigma_{1极限}$（或 $\sigma_{3极限}<\sigma_3$），圆Ⅲ与抗剪强度线相割，表明该单元体许多平面上的剪应力已超过所能发挥的抗剪强度，已经剪切破坏，处于失稳状态。实际上这种应力状态并不存在，因为在此之前，土体某单元早已沿某平面剪破，它无法承受更大的应力，增加的荷载将由邻近的土体承受，直至地基中出现连续的滑动面。

利用几何关系还可以证明：

$$\sin\varphi=\frac{\sigma_1-\sigma_3}{\sigma_1+\sigma_3+2c\cot\varphi} \tag{6-14}$$

由图 6-16 的几何关系可以求得剪切面（破裂面）与大主应力面的夹角关系，因为

$$2\alpha=90°+\varphi$$

$$\alpha=45°+\frac{\varphi}{2} \tag{6-15}$$

即剪切破裂面与大主应力 σ_1 作用平面的夹角为 $\alpha=45°+\frac{\varphi}{2}$（共轭剪切面）。

由此可见，土与一般连续性材料（如钢、混凝土等）不同，是一种具有内摩擦强度的材料。其剪切破裂面不产生于最大剪应力面，而是与最大剪应力面成 $\varphi/2$ 的夹角。如果土质均匀，且试验中能保证试件内部的应力、应变均匀分布，则试件内将会出现两组完全对

称的破裂面（图 6-18）。

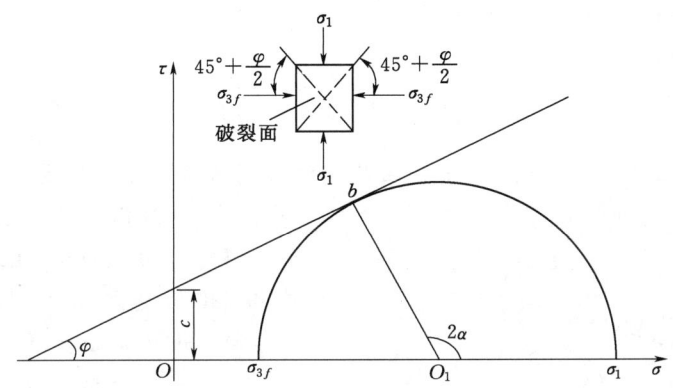

图 6-18　土的破裂面确定

式（6-10）～式（6-14）都是表示土单元体达到极限平衡时（破坏时）主应力的关系，这就是莫尔-库仑理论的破坏准则，也是土体达到极限平衡状态的条件，因此，我们也称之为极限平衡条件。

理论分析和试验研究表明，在各种破坏理论中，对土最适合的是莫尔-库仑强度理论。归纳总结莫尔-库仑强度理论，可以表述为如下三个要点：

（1）剪切破裂面上，材料的抗剪强度是法向应力的函数，可表达为 $\tau_f = f(\sigma)$。

（2）当法向应力不很大时，抗剪强度可以简化为法向应力的线性函数，即表示为库仑公式：$\tau_f = c + \sigma \tan\varphi$。

（3）土单元体中，任何一个面上的剪应力大于该面上土体的抗剪强度，土单元体即发生剪切破坏，用莫尔-库仑理论的破坏准则表示，即为式（6-10）～式（6-13）的极限平衡条件。

❖ 技能应用 ❖

技能：判断土体的稳定性

土的极限平衡条件是判别土体中某一点土是否发生破坏，沿什么方向破坏的重要依据。在实际工程设计与计算中有着极为重要得意义。

【例 6-2】　设一建筑物地基中一点的应力 $\sigma_1 = 325\text{kPa}$、$\sigma_3 = 135\text{kPa}$，该地基土的抗剪强度指标黏聚力 $c = 40.5\text{kPa}$，$\varphi = 25°$，判断该点土是否稳定。

解： 利用极限平衡条件

$$\sigma_3 = \sigma_1 \tan^2\left(45° - \frac{\varphi}{2}\right) - 2c\tan\left(45° - \frac{\varphi}{2}\right)$$

最大主应力在极限平衡时对应的最小主应力为

$$\sigma_{3f} = \sigma_1 \tan^2\left(45° - \frac{\varphi}{2}\right) - 2c\tan\left(45° - \frac{\varphi}{2}\right) = 126.33(\text{kPa})$$

因为
$$\sigma_{3f} < \sigma_3$$
由此可以判断该点处于稳定状态。

该问题还可利用

$$\sigma_1 = \sigma_3 \tan^2\left(45° + \frac{\varphi}{2}\right) + 2c\tan\left(45° + \frac{\varphi}{2}\right)$$

得 $\sigma_{1f} = 452.22 \text{kPa}$，因为 $\sigma_{1f} > \sigma_1$，由此同样可判断该点土体稳定。

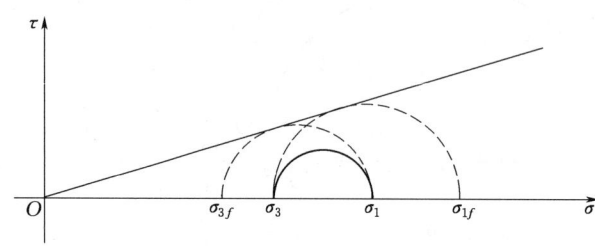

图 6-19 极限莫尔应力圆

上述解法的原理可用图 6-19 来解释，由式（6-12）和式（6-13）确定的莫尔应力圆是最大莫尔应力圆，即为极限莫尔应力圆。如果土的实际应力状态对应的莫尔应力圆比极限莫尔应力圆小，那么土体稳定。

实际上，对于利用强度准则判别土体是否发生破坏这类问题，并不一定要遵循上述方法进行计算。只要理解莫尔应力圆和强度准则的含义，可以使用其他方法，但其实质是一样的。例如本问题可先绘出实际的莫尔应力圆，并计算出圆心坐标，然后利用几何关系算出圆心与强度曲线之间的垂直距离，如果该距离大于莫尔应力圆的半径，那么该点土体稳定。其原理和具体计算可作为练习自行验证。

【例 6-3】 设砂土地基中一点的最大主应力 $\sigma_1 = 400 \text{kPa}$，最小主应力 $\sigma_3 = 200 \text{kPa}$，砂土的内摩擦角 $\varphi = 25°$，黏聚力 $c = 0$，试判断该点是否破坏。

解： 为加深对本章节内容的理解，以下用多种方法解题。

1. 按某一平面上的剪应力 τ 和抗剪强度 τ_f 的对比判断

根据式（6-15）可知，破坏时土单元中可能出现的破裂面与最大主应力 σ_1 作用面的夹角 $\alpha_f = 45° + \frac{\varphi}{2}$。因此，作用在与 σ_1 作用面成 $45° + \frac{\varphi}{2}$ 平面上的法向应力 σ 和剪应力 τ，可按式（6-8）计算，抗剪强度 τ_f 可按式（6-1b）计算：

$$\sigma = \frac{1}{2}(\sigma_1 + \sigma_3) + \frac{1}{2}(\sigma_1 - \sigma_3)\cos 2\left(45° + \frac{\varphi}{2}\right)$$

$$= \frac{1}{2} \times (400 + 200) + \frac{1}{2} \times (400 - 200)\cos 2\left(45° + \frac{25°}{2}\right) = 257.7 (\text{kPa})$$

$$\tau = \frac{1}{2}(\sigma_1 - \sigma_3)\sin 2\left(45° + \frac{\varphi}{2}\right)$$

$$= \frac{1}{2} \times (400 - 200)\sin 2\left(45° + \frac{25°}{2}\right) = 90.6 (\text{kPa})$$

$$\tau_f = \sigma \tan\varphi = 257.7 \times \tan 25° = 120.2 (\text{kPa}) > \tau = 90.6 (\text{kPa})$$

故可判断该点未发生剪切破坏。

2. 按式（6-10）判断

$$\sigma_{1f} = \sigma_{3m}\tan^2\left(45° + \frac{\varphi}{2}\right) = 200\tan^2\left(45° + \frac{25°}{2}\right) = 492.8(\text{kPa})$$

由于
$$\sigma_{1f} = 492.8\text{kPa} > \sigma_{1m} = 400\text{kPa}$$

故该点未发生剪切破坏。

3. 按式（6-11）判断

$$\sigma_{3f} = \sigma_{1m}\tan^2\left(45° - \frac{\varphi}{2}\right) = 400\tan^2\left(45° - \frac{25°}{2}\right) = 162.8(\text{kPa})$$

由于
$$\sigma_{3f} = 162.8\text{kPa} < \sigma_{3m} = 200\text{kPa}$$

故该点未发生剪切破坏。

另外，还可以用图解法，比较莫尔应力圆与抗剪切强度包线的相对位置关系来判断，可以得出同样的结论。

任务三　地基土抗剪强度特征

❖知识准备❖

模块一　砂类土抗剪强度机理

砂类土的最明显特征是不存在黏聚力 c，如砂土、砾石、碎石等均属于砂类土，也称为粒状土。砂类土的抗剪强度主要靠土颗粒之间的摩擦力提供。早在1773年，库仑就提出砂土的抗剪强度为 $\tau_f = \sigma\tan\varphi$。

实际上无黏性土的 φ 值并不是一常量，它是随无黏性土的密实程度而变化的。砂类土渗透系数大，土体中超孔隙水压力常等于零，有效应力强度指标与总应力强度指标基本是相同的。

松砂的内摩擦角大致与实砂的天然休止角相等。天然休止角是天然堆积的砂土边坡水平面的最大倾角，取干砂堆成锥体且测坡角大小即可，这种方法比做剪切试验简易得多。密实砂的内摩擦角比天然休止角大 5°～10°。

砂类土的抗剪强度主要由三部分组成。第一部分是颗粒之间的滑动摩擦力，其大小与颗粒矿物成分和表面粗糙度有关，这部分摩擦力是构成砂类土强度的主体。第二部分主要产生于紧密砂土中颗粒之间的相互咬合作用。当砂类土比较密实时，相互咬合的颗粒会阻碍相对移动，在剪应力作用下土颗粒不但会沿剪应力方向搓动，而且在垂直于剪应力方向发生移动，并伴随有转动。在破坏面附近造成剪胀现象。产生剪胀所需要的功由一部分剪应力来提供，所以提高了抗剪强度，这部分强度又称咬合摩擦。第三部分是砂类土的原始结构发生剪切破坏的过程中，会伴随有颗粒重新排列，这需要消耗掉一部分剪切能，也会增加一部分强度。

砂类土的强度试验一般采用直剪仪，只有对于饱和砂土才采用三轴仪进行不排水试验。不管采用什么样的试验，也不管砂类土的含水量如何，其强度曲线均为直线。

图 6-20 表示不同初始孔隙比的同一种砂土在相同周围压力下受剪时的应力-应变关系。

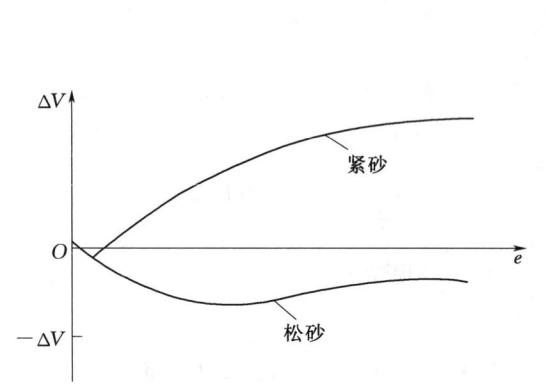

图 6-20　砂土应力-应变-体变关系曲线　　图 6-21　无黏性土应力-应变关系曲线

（1）剪胀性。图 6-21 表示由松砂、中等密实砂和密实砂三轴固结排水试验得到的应力-应变关系曲线。从图中可以看到密实砂和中等密实砂中剪应力起初随着轴向应变增大而增大，直到峰值 τ_m，然后随着轴向应变增大而减小，并以残余强度 τ_r 为渐近值。松砂中剪应力随着轴向应变增大而增大，其极限值也为 τ_r，对密实砂和中等密实砂可由峰值 τ_m 确定降值强度，由 τ_r 确定残余强度，并确定相应的强度指标内摩擦角 φ 和残余内摩擦角 φ_r 值。松砂的内摩擦角可由极限值确定。

表 6-1　　　　　　　　　　　无黏性土内摩擦角参考值

土的类型	剩余强度 φ_r（或松砂峰值强度 φ）	峰 值 强 度	
		中密	密实
粉砂（非塑性）	26°～30°	28°～32°	30°～34°
均匀细砂、中砂	26°～30°	30°～34°	32°～36°
级配良好的砂	30°～34°	34°～40°	38°～46°
砾砂	32°～36°	36°～42°	40°～48°

由图 6-21 可见，密实的紧砂初始孔隙比较小，其应变关系有明显的峰值，超过峰值后，随应变的增加应力逐渐降低，呈应变软化型，其体积变化是开始稍有减小，继而增加，这种现象就是紧砂的剪胀性，这是由于较密实的砂土颗粒之间排列比较紧密，剪切时砂粒之间产生相对滚动，土颗粒之间的位置重新排列的结果。

（2）剪缩性。松砂的强度随轴向应变的增大而增大，应力-应变关系呈应变硬化型，松砂受剪其体积减小的性能为松砂的剪缩性。对同一种土，紧砂和松砂的强度最终趋向同一值。

由不同初始孔隙比的试样在同一压力下进行剪切试验，可以得出初始孔隙比与体积之间的关系，如图 6-22 所示。相应于体积变化为零的初始孔隙比称为临界孔隙比。在三轴试验中,临界孔隙比是与侧压力有关的,不同的侧压力可以得出不同的临界孔隙比。

如果饱和砂土的初始孔隙比大于临界孔隙比,砂土的临界孔隙比在剪应力作用下由于剪缩必然使孔隙水压力增高,而有效应力降低,致使砂土的抗剪强度降低。当饱和松砂受到动荷载作用时(如地震),由于孔隙水来不及排出,孔隙水压力不断增加,就可能使有效应力降低到零,因而使砂土像流体那样完全失去抗剪强度,这种现象称为砂土的液化,因此临界孔隙比对研究砂土的液化也具有很重要的意义。

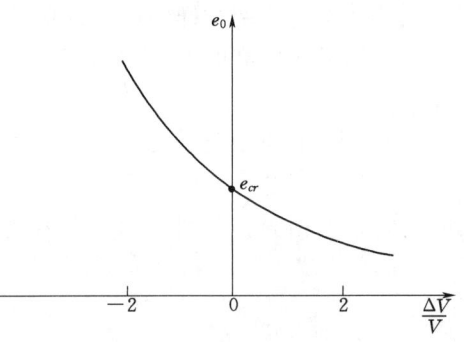

图 6-22 砂土的临界孔隙比

(3) 无黏性土的内摩擦角。无黏性土的抗剪强度除了与初始孔隙比有关,还与土粒的矿物成分、颗粒的形状、表面的粗糙程度及级配情况有关。此外,试验条件也会影响到无黏性土的内摩擦角。例如,对于紧砂,用直剪仪测得的结果要比三轴试验的结果大 4°左右,对于松砂则大 0.5°左右。其原因在于试验装置的不同影响了试验结果。

由库仑公式看出无黏性土的抗剪强度由内摩擦力构成,内摩擦角是无黏性土的重要抗剪强度指标。砂土的内摩擦角变化范围不是很大,中砂、粗砂、砾砂一般为 32°~40°;粉砂、细砂一般为 28°~36°。孔隙比越小,内摩擦角越大,但是对于含水饱和的粉砂、细砂很容易失去稳定,因此对其内摩擦角的取值应该谨慎,有时规定取 $\varphi = 20°$ 左右。砂土有时也有很小的黏聚力,这可能是由于砂土中夹有一些黏性土颗粒,也可能是毛细黏聚力的缘故。

模块二 黏性土的抗剪强度特征

黏性土的抗剪强度不但和土体自身的物理特性及含水量有关,而且还和土体的应力历史有关,将其分为正常固结黏土和超固结黏土。在测试黏性土的试验中,也同样会出现试验压力和土样应力历史的关系。因此,在三轴试验中,如加剪应力前土样所受到压力室的固结压力小于土样的前期固结压力,可称为超固结土;若压力室的固结压力大于土样的前期固结压力,则称为正常固结土。

1. 不固结不排水抗剪强度

通常地基中的土在承受建筑荷载之前,多少总会受到一定的压力,并有一定的固结。当荷载施加的速度较快时,土中的水还来不及排出或发生很小的渗流,由于没有水的排出,此时可以近似地将土看作不固结不排水的状态。简单地说,就是土体在外荷载的作用过程中,土的含水率保持恒定。不固结不排水试验的具体的试验办法是,在施加周围压力和轴向压力直至剪切破坏的整个试验过程中都不允许排水。有一组饱和黏性土试件,先在某一围压力下固结至稳定,这相当于上覆土自重的压缩作用,试件中的初始孔隙水压力为静水压力,然后分别在不排水条件下施加周围压力和轴向压力至剪切破坏。试验结果表明,无论施加多大的压力 σ_3,最终测到土的抗剪强度是一个常数。这是由于在不排水条件下,试样在试验过程中含水量不变,体积不变,改变周围压力增量只能引起孔隙水压力的变化，并不会改变试样中的有效应力，各试件在剪切前后的有效应力相等，因此抗剪强度不变。如果在较高的剪前固结压力下进行不固结不排水试验，就会得出较大的不排水抗剪强度 c_u。

图 6-23 中的三个实线半圆分别表示三个试件在 $\sigma_3=0$、σ_{3I}、σ_{3II} 的作用下破坏时的总应力图，虚线是有效应力图。试验结果表明，虽然三个试件的周围压力 σ_3 不同，但破坏时主应力差相等，在图 6-23 上表现出三个总应力圆直径相同，因而破坏包线是一条水平线。即

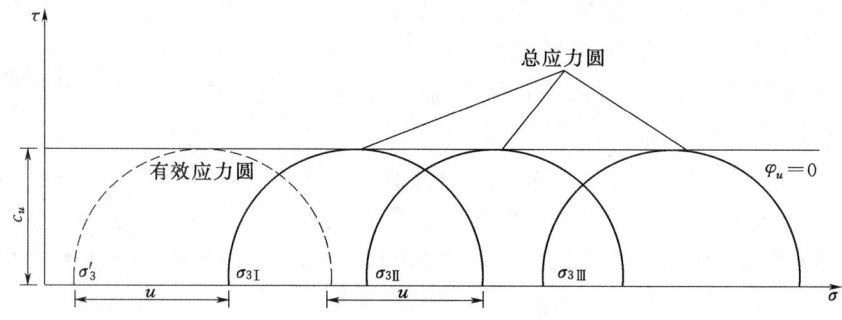

图 6-23 饱和黏性土的不固结不排水试验

$$\varphi_u=0 \tag{6-16}$$

$$\tau_f=c_u=(\sigma_1+\sigma_3)/2 \tag{6-17}$$

式中 φ_u——不排水内摩擦角，(°)；

c_u——不排水抗剪强度，kPa。

由于一组试件试验的结果，有效应力圆是同一个，因而就不能得到有效应力破坏包线和 c'、φ' 值，所以这种试验一般只用于测定饱和土的不排水强度。

不固结不排水试验的"不固结"是在三轴压力室压力下不再固结，而保持试样原来的有效应力不变，如果饱和黏性土从未固结过，将是一种泥浆状土，抗剪强度也必然等于零。一般从天然土层中取出的试样，相当于在某一压力下已经固结，总具有一定天然强度。天然土层的有效固结压力是随深度变化的，所以不排水抗剪强度 c_u 也随深度变化，均质的正常固结不排水强度大致随有效固结压力成线性增大。饱和的超固结黏土的不固结不排水强度包线也是一条水平线，即 $\varphi_u=0$。

2. 固结不排水抗剪强度

饱和黏性土的固结不排水抗剪强度受应力历史的影响，因此，在研究黏性土的固结不排水强度时，要区别试样是正常固结还是超固结。如果试样所受到的周围固结压力 σ_3 大于它曾受到的最大固结压力 p_c，该试样属于正常固结试样；如果 $\sigma_3 < p_c$，则属于超固结试样。试验结果证明，这两种不同固结状态的试样，其抗剪强度性状是不同的。

试验时按照前面所讲的固结不排水剪方法，饱和黏性土试样先在 σ_3 作用下充分排水固结，$\Delta u=0$，然后再施加垂直压力，在不排水条件下土样会在偏应力的作用下发生剪切破坏。对于不同的固结压力，由试验可得到一系列极限应力圆。正常固结的饱和黏性土的固结不排水剪切试验结果如图 6-24 所示，图中以实线表示总莫尔应力圆和总应力破坏包

线，虚线表示有效应力圆和有效应力破坏包线，u_1 为剪切破坏时的孔隙水压力。由于孔隙水压力沿各个方向是相等的，有效应力为 $\sigma'_1 = \sigma_1 - u_1$，$\sigma'_3 = \sigma_3 - u_1$，故 $\sigma_1 - \sigma_3 = \sigma'_1 - \sigma'_3$，说明有效莫尔应力圆与总莫尔应力圆直径相等，但位置显然不同。因 u_1 为正，有效莫尔应力圆总在总应力圆的左方，不同固结压力的有效应力圆左移不同的距离 u_1，总应力破坏包线和有效应力破坏包线都

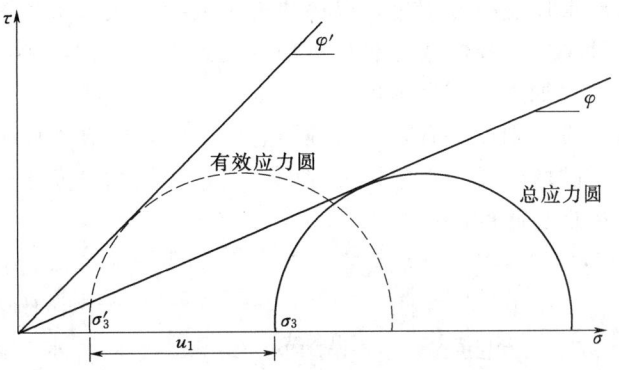

图 6-24　正常固结饱和黏土固结不排水试验

通过原点，说明未受任何固结压力的土不会具有抗剪强度。显然有效应力强度线的 φ' 大于总应力强度线的 φ_{cu}。

对于超固结黏土试验，其前期的固结压力为 p'_m，剪切力作用前的固结压力小于 p'_m 时，土呈现出超固结特性。超固结土的固结不排水总应力破坏包线如图 6-25（a）所示，是一条略平缓的曲线，可近似用直线 ab 代替，与正常固结破坏包线 bc 相交，bc 线的延长线仍通过原点，实用上将 abc 折线取为一条直线，如图 6-25（b）所示。

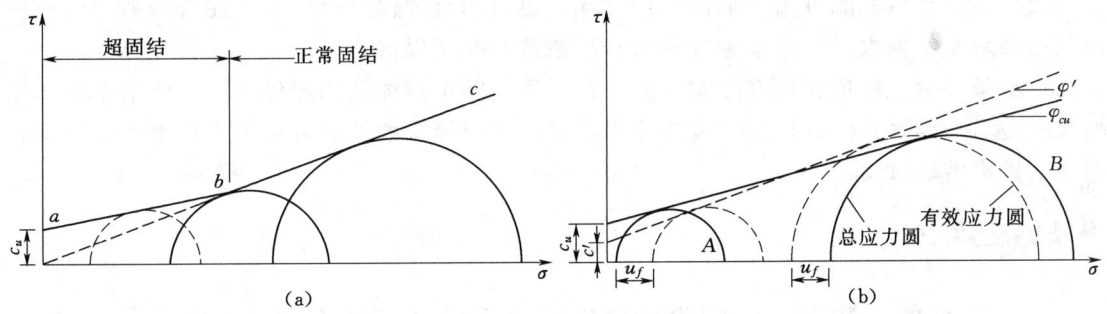

图 6-25　超固结土的固结不排水试验

总应力强度指标为 c_{cu}、φ_{cu}，于是，固结不排水剪切的总应力破坏包线可表达为

$$\tau_f = c_{cu} + \sigma \tan\varphi_{cu}$$

如以有效应力表示，有效应力圆和有效应力破坏包线如图中虚线所示，由于超固结土在剪切破坏时，产生负的孔隙水压力，有效应力圆在总应力圆的右方（图 6-25 中圆 A），正常固结试样产生正的孔隙水压力，故有效应力圆在总应力圆的左方（图 6-25 中圆 B），有效应力强度包线可表示为

$$\tau_f = c' + \sigma' \tan\varphi' \tag{6-18}$$

式中 c' 和 φ' 为固结不排水试验得出的有效应力强度参数，通常 $c' < c_{cu}$，$\varphi' > \varphi_{cu}$。

3. 固结排水抗剪强度

固结排水试验在整个试验过程中，超孔隙水压力始终为零。为了达到这一目的，试验

时要求加载速度很慢,以便使土中的孔隙水能够充分地渗出。控制加载速度方法有两种:一种是应力控制式加载,每加一级垂直压力都要停很长时间;另一种是应变控制式加载,使施加轴力的压杆推进速度十分缓慢。固结排水抗剪总应力最后全部转化为有效应力,所以总应力圆就是有效应力圆,总应力路径和有效应力路径一致,总应力破坏包线就是有效应力破坏包线。在剪切过程中,正常固结黏土发生剪缩,而超固结土则是先剪缩,继而主要呈现剪胀的特性。

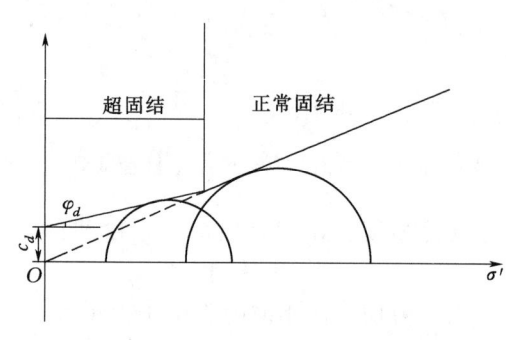

图 6-26 固结排水试验

图 6-26 表示固结排水的试验结果,试验表明,固结排水试验和上述固结不排水试验的结果十分相似,所测到的结果也十分接近。由于固结排水试验所需的时间太长,故实际工程中常以 c' 和 φ' 代替 c_d 和 φ_d。但是由于两者的试验条件有一定的差别,前者试验过程中,土的体积保持不变,而后者土的体积会发生变化。因此固结不排水试验中的 c' 和 φ' 并不完全等于固结排水试验中的 c_d 和 φ_d。试验表明,c_d 和 φ_d 略大于 c' 和 φ'。

固结不排水试验既可用三轴仪进行试验,也可用直剪仪进行试验。在直接剪切试验中得到的结果常常偏大,根据经验可乘以修正系数 0.9 予以修正。

排水条件对土的抗剪强度影响很大,在工程实际中具体选用那种试验,要结合地基土的实际受力和排水条件。根据大量的工程实践,用得最多的试验方法是不排水剪切试验和固结不排水剪切试验。

❖ 技能应用 ❖

技能:测定土的抗剪强度指标(不固结不排水剪切试验)

一、实验设备

1. 三轴仪
2. 附属设备

(1)击实筒和饱和器。
(2)切土盘、切土器、切土架和原状土分样器。
(3)承膜筒和砂样制备模筒。
(4)天平、卡尺、乳胶膜等。

二、试样的制备与饱和

1. 试样制备

试样应切成圆柱形,试样直径为 39.1mm、61.8mm、101mm,相应的试样高度分别为 80mm、150mm、200mm,试样高度与直径的关系一般为 2~2.5 倍,试样的允许最大粒径与试样直径之间的关系见表 6-2。

表 6-2　　　　　　　　试样的允许最大粒径与试样直径之间的关系见表

试样直径 D/mm	允许最大粒径 d/mm	试样直径 D/mm	允许最大粒径 d/mm
39.1	$d<D/10$	101.0	$d<D/5$
61.8	$d<D/10$		

对于较软的土样，用钢丝锯或切土刀在切土盘上制样；对于较硬的土，用切土刀和切土器在切土架上制样。称取切削后试样的质量，准确至 0.1g，试样的高度和直径用卡尺量测，并按下式计算平均直径：

$$D=\frac{D_1+D_2+D_3}{4}$$

式中　D_1、D_2、D_3——试样上、中、下部位的直径。

与此同时，取切下的余土，平行测得含水量，取其平均值为试样的含水量。

2. 试样饱和

(1) 真空抽气饱和：将试样装入饱和器，置于真空缸内，进行抽气，当真空压力达到 1 个大气压时，开启管夹，使清水注入真空缸内，待水面超过饱和器后，即可停止抽气，然后静止大约 10h 左右，使试样充分吸水饱和。

(2) 水头饱和：将试样装入压力室内，施加 20kPa 的周围压力，使无气泡的水从试样底座进入，待上部溢出，水头高差一般在 1m 左右，直至流入水量和溢出水量相等为止。

(3) 反压力饱和：试样饱和度要求较高时采用（详见实验规程）。

三、操作步骤

(1) 对仪器各部分进行全面检查，周围压力系统、反压力系统、孔隙水压力系统、轴向压力系统是否能正常工作，排水管路是否畅通，管路阀门连接处有无漏水漏气现象。乳胶膜是否有漏水漏气现象。

(2) 拆开压力室的有机玻璃罩子，将试样方在试样底座的不透水圆板上，在试样的顶部放置不透水试样帽。

(3) 将乳胶膜套在承膜筒上，两端翻过来，用吸咀吸气，使乳胶膜贴紧承膜筒内壁，然后套在试样外放气，翻起乳胶膜，取出承膜筒，用橡皮圈将乳胶膜分别扎紧在试样底座和试样帽上。

(4) 装上受压室外罩，安装时应先将活塞提高，以防碰撞试样，然后将活塞对准试样帽中心，并旋紧压力室密封螺帽，再将测力环对准活塞。

(5) 向压力室充水，当压力室快注满水时，降低进水速度，当水从排水孔溢出时，关闭排水孔。

(6) 开空压机和周围压力阀，施加所需的周围压力，周围压力的大小应根据土样埋深和应力历史来决定，也可按 100kPa、200kPa、300kPa 施加。

(7) 旋转手轮，当测力环的量表微动，表示活塞与试样接触，然后将测力环的量表和轴向位移量表的指针调整到零位。

(8) 启动电动机开始剪切，剪切速率宜为每分钟应变 0.5%～1.0%。80mm 高的试样速率为 0.4～0.8mm/min。开始阶段，试样每产生垂直应变 0.3%～0.4%时记测力环量表读数和垂直位移量表读数各一次。当接近峰值时应加密读数，如果试样特别松软和硬脆，可酌情减少或加密读数。

（9）当出现峰值后，再进行 3%～5%的垂直应变或剪至总垂直应变的 15%后停止试验，若测力环读数无明显减少则垂直应变应进行到 20%。

（10）试验结束后，关闭电动机，关周围应力阀，拔开离合器，倒转手轮，然后打开排气孔，排去压力室内的水，拆去压力室外罩，取出试样，描述试样破坏的形状，并测得试验后的密度和含水量。

（11）重复以上步骤，分别在不同的围压下进行第二～四个试样的试验。

四、成果整理

1. 计算轴向应变

$$\varepsilon_1 = \frac{\sum \Delta h}{h_0} \times 100\%$$

式中 ε_1——轴向应变，%；
$\sum \Delta h$——轴向变形，mm；
h_0——土样初始高度，mm。

2. 计算剪切过程中试样的平均面积

$$A_a = \frac{A_0}{1-\varepsilon_1}$$

式中 A_a——剪切过程中平均断面积，cm^2；
A_0——土样初始断面积，cm^2；
ε_1——轴向应变，%。

3. 计算主应力差

$$\sigma_1 - \sigma_3 = \frac{CR}{A_a} \times 10 = \frac{CR(1-\varepsilon_1)}{A_0} \times 10$$

式中 $\sigma_1 - \sigma_3$——主应力差，kPa；
σ_1——大主应力，kPa；
σ_3——小主应力，kPa；
C——测力计率定系数，N/0.01mm；
R——测力计读数，0.01mm；
10——单位换算系数。

4. 绘制主应力差与轴向应变关系曲线

以主应力差（$\sigma_1 - \sigma_3$）为纵坐标，轴向应变 ε_1 为横坐标，绘制主应力差与轴向应变关系曲线（图 6-27）。若有峰值，取曲线上主应力差的峰值作为破坏点；若无峰值，则取 15%轴向应变时的主应力差值作为破坏点。

5. 绘制强度包线

以剪应力 τ 为纵坐标、法向应力 σ 为横坐标，在横坐标轴上以破坏时的 $\frac{\sigma_{1f}+\sigma_{3f}}{2}$ 为圆心、$\frac{\sigma_{1f}-\sigma_{3f}}{2}$ 为半径，在 τ-σ 坐标系上绘制破坏总应力圆，并绘制不同周围应力下诸破坏总应力圆的包线（图 6-28），包线的倾角为内摩擦角 φ_u，包线在纵坐标上的截距为黏聚力 c_u。

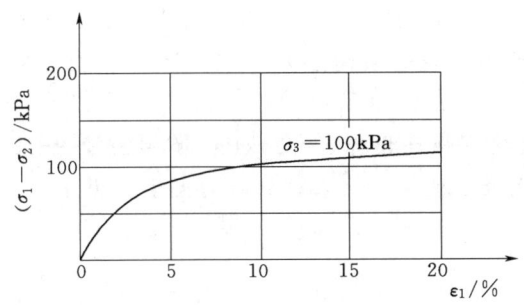

图 6-27　主应力差与轴向应变关系曲线　　　图 6-28　不固结不排水剪强度包线

五、实验报告

（1）三轴实验记录（表 6-3）。

表 6-3　　　　　　　　　　三　轴　实　验　记　录

周围压力 /kPa	量力环读数 /0.01mm	轴向荷重 /N	轴向变形 /0.01mm	轴向应变 /%	校正后试样面积 /cm²	主应力差 /kPa	轴向应力 /kPa
σ_3	R	$P=CR$	$\sum\Delta h$	$\varepsilon=\dfrac{\sum\Delta h}{h_0}$	$A_a=\dfrac{A_0}{1-\varepsilon_1}$	$\sigma_1-\sigma_3=\dfrac{P}{A_a}$	σ_1

（2）主应力差与轴向应变关系曲线。

（3）不固结不排水剪强度包线。

❖ 知识强化与技能提升 ❖

1. 已知地基土的抗剪强度指标 $c=10\text{kPa}$，$\varphi=30°$，问当地基中某点的大主应力 $\sigma_1=400\text{kPa}$，而小主应力 σ_3 为多少时，该点刚好发生剪切破坏？

2. 对某砂土试样进行三轴固结排水剪切试验，测得试样破坏时的主应力差 $\sigma_1-\sigma_3=400\text{kPa}$，周围压力 $\sigma_3=100\text{kPa}$，试求该砂土的抗剪强度指标。

3. 某土样 $c'=20\text{kPa}$，$\varphi'=30°$，承受大主应力 $\sigma_1=420\text{kPa}$，小主应力 $\sigma_3=150\text{kPa}$ 的

作用，测得孔隙水压力 $u=46\text{kPa}$，试判断土样是否达到极限平衡状态。

4. 已知地基中一点的大主应力为 σ_1，地基土的黏聚力和内摩擦角分别为 c 和 φ，求该点的抗剪强度 τ_f。

5. 某土样进行直剪试验，在法向压力为 100kPa、200kPa、300kPa、400kPa 时，测得抗剪强度 τ_f 分别为 52kPa、83kPa、115kPa、145kPa，试求：(1) 用作图法确定土样的抗剪强度指标 c 和 φ；(2) 如果在土中的某一平面上作用的法向应力为 260kPa，剪应力为 92kPa，该平面是否会剪切破坏？为什么？

6. 某黏性土试样由固结不排水试验得出有效抗剪强度指标 $c'=24\text{kPa}$，$\phi'=22°$，如果该试件在周围压力 $\sigma_3=200\text{kPa}$ 下进行固结排水试验至破坏，试求破坏时的大主应力 σ_1。

项目七 挡土墙的稳定验算

任务一 挡土墙土压力计算

❖任务导入❖

在土木、交通、水利、港口航道等工程中,为了阻挡土体的下滑或截断土坡的延伸,常常设置各式各样的挡土结构物(挡土墙)。例如,平整场地时填方区使用的挡墙、房屋的侧墙、水闸的岸墙、桥梁的桥台及支撑基坑或边坡的板桩墙。另外,散粒的储仓、筒仓等也按挡土墙理论进行分析计算。很多挡土墙,由于没有进行土压力的计算以及稳定验算而发生倒塌现象。既造成了一定的经济损失,又给人们带来了很多安全隐患。

案例:设计资料与技术要求如下:

1. 土壤地质情况

地面为水田,有 60cm 的挖淤,地表 1~2m 为黏土,允许承载力为 $[\sigma]=800\text{kPa}$;以下为完好砂岩,允许承载力为 $[\sigma]=1500\text{kPa}$,基底摩擦系数为 f 为 0.6~0.7,取 0.6。

2. 墙背填料

选择就地开挖的砂岩碎石屑作墙背填料,容重 $\gamma=20\text{kN/m}^3$,内摩阻角 $\varphi=35°$。

3. 墙体材料

7.5 号砂浆砌 30 号片石,砌石 $\gamma_r=22\text{kN/m}^3$,砌石允许压应力 $[\sigma_r]=800\text{kPa}$,允许剪应力 $[\tau_r]=160\text{kPa}$。

4. 设计荷载

公路一级。

5. 稳定系数

$[K_c]=1.3$,$[K_0]=1.5$。

任务:设计一挡土墙,使之符合要求。

❖知识准备❖

一、土压力的种类与影响因素

土压力是指挡土墙墙后填土对墙背产生的侧压力。由于土压力是挡土墙的主要外荷载,因此,设计挡土墙时首先要确定作用在墙背上土压力的性质、大小、方向和作用点。土压力的计算是个比较复杂的问题,它涉及填料、挡土墙及地基三者之间的相互作用,不仅与挡土墙的高度、结构形式、墙后填料的性质、填土面的形状及荷载情况有关,而且还与挡土墙的位移大小、方向及填土的施工方法等有关。

1. 土压力的种类

根据挡土墙的位移情况和墙后土体所处的应力状态,土压力可分为静止土压力、主动土压力和被动土压力三种。

当挡土墙在土压力的作用下无任何方向的位移或转动而保持原来的位置，土体处于静止的弹性平衡状态，此时墙背所受的土压力称为静止土压力，用 E_0 表示，如图 7-1 (a) 所示。如船闸的边墙、地下室的侧墙、涵洞的侧墙及其他不产生位移的挡土构筑物，通常可视为受静止土压力作用。

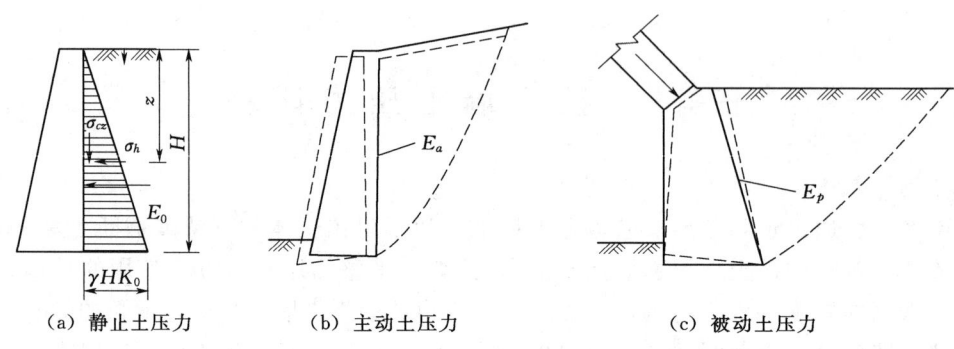

(a) 静止土压力　　(b) 主动土压力　　(c) 被动土压力

图 7-1　挡土墙的三种土压力

当挡土墙在土压力的作用下，向离开土体的方向移动或转动时，随着位移量的增加，墙后的土压力逐渐减小，当位移量达到某一微小值时，墙后土体开始下滑，作用在墙背上的土压力达到最小值，墙后土体达到主动极限平衡状态。此时作用在墙背上的土压力称为主动土压力，用 E_a 表示，如图 7-1 (b) 所示。多数挡土墙按主动土压力计算。

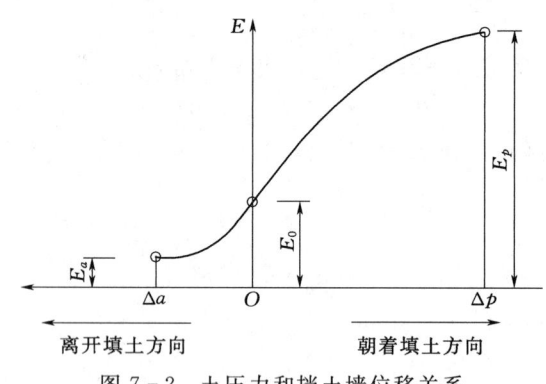

图 7-2　土压力和挡土墙位移关系

挡土结构在外荷载作用下向土体方向位移，位移量越大，土压力越大，当位移量达到某一值的时候，墙后土体达到被动极限平衡，此时挡土墙承受的土压力称为被动土压力，用 E_p 表示，如图 7-1 (c) 所示。如桥台受到桥上荷载的推力作用，作用在台背上的土压力可按被动土压力计算。

土压力和挡土墙位移关系如图 7-2 所示的曲线。

试验研究表明：①土压力的大小是随挡土墙的位移而变化的，作用在挡土墙上的实际土压力并非只有上述三种特定状态（主动土压力、静止土压力、被动土压力）的值；②达到主动土压力所需要的挡土墙位移值远小于达到被动土压力所需要的挡土墙位移值；③三种土压力的大小关系为 $E_a < E_0 < E_p$。

在实际工程中，一般按三种特定状态的土压力进行挡土墙设计，此时应该弄清实际工程与哪种状态较为接近，以便选择相应的计算公式。

2. 土压力的影响因素

影响土压力大小的因素主要可以归纳为以下几方面：

（1）挡土墙的位移。挡土墙的位移方向和位移量的大小，决定土压力的类型和大小，是影响土压力的大小的最主要的因素。

(2) 挡土墙的形状。挡土墙的剖面形状,包括墙背是竖直或是倾斜、光滑或是粗糙,都影响土压力的大小。

(3) 填土的性质。挡土墙后填土的性质,包括填土的松密程度、干湿程度、土的强度指标的大小及填土表面的形状(水平、上斜等),均影响土压力的大小。

由此可见,土压力的大小及其分布规律受到墙体可能位移的方向、墙后填土的性质、填土面的形状、墙的截面刚度和地基的变形等一系列因素影响。

二、静止土压力的计算

1. 产生的条件

静止土压力产生的条件是挡土墙无任何方向的移动或转动,即位移和转角为 0。

对于修筑在坚硬地基上,断面很大的挡土墙背上的土压力,可以认为是静止土压力。例如,岩石地基上的重力式挡土墙符合上述条件。由于墙的自重大,不会发生位移,又因地基坚硬不会产生不均匀沉降,墙体不会产生转动,挡土墙背面的土体处于静止的弹性平衡状态,因此挡土墙背面的土压力即为静止土压力。

2. 计算公式

计算自重应力的假定与静止土压力产生的条件相同,因此,静止土压力可按下述方法计算。在填土表面下任意深度 z 处取一微小单元体(图 7-3),其上作用着竖向的土

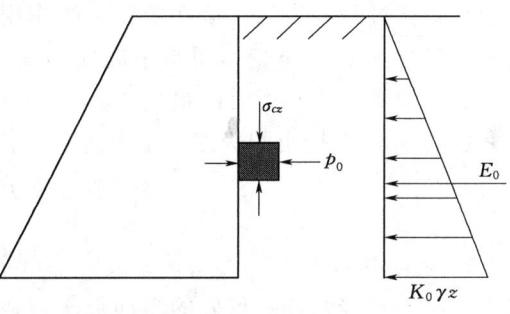

图 7-3 墙背竖直时的静止土压力

自重应力 $\sigma_{cz}=\gamma z$,水平向的土自重应力即该处的静止土压力强度 p_0,可按下式计算:

$$p_0 = K_0 \gamma z \tag{7-1}$$

式中 K_0——土的侧压力系数或称静止土压力系数;

γ——墙后填土的重度,kN/m³。

静止土压力系数 K_0 与土的性质、密实程度等因素有关。K_0 可以在室内用 K_0 试验仪直接测定,也可在三轴剪切试验测得和用旁压仪在原位试验中测到。在实际工程中,缺少试验资料时,K_0 也可采用经验值,可采用经验公式估算:砂土 $K_0=1-\sin\varphi'$,黏性土 $K_0=0.95-\sin\varphi'$,超固结土 $K_0=OCR^{0.5}(1-\sin\varphi')$。式中 φ' 为土的有效内摩擦角。静止土压力系数 K_0 参考值见表 7-1。

表 7-1   静止土压力系数 K_0 值

土名	砾石、卵石	砂土	粉土	粉质黏土	黏土
K_0	0.20	0.25	0.35	0.45	0.55

由图 7-3 可知,静止土压力沿墙高呈三角形分布,如取纵向单位墙长计算,则作用在墙背上的静止土压力的合力即为三角形的面积,计算公式为

$$E_0 = \frac{1}{2}\gamma h^2 K_0 \tag{7-2}$$

式中 h——挡土墙高度,m。

那么，静止土压力 E_0 的作用点即在三角形的形心处，在距墙底 $h/3$ 处。

三、朗肯土压力理论

朗肯土压力理论：墙后填土达到极限平衡状态时，填土中任一土单元体都处于极限平衡状态，根据土单元体的极限理论来建立土压力的计算公式。为了满足土体的极限平衡条件，朗肯在基本理论推导中，作出如下的假定：

(1) 挡土墙为刚形体。
(2) 墙背光滑、垂直。
(3) 墙后填土表面水平。
(4) 墙后各点均处于极限平衡状态。

1. 朗肯主动土压力计算

(1) 主动土压力强度计算公式。考察挡土墙后土体表面下深度 z 处的微小单元体的应力状态变化过程。当挡土墙在土压力的作用下向远离土体的方向位移时，作用在微元体上的竖向应力 σ_{cz} 保持不变，而水平向应力 σ_x 逐渐减小，直至达到土体处于极限平衡状态。土体处于极限平衡状态时的最大主应力为 $\sigma_1=\sigma_{cz}=\gamma z$，而最小主应力 $\sigma_3=\sigma_x$ 即为主动土压力强度 p_a。根据土的极限平衡条件，可推导出主动土压力强度 p_a 的计算公式如下：

$$p_a=\gamma z K_a - 2c\sqrt{K_a} \tag{7-3}$$

其中
$$K_a=\tan^2\left(45°-\frac{\varphi}{2}\right)$$

式中 p_a——墙背任一点处的主动土压力强度，kPa；

K_a——朗肯主动土压力系数；

c——土的黏聚力，kPa；

γ——墙后填土的重度，kN/m³；

φ——土的内摩擦角，(°)；

z——计算点离填土表面的距离，m。

当墙后填土为无黏性土时，由于 $c=0$，所以：

$$p_a=\gamma z K_a \tag{7-4}$$

(2) 主动土压力计算公式。由式 (7-4) 可知，无黏性土的主动土压力强度分布为三角形分布，如图 7-4 (a) 所示，作用在单位长度挡土墙上的主动土压力的大小即为三角形的面积，计算公式为式 (7-5)，作用点的位置通过三角形的形心，作用点离墙底的距离为 $h/3$。

$$E_a=\frac{1}{2}\gamma h^2 K_a \tag{7-5}$$

由式 (7-3) 知，黏性土的主动土压力强度由两部分组成：一部分是由土的自重引起的土压力 $\gamma z K_a$；另一部分是由土的黏聚力 c 引起的负侧压力 $2c\sqrt{K_a}$，这两部分土压力叠加的结果如图 7-4 (b) 所示，图中 ade 部分为负侧压力，即拉力。实际上挡土墙与填土之间是不能承受拉力的，因而 p_a 随深度 z 的增加会逐渐由负值变小而等于 0。由于产生的拉力将使土脱离墙体，故计算土压力时，该部分应略去不计。因此，黏性土的土压力分布实际为 abc 部分。a 点离填土面的深度 z_0 称为临界深度，在填土面无荷载的情况下，可

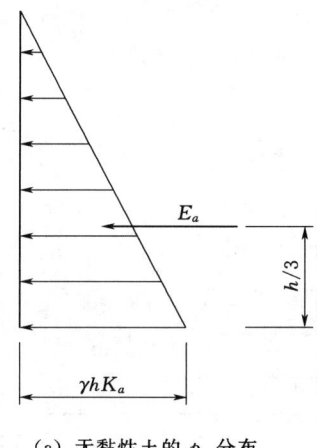 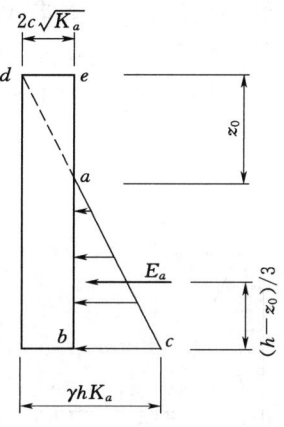

(a) 无黏性土的 p_a 分布　　　(b) 黏性土的 p_a 分布

图 7-4　p_a 分布

令式 (7-3) 的 $p_a=0$，即

$$\gamma z_0 K_a - 2c\sqrt{K_a} = 0$$

故临界深度：

$$z_0 = \frac{2c}{\gamma\sqrt{K_a}} \tag{7-6}$$

若取单位墙长计算，则主动土压力 E_a 为

$$E_a = \frac{1}{2}(h-z_0)(\gamma h K_a - 2c\sqrt{K_a}) = \frac{1}{2}\gamma h^2 K_a - 2ch\sqrt{K_a} + \frac{2c}{\gamma} \tag{7-7}$$

E_a 通过三角形压力分布图 abc 形心，作用点距离墙底 $\dfrac{h-z_0}{3}$ 处。

尚需注意，当填土面有超载时，不能直接用式 (7-6) 计算临界深度，此时应按 z_0 处侧压力 $p_a=0$ 求解方程而得。

2. 朗肯被动土压力计算

(1) 被动土压力强度计算公式。被动土压力是填土处于被动极限平衡时作用在挡土墙上的土压力。由朗肯土压力原理可知，被动极限平衡时最小主应力为 $\sigma_3=\sigma_z=\gamma z$，而最大主应力 $\sigma_1=\sigma_x$ 即为被动土压力强度 p_p。代入极限平衡条件，整理后可得被动土压力强度。

黏性土：

$$p_p = \gamma z K_p + 2c\sqrt{K_p} \tag{7-8}$$

无黏性土：

$$p_p = \gamma z K_p \tag{7-9}$$

$$K_p = \tan^2\left(45° + \frac{\varphi}{2}\right)$$

式中　p_p——墙背任一点处的被动土压力强度，kPa；
　　　K_p——朗肯被动土压力系数；
　　　其余符号意义同前。

(2) 被动土压力计算公式。由式 (7-8) 和式 (7-9) 可知，无黏性土的被动土压力强度呈三角形分布 [图 7-5 (a)]，黏性土的被动土压力强度则呈梯形分布 [图 7-5 (b)]。如取单位墙长计算，则被动土压力 E_p 为

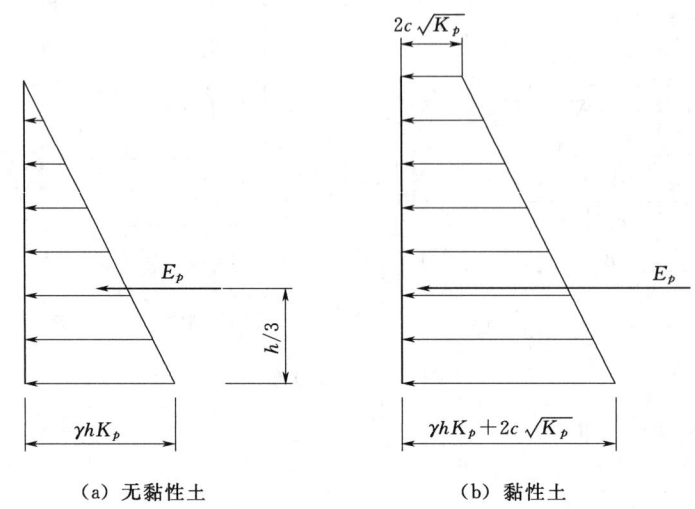

(a) 无黏性土　　　　　　(b) 黏性土

图 7-5　被动土压力分布

黏性土：
$$E_p = \frac{1}{2}\gamma h^2 K_p + 2ch\sqrt{K_p} \tag{7-10}$$

无黏性土：
$$E_p = \frac{1}{2}\gamma h^2 K_p \tag{7-11}$$

E_p 通过三角形或梯形压力分布的形心。

朗肯土压力理论应用弹性半空间体的应力状态，根据土的极限平衡理论推导和计算土压力。其概念明确，计算公式简便，但由于假定墙背竖直、光滑、填土面水平，使计算条件和适用范围受到限制，计算结果与实际有出入，所得主动土压力值偏大，被动土压力值偏小，其结果偏于安全。

利用朗肯土压力理论计算土压力的步骤如下：
(1) 判断是否符合朗肯土压力的基本假定条件。
(2) 计算朗肯土压力系数：K_a 或 K_p。
(3) 计算墙背上特征点处的土压力强度，包括墙顶和墙底两处（在求黏性土的主动土压力时，还需计算临界深度 z_0）。
(4) 绘制土压力强度分布图。
(5) 计算土压力 E_a、E_p，即求土压力分布图的面积。
(6) 确定土压力作用点。

【例 7-1】　某挡土墙，高 6m，墙背直立光滑，填土面水平。填土的物理力学性质指标为 $c=10$kPa，$\varphi=20°$，$\gamma=18$kN/m³。试求主动土压力及作用点，并绘出土压力强度分布图。

解：1. 判断

已知该墙满足朗肯条件，故可按朗肯土压力公式计算沿墙高的土压力强度。

2. 计算朗肯土压力系数

$$K_a = \tan^2\left(45° - \frac{\varphi}{2}\right) = \tan^2\left(45° - \frac{20°}{2}\right) = 0.49$$

3. 计算墙背上特征点处的土压力强度

墙顶处：$\sigma_a = \gamma z K_a - 2c\sqrt{K_a} = 18 \times 0 \times 0.49\text{kPa} - 2 \times 10\sqrt{0.49}\text{kPa} = -14\text{kPa}$

因在墙顶处出现拉力，故须计算临界深度 z_0，由式（7-5）得

$$\gamma z_0 K_a - 2c\sqrt{K_a} = 0$$

$$z_0 = \frac{2 \times 10\sqrt{0.49}}{18 \times 0.49}m = 1.59\text{m}$$

墙底处：$\sigma_a = \gamma h K_a - 2c\sqrt{K_a}$ $\sigma_a = \gamma h K_a - 2c\sqrt{K_a} = 18 \times 6 \times 0.49\text{kPa} - 2 \times 10\sqrt{0.49}\text{kPa} = 38.9\text{kPa}$

4. 绘制土压力强度分布图

5. 计算土压力 E_a

土压力分布图如图7-6所示，其主动土压力 E_a 为

$$E_a = \frac{1}{2} \times 38.9 \times (6 - 1.59)\text{kN/m}$$

$$= 85.8\text{kN/m}$$

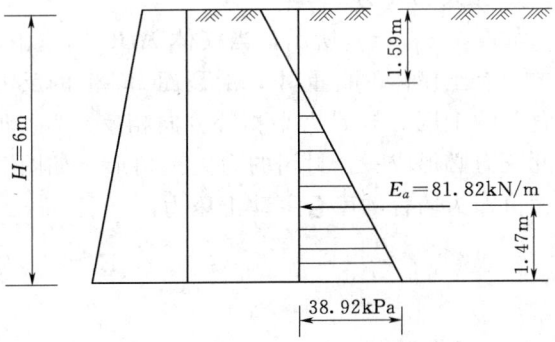

图7-6 主动土压力分布图

6. 确定土压力作用点

$$E_a \text{ 作用点距离墙底的距离} = \frac{h - z_0}{3} = \frac{6 - 1.59}{3} = 1.47(\text{m})$$

四、库仑土压力理论

库仑土压力理论是根据墙后土体处于极限平衡状态并形成一滑动楔体时，从楔体的静力平衡条件得出的土压力计算理论。基本假设如下：

（1）挡土墙为刚性体。

（2）墙后填土为粗粒土，$c = 0$。

（3）滑动面为过墙踵的平面。

（4）滑动土楔体为刚性体。

与朗肯理论相比，库仑理论可以考虑墙背倾斜（α角）、填土面倾斜（β角）及墙背与填土间的摩擦角（δ）等因素的影响。如图7-7（a）所示，倾角为θ的滑动破坏面BC通过墙踵B点，取墙后滑动楔体ABC进行分析，当滑动楔体向下或向上移动，土体处于极限平衡状态时，根据楔体的静力平衡条件可求得墙背上的主动或被动土压力。分析时一般沿墙长度方向取1m墙长计算。

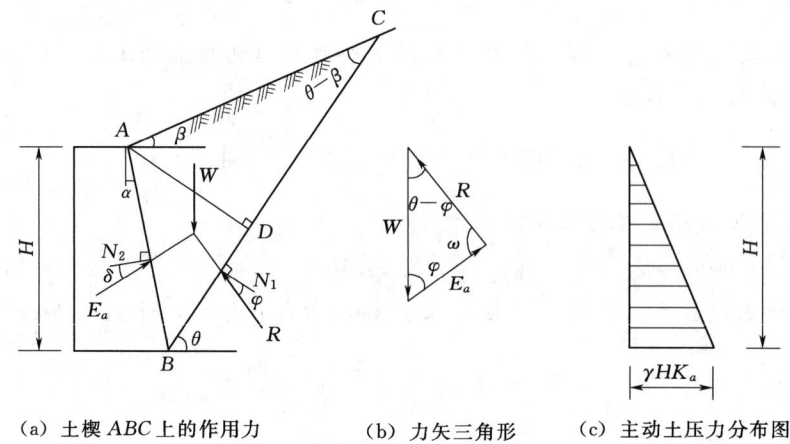

(a) 土楔ABC上的作用力　　(b) 力矢三角形　　(c) 主动土压力分布图

图7-7　库仑主动土压力计算图

1. 主动力压力

如图7-7（a）所示，当楔体ABC向下滑动处于极限平衡状态时，作用在滑动土楔上的力有土楔体的自重W，滑裂面BC上的反力R和墙背面对土楔的反力E（土体作用在墙背上的土压力与E大小相等方向相反）。滑动土楔在W、R、E的作用下处于平衡状态，因此三力必形成一个封闭的力矢三角形，如图7-7（b）所示。根据正弦定理并求出E的最大值即为墙背的库仑主动土压力。

$$E_a = \frac{1}{2}\gamma H^2 K_a \tag{7-12}$$

其中

$$K_a = \frac{\cos^2(\varphi-\alpha)}{\cos^2\alpha\cos(\alpha+\delta)\left[1+\sqrt{\dfrac{\sin(\varphi+\delta)\sin(\varphi-\beta)}{\cos(\alpha+\delta)\cos(\alpha-\beta)}}\right]^2} \tag{7-13}$$

式中　α——墙背与竖直线的夹角，(°)，俯斜时取正号，仰斜时取负号；
　　　β——墙后填土面的倾角，(°)；
　　　δ——土与墙背材料间的外摩擦角，(°)；
　　　K_a——库仑主动土压力系数，可由上面的公式计算，也可查表。

当墙背直立（$\alpha=0$）、光滑（$\delta=0$）、填土面水平（$\beta=0$）时，式（7-13）变为

$$K_a = \tan^2\left(45°-\frac{\varphi}{2}\right)$$

可见满足朗肯理论的假设时，库仑理论与朗肯理论的主动土压力计算公式相同。

墙顶以下任意深度z以上的主动土压力由式（7-12），可得

$$E_{a(z)} = \frac{1}{2}\gamma z^2 K_a$$

对z求导数，得到主动土压力强度沿墙高的分布计算公式：

$$p_a = \frac{dE_{a(z)}}{dz} = \frac{d}{dz}\left(\frac{1}{2}\gamma z^2 K_a\right) = \gamma z K_a \tag{7-14}$$

可见库仑主动土压力强度沿墙高呈三角形分布[图7-7（c）]，E_a的作用方向与墙背

的法线夹角为δ,作用点距离墙底h/3处。必须注意图中所示的土压力分布图只表示其大小,而不表示其作用方向。

2. 被动土压力

当挡土墙在外力作用下挤压土体,楔体沿破坏面向上滑动而处于极限平衡状态时,由于楔体上滑,E 和 R 均位于法向线的上侧,同理可得作用在楔体上的三个力构成力矢三角形如图7-8(b)所示。按求主动土压力相同的方法求得被动土压力 E_p 的库仑公式为

$$E_p = \frac{1}{2}\gamma H^2 K_p \qquad (7-15)$$

其中,K_p 为被动土压力系数。

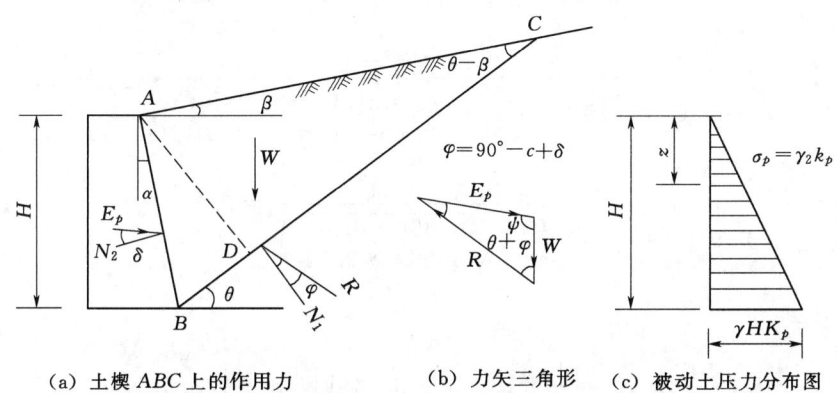

(a) 土楔 ABC 上的作用力　　(b) 力矢三角形　　(c) 被动土压力分布图

图 7-8　库仑被动土压力计算图

$$K_p = \frac{\cos^2(\varphi+\alpha)}{\cos^2\alpha\cos(\alpha-\delta)\left[1-\sqrt{\dfrac{\sin(\varphi+\delta)\sin(\varphi+\beta)}{\cos(\alpha-\delta)\sin(\alpha-\beta)}}\right]^2} \qquad (7-16)$$

若墙背竖直（$\alpha=0$）、光滑（$\delta=0$），以及墙后填土面水平（$\beta=0$），则式（7-16）变为

$$K_p = \tan^2\left(45°+\frac{\varphi}{2}\right)$$

显然当满足朗肯理论条件时,库仑理论与朗肯理论的被动土压力计算公式也相同。由此可见,朗肯理论实际上是库仑土压力理论的特例。

同理墙顶以下任意深度 z 处的库仑被动土压力强度计算公式为

$$p_p = \frac{\mathrm{d}E_{p(z)}}{\mathrm{d}z} = \frac{\mathrm{d}}{\mathrm{d}z}\left(\frac{1}{2}\gamma z^2 K_p\right) = \gamma z K_p \qquad (7-17)$$

被动土压力强度沿墙高也呈三角形分布 [图 7-8（c）],E_p 的作用方向与墙背法线夹角为δ,作用点距墙底h/3处。

利用库仑土压力理论计算土压力的步骤如下:
(1) 判断是否符合库仑土压力的基本假定条件。
(2) 计算库仑土压力系数:K_a 或 K_p。
(3) 计算土压力 E_a、E_p。
(4) 确定土压力作用点。

【例7-2】 挡土墙高 $h=5$，墙背俯斜，倾角 $\alpha=10°$，填土面坡脚 $\beta=30°$，墙后填料为粗砂，重度 $\gamma=18\text{kN/m}^3$，$\varphi=36°$，砂与墙背间摩擦角 $\delta=\dfrac{2}{3}\varphi$，试用库仑公式求作用在墙背上的主动土压力 E_a。

解： 1. 判断是否符合库仑土压力的基本假定条件

根据题中已知条件，判定符合库仑土压力理论的假定条件。

2. 计算库仑土压力系数

已知墙背与填土间的摩擦角 $\delta=\dfrac{2}{3}\varphi=24°$ 及 $\alpha=10°$，$\beta=30°$，$\varphi=36°$，故库仑主动土压力系数为

$$K_a = \dfrac{\cos^2(36°-10°)}{\cos^2 10°\cos(10°+24°)\left[1+\sqrt{\dfrac{\sin(36°+24°)\sin(36°-30°)}{\cos(10°+24°)\cos(10°-30°)}}\right]^2}$$

$$= \dfrac{0.808}{0.985\times 0.829\times\left(1+\sqrt{\dfrac{0.866\times 0.105}{0.829\times 0.94}}\right)^2} = 0.549$$

3. 计算土压力

$$E_a = \dfrac{1}{2}\gamma h^2 K_a = \dfrac{1}{2}\times 18\times 5^2\times 0.549 \text{kN/m} = 123.5\text{kN/m}$$

4. 确定土压力作用点

E_a 的作用点距墙底 $\dfrac{5}{3}\text{m}=1.67\text{m}$，作用方向与墙背法线的夹角为 $24°$。

五、土压力计算中几个应用问题

库仑与朗肯土压力理论是两种经典土压力理论。朗肯土压力理论是从分析墙后填土中一点的应力状态出发，求得作用在墙背上主动土压力强度和被动土压力强度；而库仑土压力理论则是分析墙后楔形滑动土体的极限平衡条件并假定滑动面为平面，直接求得作用在墙背上的主动土压力合力和被动土压力合力。当墙背直立、光滑、墙后填土面水平，对于无黏性填土，用两种分析方法算出的主动土压力、被动土压力分别相同。尽管朗肯理论比较符合实际土体中应力调整过程，但对于墙截面形状复杂、墙背与填土之间的摩擦不能忽略，以及填土表面有不规则超载等情况时，难以用朗肯理论直接计算土压力。因此，在工程中库仑土压力公式得到广泛应用。为了避免烦琐计算，有些设计手册和参考书给出了根据式（7-13）和式（7-16）编制的库仑主动系数 K_a 及被动土压力系数 K_p 值表格。

在土压力具体计算时，应考虑到以下几个问题：

（1）库仑土压力理论假定滑动面是平面，而实际的滑动面常为曲面，只有当墙背倾角 α 不大、墙背近似光滑时，滑动面才可能接近平面，因此计算结果存在一定的偏差。根据试验和现场观测资料表明，计算主动土压力时偏差约2%～10%，可认为能够满足工程精度要求；但对计算被动土压力时，由于破坏面接近于对数螺线，计算结果误差较大，甚至

比实测值大 2～3 倍。假定滑动面与实际滑动面的比较如图 7-9 所示。

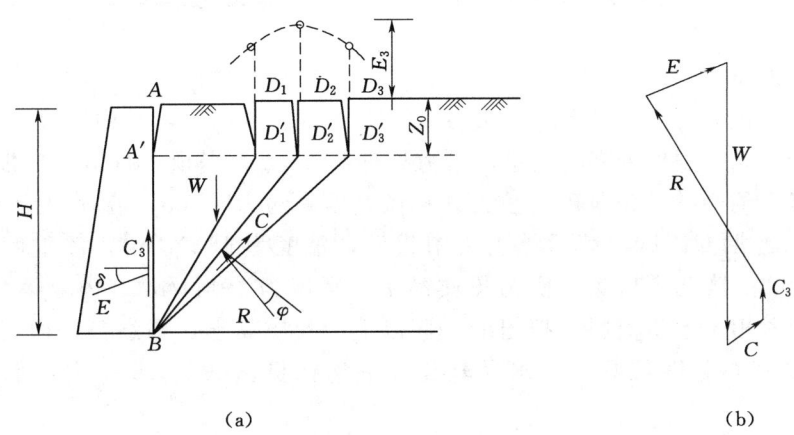

图 7-9 黏性填土的图解法

(2) 库仑理论假定墙后填料为理想的散粒体，因此理论上只适用于无黏性土，但实际工程中常不得不采用黏性填土。为了考虑黏性土的黏聚力 c 对土压力数值的影响，可以用图解试算办法，绘制力矢闭合多边形，确定主动土压力值，但这比较麻烦。另一种常用的简化方法，增大内摩擦角 φ，即采用"等值内摩擦角 φ_D"，再按式 (7-13) 计算，但这种方法与实际情况差别较大，在低墙时偏于安全，在高墙时偏于危险。因此，近年来较多学者在库仑理论的基础上，计入了墙后填土面超载、填土黏聚力、填土与墙背间的黏聚力及填土表面附近的裂缝深度等的影响，提出了所谓的"广义库仑理论"。据此导出了主动土压力系数 K_a 的计算公式。由于篇幅有限，相关的内容请参阅有关文献。

(3) 抗剪强度指标的选定：确定填土的抗剪强度指标是个很复杂的问题，必须考虑挡土墙在长期工作下墙后填土状态的变化及其长期强度下降的情况，方能保证挡土墙的安全，根据国外研究成果，此数值约为标准抗剪强度的 1/3 左右。有的规定填土的计算摩擦角为其标准值减去 2°，计算黏聚力约为其标准值的 0.3～0.4 倍。根据大量的挡土墙的调查，将土的试验值折算为相应的计算值进行挡土墙的设计，与实际比较相符。

(4) 墙背与填土间的摩擦角 δ：其取值大小对计算结果影响较大。根据计算，当填土为砂性土，δ 从 0 提高到 15°时，挡土墙的圬工体积可减少 15%～20%。δ 与墙背粗糙程度、填土性质、填土表面倾斜程度、墙后排水条件等因素有关。如果墙背越粗糙，填土的 φ 值越大，则 δ 也越大。根据经验 δ 一般在 0～φ 之间变化。《水闸设计规范》(SL 265—2001) 规定见表 7-2。

表 7-2 土对挡土墙墙背的摩擦角 δ

挡土墙情况	摩擦角 δ	挡土墙情况	摩擦角 δ
墙背平滑，排水不良	$(0\sim0.33)\varphi_k$	墙背很粗糙，排水良好	$(0.50\sim0.67)\varphi_k$
墙背粗糙，排水良好	$(0.33\sim0.50)\varphi_k$	墙背与填土间不可能滑动	$(0.67\sim1.00)\varphi_k$

注 φ_k 为墙背填土的内摩擦角标准值。

任务二 挡土墙的地基稳定验算

❖ 任务导入 ❖

案例：广州市某河涌堤岸形式为重力式挡墙，2010年6月，其中一段挡墙发生倾斜，局部呈向外凸形状，据现场实际测量，最大处外凸23cm，堤顶人行道地砖发生较严重塌陷。该段挡墙长约90m，为浆砌石重力式挡墙，墙高约为4.6m，墙顶厚为0.5m，墙底厚为2.34m。经勘探测试，墙后填土为中粗砂，重度为18kN/m³，浮重度为9kN/m³，内摩擦角为30°；挡土墙基底土质为粉质黏土，重度为19kN/m³，内摩擦角为30°，黏聚力为0。参考相关地质资料，挡土墙基底以下为粉质黏土，褐红色，由泥质粉砂风化残积而成，硬塑，黏性较好，遇水易软化，平均标贯击数为16.4击，承载力建议值为250kPa。

根据相关水文资料，河涌景观水位为1.16m，20年一遇设计水位为3.54m（为相对高程，挡墙底高程为0.00，下同）。根据挡土墙两侧水位变化及相关规范规定，挡土墙稳定性分析需分3个工况：墙前无水工况；正常挡水位工况（墙前后水位均为1.16m）；设计洪水位骤降1m工况（墙前水位为2.54m，墙后水位为3.54m）。堤顶附加荷载q均取$q=20$kPa。

任务：1. 对该挡土墙进行稳定验算。
2. 提出提高挡土墙稳定性的具体措施。

❖ 知识准备 ❖

一、挡土墙上几种常见荷载分布分析

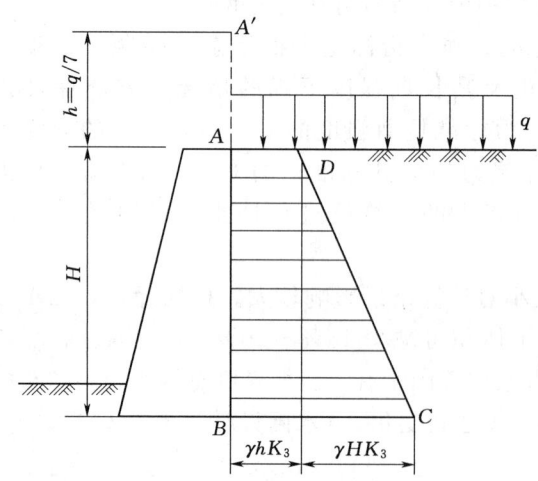

图7-10 填土面有均布荷载的土压力计算

1. 填土表面有均布荷载

当墙后填土面有连续均布荷载q作用时，如图7-10所示，若墙背竖直光滑、填土面水平，可采用朗肯理论计算，这时墙顶以下任意深度z处的竖向应力为$\sigma_z=\gamma z+q$。当墙后填土为黏性土时，主动和被动土压力强度公式分别为

$$p_a=(\gamma z+q)=K_a-2c\sqrt{K_a} \quad (7-18)$$

$$p_p=(\gamma z+q)K_p+2c\sqrt{K_p} \quad (7-19)$$

若填土为无黏性土，式中第二项为0。图7-10为无黏性土主动土压力分布图。E_a通过梯形压力分布图的形心，距墙底的距离可通过一次求矩得到。

可见，当填土面上有连续均布荷载时，其土压力强度只要在无荷载情况下再加上qK_a即可。对于黏性土填土情况也是一样的。

2. 墙后填土为成层土

当挡土墙后有几层不同种类的水平土层时，如图 7-11 所示，第一层的土压力仍按均质计算；计算第二层土压力时，可将第一层土的重量 $\gamma_1 h_1$ 作为超载作用在第二层的顶面，并按第二层的指标计算土压力，但仅在第二层厚度范围内有效。由于各土层土的性质不同，则土压力系数也不相同，因此在土层的分界面上将出现两个土压力值，一个是上层面的土压力，另一个是下层面的土压力。

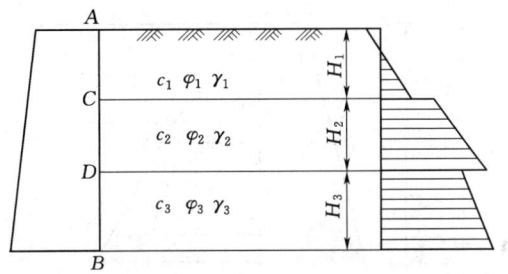

图 7-11 成层填土的土压力计算

多层土时，计算方法相同。现以朗肯理论黏性土主动土压力为例，图 7-11 所示墙背上各点土压力如下：

第一层 AC 段填土的土压力强度：

$$p_{aA} = -2c_1 \sqrt{K_{a1}}$$
$$p_{aC\text{上}} = \gamma_1 H_1 K_{a1} - 2c_1 \sqrt{K_{a1}}$$

第二层 CD 段填土的土压力强度：

$$p_{aC\text{下}} = \gamma_1 H_1 K_{a2} - 2c_2 \sqrt{K_{a2}}$$
$$p_{aD\text{上}} = (\gamma_1 H_1 + \gamma_2 H_2) K_{a2} - 2c_2 \sqrt{K_{a2}}$$

第三层 DB 段填土的土压力强度：

$$p_{aD\text{下}} = (\gamma_1 H_1 + \gamma_2 H_2) K_{a3} - 2c_3 \sqrt{K_{a3}}$$
$$p_{aB} = (\gamma_1 H_1 + \gamma_2 H_2 + \gamma_3 H_3) K_{a3} - 2c_3 \sqrt{K_{a3}}$$

无黏性土时，只需令上述各式中 $c_i = 0$ 即可。

3. 墙后填土有地下水

填土中存在地下水时，给土压力主要带来三方面的影响：

（1）地下水位以下的填土重度减轻为浮重度。

（2）地下水位以下填土的抗剪强度将有不同程度的改变。

（3）地下水对墙背产生静水压力。

工程上一般忽略水对砂土抗剪强度指标的影响，但对黏性土，随着含水量的增加，其黏聚力和内摩擦力角均会明显减小，从而使主动土压力增大。因此，一般次要工程可考虑采用加强排水措施，以避免水的不利影响，不再改变土的强度指标；而重要工程，土压力计算时还应考虑适当降低抗剪强度指标 c 和 φ 值。此外地下水位以下土的重度取浮重度，还应计入地下水位对挡墙产生的静水压力 $\gamma_w h_2$（图 7-12）。因此，作用在墙背上的总侧压力为土压力和水压力之和。

二、挡土墙稳定性分析

常用的挡土墙，按其结构形式可分为重力式、悬臂式、扶臂式、锚杆及锚定板式和加筋挡土墙等。一般应根据工程需要、土质情况、材料供应、施工技术以及造价等因素合理

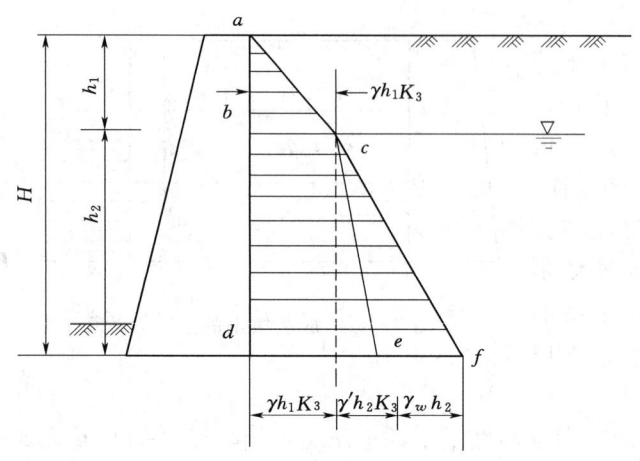

图 7-12 填土中有地下水的土压力计算

地选择。

重力式挡土墙，一般由石块或混凝土材料砌筑，墙身截面较大。根据墙背倾斜方向分为俯斜、直立、倾斜三种（图 7-13）。适用于墙高一般小于 6m、地基稳定、开挖土石方时不会危及相邻建筑物安全的地段，高度较大时宜用衡重式。重力式挡土墙依靠墙身自重抵挡土压力引起的倾覆弯矩，其结构简单，能就地取材，在土建工程中应用最广。

悬臂式挡土墙，一般由钢筋混凝土建造，墙的稳定主要依靠墙踵悬臂以上土重维持。墙体内设置钢筋承受拉应力，故墙身截面较小。它适用于墙高小于 5m、地基土质差、当地缺少石料等情况。多用于市政工程及储料仓库。

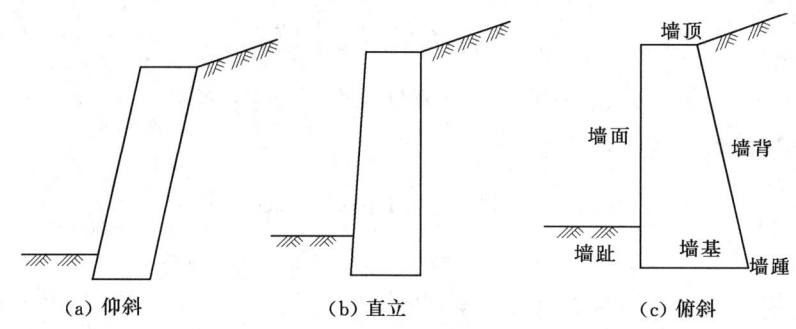

图 7-13 重力式挡土墙形式

扶臂式挡土墙，当墙高大于 10m 时，挡土墙立臂挠度较大。为了增强立臂的抗弯性能，常沿墙纵向每隔一定距离 $0.3h \sim 0.6h$ 设置一道扶壁，故称为扶壁式挡土墙，扶壁间填土可增加抗滑和抗倾覆能力，一般用于重要的大型土建工程。扶壁式挡土墙设计时，可按图 7-14 初选截面尺寸，然后可将墙身及墙踵作为三边固定的板，用有限元或有限差分计算机程序进行优化计算，使设计最为经济合理。

锚定板及锚杆式挡土墙（图 7-15），锚定板挡土墙由预制的钢筋混凝土立柱、墙面、钢拉杆和埋在填土中的锚定板在现场拼装而成。这种结构依靠填土与结构的相互作用力而维持其自身的稳定。与重力式挡土墙相比，其结构轻、柔性大、工程量少、造价低、施工方便，特别适用于地基承载力不大的地区。设计时，为了维持锚定板的挡土结构内力平衡，必须保证锚定板的抗拔力大于墙面上的土压力；为了保证锚定板挡土结构周边的整体稳定，必须满足土的摩擦阻力（锚定板的被动土压力）大于由土的自重和超载引起的土压力。锚杆式挡土墙是利用墙嵌入坚实岩层的灌浆锚杆作拉杆的一种挡土墙。

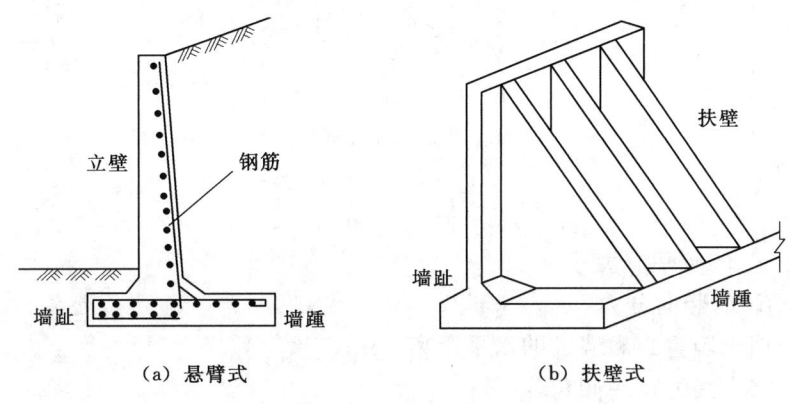

图 7-14 悬臂式和扶壁式挡土墙形式

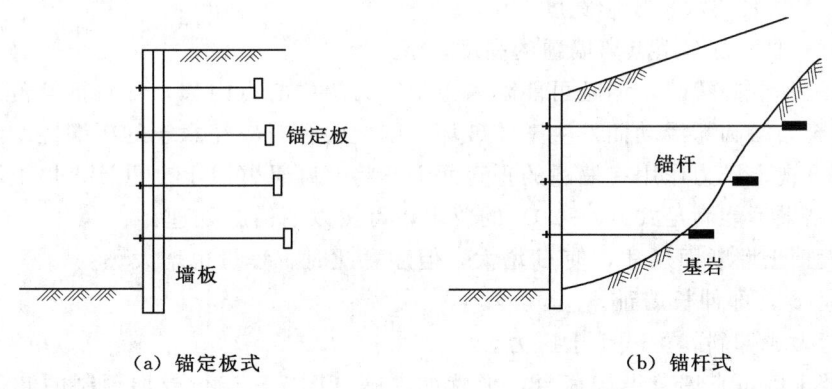

图 7-15 锚定板及锚杆式挡土墙

除上述挡土结构外,还有混合式挡土墙、构架式挡土墙、板桩墙和加筋挡土墙等。

三、挡土墙验算

1. 重力式挡土墙验算

挡土墙的截面尺寸一般按试算确定,即先根据挡土墙场地的工程地质条件、填土性质及墙身材料和施工条件等,凭经验初步拟定截面尺寸,然后进行验算。如不满足要求,则修改截面尺寸或采取其他措施。

作用在挡土墙上的荷载有土压力 E_a 和挡土墙自重 G。墙面埋入土中部分承受被动土压力,但一般可忽略不计,其他结果偏于安全。

验算挡土墙的稳定性时,仍采用《建筑地基基础设计规范》(GB 50007—2011)的安全系数法,所以计算土压力及挡土墙所受到的重力时,其荷载分项系数采用1.0。验算挡土墙墙体的结构强度时,根据所用的材料,参照有关结构设计规范进行,土压力作为外荷载,应采用设计值,即乘以 1.1~1.2 的土压力增大系数。

(1) 抗倾覆稳定性验算。从挡土墙破坏的宏观调查来看,其破坏大部分是倾覆。要保证挡土墙在土压力的作用下不发生绕墙趾点的倾覆,要求对墙趾点的抗倾覆力矩大于倾覆力矩。即抗倾覆安全系数 K_t 应满足

$$K_t = \frac{M_1}{M_2} = \frac{Gx_0 + E_{az}x_f}{E_{ax}z_f} \geqslant 1.6 \qquad (7-20)$$

其中
$$E_{ax} = E_a\cos(\alpha+\delta)$$
$$E_{az} = E_a\sin(\alpha+\delta)$$
$$x_f = b - z\tan\alpha$$
$$z_f = z - b\tan\alpha_0$$

式中　E_{ax}——E_a 的水平分力；

E_{az}——E_a 的竖向分力；

x_0——挡土墙重心离墙趾的水平距离，m；

α_0——挡土墙的基底倾角，(°)；

α——挡土墙的墙背和竖直线的夹角，(°)；

b——基底的水平投影宽度，m；

z——土压力作用点离墙踵的高度，m。

在软弱地基上倾覆时，墙趾可能陷入土中，力矩中心点内移，导致抗倾覆安全系数降低，有时甚至会沿圆弧滑动而发生整体破坏，因此验算时应注意土的压缩性。验算悬臂式挡土墙时，可视土压力作用在墙踵的垂直面上，将墙踵悬臂以上土重计入挡土墙自重。

若验算结果不能满足式（7-20）的要求，可按以下措施处理：

1）增大挡土墙断面尺寸，使 G 增大，但注意此时工程量也增大。

2）加大 x_0，即伸长墙趾。

3）墙背做成仰斜，可减小土压力。

4）在挡土墙垂直墙背做卸荷台，形状如牛腿（图 7-16）或加预制的卸荷板。则平台以上土压力不能传到平台以下，总土压力减小，且抗倾覆稳定性加大。

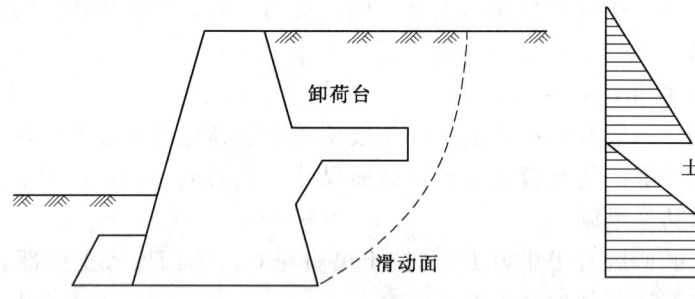

图 7-16　有荷载台的挡土墙

（2）抗滑动稳定性验算。在土压力作用下，挡土墙也有可能沿基础面滑动，因此要求基底的抗滑动力 F_1 大于其滑动力 F_2，即抗滑安全系数 K_s 应满足

$$K_s = \frac{F_1}{F_2} = \frac{(G_n + E_{an})\mu}{E_{at} - G_t} \geqslant 1.3 \qquad (7-21)$$

其中
$$G_n = G\cos\alpha_0$$
$$G_t = G\sin\alpha_0$$
$$E_{an} = E_a\sin(\alpha+\alpha_0+\delta)$$

$$E_{at} = E_a \cos(\alpha + \alpha_o + \delta)$$

式中　G_n——G 垂直于墙底的分力；

　　　G_t——G 平行于墙底的分力；

　　　E_{an}——E_a 垂直于墙底的分力；

　　　E_{at}——E_a 平行于墙底的分力；

　　　μ——土对挡土墙基底的摩擦系数，宜按试验确定，也可按表 7-3 选用。

表 7-3　　　　　　　　　土对挡土墙基底的摩擦系数

土 的 类 别		摩擦系数 μ
黏性土	可塑	0.25～0.30
	硬塑	0.30～0.35
	坚硬	0.35～0.45
粉土		0.30～0.40
中砂、粗砂、砾砂		0.40～0.50
碎石土		0.40～0.60
软质岩石		0.40～0.60
块石、表面粗糙的硬质岩石		0.65～0.75

注　1. 对易风化的软质岩石和塑性指数 $I_P > 22$ 的黏性土，基底摩擦系数应通过试验确定。
　　2. 对碎石土，可根据其密实度、填充物状况、风化程度等确定。

若验算不能满足式 (7-21) 要求，则应采取以下措施加以解决：

1) 修改挡土墙的截面尺寸，以加大 G 值。

2) 挡土墙底面做成砂、石垫层，以提高 μ 值。

3) 挡土墙底做成逆坡，以利用滑动面上部分反力来抗滑。

4) 在软土地基上，其他方法无效或不经济时，可在墙踵后加拖板，利用拖板上的土来抗滑，拖板与挡土墙之间应用钢筋连接。

5) 加大被动土压力（抛石、加荷等）

(3) 地基承载力与墙身强度的验算。挡土墙在自重及土压力的垂直分力作用下基底压力按线性分布计算。其验算方法及要求完全同天然地基浅基验算方法，同时要求基底合力的偏心不应大于 0.25 倍基础的宽度，挡土墙墙身材料强度应按《混凝土结构设计规范》(GB 50010—2002) 和《砌体结构设计规范》(GB 50003—2001) 中相关内容的要求验算。

2. 提高重力式挡土墙稳定的构造措施

挡土墙的构造必须满足强度和稳定性的要求，同时应考虑就地取材、经济合理、施工养护的方便。

(1) 墙背的倾斜形式。墙型的合理选择，对挡土墙设计的安全和经济有较大的影响。如果按照相同的计算方法和计算指标进行计算，主动土压力以仰斜为最小，直立居中，俯斜最大。因此，就墙背所受主动土压力而言，仰斜墙背较为合理。然而墙背的倾斜形式还应根据使用要求、地形和施工等条件综合考虑确定。一般挖坡建墙宜用仰斜，其土压力小，且墙背可与边坡紧密贴合。墙背仰斜时期坡度不宜缓于1:0.25（高宽比），且坡面应尽量与墙背平行。如果在填方地区筑墙，可采用直立或俯斜形式，便于施工易使墙后填土夯实，俯斜墙背的坡度不大于1:0.36。而在山坡上建墙，宜采用直立墙，因为俯斜墙土压力较大，而用倾斜墙时，其墙身较高，使砌筑的工程量增加。

（2）墙顶的宽度和墙趾台阶。挡土墙的顶宽如无特殊要求，对于一般块石挡土墙不宜小于0.4m；混凝土挡土墙不宜小于0.2m。挡土墙高较大时，基底压力常常是控制截面的重要因素。为了使基底压力不超过地基土的承载力，在墙趾处宜设台阶。

（3）基底逆坡及基底埋置深度。为了增加挡土墙的抗滑稳定性，常将基底做成逆坡。但是基底逆坡过大，可能使墙身连同基底下的一块三角形土体一起滑动，因此一般土质地基的基底逆坡不宜大于1:10，岩石地基不宜大于1:5。挡土墙基底埋置深度（如基底倾斜，则基底埋深从最浅的墙趾计算）应根据地基的承载力、冻结深度、岩石的风化程度、水流冲刷等原因确定，在土质地基中基底埋置深度不宜小于0.5m；在软质岩石地基中不宜小于0.3m。

此外，重力式挡土墙每隔10～20m设置一道伸缩缝。当地基有变化时宜加设沉降缝。在拐角处应适当采取加强的构造措施。

挡土墙常因排水不良而大量积水，使土的抗剪强度指标下降，土压力增大，导致挡土墙破坏。因此，挡土墙应设置泄水孔，其间距宜取2～3m，外斜坡度宜为5%，孔眼尺寸不宜小于ϕ100mm。墙后要做好反滤层和必要的排水盲沟，在墙顶地面宜铺设防水层。当墙后有山坡时，还应在坡下设置截水沟。

墙后填土宜选择透水性较强的填料，如砂土、砾石、碎石等。因为这类土的抗剪强度较稳定，即内摩擦角受浸水的影响很小，而且它们的内摩擦角较大，能够显著减小主动土压力；当采用黏性土填料时，宜掺入适量的石块；在季节性冻土地区，墙后填土应选用非冻胀性填料（如矿渣、碎石、粗砂等）。对于重要的、高度较大的挡土墙，不宜采用黏性土填料，因黏性土的性能不稳定，干缩湿胀，这种交错变化将使挡土墙产生较大的侧压力，而在设计中无法考虑，其数值也可能较计算压力大许多倍，以导致挡土墙外移，甚至失去控制发生事故。此外，墙后填土要分层次夯实，以提高填土质量。

任务三 土坡稳定分析

❖任务导入❖

案例：西藏易贡巨型滑坡事件。

时间：2000年4月9日；

规模：坡高3330m，堆积体2500m，宽约2500m，总方量$280 \times 10^6 \sim 300 \times 10^6 \mathrm{m}^3$；

天然坝：坝高290m，库容$1534 \times 10^6 \mathrm{m}^3$；

地质：风化残积土；

险情：湖水以每日0.5m速度上升。

任务：1. 如何分析边坡的稳定性：无黏性土和黏性土。

2. 滑坡的防治措施有哪些？

❖知识准备❖

土坡就是具有倾斜坡面的土体，简单土坡如图 7-17 所示。由自然地质作用所形成的土坡，如山坡、江河的岸坡等，称为天然土坡。由人工开挖或回填而形成的土坡，如基坑、渠道、土坝、路堤等的边坡，称为人工土坡。

在土建工程中会经常遇到土坡稳定问题，如果处理不当，土坡失稳产生滑动，不仅影响工程进展，还会危及人的生命安全和造成工程事故。

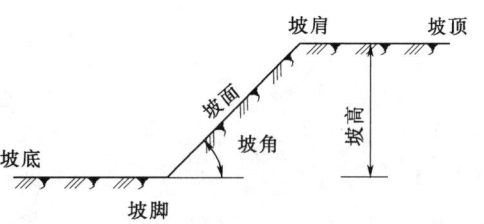

图 7-17 简单土坡断面形式

一、土坡的滑动破坏形式

滑坡是一部分土体在外因作用下，相对于另一部分土体滑动的现象。

根据滑动的诱因，可分为推动式滑坡和牵引式滑坡。推动式滑坡是指滑坡的上部不稳定，以致上部边坡先滑动，主要是由于坡顶堆积荷载或进行工程建设引起的。另外坡顶的垂直裂隙，在雨后积水产生的水压力，也会增加坡顶的下滑力，产生滑坡。牵引式滑坡是由于坡脚受河流冲刷或人工开挖，又在其他因素作用下，首先在边坡下部开始滑动，引起由下而上依次下滑。

根据滑动面形状的不同，滑坡破坏有三种形式。

（1）滑动面为平面的滑坡：常出现在均质无黏性土土坡中。

（2）滑动面为圆柱面的滑坡：常出现在均质黏性土土坡中。

（3）滑动面为复合滑动面的滑坡：常出现在非均质黏性土土坡中。

二、土坡滑动的原因

根本原因在于土体内部某个面上的剪应力达到了它的抗剪强度，稳定平衡遭到破坏。剪应力达到抗剪强度的起因如下：

（1）外荷载作用下，土体内部某个面上的剪应力增加。

（2）土体本身抗剪强度减小。

三、影响土坡稳定性的因素

影响土坡稳定性的因素有多种，包括土坡的边界条件、土质条件和外界条件。

（1）土坡坡度。土坡坡度可用坡角表示，也可用土坡高度与水平尺寸之比来表示，坡角越小，土坡的稳定性越好。

（2）土坡高度。土坡高度指坡脚至坡顶之间的垂直距离。在其他条件相同时，坡高越小，土坡稳定性越好。

（3）土的性质。土的性质越好，土坡的稳定性越好。例如，土的重度和土的抗剪强度越大，土坡的稳定性越好。

（4）气象条件。晴朗时土坡处于干燥状态，土的强度大，土坡稳定性好。若连续大雨使大量雨水渗入，对土坡产生侧向推力使土坡滑动。土的抗剪强度降低也容易使土坡滑动。

（5）地下水的渗流作用。当土坡中有地下水渗流且动水压力与滑动方向相同时，对土坡的稳定不利。

(6) 土坡作用力发生变化。如人工开挖坡脚、坡顶荷载增加，或由于打桩、车辆行驶、爆破、地震等引起的振动改变了的平衡状态。

土坡稳定分析是一个比较复杂的问题，本任务主要介绍简单土坡的稳定分析，所谓简单土坡是指土坡的顶面和底面都是水平面，并伸至无穷远，土坡由均质土组成。

四、无黏性土土坡稳定分析

由粗粒土所堆筑的土坡称为无黏性土坡。无黏性土坡的稳定分析比较简单。如图 7-18 所示有一均质的无黏性土坡，不考虑渗流的影响。颗粒之间无黏聚力，其抗剪强度只由摩擦力提供。因此，只要位于坡面上的土单元能够保持稳定，则整个土坡就是稳定的。设坡角为 β、内摩擦角为 φ，现从坡面上取一小块土体来分析它的稳定性，设小土体所受到的重力为 W。W 垂直于坡面和平行于坡面的分力分别为 N 和 T。

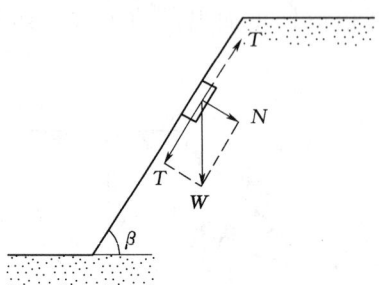

图 7-18 无黏性土坡的稳定性分析

坡面的滑动力为 $\qquad T = W \sin\beta \qquad$ (7-22)

坡面的法向分力 $\qquad N = W \cos\beta \qquad$ (7-23)

抗滑力为

$$T' = N\tan\varphi = W\cos\beta\tan\varphi \qquad (7-24)$$

抗滑力与滑动力的比值称为稳定安全系数：

$$K = \frac{T'}{T} = \frac{W\cos\beta\tan\varphi}{W\sin\beta} = \frac{\tan\varphi}{\tan\beta} \qquad (7-25)$$

由上式可知，$K=1.0$ 时，土坡处于极限平衡状态，此时坡角 β 称为天然休止角。无黏性土坡的稳定性与坡高无关，仅取决于坡角 β，只要 $\beta<\varphi$（$K>1$），土坡就是稳定的。为了保证土坡的稳定有一定的安全储备，工程中安全系数一般取 $K=1.1\sim1.5$。

上述分析只适用于无黏性土坡的最简单情况，即只受重力作用，而且土的内摩擦角是常数。工程实际只有均质干土坡才完全符合这些条件。对有渗透水流的土坡、部分浸水土坡等的土坡，则不完全符合这些条件。这些情况下的无黏性土坡稳定分析可参考有关书籍。当有顺坡渗流时安全系数：

$$F_s = \frac{T'}{T+J} \qquad (7-26)$$

$$J = \gamma_w \sin\beta \qquad (7-27)$$

式中渗透力为 $\qquad F_s = \dfrac{T'}{T+J} = \dfrac{W\cos\beta\tan\varphi}{W\sin\beta+J} = \dfrac{\gamma'\cos\beta\tan\varphi}{\gamma'\sin\beta+\gamma_w\sin\beta} = \dfrac{\gamma'\tan\varphi}{\gamma_{sat}\tan\beta} \qquad$ (7-28)

$\gamma'/\gamma_{sat}\approx 1/2$，由此可见，坡面有顺坡渗流作用时，无黏性土土坡稳定安全系数将近降低一半。意味着原来稳定的土坡，有沿坡渗流时可能破坏。

五、黏性土土坡稳定分析

黏性土由于土粒间存在黏聚力，发生滑坡时整块土体向下滑动，其危险滑裂面位置在土坡深处。黏性土土坡的滑动情况如图 7-19 所示。土坡失稳前一般在坡顶产生张拉裂缝，然后沿着某一曲面产生整体滑动，同时伴随变形。为了简化计算，对于均匀土坡，在平面应变条件下，其滑动面可用一圆弧（圆柱面）近似。

黏性土坡稳定分析有很多方法，最常用的是条分法。条分法首先是瑞典工程师 W. 费兰纽斯（Fellenius，1992）所提出的，该方法假设滑动面为一通过坡脚的圆弧面，并认为条块间的作用力对土坡的整体稳定性影响不大，可以忽略。取单位长度滑动体，采用垂直界面将滑动土体分成若干相同密度或相同宽度的土条，土条间侧向接触面上的作用力忽略不计，设第 i 土条所受到的重力为 W_i，其沿着滑动面上的法向分力和切向分力分别为

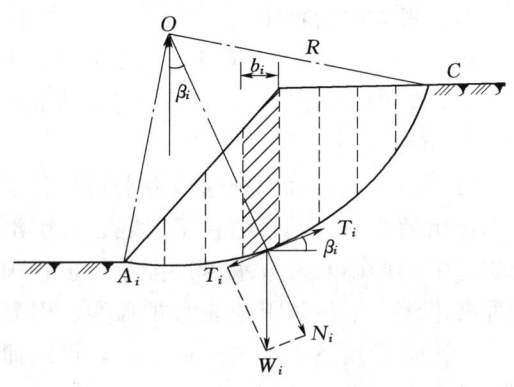

图 7-19　黏性土坡稳定性分析图

法向分力：$\qquad N_i = W_i \cos\beta_i \qquad\qquad$ (7-29)

切向分力：$\qquad T_i = W_i \sin\beta_i \qquad\qquad$ (7-30)

各土条对圆心的滑动力矩为 $\sum_{i=1}^{n} T_i R$，各土条对圆心的抗滑动力矩是由下列两种力引起：①由黏聚力 c 产生的抗滑动力矩 $\sum_{i=1}^{n} c \Delta l_i R$；②由 N_i 引起的摩擦力对圆心产生的抗滑动力矩 $\sum_{i=1}^{n} T'_i R = \sum_{i=1}^{n} N_i R \tan\varphi$。

定义稳定安全系数为 $\qquad K = \dfrac{\sum\limits_{i=1}^{n} W_i \cos\beta_i \tan\varphi + \sum c \Delta l_i}{\sum\limits_{i=1}^{n} W_i \sin\beta_i} \qquad$ (7-31)

其中 $\qquad\qquad\qquad\qquad W_i = \gamma b_i h_i$

式中　φ——土的内摩擦角标准值，(°)；

$\quad\beta_i$——土条弧面的切线与水平线的夹角，(°)；

$\quad c$——土的黏聚力标准值，(°)；

Δl_i——土条的弧面长度，m；

W_i——土条自重，kN；

b_i——土条宽度，m；

h_i——土条中心高度，m。

由于滑动圆弧是任意选定的，所以不一定是最危险的滑动面，因此必须对其他滑动面进行验算，变换弧心位置和半径，可绘出不同的圆弧滑动面及计算出对应的稳定安全系数，直至计算出最小的安全系数。最小的安全系数对应的滑动面即为最危险的滑动面。在工程中取 $K_{\min} \geqslant 1.2$，则认为黏性土坡稳定。所以条分法是一种试算法，由于这种计算的工作量大，目前一般由计算机来完成。即根据具体的土坡和土质，假设滑动圆弧的圆心和半径，在坡体与地基内搜索最危险的滑动面，同时确定最小的安全系数。

除条分法之外，还有瑞典圆弧法、毕肖普条分法、泰勒图表法等分析方法，在此不再

赘述。

六、滑坡防治措施

防治滑坡的工程措施很多，归纳起来分为三类：一是消除或减轻水的危害；二是改变滑坡体外形、设置抗滑建筑物；三是改善滑动带土石性质。其主要工程措施简要分述如下。

1. 消除或减轻水的危害

（1）排除地表水。排除地表水是整治滑坡不可缺少的辅助措施，而且应是首先采取并长期运用的措施。其目的在于拦截、旁引滑坡外的地表水，避免地表水流入滑坡区；或将滑坡范围内的雨水及泉水尽快排除，阻止雨水、泉水进入滑坡体内。主要工程措施有滑坡体外截水沟、滑坡体上地表水排水沟、引泉工程、做好滑坡区的绿化工作等。

（2）排除地下水。对于地下水，可疏而不可堵。其主要工程措施有：截水盲沟——用于拦截和旁引滑坡外围的地下水；支撑盲沟——兼具排水和支撑作用；仰斜孔群——用近于水平的钻孔把地下水引出；此外还有盲洞、渗管、渗井、垂直钻孔等排除滑体内地下水的工程措施。

（3）防止河水、库水对滑坡体坡脚的冲刷。主要工程措施有：在滑坡上游严惩冲刷地段修筑促使主流偏向对岸的"J"坝；在滑坡前缘抛石、铺设石笼、修筑钢筋混凝土块排管，以使坡脚的土体免受河水冲刷。

2. 改变滑坡体外形、设置抗滑建筑物

（1）削坡减重。常用于治理处于"头重脚轻"状态而在前方又没有可靠抗滑地段的滑坡体，使滑坡体外形改善、重心降低，从而提高滑坡体稳定性。

（2）修筑支挡工程。因失去支撑而引起滑动的滑坡，或滑坡床陡、滑动可能较快的滑坡，采用修筑支挡工程的办法，可增加滑坡的重力平衡条件，使滑体迅速恢复稳定。支挡建筑物种类有抗滑片石垛、抗滑桩（如钢轨抗滑桩等）、抗滑挡墙等。

3. 改善滑动带土石性质

一般采用焙烧法、爆破灌浆法等物理化学方法对滑坡进行整治。

由于滑坡成因复杂、影响因素多，因此常常需要上述几种方法同时使用、综合治理，方能达到目的。

❖ **技能应用** ❖

技能一　挡　土　墙　设　计

1. 设计资料与技术要求

（1）土壤地质情况：地面为水田，有60cm的挖淤，地表1~2m为黏土，允许承载力为$[\sigma]=800\text{kPa}$；以下为完好砂岩，允许承载力为$[\sigma]=1500\text{kPa}$，基底摩擦系数为f为0.6~0.7，取0.6。

（2）墙背填料：选择就地开挖的砂岩碎石屑作墙背填料，容重$\gamma=20\text{kN/m}^3$，内摩阻角$\varphi=35°$。

（3）墙体材料：7.5号砂浆砌30号片石，砌石$\gamma_r=22\text{kN/m}^3$，砌石允许压应力$[\sigma_r]=800\text{kPa}$，允许剪应力$[\tau_r]=160\text{kPa}$。

(4) 设计荷载：公路一级。
(5) 稳定系数：$[K_c]=1.3$，$[K_0]=1.5$。

2. 挡土墙类型的选择

根据从 K1+120 到 K1+180 的横断面图可知，此处布置挡土墙是为了收缩坡角，避免多占农田，因此考虑布置路肩挡土墙，布置时应注意防止挡土墙靠近行车道而直接受行车荷载作用，毁坏挡土墙。

K1+172 断面边坡最高，故在此断面布置挡土墙，以确定挡土墙修建位置。为保证地基有足够的承载力，初步拟订将基础直接置于砂岩上，即将挡土墙基础埋置于地面线 2m 以下。因此，结合横断面资料，最高挡土墙布置端面 K1+172 断面的墙高不足 10m。结合上诉因素，考虑选择俯斜视挡土墙。

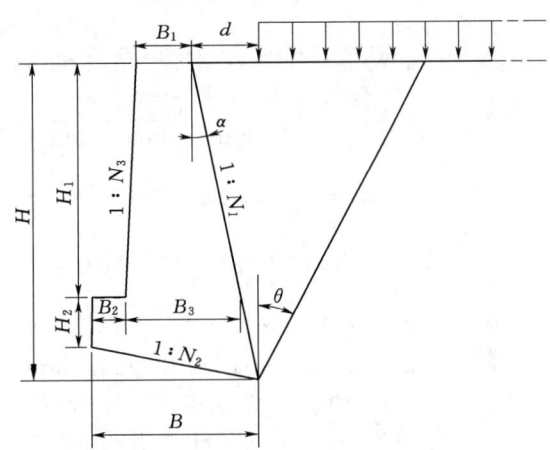

图 7-20 挡土墙断面尺寸

3. 挡土墙的基础与断面的设计

(1) 断面尺寸的拟订：根据横断面的布置，该断面尺寸如图 7-20 所示。

$B_1=1.65\text{m}, B_2=1.00\text{m}, B_3=3.40\text{m}$
$B=4.97\text{m}, N_1=0.2, N_2=0.2, N_3=0.05$

$$H_1=7.00\text{m}, H_2=1.50\text{m}, H=9.49\text{m}$$
$$d=0.75+2.5-1.65=1.6(\text{m})$$
$$\alpha=\arctan N_1=\arctan 0.2=11.3°$$
$$\delta=\frac{1}{2}\varphi=\frac{35°}{2}=17.5°$$

(2) 换算等代均布土层厚度 h_0：根据路基设计规范，$h_0=\frac{q}{\gamma}$，其中 q 是车辆荷载附加荷载强度，墙高小于 2m 时，取 20kN/m^2；墙高大于 10m 时，取 10kN/m^2；墙高为 2～10m 时，附加荷载强度用直线内插法计算，γ 为墙背填土重度。

由 $\dfrac{10-2}{7-2}=\dfrac{10-20}{q-20}$ 得 $\dfrac{8}{5}=\dfrac{-10}{q-20}$

即 $q=13.75$

则 $h_0=\dfrac{q}{\gamma}=\dfrac{13.75}{20}=0.6875$

4. 挡土墙稳定性验算

(1) 土压力计算。假定破裂面交于荷载内，采用《路基设计手册》（第二版）表 3-2-1 主动土压力第三类公式计算：

$$\omega=\varphi+\alpha+\delta=35°+11.3°+17.5°=63.8°$$
$$A=\frac{2dh_0}{H(H+2h_0)}-\tan\alpha=\frac{2\times1.6\times0.6875}{9.49\times(9.49+2\times0.6875)}-0.2=-0.178$$

$$\tan\theta = -\tan\omega \pm \sqrt{(\cot\varphi + \tan\omega)(\tan\omega + A)}$$
$$= -\tan 63.8° \pm \sqrt{(\cot 35° + \tan 63.8°)(\tan 63.8° - 0.178)}$$
$$= -4.5667 \text{ 或 } 0.500$$

因此 $\theta = -77.64°$ 或 $26.58°$，即 $\theta = 26.58°$。

$$\tan\theta \times H + \tan\alpha \times H = 0.5 \times 9.49 + 0.2 \times 9.49 = 6.643 > 1.6$$

所以假设成立，破裂面交于荷载内。

$$K_a = \frac{\cos(\theta+\varphi)}{\sin(\theta+\omega)}(\tan\theta + \tan\alpha) = \frac{\cos(26.58+35)}{\sin(26.58+63.8)}(\tan 26.58 + \tan 11.31) = 0.333$$

$$h_1 = \frac{d}{\tan\theta + \tan\alpha} = \frac{1.6}{\tan 26.58 + \tan 11.31} = 2.285$$

$$K_1 = 1 + \frac{2h_0}{H}\left(1 - \frac{h_1}{H}\right) = 1 + \frac{2 \times 0.6875}{9.49} \times \left(1 - \frac{2.285}{9.49}\right) = 1.11$$

$$E_a = \frac{1}{2}\gamma H^2 K_a K_1 = \frac{1}{2} \times 20 \times 9.49^2 \times 0.333 \times 1.11 = 333.21(\text{kPa})$$

$$E_x = E_a\cos(\alpha + \delta) = 333.21 \times \cos(11.31 + 17.5) = 291.96(\text{kPa})$$

$$E_y = E_a\sin(\alpha + \delta) = 333.21 \times \sin(11.31 + 17.5) = 160.57(\text{kPa})$$

$$Z_X = \frac{H}{3} + \frac{h_0 \times (H - 2h_1)^2 - h_0 \times h_1^2}{2 \times H^2 \times K_1}$$

$$= \frac{9.49}{3} + \frac{0.6875 \times (9.49 - 2 \times 2.285)^2 - 0.6875 \times 2.285^2}{2 \times 9.49^2 \times 1.11} = 3.23(\text{m})$$

$$Z_Y = B - Z_X\tan\alpha = 4.97 - 3.23 \times \tan 11.31° = 4.32(\text{m})$$

（2）抗滑稳定性验算。

$$K_C = \frac{(G + E_Y) \times f}{E_X} = \frac{(546.6 + 160.57) \times 0.6}{291.96} = 1.453 \geqslant [K_c] = 1.3$$

所以抗滑稳定性满足要求。

（3）抗倾覆稳定性验算。

$$K_0 = \frac{\sum M_Y}{\sum M_0} = \frac{G \times Z_G + E_Y \times Z_Y}{E_X \times Z_X} = \frac{1351.71 + 160.57 \times 4.32}{291.96 \times 3.23} = 22.63 \geqslant [K_0] = 1.5$$

所以抗倾覆稳定性满足要求。

（4）基底合力及合力偏心距验算。

$$e = \frac{B}{2} - Z_N = \frac{B}{2} - \frac{G \times Z_G + E_Y \times Z_Y - E_X \times Z_X}{G + E_Y}$$

$$= \frac{4.97}{2} - \frac{1351.713 + 160.57 \times 4.32 - 291.96 \times 3.23}{546.60 + 160.57}$$

$$= 0.82 \leqslant [e_0] \leqslant 1.5 \times \rho = 1.5 \times \frac{W}{A} = 1.5 \times \frac{B^2}{6B} = 1.5 \times \frac{4.97}{6} = 1.24$$

$$e = 0.82 > \frac{b}{6} = \frac{4.97}{6} = 0.83$$

$$\sigma_{1,2} = \frac{\sum N}{A} + \frac{\sum M}{W} = \frac{G + E_y}{B} \times \left(1 \pm \frac{6e}{B}\right) = \frac{546.6 + 160.57}{4.97} \times \left(1 \pm \frac{6 \times 0.82}{4.97}\right)$$

$$\sigma_{\max} = 301.12\text{kPa} < [\sigma] = 1500\text{kPa}$$

所以基底合力及合力偏心距满足要求。

5. 挡土墙截面墙身验算

(1) 土压力计算。假定破裂面交于荷载内，采用《路基设计手册》（第二版）表 3-2-1 主动土压力第三类公式计算：

$$\omega = \varphi + \alpha + \delta = 35° + 11.3° + 17.5° = 63.8°$$

$$A = \frac{2dh_0}{H_1(H_1 + 2h_0)} - \tan\alpha = \frac{2 \times 1.6 \times 0.6875}{7 \times (7 + 2 \times 0.6875)} - 0.2 = -0.162$$

$$\tan\theta = -\tan\omega \pm \sqrt{(\cot\varphi + \tan\omega)(\tan\omega + A)}$$
$$= -\tan63.8° \pm \sqrt{(\tan35° + \tan63.8°)(\tan63.8° - 0.162)}$$
$$= -4.577 \text{ 或 } 0.511$$

因此 $\theta = -77.68°$ 或 $27.09°$，即 $\theta = 27.09°$。

$$\tan\theta \times H + \tan\alpha \times H = 0.511 \times 7 + 0.2 \times 7 = 4.98 > 1.6$$

所以假设成立，破裂面交于荷载内。

$$K_a = \frac{\cos(\theta + \varphi)}{\sin(\theta + \omega)}(\tan\theta + \tan\varphi) = \frac{\cos(27.09 + 35)}{\sin(27.09 + 63.8)}(\tan27.09 + \tan11.31) = 0.333$$

$$h_1 = \frac{d}{\tan\theta + \tan\alpha} = \frac{1.6}{\tan27.09 + \tan11.31} = 2.249$$

$$K_1 = 1 + \frac{2h_0}{H_1}\left(1 - \frac{h_1}{H_1}\right) = 1 + \frac{2 \times 0.6875}{7} \times \left(1 - \frac{2.249}{7}\right) = 1.133$$

$$E_a = \frac{1}{2}\gamma H_0^2 K_a K_1 = \frac{1}{2} \times 20 \times 7^2 \times 0.333 \times 1.133 = 184.92 \text{kPa}$$

$$E_x = E_a \cos(\alpha + \delta) = 184.92 \times \cos(11.31 + 17.5) = 162.08 \text{kPa}$$

$$E_y = E_a \sin(\alpha + \delta) = 184.92 \times \sin(11.31 + 17.5) = 89.14 \text{kPa}$$

$$Z_X = \frac{H_1}{3} + \frac{h_0 \times (H_1 - 2h_1)^2 - h_0 \times h_1^2}{2 \times H_1^2 \times K_1} = \frac{7}{3} + \frac{0.6875 \times (7 - 2 \times 2.249)^2 - 0.6875 \times 2.249^2}{2 \times 7^2 \times 1.11}$$
$$= 2.34 \text{(m)}$$

$$Z_Y = B_3 - Z_X \tan\alpha = 3.4 - 2.34 \times \tan11.31 = 2.93 \text{(m)}$$

(2) 截面墙身强度验算。

1) 法向应力验算。

$$e_1 = \frac{B_1}{2} - Z_N = \frac{B_1}{2} - \frac{G_1 \times Z_{G_1} + E_{1Y} \times Z_{1Y} - E_{1X} \times Z_{1X}}{G_1 + E_{1Y}}$$

$$= \frac{3.4}{2} - \frac{570.76 + 160.57 \times 2.75 - 291.96 \times 3.23}{388.85 + 160.57}$$

$$= 0.54 \leqslant [e_0] \leqslant 1.5 \times \rho = 1.5 \times \frac{W}{A} = 1.5 \times \frac{B^2}{6B} = 1.5 \times \frac{3.4}{6} = 0.85$$

$$e = 0.54 < \frac{b}{6} = \frac{3.4}{6} = 0.57$$

$$\sigma_{1,2} = \frac{\sum N}{A} + \frac{\sum M}{W} = \frac{G_1 + E_{1y}}{B_1} \times \left(1 \pm \frac{6e_1}{B_1}\right) = \frac{388.85 + 160.57}{3.4} \times \left(1 \pm \frac{6 \times 0.49}{3.4}\right)$$

$$\sigma_{\max} = 275.66 \text{kPa} < [\sigma_r] = 800 \text{kPa}$$

2) 剪应力验算。

$$\tau = \frac{T_1}{A_1} = \frac{E_{1x}}{B_3} = \frac{162.08}{3.4} = 47.66 \text{kPa} \leq [\tau_r] = 160 \text{kPa}$$

所以截面墙身强度满足要求。

技能二 重力式挡土墙设计

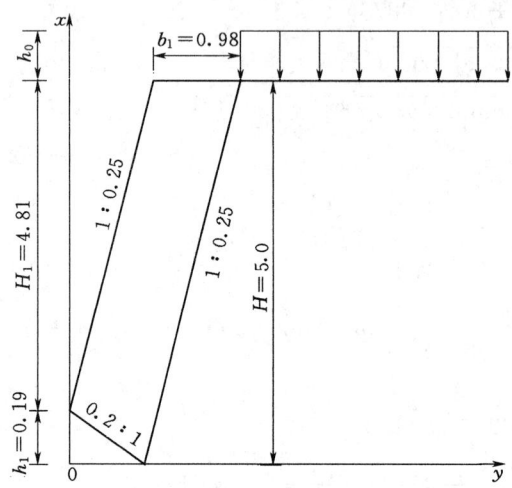

图 7-21 初始拟采用挡土墙尺寸图

1. 某边坡重力式路挡土墙设计资料

(1) 墙身构造：墙高 5m，墙背仰斜坡度 1:0.25(=14°02′)，墙身分段长度 20m，其余初始拟采用尺寸如图 7-21 所示。

(2) 土质情况：墙背填土容重 $\gamma = 18\text{kN/m}^3$，内摩擦角 $\phi = 35°$；填土与墙背间的摩擦角 $\delta = 17.5°$；地基为岩石地基容许承载力 $[\sigma] = 500\text{kPa}$，基地摩擦系数 $f = 0.5$。

(3) 墙身材料：砌体容重 $\gamma = 20\text{kN/m}^3$，砌体容许压应力 $[\sigma] = 500\text{kPa}$，容许剪应力 $[\tau] = 80\text{kPa}$。

2. 破裂棱体位置确定

(1) 破裂角 (θ) 的计算。

假设破裂面交于荷载范围内，则有：

$$\psi = \alpha + \delta + \phi = -14°02′ + 17°30′ + 35° = 38°28′$$

因为 $\omega < 90°$，

$$B_0 = \frac{1}{2}ab + (b+d)h_0 - \frac{1}{2}H(H + 2a + 2h_0)\tan\alpha = 0 + (0+0)h_0 - \frac{1}{2}H(H + 2h_0)\tan\alpha$$

$$= -\frac{1}{2}H(H + 2h_0)\tan\alpha$$

$$A_0 = \frac{1}{2}(a + H + 2h_0)(a + H) = \frac{1}{2}H(H + 2h_0)$$

根据路堤挡土墙破裂面交于荷载内部时破裂角的计算公式：

$$\tan\theta = -\tan\psi + \sqrt{(\cot\phi + \tan\psi)\left(\frac{B_0}{A_0} + \tan\psi\right)}$$

$$= -\tan\psi + \sqrt{(\cot\phi + \tan\psi)(\tan\psi - \tan\alpha)}$$

$$= -\tan 38°28′ + \sqrt{(\cot 35° + \tan 38°28′)(\tan 38°28′ + \tan 14°02′)}$$

$$= -0.7945 + \sqrt{(1.428 + 0.7945) \times (0.7945 + 0.25)}$$

$$= 0.7291$$

$$\theta = 36°5′44″$$

(2) 验算破裂面是否交于荷载范围内。

破裂楔体长度：$L_0 = H(\tan\theta + \tan\alpha) = 5 \times (0.7291 - 0.25) = 2.4 \text{(m)}$

车辆荷载分布宽度：$L=Nb+(N-1)m+d=2\times1.8+1.3+0.6=3.5(m)$

所以 $L_0<L$，即破裂面交于荷载范围内，符合假设。

3. 荷载当量土柱高度计算

墙高 5m，按墙高确定附加荷载强度进行计算。按照线性内插法，计算附加荷载强度：$q=16.25kN/m^2$，则

$$h_0=\frac{q}{\gamma}=\frac{16.25}{18}=0.9(m)$$

4. 土压力计算

$$A_0=\frac{1}{2}(a+H+2h_0)(a+H)=\frac{1}{2}(0+5.0+2\times0.9)(0+5.0)=17$$

$$B_0=\frac{1}{2}ab+(b+d)h_0-\frac{1}{2}H(H+2a+2h_0)\tan\alpha$$

$$=0+0-\frac{1}{2}\times5.0\times(5+0+2\times0.9)\times\tan(-14°2')=4.25$$

根据路堤挡土墙破裂面交于荷载内部土压力计算公式：

$$E_a=\gamma(A_0\tan\theta-B_0)\frac{\cos(\theta+\phi)}{\sin(\theta+\psi)}=18\times(17\times0.7291-4.25)\frac{\cos(36°5'44''+35°)}{\sin(36°5'44''+38°28'')}$$

$$=49.25(kN)$$

$$E_x=E_a\cos(\alpha+\delta)=49.25\cos(-14°2'+17°30')=49.14(kN)$$

$$E_y=E_a\sin(\alpha+\delta)=49.25\sin(-14°2'+17°30')=2.97(kN)$$

5. 土压力作用点位置计算

$$K_1=1+2h_0/H=1+2\times0.9/5=1.36$$

$$Z_{x1}=H/3+h_0/3K_1=5/3+0.9/3\times1.36=1.59(m)$$

Z_{x1} 为土压力作用点到墙踵的垂直距离。

6. 土压力对墙趾力臂计算

基底倾斜，土压力对墙趾力臂：

$$Z_x=Z_{x1}-h_1=1.59-0.19=1.4(m)$$

$$Z_y=b_1-Z_x\tan\alpha=0.98+1.4\times0.25=1.33(m)$$

7. 稳定性验算

(1) 墙体重量及其作用点位置计算：挡土墙按单位长度计算。为方便计算，从墙趾处沿水平方向把挡土墙分为两部分。上部分为四边形，下部分为三角形：

$$V_1=b_1\times H_1=0.98\times4.48=4.71(m)$$

$$G_1=V\times\gamma_1=4.71\times20=94.28(kN)$$

$$Z_{G1}=1/2(H_1\tan\alpha+b_1)=1.09(m)$$

$$V_2=1/2\times b_1\times h_1=0.5\times0.98\times0.19=0.093(m)$$

$$G_2=V_2\times\gamma_1=1.86(kN)$$

$$Z_{G2}=0.651\times b=0.651\times0.98=0.64(m)$$

(2) 抗滑稳定性验算：倾斜基底 0.2:1（$\alpha_0=11°18'36''$），验算公式：

$$[1.1G+\gamma_{Q1}(E_y+E_x\tan\alpha_0-\gamma_{Q2}E_P\tan\alpha_0)]\mu+(1.1G+\gamma_{Q1}E_y)\tan\alpha_0-\gamma_{Q1}E_x+\gamma_{Q2}E_P>0$$

$$[1.1×96.14+1.4×(2.97+49.14×0.198-0)]×0.5+(1.1×96.14+1.4×2.97)$$
$$×0.198-1.4×49.14+0$$
$$=[105.75+1.4×(2.97+9.73)]×0.5+(105.75+4.16)×0.198-68.80$$
$$=10.28>0$$

所以抗滑稳定性满足。

(3) 抗倾覆稳定性验算：
$$0.8GZ_G+\gamma_{Q1}(E_yZ_x-E_xZ_y)+\gamma_{Q1}E_pZ_p>0$$
$$0.8×(94.28×1.09+1.86×0.64)+1.4×(2.97×1.4-49.14×1.33)+0$$
$$=-2.5<0$$

所以倾覆稳定性不足，应采取改进措施以增强抗倾覆稳定性。

重新拟定 $b_1=1.02$m 倾斜基底，土压力对墙趾力臂：
$$Z_X=1.4\text{m}$$
$$Z_y=b_1+Z_x\tan\alpha=1.02+1.4×0.25=1.37(\text{m})$$
$$V_1=b_1×H_1=1.02×4.81=4.91(\text{m})$$
$$G_1=4.91×20=98.12(\text{kN})$$
$$Z_{G1}=0.5(H_1\tan\alpha+b_1)=0.5×(4.87\tan14°02'+1.02)=1.11(\text{m})$$
$$V_2=0.5b_1H_1=0.5×1.02×0.19=0.10(\text{m})$$
$$G_2=0.0969×20=1.94(\text{kN})$$
$$Z_{G2}=0.651×b_1=0.66\text{m}$$
$$0.8GZ_G+\gamma_{Q1}(E_yZ_x-E_xZ_y)+\gamma_{Q1}E_pZ_p>0$$
$$0.8×(94.12×1.11+1.94×0.66)+1.4×(2.97×1.4-49.14×1.33)+0$$
$$=1.44>0$$

所以倾覆稳定性满足。

8. 合力偏心矩和基底应力验算

(1) 合力偏心矩计算：
$$e=\frac{M}{N_1}=\frac{1.2×M_E+1.4×M_G}{(G\gamma_G+\gamma_{Q1}E_y-W)\cos\alpha_0+\gamma_{Q1}E_x\sin\alpha_0}$$

上式中弯矩为作用于基底形心的弯矩，所以计算时先要计算对形心的力臂。根据前面计算过的对墙趾的力臂，可以计算对形心的力臂。

$$Z'_{G1}=Z_{G1}-\frac{B}{2}=1.09-0.51=0.58(\text{m})$$
$$Z'_{G2}=Z_{G2}-\frac{B}{2}=0.64-0.51=0.13(\text{m})$$
$$Z'_X=Z_X+\frac{B}{2}\tan\alpha_0=1.4+0.51×0.198=1.5(\text{m})$$
$$Z'_y=Z_y-\frac{B}{2}=1.33-0.51=0.82(\text{m})$$
$$e=\frac{M}{N_1}=\frac{1.2×M_E+1.4×M_G}{(G\gamma_G+\gamma_{Q1}E_y-W)\cos\alpha_0+\gamma_{Q1}E_x\sin\alpha_0}$$
$$=\frac{1.2×(E_yZ'_y-E_xZ'_x)+1.4×(G_1Z'_{G1}+G_2Z'_{G2})}{(G\gamma_G+\gamma_{Q1}E_y-W)\cos\alpha_0+\gamma_{Q1}E_x\sin\alpha_0}$$

$$= \frac{1.2\times(2.97\times0.82-49.14\times1.5)+1.4\times(98.12\times0.58+1.94\times0.13)}{(100.14\times1.2+1.4\times2.97-0)\times0.98+1.4\times49.14\times0.19}$$
$$=0.04(\text{m})<B_1/4=0.26(\text{m})$$

所以基底合力偏心矩满足规范的规定。

(2) 基底应力验算:
$$p=\frac{N_1}{A}\left(1\pm\frac{6e}{B}\right)=\frac{252.55}{1.02}\left(1\pm\frac{6\times0.04}{1.02}\right)$$
$$p_{\max}=307.02\text{kPa}$$
$$p_{\min}=188.17\text{kPa}$$

$p_{\max}=307.02\text{kPa}<[\sigma]=500\text{kPa}$

所以基底应力满足要求。

9. 截面内力计算

墙面墙背平行,截面最大应力出现在接近基底处,由基底应力验算可知偏心矩及基底应力满足地基承载力,墙身应力也满足,验算内力通过,墙顶顶宽 1.02m,墙高 5m。

10. 设计图纸及工程量

(1) 典型断面如图 7-22 所示,立面布置如图 7-23 所示,平面布置如图 7-24 所示。

(2) 挡土墙工程数量见表 7-4。

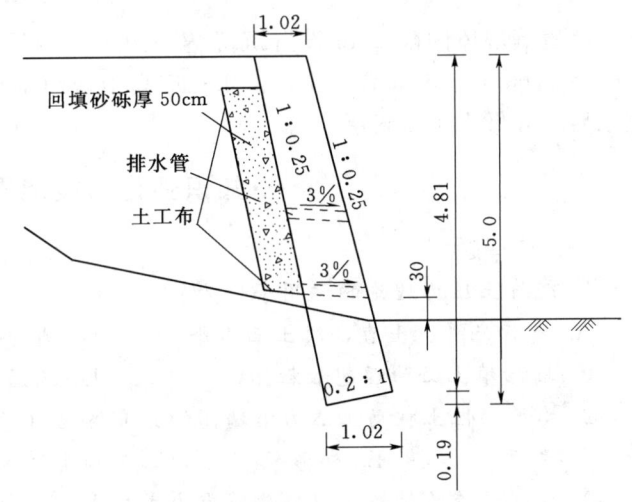

图 7-22 典型断面图(单位:m)

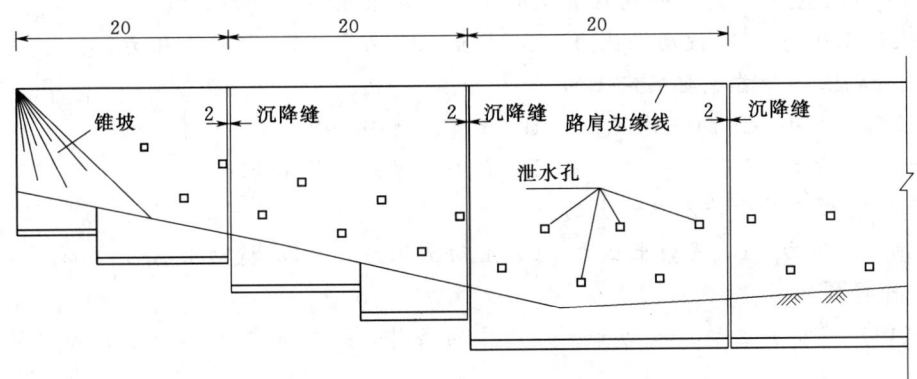

图 7-23 立面布置图(单位:m)

表 7-4 工程数量表

墙高 /m	断面尺寸/m					7.5号浆砌片石 /(m³/m)
	h_1	H	H_1	B_1	b_1	
5.0	0.19	5.0	4.81	1.02	1.02	4.84

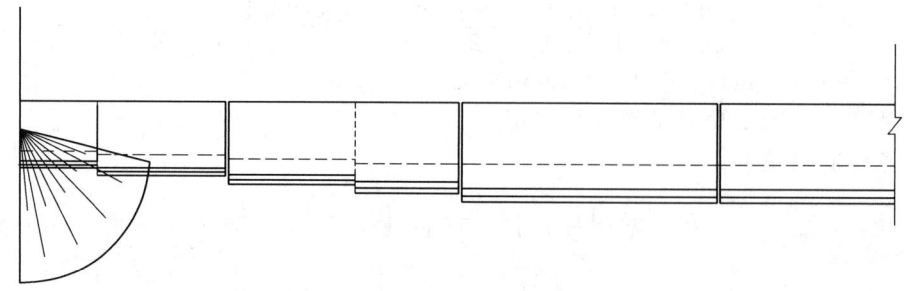

图 7-24 平面布置图

路肩墙墙体间隔 20m 设置沉降缝一道，缝内用沥青麻絮嵌塞；泄水孔尺寸 10cm×10cm，每隔 2~3m 布置一个，泄水孔应高出地面不小于 30cm；墙背均应设置 50cm 砂砾透水层，并做土工布封层。

❖ 知识强化与技能提升 ❖

一、选择题

1. 朗肯土压力理论的适用条件为（　　）。
   A. 墙背光滑、垂直，填土面水平 B. 墙背光滑、俯斜，填土面水平
   C. 墙后填土必为理想散粒体 D. 墙后填土必为理想黏性体
2. 均质黏性土被动土压力沿墙高的分布图为（　　）。
   A. 矩形 B. 梯形 C. 三角形 D. 倒梯形
3. 如在开挖临时边坡以后砌筑重力式挡土墙，合理的墙背形式是（　　）。
   A. 直立 B. 俯斜 C. 仰斜 D. 背斜
4. 设计地下室外墙时，作用在其上的土压力应采用（　　）。
   A. 主动土压力 B. 被动土压力 C. 静止土压力 D. 极限土压力
5. 设计挡土墙时首先要确定土的（　　）。
   A. 性质、大小、方向、作用点 B. 性质、大小
   C. 大小、方向 D. 大小、方向、作用点
6. 下列哪种不属于挡土结构上的土压力类型？（　　）
   A. 静止土压力 B. 库仑土压力 C. 主动土压力 D. 被动土压力

二、简答题

1. 试阐述静止、主动、被动土压力产生的条件，并比较三者的大小。如何计算静止土压力？
2. 朗肯土压力理论是如何得到计算主动与被动土压力公式的？什么叫"临界高度"？如何计算临界高度？
3. 阐述库仑土压力理论，其与朗肯土压力理论的区别是什么？
4. 当挡土墙后填土面有连续荷载作用时，对土压力有何影响？
5. 若挡土墙后填土由多层填土构成，土压力如何计算？应特别注意什么问题？
6. 挡土墙后填土中存在地下水时，水土分算与水土合算计算土压力的方法有什么

区别？

7. 常见的挡土墙有哪些类型？常用于什么场合？

8. 简单的挡土墙的计算内容有哪些？

三、计算题

1. 某挡土墙高 4m，墙背竖直光滑，墙后填土面水平，填土为干砂，$\gamma=18kN/m^3$，$\phi=36°$，$\phi'=38°$。试计算作用在挡土墙上的静止土压力 E_0、主动土压力 E_a 及被动土压力 E_p。

2. 挡土墙高 5m，墙背竖立光滑，墙后填土为砂土，表面水平，$\varphi=30°$，地下水位距填土表面 2m，水上填土重度 $\gamma=18kN/m^3$，水下土的饱和重度 $\gamma_{sat}=21kN/m^3$，试绘出主动土压力强度和静水压力分布图，并求出总侧压力的大小。

3. 某挡土墙高 4.5m，墙后填土为中密粗砂，$\gamma=18.48kN/m^3$，$\phi=36°$，$\delta=18°$，$\beta=15°$，墙背与竖直线的夹角 $\alpha=-8°$，试计算该挡土墙主动土压力大小、方向及作用点。

4. 某挡土墙高 7m，墙背竖直光滑，墙后填土面水平，并作用连续均布荷载 $q=20kPa$，填土组成、地下水位及土的性质指标如图 7-25 所示，试计算墙背总侧压力 E 及作用点的位置，并绘出侧压力分布图。

5. 某重力式挡土墙高 5m，墙背铅直光滑，填土面水平，砌体重度 $\gamma_k=22kN/m^3$，基底摩擦系数 $\mu=0.5$，作用在墙背上的主动土压力 $E_a=51.6kN/m$，试计算该挡土墙的抗滑和抗倾覆稳定性。

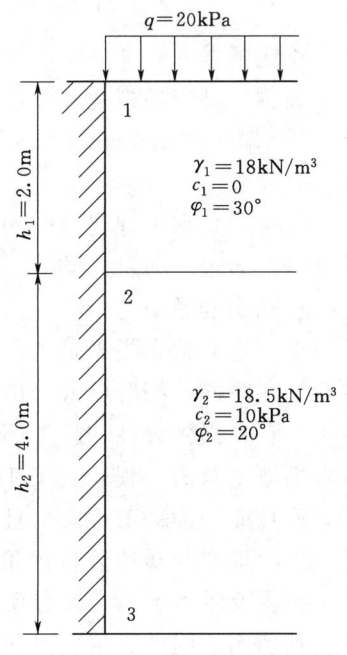

图 7-25 习题 4 附图

6. 一均质土坡，坡高 5m，坡度为 1∶2，土的重度 $\gamma=18kN/m^3$，黏聚力 $c=10kPa$，内摩擦角 $\phi=15°$，试用条分法计算土坡的稳定安全系数。

项目八 阅读工程地质勘察报告

任务一 了解工程地质勘察的内容与方法

❖任务导入❖

案例：某广场拟建商业居住楼，设计楼层为25层，设地下室一层，框架结构，占地总面积4210.01m^2，总建筑面积38000m^2。表8-1是该工程岩土工程勘察任务书及技术要求。

工程勘察在工程建设中到底起什么作用？工程勘察主要包括写什么内容？采取什么样的方法？通过本项目的学习，你将会一一找到答案。

❖知识准备❖

工程地质勘察报告是工程地质勘察工作的总结。根据勘察设计书的要求，考虑工程特点及勘察阶段，综合反映和论证勘察地区的工程地质条件和工程地质问题，做出工程地质评价。它是提供设计、施工部门间接使用的重要资料和依据。对于重要的工程、一级建筑或者场地复杂的工程，岩土工程勘察不仅提供岩土工程条件和评价作为设计、施工的依据，而且应当确保工程安全且经济，提高投资效益。报告书内一般包括工程地质条件的论述、工程地质问题的分析评价以及结论和建议。报告以说明问题为原则，格式不强求一致，内容要重点突出，观点明确，论据充足，评价确切，措施具体。报告除文字部分外，还包括插图、附图、附表及照片等。

模块一 工程地质勘察的目的及任务

1. 工程地质勘察的目的

工程地质勘察是研究、评价建设场地的工程地质条件所进行的地质测绘、勘探、室内试验、原位测试等工作的统称，为工程建设的规划、设计、施工提供必要的依据及参数。水利水电工程地质勘察的目的是查明水库和水工建筑物地区的工程地质条件，分析预测可能出现的工程地质问题，充分利用有利的地质条件，避开或改造不利的地质因素，为工程的规划、设计、施工和运用提供可靠的地质依据。

2. 工程勘察的任务

工程方案的选择、建筑物的配置、设计参数的确定等，都必须以工程地质勘察资料为依据，这就是工程地质勘察的基本任务。其具体任务归纳如下：

（1）阐述建筑场地的工程地质条件，指出场地内不良地质现象的发育情况及其对工程建设的影响，对场地稳定性做出评价。

（2）查明工程范围内岩土体的分布、性状和地下水的活动条件，提供设计、施工和整治所需要的地质资料和岩土技术参数。

表8-1　某工程岩土工程勘察任务书及技术要求

建设单位	某公司	工程名称	某广场商业居住楼	场地位置	某县朝阳路图书馆正对面
勘察技术要求	1. 查明拟建场地内及附近有无不良地质作用。 2. 详细查明场地地层种类、结构及埋藏条件，提供各层地基土的物理力学性质指标及承载力特征值。 3. 查明场地地下水类型、埋藏条件。 4. 查明场地地下水、土对建材的腐蚀性。 5. 对场地进行地震效应分析，提供抗震设计所需参数。 6. 根据场地岩土工程条件，提出适宜的地基处理方案建议。 7. 未尽事宜按《岩土工程勘察规范》（GB 50021—2001）等规范执行。地勘部门可根据相关规范要求适当调整勘探点间距及勘探孔深度	要求提交勘察资料内容	1. 提供岩土层物理力学性质主要物理指标及基础设计参数。 2. 提供勘探点平面布置图、地质剖面图、地质柱状图等相关图件。 3. 提供土工试验成果表、原位测试成果表、水分析报告表及其他测试成果报告表。 4. 提供相关的指标统计表、地基承载力按现行规范提供特征值。 5. 提供抗浮设计水位及地下埋藏条件。 6. 提供周边环境的不利影响分析。 7. 提供岩土工程勘察报告书。	提交报告日期	2011-05-15
				资料份数	6份
				勘察阶段	详细
				总建筑面积约38000m²	
			备注：该项目应由具备工程勘察专业类岩工程（勘察）乙级～甲级资质单位进行勘察		

顺序号	建筑物名称	工程重要性等级	建筑物抗震设防类别	对差异沉降敏感程度	层数/结构类型	高度/m	底层±0.00黄海标高/m	建筑物基底尺寸	建（构）筑物基础				主要设备说明						地下室或地下室设备情况	备注
									最大柱距	基础埋深/m	单柱荷载/kN		设备名称	形状	尺寸/(m×m)	材料	砌置深度/m	单位荷重/(kN/m²)	使用期间荷重状况	对差异沉降敏感程度		
1	商业居住楼	二级	Ⅱ	一般	地下1层，地上25层/框架结构	75	6.90														

(3) 分析、研究有关的工程地质问题，并做出评价结论。

(4) 对场地内建筑总平面布置、各类岩土工程设计、岩土体加固处理、不良地质现象整治等具体方案做出论证和建议。

(5) 预测工程施工和工程运行对地质环境和周围建筑物的影响，并提出保护措施的建议。

为了完成工程地质勘察任务，并取得完整的勘察成果，工程地质勘察的知识体系除了勘察相关的理论和技术要求外，还必须有一套行之有效的勘察方法和技术手段。这些勘察方法和技术手段包括工程地质测绘、工程地质勘探（包括物探、钻探和坑探）和取样、工程地质试验、工程地质长期观测、勘察成果的整理等。

模块二　确定工程地质勘察等级

工程地质勘察等级，应根据工程重要性等级、场地复杂程度等级、地基复杂程度等级综合分析确定。

1. 工程重要性等级

工程重要性等级，应根据工程破坏后的严重性按表 8-2 划分为三个等级。

表 8-2　　　　　　　　　　　工程重要性等级划分

工程重要性等级	破 坏 后 果	工 程 类 型
一级	很严重	重要工程
二级	严重	一般工程
三级	不严重	次要工程

2. 场地等级

建造场地等级应根据场地的复杂程度分为三级。

(1) 一级场地（复杂场地）。符合下列条件之一者为一级场地：

1) 对建筑物抗震危险的地段。

2) 不良地质作用强烈发育。

3) 地质环境已经或可能受到强烈破坏。

4) 地形地貌复杂。

5) 有影响工程的多层地下水、岩溶裂隙水或其他水文地质条件复杂、需专门研究的场地。

(2) 二级场地（中等复杂场地）。符合下列条件之一者为二级场地：

1) 对建筑物抗震不利的地段。

2) 不良地质作用一般发育。

3) 地质环境已经或可能受到一般破坏。

4) 地形地貌较复杂。

5) 基础位于地下水位以下的场地。

(3) 三级场地（简单场地）。符合下列条件之一者为三级场地：

1) 地震防震烈度不大于 6 度，或者对建筑抗震有利地段。

2) 不良地质作用不发育。
3) 地质环境基本未受到破坏。
4) 地形地貌简单。
5) 地下水对工程无影响。

3. 地基等级

地基等级应根据地基复杂程度按照表 8-3 分为三级。

表 8-3 工程重要性等级划分

地基等级	岩土种类	岩土介质性质	特 殊 性 岩 土
一级地基	多	变化大	严重湿陷、膨胀、盐渍、污染的特殊性岩土，以及其他需专门处理的岩土
二级地基	较多	变化较大	除"一级"规定外的特殊性岩土
三级地基	单一	变化不大	无

4. 工程地质勘察等级

根据工程重要性等级、场地复杂程度等级和地基复杂程度等级，按表 8-4 分级。

表 8-4 工程地质勘察等级划分

勘察等级	勘 察 等 级 的 划 分
甲级	在工程重要性、场地复杂程度和地基复杂程度等级中，有一项或多项为一级
乙级	除勘察等级为甲级或丙级的勘察项目
丙级	工程重要性、场地复杂程度和地基复杂程度等级均为三级

模块三 工程地质勘探方法

通过工程地质测绘对地面基本地质情况有了初步了解以后，为了进一步探明地下的地层地质情况，需要进行工程地质勘探。目前常用的工程地质勘探手段主要有坑探、钻探和物探三类。

工程地质勘探的主要任务如下：

(1) 探明地下有关的地质情况，如地层岩性、断裂构造、地下水位、滑动面位置等。

(2) 为深部取样及现场试验提供条件。通过勘探工程，采取岩土样及水样供室内试验、分析；同时勘探形成的坑孔可以为现场原位试验提供场所。

(3) 利用勘探坑孔可以进行某些项目的长期观测以及不良地质现象处理等工作。

1. 坑探

坑探工程也叫掘进工程、井巷工程，是由地表向深部挖掘坑槽或坑洞，以便工程地质人员直接深入地下了解有关地质现象或进行试验等。与一般的钻探工程相比较，其特点是：①观察人员能直接观察到地质结构，准确可靠而且便于素描；②可不受限制地从中采取原状岩土样和用作大型原位测试；③尤其对研究断层破碎带、软弱泥化夹层和滑动面（带）等的空间分布特点及其工程性质等具有重要意义。

坑探工程的缺点是：使用时往往受到自然地质条件的限制，耗费资金多，而且勘探周期长；尤其是重型坑探工程不可轻易采用。

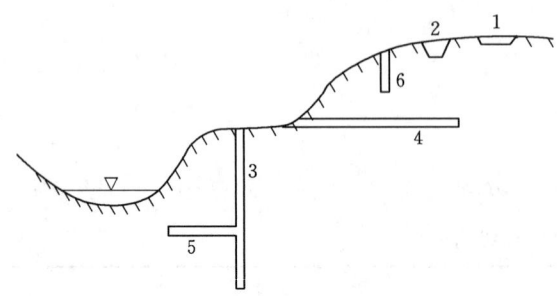

图 8-1 工程地质常用的坑探类型示意图
1—探槽；2—试坑；3—竖井；4—平硐；5—石门；6—浅井

常用的坑探方法有浅坑、槽探、井探和硐探，如图 8-1 所示。

(1) 浅坑。浅坑又叫试坑或者探坑，深度 1~2m，有方形或圆形，半径 1m 左右，用于剥除覆土，揭露基岩。

(2) 槽探。槽探是在地表挖掘成长条形的沟槽进行地质观察和描述的勘探方法。在地质勘探工作中，为了揭露被覆盖的岩层，在地表挖掘沟槽。探槽一般采用与岩层或矿层走向近似垂直的方向，长度可根据用途和地质情况决定。断面形状一般呈倒梯形，槽底宽 0.6m，通常要求槽底应深入基岩约 0.3m，探槽最大深度一般不超过 3m。槽口宽度 B 取决于槽底宽度 b、槽深 h 和槽壁倾角 θ。其计算公式为 $B=b+2h\cot\theta$。在浮土层中，探槽大多采用手工挖掘。在山坡和较硬的岩层中，采用松动爆破或抛掷爆破方法掘进，再手工清理。探槽施工简便，成本低，应用较广。

(3) 井探。井探是用于局部勘探地质现象较深的一种勘探方法。凡揭露挖掘空间的深度远大于长度和宽度时称为探井。探井深度一般为 3~15m，断面有圆有方，有时要采取支护措施。

(4) 硐探。硐探是指多以水平硐室开挖的方式来重点勘探比井探更深一点的勘探方法。所开挖的地下硐室称为探硐。适用于地形较陡、岩石较硬的地段，深度达十几米到上百米。

2. 钻探

(1) 钻探的目的。钻探是指用一定的设备、工具（即钻机）来破碎地壳岩石或土层，从而在地壳中形成一个直径较小、深度较大的钻孔的过程。钻探是工程地质勘探的主要手段，其成果是进行工程地质评价和工程设计、施工的基础资料。工程地质钻探的目的是为解决与建筑物（构筑物）有关的岩土体稳定问题、变形问题、渗漏问题提供资料。由于钻探费用较高，因此，钻探工作应在工程地质测绘及物探的基础上进行。按勘察阶段、工程规模、地质条件的复杂程度合理布置钻探线、网。一般按照先远后近、先浅后深、先疏后密的原则进行。

(2) 钻探的基本程序和方法。钻探过程中有三个基本程序：

1) **破碎岩土**：使小部分岩土脱离整体而形成粉末、岩土块或岩土芯的现象，这叫作破碎岩土。岩土借助冲击力、剪切力、研磨和压力来实现破碎。

2) **采取岩土**：用冲洗液（或压缩空气）将孔底破碎的碎屑冲到孔外，或者用钻具靠人力或机械将孔底的碎屑或样芯取出地面。

3) **保全孔壁**：为了顺利地进行钻探工作，必须保护好孔壁，不使孔壁坍塌，一般采用套管或者泥浆护壁。

钻进有以下四种方法：

1) 冲击钻进：此法采用底部圆环状的钻头。钻进时将钻具提升到一定的高度，利用钻具自重，迅猛放落。钻具在下落时产生冲击动能，冲击孔底岩土层，使岩土破碎而加深钻孔。

2) 回转钻进：此法采用底部嵌焊有硬质合金的圆环状钻头进行钻进。钻进中施加钻压，使钻头在回转中切入岩土层。

3) 综合式钻进：此法是一种冲击回转综合式的钻进，它综合了前两种钻进方法在地层中钻进的优点，以达到提高钻进效率的目的。

4) 振动钻进：此法采用机械动力所产生的振动力。通过连接杆和钻具传到圆形钻头周围土中。由于振动器高速振动的结果，圆筒钻头主要适用于粉土、砂土、较小粒径的碎石层以及黏性不大的黏性土层。

以上各种钻进方法的适用范围见表8-5。

表8-5　　　　　　　　　　钻进方法的适用范围

钻进方法		钻 进 地 层					勘 察 要 求	
		黏性土	粉土	砂土	碎石土	岩石	直接鉴别，采取不扰动土样	直接鉴别，采取扰动土样
回转	螺旋钻探	++	+	+	—	—	++	++
	无岩芯钻探	++	++	++	+	++	—	—
	岩芯钻探	++	++	++	+	++	++	++
冲击	冲击钻探	—	+	++	++	+	—	—
	锤击钻探	+	+	+			++	++
振动钻探		++	++	++	+		+	++

注　"++"表示适用；"+"表示一般适用；"—"表示不适用。

(3) 钻孔口径及规格。钻孔口径应根据钻探目的和钻进工艺确定，应当满足取样、原位测试的要求。对要采取原状土样的钻孔，口径不得小于91mm；对仅需鉴别地层岩性的钻孔，口径不宜小于36mm；而在湿陷性黄土中的钻孔，钻孔口径不宜小于150mm。一般情况下，采用机械加转钻进，常规口径为：开孔168mm，终孔91mm。除了常规钻探方法外，还采用大口径钻进和小口径钻进方法。如水利部使用回转式大口径钻探的最大孔可达1500mm，孔深可达30～60m，地质人员可以直接进入孔内进行观察。小口径钻进采用金刚石钻头，最小口径仅为36mm，这种钻探方法对于提高硬质岩的钻进速度，提高岩芯采取率和成孔质量，常常是行之有效的。

3. 物探

地球物理勘探，简称物探，它是基于不同的地层岩性、不同的地质单元具有不同的物理学性质的特点，以地球物理的方法来探测地层的分界线、面，地质构造线面，以及异常点（区域）的探察方法。物探主要通过岩土介质的电性差异、磁场差异、重力场差异、放射性辐射差异以及弹性波传播速度差异等，来解决地质学问题的方法。物探的具体方法有多种，主要可分为以下几大类：电法勘探、磁法勘探、重力勘探、地震勘探、放射性勘探、井中地球物理测量（也叫地球物理测井），以及地球物理遥感测量等。

物探兼有勘探与试验两种功能，和钻探相比具有设备轻便、成本低、效率高、工作空间广等优点。但由于不能取样，不能直接观察，故多与钻探配合使用。物探宜运用于下列场合：

（1）作为钻探的先行手段，了解隐蔽的地质界线、界面或异常点。

（2）作为钻探的辅助手段，在钻孔之间增加地球物理勘察点，为钻探成果的内插、外推提供准备。

（3）作为原位测试手段，测定岩土体的波速、动弹性模量、特征周期、土对金属的腐蚀等参数。

工程上采用物探方法解决了许多工程地质问题，但在物探地质方法上，采用最多、最普遍的物探方法，首推电法勘探。它常在初期的工程地质勘察中用以初步了解勘查区的地下地质情况，配合工程地质测绘使用。此外，常用于古河道、暗浜、洞穴、地下管线等勘测的具体查明。

模块四　工程地质勘察各阶段的内容与要求

工程地质勘察一般可划分为可行性研究勘察、初步勘察和详细勘察三个阶段。对工程地质条件复杂或者有特殊施工要求的重要工程，还需进行施工勘察；对一些规模不大且工程地质条件简单的场地，或有建筑经验的地区，可以简化勘察阶段。各勘察阶段的工作应循序渐进，逐步深入，并与各设计阶段相适应。

1. 可行性研究勘察（选址勘察）

根据工程建设项目规划阶段应对几个建筑场址作比较的要求，进行可行性研究勘察。本阶段的勘察方法，主要是在搜集、分析已有资料的基础上进行现场踏勘，了解场地的工程地质条件。如果场地工程地质条件比较复杂，已有资料不足以说明问题时，应进行工程地质测绘和必要的勘探工作。

（1）目的。取得几个场址方案的主要工程地质资料，并对拟选场地的稳定性和适宜性作出工程地质评价。

（2）主要任务。

1）搜集区域地质、地形地貌、地震、矿产和附近地区的工程地质岩土工程资料及当地的建筑经验。

2）在分析已有资料的基础上，通过现场踏勘，了解场地的地层分布、构造、成因与年代和岩土性质、不良地质作用及地下水的水位、水质情况。

3）对各方面条件较好且倾向于选取的场地，如已有资料不充分，应进行必要的工程地质测绘及勘探工作。

4）当有两个或者两个以上拟选场地时，应进行必选分析。

选择场址的原则之一是避开下列工程地质条件恶劣的地区：①不良地质现象发育且对建筑物构成直接危害或潜在威胁的场地；②对建筑物抗震危险的地段；③受洪水或地下水不利影响的场地；④在可开采的地下矿床或矿区的未稳定的采空区上的场地。

2. 初步勘察

在场址选定批准后进行初步勘察，勘察的内容应符合初步设计的要求。本阶段的勘察方法，在分析已有资料的基础上，根据需要进行工程地质测绘，并以勘探、物探和原位测试为主。

（1）目的。对场地内各建筑地段的稳定性作出局部评价，从而对工程建筑提供地质资料。同时还对不良地质现象的防治方案提供资料和建议。

（2）主要任务。

1）搜集与分析可行性研究阶段岩土工程勘察报告。

2）通过现场勘探与测试，初步查明地层及构造、岩石和土的物理力学性质、地下水埋藏条件及冻结深度，可以粗略些，但不能有误。

3）通过工程地质测绘和调查，查明场地不良地质现象的成因、分布范围、对场地稳定性的影响及其发展趋势。

4）初步确定水和土对建筑材料的腐蚀性。

5）对地震设防烈度不小于6度的场地，应判定场地和地震效应。

3．详细勘察

根据技术设计或施工图设计阶段的要求进行详细勘察。本阶段的勘察方法以勘探和原位测试为主。

（1）目的。对建筑地基作出工程地质评价，为地基基础设计、地基处理和加固，以及不良地质现象的防治提供工程地质资料，并对基础设计方案、地基处理、基坑支护、工程降水以及不良地质作用的方针等作出论证和建议。

（2）主要任务。详细勘察阶段的主要任务就是针对具体建筑地基或具体地质问题，为进行施工图设计和施工提供依据。详细勘察阶段必须查明以下几点：

1）建筑物范围内地层结构、岩石和土的物理力学性质。

2）对地基的稳定性、承载力作出评价。

3）有关地下水的埋藏条件、侵蚀性、地层和透水性和水位变化。

4）地基土及地下水在建筑物施工和使用中可能产生的变化及影响。

5）基坑发生涌水和流砂的可能性，并提供防治建议。

模块五　工程地质勘探的布置

1．勘探布置的一般原则

勘探工作的布置，涉及手段的选择，时间先后的安排，孔位的位置、深度、间距大小等一系列问题。合理布置勘探工作将会以较少工作量取得较多的地质资料，达到事半功倍的效果。为此，进行勘探设计时，必须要熟悉勘探区已取得的地质资料，并明确勘探的目的和任务。将每一个勘探工程都布置在关键地点，并发挥其综合效益。布置勘探工作时应遵循以下几条原则：

（1）在地质测绘和物探的基础上布置勘探工作。通过工程地质测绘，对地下地质情况有一定的判断后，才能明确通过勘探工作需要进一步解决的地质问题，以取得好的勘探效果。否则，由于不明确勘探目的，将有一定的盲目性。

（2）勘探工程的布置（数量、勘探深度、精度）与勘察阶段（即设计阶段）相适应。一般，由初步勘察到详细勘察阶段，勘探的总体布置由勘探点、勘探线过渡到勘探网，勘探范围由大到小,勘探点、线由稀到密。勘探布置考虑地质复杂程度为主,过渡到以建筑轮廓为主。初期以物探配以少量钻探或轻型坑探,而后期勘察阶段则往往以钻探和重型坑探为主。

(3) 勘探布置因建筑类型、规模而异。道路、隧洞、渠道等多沿线路轴线,间隔一定距离布置横向勘探剖面。工民建勘探按基础范围布置成矩形、工字形或丁字形。建筑物等级越高、规模越大,地质条件越复杂,勘探工作量越多。

(4) 勘探布置应考虑地质、地貌、水文地质条件等,沿变化大的方向布置勘探线时,相关坑和孔应布在控制的部位上。

2. 勘探坑、孔深度的确定

应根据建筑类型、勘察阶段、地质条件复杂程度综合考虑布孔深度。一般按工程地质勘察规范规定,但也应考虑到设计要求、工程地质评价的需要。不同的工程地质问题,所要求的勘探深度是不一样的。如对滑坡的稳定分析需穿过可能的滑动面;对坝基渗漏则应达到相对隔水层;对工民建的地基沉降计算应达到地层压缩层之下(2倍或3倍基底宽度)或可能的桩基深度之下;对地下洞室应达其底板高程以下10m左右。有时根据地质测绘和物探资料初步确定坑孔深度,按实际情况再做调整。坑孔的深度应达到设计目的,如了解岩石风化层厚度,需达到新鲜岩石为止;研究断层带的宽度和性质的坑孔,应穿过断层直达下盘完整基岩。

3. 勘探工程施工顺序

合理的勘探程序可以提高效率,节省工作量并取得满意的成果。其顺序是:调查,资料收集→测绘→物探→坑探或钻探→室内、现场试验→长期观测。

模块六 工程地质试验

工程地质试验是为评价工程地质条件和问题,以及工程设计、施工提供参数而进行的试验的总称。工程地质试验是了解岩土体的物理力学特性和建筑荷载引起的力学效应,对岩土物理性质、水理性质、力学性质、变形特性等进行的试验工作。在工程地质勘察中,通过工程地质试验可对岩土体进行分类,探讨岩土体在外部荷载与内部应力重分布条件下的变形过程和破坏机制,论证地基、边坡和地下工程围岩等的稳定性,并为设计提供计算参数。这些成果既影响工程布置、工程安全和工程量,又关系到建设造价、工期和最优方案的选择。鉴于岩土体具有各向异性的特点,工程地质试验通常采用室内试验与现场试验、原位测试与模型试验、静力法与动力法等相互验证,还必须与现场地质研究相结合,力求真实反映岩土体的工程地质特性。本节介绍几种主要的原位测试和室内试验。

1. 原位测试

原位测试是在岩土层原来所处的位置、基本保持的天然结构、天然含水量以及天然应力状态下,测定岩土的工程力学性质指标。由于原位测试是在原来所处的位置进行的,因此所测得的数据比较准确可靠,与室内试验结果相比,更加符合岩土体的实际情况,更具代表性。尤其对灵敏度较高的结构性软土和难以取得原状土样的饱和砂质粉土和砂土,原位测试具有不可替代的作用。

原位测试的适用条件如下:

(1) 当原位测试比较简单,而室内试验条件与工程实际相差较大时。

(2) 当基础的受力状态比较复杂,计算不准确而又无成熟经验,或整体基础的原位真型试验比较简单时。

(3) 重要工程必须进行必要的原位试验。

原位测试的方法有很多种,选择现场原位测试试验方法应根据建筑类型、岩土条件、设计要求、地区经验和测试方法的适用性等因素综合选用。本节主要介绍下列几种方法:载荷试验、十字板剪切试验、静力触探试验、圆锥动力触探试验、标贯试验、旁压试验、波速测试,并侧重介绍其基本原理及成果应用。

(1) 载荷试验。静力载荷试验指在拟建场地上,在挖至设计的基础置深度的平整坑底放置一定规格的方形或圆形承压板,在其上逐级加荷载,测定相应荷载作用下地基土的稳定沉降量,分析研究地基土的强度与变形特性,求得地基土容许承载力与变形模量等力学数据。静力载荷试验分为平板载荷试验、螺旋板载荷试验、深层平板载荷试验等。本节就浅层平板载荷试验为主进行论述。

1) 试验原理。浅层平板载荷试验实际上是模拟建筑物地基基础在受荷条件下工程性能的一种现场模拟试验。在现场挖一试坑,在试坑底部放置一个刚性承压板,在承压板上逐级施加垂直荷载 P,直到预估的地基极限荷载或满足其他终止试验条件,同时测量各级荷载下地基随时间而发展的沉降量 S。绘制出 P-S 关系曲线,如图 8-2 所示。

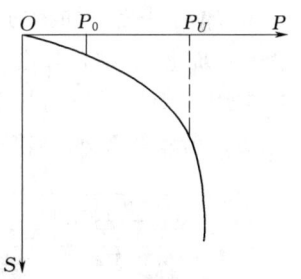

图 8-2 平板载荷试验 P-S 曲线

典型的平板载荷试验得到的 P-S 曲线如图 8-2 所示,可分三个阶段:

a. 直线变形阶段:当施加的压力小于比例极限压力 P_0 时,P-S 呈直线关系。在这一阶段土的变形主要是由土的压实、孔隙体积减小引起的。此时土中各点的剪应力均小于土的抗剪强度,土体处于弹性平衡状态。因此,这一阶段也称为压密阶段。我们把土中即将出现剪切破坏(塑性变形)点时的压力称为比例极限压力(或临塑压力)。

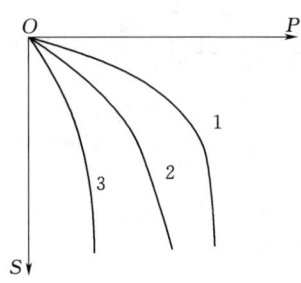

图 8-3 不同软硬程度的岩土 P-S 曲线

b. 剪切变形阶段:当压力大于 P_0 而小于极限压力 P_U 时,P-S 关系由直线变为曲线关系。这一阶段,随着压力的增加,地基除进一步压密之外,在局部还出现了剪切破坏区,这一阶段变形也称为塑型变形阶段。

c. 破坏阶段:当压力大于极限压力 P_U 时,沉降急剧增大,这时塑性区扩大,形成连续滑动面,土从载荷板下挤出,在地面隆起,这时候地基已完全失稳。

不是所有地基土的 P-S 曲线都按以上三个阶段变化。不同软硬程度的岩土 P-S 曲线不同,如图 8-3 所示。

曲线 1 表示的是土质坚实土的 P-S 变化曲线,也就是典型的 P-S 变化曲线。

曲线 2 表示的是较为软弱土的 P-S 变化曲线,曲线开始就是非线性,没有明显的骤降段。

曲线 3 表示的软弱土的 P-S 变化曲线，荷载板几乎是垂直下切，沉降随压力的增加变化十分明显。

2) 试验目的。试验成功，经过整理后，可用于下列目的：

a. 确定地基土的比例界线压力、破坏压力、评定地基上的承载力。

b. 确定地基土的变形模量。

c. 估算地基土的不排水抗剪强度。

d. 确定地基土基床反力系数。

3) 仪器设备。浅层平板载荷试验的试验设备由承压板、加荷系统和沉降量测系统等组成。

a. 承压板。一般为圆形或方形预制厚钢板（或硬木板），须有足够的刚度。在加荷过程中承压板本身的变形要小，且其中心和边缘不能产生弯曲或翘起；对密实黏性土和砂土，承压面积一般为 1000~5000cm²；对一般土多采用 2500~5000cm²。

b. 加荷系统。加荷方式有两种，即重物加荷和千斤顶反力加荷。重物加荷法，即在载荷台上放置重物，如图 8-4（a）、（e）、（f）所示。该方法的优点是载荷稳定，在大型工地常用。千斤顶反力加荷法用地锚提供反力，如图 8-4（b）、（c）、（d）所示。该法加荷方便，劳动强度相对较小，已被广泛采用。

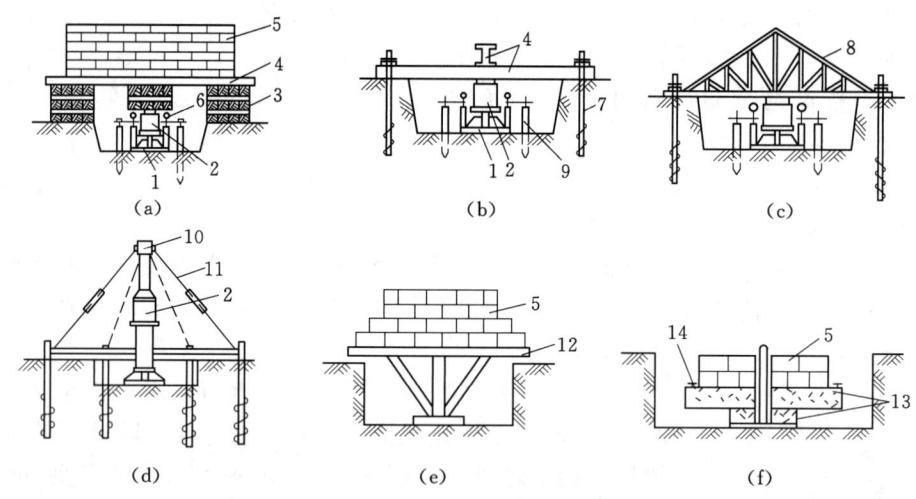

图 8-4 常见的荷载试验反力与加载布置方式

1—承压板；2—千斤顶；3—支墩；4—钢梁；5—钢锭；6—百分表；7—地锚；8—桁架；9—立柱；10—分力帽；11—拉杆；12—载荷台；13—混凝土板；14—测点

c. 沉降量测系统。沉降观测仪表有百分表、沉降传感器或水准仪等，用于承压板的沉降量观测。

2. 十字板剪切试验

十字板剪切试验适用于原位测定饱水软黏土的不排水抗剪强度。所测得的抗剪强度值，相当于试验深度处天然土层在原位压力下固结的不排水抗剪强度。

(1) 试验原理。十字板剪切试验是将具有一定高径比的十字板插入待测试土层中,通过钻杆对十字板头施加扭矩使其匀速旋转,根据施加的扭矩可以得到土层的抵抗扭矩,进一步可换算成土的抗剪强度。

试验时,先钻孔至需要试验的土层深度以上750mm处,然后将装有十字板的钻杆放入钻孔底部,并插入土中750mm,施加扭矩使钻杆旋转直至土体剪切破坏。土体剪切面为十字板旋转锁形成的圆柱面。土的抗剪强度可按照下列公式计算:

$$\tau_f = K_c(P_c - f_c) \tag{8-1}$$

式中 P_c——土发生剪切破坏时的总作用力,由弹簧秤读数得,N;

f_c——轴杆及设备的机械阻力,在空载时由弹簧秤事先测得,N;

K_c——十字板常数,通常按式(8-2)计算。

$$K_c = \frac{2R}{\pi D^2 h \left(1 + \dfrac{D}{3h}\right)} \tag{8-2}$$

式中 h, D——十字板的高度和直径,mm;

R——转盘的半径,mm。

(2) 试验目的。十字板剪切试验的目的主要有以下几个方面:

1) 测定原位应力条件下软黏土的不排水抗剪强度。

2) 估算软黏土的灵敏度。

(3) 试验设备。十字板剪切试验的试验设备简单,如图8-5所示,主要由十字板头、传力系统、加力装置和力的量测装置等四个部分组成。

3. 静力触探试验

静力触探试验指通过一定的机械装置,将某种规格的金属肩探头用静力压入土层中,同时用传感器或直接量测仪表测试土层对触探头的贯入阻力,以此来判断、分析、确定地基土的物理力学性质。静力触探主要适用于黏性土、粉土和中等密实度以下的砂土等,对于含较多碎石、砾石的土和很密实的砂土一般不适合采用。

(1) 试验原理。静力触探试验的基本原理是通过一定的机械装置,用准静力将标准规格的金属探头垂直均匀地压入土层中,同时利用传感器或机械量测仪表测试土层对触探头的贯入阻力,并根据测得的阻力情况来分析判断土层的物理力学性质。由于静力触探的贯入机理是个复杂的问题,目前虽有很多近似理论对其进行模拟分析,但尚没有一种理论能够圆满解释

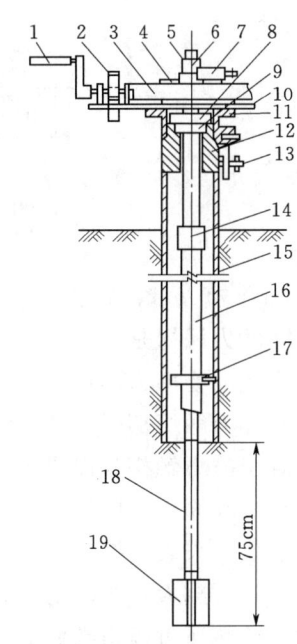

图8-5 十字板剪切试验装置

1—手摇柄;2—齿轮;3—蜗轮;4—开口钢环;5—固定夹;6—导杆;7—百分表;8—转盘;9—底板;10—固定套;11—弹子盘;12—底座;13—制紧轴;14—接头;15—套管;16—钻杆;17—导轮;18—轴杆;19—十字板头

静力触探的机理。目前工程中仍主要采用经验公式将贯入阻力与土的物理力学参数联系起来,或根据贯入阻力的相对大小作定性分析。根据试验结果绘制比贯入阻力-深度关系曲线、锥尖阻力-深度关系曲线、侧壁摩阻力-深度关系曲线和摩阻比-深度关系曲线。

(2) 试验目的。静力触探试验目的主要有以下几个方面:

1) 根据贯入阻力曲线的形态特征或数值变化幅度划分土层。

2) 评价地基土的承载力。

3) 估算地基土层的物理力学参数。

4) 选择桩基持力层、估算单桩承载力,判定沉桩的可能性。

5) 判定场地土层的液化势。

(3) 试验设备。试验装置静力触探试验主要设备为静力触探仪,其由贯入装置(包括反力装置)、传动系统和量测系统三部分组成。常用的静力触探探头分为单桥探头(图 8-6)和双桥探头(图 8-7)。

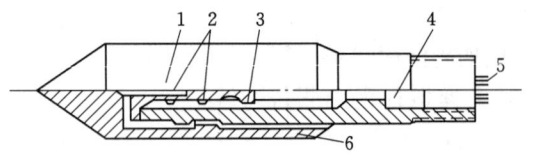

图 8-6 单桥探头结构
1—顶柱;2—电阻应变片;3—传感器;4—密封垫圈套;5—四芯电缆;6—外套筒

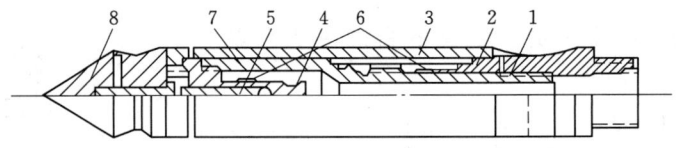

图 8-7 双桥探头结构
1—传力杆;2—摩擦传感器;3—摩擦筒;4—锥尖传感器;
5—顶柱;6—电阻应变片;7—钢珠;8—锥尖头

4. 圆锥动力触探试验

圆锥动力触探是利用锤击动能,将一定规格的圆锥探头打入土中,根据打入的难易程度来评价土的物理力学性质的一种原位测试方法。圆锥动力触探以落锤冲击力提供贯入能量,不像静力触探那样需要专门的反力设备,因此设备比较简单,操作也很方便,应用范围广,对于静力触探难以贯入的碎石土层及密实砂层甚至较软的岩石也可应用。

(1) 试验原理。圆锥动力触探试验中,一般打入土中一定距离(贯入度)所需落锤次数(锤击数)来表示探头在土层中贯入的难易程度。同样的贯入度条件下,锤击数越多,表明土层阻力越大,土的力学性质越好;反之,锤击数越少,表明土层阻力越小,土的力学性质越差。通过锤击数的大小就很容易定性土的力学性质。再结合大量的对比试验,进行统计分析就可以对土体的物理力学性质作出定量化的评估。

(2) 试验目的。静力触探试验的试验目的如下:

1) 定性评价:评定场地土层的均匀性;查明土洞、滑动面和软硬土层界面;确定软弱土层或坚硬土层的分布;检验评估地基土加固与改良的效果。

2) 定量评价:确定砂土垢孔隙比、相对密实度、粉土和黏性土的状态、土的强度和变形参数、评定地基土的承载力或单桩承载力。

(3) 试验设备。圆锥动力触探设备较为简单,主要由三部分组成:一是探头部分;二是穿心落锤;三是穿心锤导向的触探杆。根据设备尺寸、规格及锤击能量的不同,圆锥动力触探又分为轻型（N_{10}）、重型（$N_{63.5}$）及超重型（N_{120}），图8-8表示的是重型和超重型圆锥重力触探简图。

5. 标准贯入试验

标准贯入试验是动力触探类型之一，其利用规定重量（63.5kg）的穿心锤，从恒定高度（76cm）上自由落下，将一定规格的探头打入土中，根据打入的难易程度判别土的性质。标准贯入试验具有圆锥动力触探试验的所有优点，另外它还可以通过贯入器采取扰动的土样，可以对土层的颗粒组成情况进行直接的鉴别，因而对土层的分层及定名更为准确可靠。标准贯入试验一般都结合钻探进行。

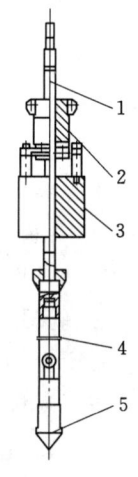

图8-8 重型和超重型
圆锥动力触探简图
1—打杆；2—落锤器；
3—重锤；4—探杆；
5—探头

（1）试验原理。与圆锥动力触探试验类似，标准贯入试验中，也是采用标准贯入器打入土中一定距离（30cm）所需落锤次数（标贯击数）来表示土阻力大小的，并根据大量的对比试验资料分析进一步得到土的物理力学性质指标。

（2）试验目的。标准贯入试验的试验目的如下：

1）取扰动样，鉴别和描述土类，按颗粒分析结果定名。

2）据标准贯入击数 N，用地区经验，对砂土的密实度和粉土、黏性土的状态、土的强度参数、变形模量、地基承载力等作出评价。

3）计算单桩极限承载力和判定沉桩可能性。判定饱和粉砂、砂质粉土的地震液化可能性及液化等级。

（3）试验设备。标准贯入试验设备也主要由三部分组成：一是贯入器部分；二是穿心落锤；三为穿心锤导向的触探杆。在设备规格上与重型圆锥动力触探试验设备具有很多相同之处，仅仅是将原来的圆锥形探头换成了由两个半圆筒形成的对开式管状贯入器。

6. 旁压试验

旁压试验（PMT）是将圆柱形旁压器竖直地放入土中，通过旁压器在竖直的孔内加压，使旁压膜膨胀，并由旁压膜（或护套）将压力传给周围土体（或岩层），使土体或岩层产生变形直至破坏，通过量测施加的压力和土变形之间的关系，可得到地基土在水平方向上的应力应变关系，然后根据这种关系对孔周所测岩土体的承载力、变形性质等进行评价。旁压试验适用于黏性土、粉土、砂土、碎石土、极软岩和软岩等。旁压试验的优点是通过和静力荷载试验比较而显现出来的。它可在不同深度上进行测试，特别是可用于地下水位以下的土层，所求地基承载力和平板载荷试验所求的相近，精度高。预钻式设备轻便，测试时间短。其缺点是成孔质量影响大，在软土中测试精度不高。

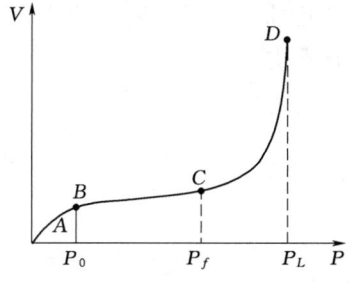

图8-9 典型的 P-V 曲线

（1）试验原理。旁压试验的过程中，通过量测每级横向压力下旁压仪量测腔的体积变化可以得到扩张体积和压力关系曲线（P-V 曲线）。典型的 P-V 曲线（图8-9）可分为三段：

Ⅰ段（曲线 AB）：初期阶段，反应孔壁受扰动土的压缩。

Ⅱ段（直线 BC）：似弹性阶段，压力与体积变化量大致成直线关系。

Ⅲ（曲线 CD）：塑型阶段，随着压力的增大，体积变化量逐渐增加，最后急剧增大，达到破坏。

Ⅰ-Ⅱ段的界线压力相当于初始水平压力 P_0，Ⅱ-Ⅲ段的界线压力相当于临塑压力 P_f，Ⅲ段末尾渐行线的压力为极限压力 P_L。依据旁压曲线似弹性阶段（BC 段）的斜率，由圆柱扩张轴对称平面应变的弹性理论解，可得旁压模量 E_M 和旁压剪切模量 G_M。

(2) 试验目的。旁压试验的试验目的如下：

1) 测定土的旁压模量和应力应变关系。

2) 估算黏性土、粉土、砂土、软质岩石和风化岩石的承载力。

(3) 试验设备。旁压试验设备主要由旁压器、加压稳压装置、变形量测装置等几部分组成，如图 8-10 所示。

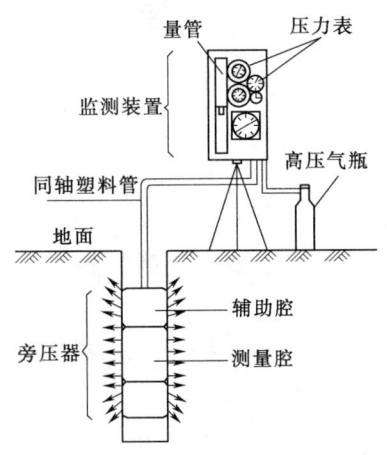

图 8-10 旁压仪示意图

7. 波速测试

波速测试就是测定土层的波速，依据弹性波在岩土体内的传播速度间接测定岩土体在小应变条件下（$10^{-4} \sim 10^{-6}$）动弹性模量和泊松比。

不同类型的波在岩土中传播的速度也是不同的，通常波速测试是指测试纵波、横波、瑞利波三种弹性波的传播速度。而根据不同的测试要求，可分别采用钻孔波速法（单孔法和跨孔法）和面波法等测试方法。本节主要介绍钻孔波速法。

(1) 试验原理。钻孔波速法是通过测量波由振源传播到振动接收点的直达波的时间以及距离，根据下式来确定岩土层的波速（剪切波速、压缩波速）：

$$V = \frac{\Delta H}{\Delta T} \tag{8-3}$$

式中 V——岩土层压缩波速或剪切波速；

ΔH——振动波所在岩土层中传播的距离；

ΔT——振动波所在岩土层中传播的时间。

改变振动点的深度，便可以得到不同深度岩土层的波速。通过波速可以进一步估算岩土体的其他动力性质参数（如动剪切模量、动压缩模量、动泊松比）。

(2) 试验目的。

1) 划分场地类型，计算场地的基本周期。

2) 提供地震反应分析所需的地基土动力参数。

3) 判断地基土液化的可能性。

4) 可以用来评价岩土的类别和检测地基土的加固效果。

(3) 试验设备。波速测试一般采用工程地震仪进行测试，而激发装置随测试方法不同而有所不同。地震仪一般由传感器（也称检波器）、放大镜、记录器三部分组成。图 8-11 为单孔法布置设备，单孔法通常采用的是剪切波震源，具体做法是，先选定适当长度的板，在板上加一定重量的重物，激振时，用锤子在水平方向敲击板的顶面，从而在岩土中产生剪切波。纵波震源则只要在孔口附近放置一块木质或橡胶垫子（或一木桩），然后用锤子在垂直方向敲击即可。

8. 室内试验

室内试验适用于测定岩土体的物质成分、物理性质以及各向同性的岩土力学性质，又因试样尺寸小，费用低，可以大量进行。中小型水利工程或大型工程的规划、可行性研究阶段普遍进行室内试验。

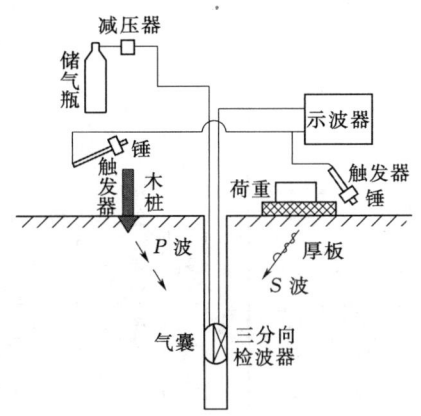

图 8-11 单孔法布置设备及布置示意图

室内试验方法有很多种，根据大类可以分为如下几种：

（1）土的物理性质试验，如颗粒级配试验、比重实验、含水率试验、密度试验、液塑限试验等。

（2）土的压缩、固结试验。

（3）土的抗剪强度试验，如直剪试验、各种常规三轴试验、无侧限抗压强度试验等。

（4）土的渗透试验。

（5）土的动力性质试验，如动三轴试验、共振柱试验、动剪切试验等。

（6）岩石试验，如矿物鉴定、块体密度试验、吸水率和饱和吸水率试验、耐崩解试验、膨胀试验等。

鉴于室内试验种类多，本任务只介绍几种主要的室内试验的基本原理及成果应用。

❖ 技能应用 ❖

技能：阅读完成某土工检验报告，并说明表中各指标分别通过什么试验得到，计算各钻孔的干密度、孔隙比、孔隙率、饱和度、塑形指数和液性指数，并填入表中。

任务二　阅读工程地质勘察报告

❖ 任务导入 ❖

案例：阅读某大学综合训练场的工程地质勘察报告（表 8-6）。工程地质勘察报告一般分为文字部分和图表部分，本案例主要是阅读文字部分。

工程地质勘察报告是工程地质勘察工作的总结。根据勘察设计书的要求，考虑工程特点及勘察阶段，综合反映和论证勘察地区的工程地质条件和工程地质问题，作出工程地质评价。它是提供设计、施工部门间接使用的重要资料和依据。报告书内一般包括工程地质条件的论述、工程地质问题的分析评价以及结论和建议。报告以说明问题为原则，格式不强求一致，内容要重点突出，观点明确，论据充足，评价确切，措施具体。报告除文字部

项目八 阅读工程地质勘察报告

表 8-6

土 工 检 验 报 告

委托单位：某地质工程勘察院
工程名称：某广场商住楼
送样日期：2010 年 12 月 30 日
样品状态：正常

试验编号：土 2010-548 批
收样日期：2010 年 12 月 30 日
报告日期：2011 年 1 月 4 日
第一页　共一页

室内编号	野外编号	取样深度 m	天然状态的物理性质指标 含水率 W_0 %	比重 G_s	密度 湿 ρ_0 g/cm³	密度 干 ρ_d g/cm³	孔隙比 e_0	孔隙率 n %	饱和度 S_r %	稠度指标 液限 W_L %	塑限 W_P %	塑性指数 I_P	液性指数 I_L	力学指标 快剪 内摩擦角 φ (°)	黏聚力 c kPa	快速固结 压缩系数 a_v MPa⁻¹	压缩模量 E_s MPa	土的名称按GB 50021—2001定名
8644	zk1-1	5.80~6.00	27.4	2.72	1.95					35.7	22.0			10.8	24.2	0.30	6.02	粉质黏土
8645	zk1-2	8.30~8.50	24.4	2.72	2.00					31.1	18.5			24.4	69.3	0.21	8.13	粉质黏土
8646	zk1-3	11.40~11.60	22.5	2.72	2.01					31.3	18.3			13.8	30.7	0.26	6.43	粉质黏土
8647	zk1-4	14.80~15.00	25.1	2.70	1.98					29.2	19.1			4.5	23.0	0.37	4.64	粉质黏土
8648	zk1-5	21.10~21.30	25.4	2.69	1.99					28.9	18.8			7.0	24.5	0.27	6.23	粉质黏土
8649	zk3-1	5.15~5.35	26.7	2.75	2.01					47.1	25.8			13.8	56.8	0.28	6.10	黏土
8650	zk5-3	8.50~8.70	25.6	2.72	2.04					45.5	24.5			18.6	64.4	0.21	8.17	黏土
8651	zk5-4	15.10~15.30	21.6	2.72	2.01					22.5	16.0			13.4	20.1	0.19	8.66	粉土
8652	zk5-5	21.30~21.50	22.5	2.72	2.09					28.0	17.9			5.3	32.2	0.26	6.13	粉质黏土
8653	zk7-1	2.70~2.90	59.4	2.62	1.65					49.7	34.0			2.8	16.0	1.29	1.96	淤泥
8654	zk7-2	6.00~6.20	26.2	2.72	2.01					35.6	24.0			13.8	33.7	0.29	5.93	粉质黏土

注 检测执行 GB/T 50123—1999 和 JTG E40—2007 标准，液限为 76g 锥入土 10mm 时的含水率。

分外，还包括插图、附图、附表及照片等。工程地质勘察报告该怎么样去编写呢？从报告中我们可以得出一些什么样的结论呢？通过本项目的学习，你将一一得到解答。

❖ 知识准备 ❖

一、工程地质勘察报告的编写

1. 工程地质勘察报告的编写要求

工程地质勘察报告是工程地质勘察成果中的文字说明部分，主要对工程地质勘察工作进行说明和总结，并对勘察区域内的工程地质条件进行综合评价。它应达到以下要求：

（1）原始资料应进行整理、检查、分析，并确认无误后方可使用。

（2）内容完整、真实，数据正确，图表清晰，结论有据，建议合理，重点突出，有明确的工程针对性。

（3）便于使用和长期保存。

2. 工程地质勘察报告编写的内容

工程地质勘察报告的内容应根据任务要求、勘察阶段、工程特点和地质条件等具体情况编写，通常包括以下内容：

（1）勘察目的、任务要求和依据的技术标准。

（2）拟建工程概况。

（3）勘察方法和勘察工作布置。

（4）场地的地形、地貌、地层、地质构造特征，岩土的类别、地下水、不良地质现象描述和对工程危害程度的评价。

（5）岩土的物理力学性质指标及地基承载力的建议值。

（6）地下水埋藏情况、类型和水对工程材料的腐蚀性。

（7）场地稳定性和适宜性的评价。

（8）岩土利用、整治和改造方案的分析论证。

（9）工程施工和使用期间可能发生的岩土工程问题的预测，以及监控和预防措施的建议。

（10）成果报告应附下列必要的图表：①勘察点平面布置图；②工程地质柱状图；③工程地质剖面图；④原位测试成果图表；⑤室内试验成果图表；⑥岩土利用、整治、改造方案的有关图表；⑦岩土工程计算简图及计算成果图表。

3. 工程地质勘察报告的编写格式

（1）绪论。绪论主要是说明勘察工作的任务、勘察阶段和需要解决的问题、采用的勘察方法及其工作量，以及取得的成果，附以实际材料图。为了明确勘察的任务和意义，应先说明建筑的类型和规模，以及国民经济意义。

（2）通论。通论是通过阐明工作地区的工程地质条件，所处的区域地质地理环境，以明确各种自然因素，如大地构造、地势、气候等，对该区工程地质条件形成的意义。通论一般可分为区域自然地理概述，区域地质、地貌、水文地质概述，以及建筑地区工程地质条件。概述等章节的内容，应当既能阐明区域性及地区性工程地质条件的特征及其变化规律，又须紧密联系工程目的，不要泛泛而论。在规划阶段的工程地质勘察中，通论部分占有重要地位，在以后的阶段中其比重越来越小。

（3）专论。专论一般是工程地质报告书的中心内容，因为它既是结论的依据，又是结论内容选择的标准。专论的内容是对建设中可能遇到的工程地质问题进行分析，并回答设计方面提出的地质问题与要求，对建筑地区作出定性、定量的工程地质评价，作为选定建筑物位置、结构型式和规模的地质依据，并在明确不利的地质条件的基础上，考虑合适的处理措施。专论部分的内容与勘察阶段的关系特别密切，勘察阶段不同，专论涉及的深度和定量评价的精度也有差别。专论还应明确指出遗留的问题，进一步明确勘察工作的方向。

（4）结论。结论的内容是在专论的基础上对各种具体问题做出简要、明确的回答。态度要明朗，措词要简练，评价要具体，问题不彻底的可以如实说明，但不要含糊其辞、模棱两可。

工程地质报告必须与工程地质图一致，互相照应，互为补充，共同达到为工程服务的目的。

4. 工程地质勘察报告的附件

工程地质报告书除文字之外还有一整套图件，如平面图、剖面图、柱状图等。

工程地质报告书还有各种附图，如分析图、专门图、综合图等。

（1）综合地质剖面图。简称工程地质图，图中表示与设计和兴建工程有关的各种工程地质条件，如地形地貌、地层岩性、地质构造、水文地质、物理地质现象等，并对工程建筑场区进行综合评价。这种图在实际工程中编制较多。

（2）勘探点平面位置图。当地形起伏时，该图应绘制在地形图上。在图上除标明各勘探点（包括浅井、探槽、钻孔等）的平面位置、各现场原位测试点的平面位置和勘探剖面线的位置外，还应绘出工程建筑物的轮廓位置，并附场地位置示意图、各类勘探点、原位测试点的坐标及高程数据表。

（3）工程地质剖面图。以地质剖面图为基础，反映地质构造、岩性、分层、地下水埋藏条件、各分层岩土的物理力学性质指标等。工程地质剖面图的绘制依据是各勘探点的成果和土工试验成果。工程地质剖面图用来反映若干条勘探线上工程地质条件的变化情况。由于勘探线的布置是与主要地貌单元的走向垂直，或与主要地质构造轴线垂直，或与建筑物的轴线相一致，故工程地质剖面图能最有效地揭示场地的工程地质条件。

（4）地层综合柱状图（或分区地层综合柱状图）。反映场地（或分区）的地层变化情况，并对各地层的工程地质特征等做简要的描述，有时还附有各岩土层的物理力学性质指标。

（5）土工试验图表。主要是土的抗剪强度 τ-σ 曲线，以及土的压缩 e-p 曲线，一般由土工试验室提供。

（6）现场原位测试图件。如载荷试验、标准贯入试验、十字板剪切试验、静力荷载试验等成果图件。

（7）其他专门图件。对于特殊土、特殊地质条件及专门性工程，根据各自的特殊需要，绘制相应的专门图件，如各种分析图。

（8）岩心照片图册。

二、工程地质勘察报告的阅读

工程地质勘察报告的内容根据勘察阶段、任务要求和工程地质条件而有所不同，阅读时从文字和图表两方面入手。

1．阅读钻孔平面位置图

了解钻探的工作量和工程场地的基本情况，包括钻孔数量、孔深、场地的地形地貌条件、地质构造、不良地质现象及地震基本烈度。

2．阅读钻孔柱状图

了解场地内每个钻孔沿深度方向岩性的变化厚度、取样深度、现场试验及地下水的埋藏条件。

3．阅读工程地质剖面图

了解场地内纵横方向岩性在深度上的变化和地下水的埋藏条件，继而确定厚度大且相对稳定的地层作为可选基础持力层。

4．阅读岩土试验成果表和土的主要物理力学性质一览表

了解场地的地层分布、岩石和土的均匀性、物理力学性质和其他设计计算指标，为基础选择良好的地基提供依据。

5．阅读场地的综合工程地质评价

了解场地的稳定性和适宜性、可能存在的问题、有关地基基础方面的建议等。

❖技能应用❖

技能：阅读某大学室内综合训练场工程地质勘察报告

一、概述

1．拟建工程概况

拟建室内综合训练场包括室内训练场和游泳馆两项。

其中室内训练场：地上 3 层，高度 18.80m，框架结构，柱下独立基础，地下 1 层，基础埋深－6.5m，基础底面处平均压力（标准组合）180kPa。

游泳馆：地上 1 层，高度 9.50m，框架结构，柱下独立基础，地下 1 层，基础埋深－6.5m，基础底面处平均压力（标准组合）180kPa；游泳池 25m×50m，基础埋深－6.5m，基础底面处平均压力（标准组合）120kPa。

按《湿陷性黄土地建筑规范》（GB 50025—2004）划分，游泳池属乙类建筑，其余属丙类建筑。

按《建筑地基基础设计规范》（GB 50007—2002）划分，建筑物地基基础设计等级为丙级。

按《岩土工程勘察规范》（GB 50021—2001）划分，岩土工程勘察等级为乙级。

2．勘察技术要求

（1）查明拟建场地内及附近有无不良地质作用。

（2）详细查明场地地层种类、结构及埋藏条件，提供各层地基土的物理力学性质指标及承载力特征值。

（3）查明黄土的湿陷性质，确定场地湿陷类型及地基湿陷等级。

(4) 查明场地地下水类型、埋藏条件；评价地下水、土对建材的腐蚀性。
(5) 提供场地季节性冻土标准冻深。
(6) 对场地进行地震效应分析，提供抗震设计所需参数。
(7) 根据场地岩土工程条件，提出适宜的地基处理方案建议。
(8) 提供基坑开挖和支护方案建议。

3. 执行的主要技术标准

(1)《岩土工程勘察规范》(GB 50021—2001)。
(2)《湿陷性黄土地区建筑规范》(GB 50025—2004)。
(3)《建筑地基基础设计规范》(GB 50007—2002)。
(4)《建筑桩基技术规范》(JGJ 94—94)。
(5)《建筑地基处理技术规范》(JGJ 79—2002)。
(6)《建筑抗震设计规范》(GB 50011—2001)。
(7)《标准贯入试验规程》(YS 50123—2000)。
(8)《圆锥动力触探试验规程》(YS 5218—2000)。
(9)《土工试验方法标准》(GB/T 50123—1999)。

4. 勘察方法及完成工作量

勘察工作采用工程地质测绘、钻探、原位测试（标准贯入试验、圆锥动力触探试验和波速测试等）及室内土工试验相结合的方法综合进行。

依据业主提供的建筑物平面图，沿建筑物周边及中心线布置勘探点 33 个。勘探点间距为 15.3～35.5m，深度为 12.0～20.0m。

(1) 钻探与取样。钻探施工机具采用 XY-100 型油压钻机和 DDP-100 型汽车钻机，采用低压回转泥浆护壁钻进工艺。ϕ150mm 岩芯钻具开孔，ϕ110mm 岩芯钻具终孔。

地下水位以上不扰动土样采用 ϕ120mm 黄土薄壁取土器静压法取样，水位以下不扰动土样采用 ϕ110mm 自由式活塞薄壁取土器静压法取样，土试样质量等级为 I 级。扰动土样在岩芯管中采取。

(2) 原位测试。

1) 标准贯入试验。为评价砂土的密实度及承载力，判定饱和砂土地震液化可能性，分别在 7 个钻孔不同深度进行了标准贯入试验。

试验锤重 63.5kg、落距 76.0cm，贯入器长 75cm，外径 51mm，内径 35mm，钻杆直径 42mm。

2) 动力触探（重型）试验。为获得评价碎石类土的密实度及承载力，分别在 22 个钻孔不同深度进行重型动力触探试验。试验锤重 63.5kg，落距 76.0cm，探头直径 74mm，锥度 60°，钻杆直径 42mm，试验严格按《岩土工程勘察规范》(GB 50021—2001) 执行。

3) 波速测试。为获得抗震设计有关参数，在勘探点 No49、No59 号孔内以人工激振单孔检层法进行波速测试，检测点间距为 1.00m，测试深度 20.00m。试验仪器主要有 DZQ6A 型工程动测仪、RSM-JQ 井下三分量检波器及 SJ-2 型地震检波器等。

(3) 室内试验。除进行了常规土工试验项目外，还进行了黄土湿陷性试验、直剪（固结快剪）试验，砂土、碎石类土颗粒分析，土的易溶盐含量分析和水分析试验等。试验采用的仪器主要有 KTG-98 全自动型固结仪、DSJ-4 型电动四联直剪仪和液限测试采用 76g 圆锥仪。

完成的勘察工作量汇总于表 8-7。

表 8-7 工 作 量 汇 总

序号	工 作 内 容		单位	工作量
1	勘探点测放		个	33
2	钻探（泥浆护壁）		m/孔	480.0/33
3	原位测试	标准贯入试验	次/孔	8/7
		圆锥动力触探试验	m/次	28.8/96
		波速测试	m/孔	40.0/2
4	取土试样	不扰动	件	39
		扰动		50
5	取水试样		件	2
6	土工试验	常规项目（不扰动）	件	39
		湿陷性试验		26
		固结快剪		15
		颗分试验		50
7	土易溶盐含量分析		件	3
8	水质分析		件	2

5. 有关说明

（1）勘探点位置是根据业主提供的拟建建筑物与已有建筑物和地物的相对位置，采用德国蔡司 3602DR 全站仪实地测放的。

（2）勘探点高程是依据业主指定的中心校内 5 号测量控制点（$H=399.915$）引测的。高程为 1985 国家高程基准。

二、场地工程地质条件

1. 位置、地形及地貌

拟建场地位于××大学校区校内，西临××村，东距××约 600m，南距××路约 460m。场地已经初步整平，地形平坦。地面标高介于 398.42～400.53m。地貌单元属××河左岸Ⅰ级阶地。

2. 地层

根据勘探揭露，场地地层岩性构成主要由第四系全新统的人工填土（Q_4^{ml}）、冲积（Q_4^{al}）黄土状土、粉质黏土、砂类土、碎石类土等。

各层土的野外特征分述见表 8-8。

各层土的埋藏条件及成层规律详见工程地质剖面图附录。

3. 地下水

勘察期间，场地各勘探点均遇到地下水，地下水稳定水位埋深介于7.00~9.40m，相应标高为390.86~391.60m。地下水为赋存于④层卵石中的潜水。根据区域地质资料，地下水年平均变化幅度1.0~2.0m左右。

表8-8　　　　　　　　　　　地　层　表

地层编号	地质年代及成因	岩性描述	层厚/m	层底深度/m	层底标高/m
①	Q_4^{ml}	杂填土：主由建筑垃圾、生活垃圾及黏性土组成，成分杂乱，土质不均，松散	0.60~4.30	0.60~4.30	395.83~398.00
②	Q_4^{al}	黄土状土：黄褐色，可见虫孔，含炭黑及砂粒，土质不均，局部地段层底为粉土层。可塑	0.70~3.10	1.90~5.60	394.03~396.56
③		粗砂：绿黄色，石英-长石质，混粒结构，含少量圆砾及黏性土。湿，中密。该层仅在局部地段分布	0.40~1.30	2.30~5.50	394.18~396.16
④		卵石：主要由花岗岩碎块组成，亚圆形，一般粒径30~70mm，大者100mm，充填砂类土30%~35%和少量黏性土，中密~密实。由于河流冲积作用，在该层中赋存圆砾、砾砂、粉质黏土薄层或透镜体	最大揭露厚度15.10m		
④-1		圆砾：主要由花岗岩碎块组成，亚圆形，混粒结构，中密。该层主要出露在场地中部④层顶面，其他地段主要以透镜体存在	0.60~1.40		
④-2		砾砂：灰黄色，石英-长石质，混粒结构，该层以透镜体赋存于④层中。中密~密实	0.40~2.30		
④-3		粉质黏土：褐黄~深灰色，含少量氧化铁条纹及砂粒，局部地段富含有机质，可塑。该层以薄层及透镜体形式赋存于④层中	0.20~1.90		

三、地基土工程性能评价

1. 地基土物理力学性质指标

据室内土工试验成果和标准贯入试验、圆锥动力触探试验结果，经数理统计，将各层地基土的主要物理、力学性质指标代表值列于表8-9~表8-11。

表8-9　　　　　　　　　剪切试验成果统计（固结快剪）

地层	统计值	n	范围值	f_m	σ_f	δ	修正系数及标准值《岩土工程勘察规范》(GB 50021—2001)			建议值
							γ_s	γ_s	标准值	
②层	C/kPa	15	31~61	44	9.280	0.214	0.901	—	40	30
	φ/(°)	15	21.1~26.6	24.2	1.667	0.069	—	0.968	24.3	22.0

表 8－10　　　　　　　　　　　标准贯入试验锤击数统计

地　层	实测锤击数 N/击				
	n	范围值	f_m	σ_f	δ
③层粗砂	3	17～28	21	—	—
④-2层砾砂	5	27～50	40	—	—

表 8－11　　　　　　　　　　　动力触探试验锤击数统计

地层	实测锤击数 $N_{63.5}$/击					杆长修正后锤击数 $N_{63.5}$/击				
	n	范围值	f_m	σ_f	δ	n	范围值	f_m	σ_f	δ
④层卵石	273	9～50	32	9.972	0.316	273	8～36	19	4.885	0.275
④-1层圆砾	12	9～27	18	6.515	0.360	12	8～17	13	2.811	0.216

2. 地基土工程性能评价

由上述地基土物理力学性质指标、原位测试试验统计结果及野外特征可知：

②层黄土状土：$a_{1-2}=0.36\text{MPa}^{-1}$，属中等压缩性，$I_L=0.44$，可塑状态。该具有湿陷性。

③层粗砂：标准贯入试验实测锤击数 $N=17～28$ 击，中密状态。

④层卵石：动力触探试验修正锤击数 $N_{63.5}=7～36$ 击，平均 $N_{63.5}=19$ 击，中密～密实状态。

④-1圆砾：动力触探试验修正锤击数 $N_{63.5}=8～17$ 击，平均 $N_{63.5}=13$ 击，中密状态。

④-2层砾砂：标准贯入试验实测锤击数 $N=27～50$ 击，中密～密实状态。

④-3层粉质黏土：$a_{1-2}=0.29\text{MPa}^{-1}$，属中等压缩性，$I_L=0.48$，可塑状态。

3. 场地水、土对建材腐蚀性评价

按《岩土工程勘察规范》（GB 50021—2001）规范附录G划分，场地环境类别为Ⅲ类。

根据水质分析试验结果，按《GB 50021—2001》规范表12.2.1～12.2.5条判定，场地地下水对混凝土结构无腐蚀性；对钢筋混凝土结构中的钢筋在干湿交替条件下具弱腐蚀性。

根据土易溶盐分析试验结果，按《GB 50021—2001》规范表12.2.1～12.2.5条判定，场地土对混凝土结构及钢筋混凝土结构中的钢筋均无腐蚀性。

4. 地基土承载力特征值

据室内土工试验及原位测试成果，结合该地区建筑经验，综合确定的各层地基土承载力特征值列于表 8－12。

表 8－12　　　　　　　　　　　地基土承载力特征值 f_{ak}　　　　　　　　　　　单位：kPa

地层	②层黄土状土	③层粗砂	④层卵石	④-1层圆砾	④-2层砾砂	④-3层粉质土
承载力特征值 f_{ak}	140	200	350	250	220	180

四、场地地震效应

1. 抗震地段划分

根据场地土岩性和地形地貌，按《建筑抗震设计规范》（GB 50011—2010）规范表 4.1.1 划分，场地属建筑抗震有利地段。

2. 场地类别划分

根据勘探点 No49、No59 的波速测试报告，20m 内土层等效剪切波速 v_{se} 分别为 253.7m/s、254.8m/s，场地覆盖层厚度大于 5m，按《建筑抗震设计规范》（GB 50011—2010）规范表 4.1.6 划分，建筑场地类别为 Ⅱ 类。

3. 场地地震动参数

按《建筑抗震设计规范》（GB 50011—2010）抗震规范，××市抗震设防烈度为 8 度，设计基本地震加速度值为 $0.20g$。场地类别为 Ⅱ 类，设计地震分组为第一组时，特征周期值为 0.35s。

4. 地震液化

根据场地工程地质条件，地下水位按现有水位抬高 2.0m，在 15.0m 深度范围内，可能液化的地层为④-2 层砾砂。④-2 层的标准贯入实测锤击数 $N=27\sim50$ 击，中密～密实状态，按《建筑抗震设计规范》（GB 50011—2010）规范第 4.3.4 条计算的最大标准贯入临界锤击数 N_{cr} 为 19 击，标准贯入实测锤击数均大于临界锤击数，拟建场地可不考虑地震液化问题。

五、地基处理方案建议

按《岩土工程勘察技术委托书》，室内训练场和游泳馆（包括游泳池）的基础埋深均为 -6.50m，假设 $+0.00$ 标高为 400.00m，基础底面标高为 393.50m，基础底面主要置于④层卵石上，场地西侧（8-8 剖面）基础底面下为④-3 层粉质黏土。当采用天然地基时，虽然④层卵石和④-3 层粉质黏土承载力（经深宽修正）均满足设计要求，但由于地基不匀均性，当柱下独立基础分别位于④层和④-3 层时，会引起建筑物差异沉降。因此，须将④层全部挖除（0.5～2.0m），用碎石压实至基底标高。

当采用天然地基时，基坑开挖至基础底面标高后，应在基础外放 5.0m 范围内进行钎探。如基础底面下 3.0m 范围内探明有④-3 层粉质黏土夹层，应将其挖除或进行注浆加固处理。

对于单柱荷载较大、跨度较大的独立基础，建议采用桩基础或墩基础。若采用桩基础，建议有效桩长不小于 10.0m，并保证桩端置于④层卵石层中。各层地基土的极限侧阻力标准值 q_{sik} 和极限端阻力标准值 q_{pk} 按下列数据选用：

④层卵石：$q_{sik}=130$kPa；$q_{pk}=2500$kPa。

④-1 层：$q_{sik}=120$kPa。

④-2 层：$q_{sik}=110$kPa。

④-3 层：$q_{sik}=50$kPa。

六、基坑开挖

按现有地表，基坑开挖深度 5～7m，基坑坑壁主要由①层杂填土、②层黄土状土和③层粗砂组成，建议采用 1∶1 坡度放坡开挖。基坑开挖过程中，应尽量避免对地基土的扰动。

七、结论及建议

（1）各层地基土的岩土设计参数及承载力特征值详见正文。

（2）拟建场地地下水稳定水位埋深介于 7.00～9.40m，相应标高为 390.86～391.60m，属潜水类型。

（3）地下水对混凝土结构无腐蚀性，对钢筋混凝土结构中的钢筋具弱腐蚀性；场地土对混凝土结构和钢筋混凝土结构中的钢筋均无腐蚀性。

（4）拟建场地为抗震有利地段；本市抗震设防烈度为 8 度，设计基本地震加速度值为 0.20g；场地类别为Ⅱ类，设计地震分组为第一组时，特征周期值为 0.35s；本场地可不考虑地震液化问题。

（5）基坑开挖建议采用 1∶1 坡比放坡开挖。

（6）基坑开挖后应进行施工验槽工作。

❖ 知识强化与技能提升 ❖

一、单选题

1. 在建筑场地进行详细勘察阶段时应采用以下哪种比例最为合理？（　　）
A. 1∶10 万　　　　B. 1∶5 万　　　　C. 1∶1 万　　　　D. 1∶2000

2. 以下哪种土体可以用十字板剪力试验来测定其抗剪强度指标？（　　）
A. 饱和软土　　　B. 残积土类　　　C. 中砂　　　　　D. 砾砂

二、多选题

1. 以下哪些试验可以用来测定地基土体的承载力？（　　）
A. 载荷试验　　　B. 十字板剪力试验　C. 标准贯入试验　D. 钻孔旁压试验

2. 工程地质勘察的手段包括哪些？（　　）
A. 钻探　　　　　B. 物探　　　　　C. 工程地质测绘　D. 物探

三、简答题

1. 岩土工程勘察等级如何划分？
2. 工程地质勘察的目的是什么？
3. 工程地质勘察应查明的工程地质条件有哪些？
4. 勘察为什么要分阶段进行？详细勘察阶段应完成哪些工作？
5. 工程地质勘察的方法有哪些？
6. 工程地质勘察报告分为哪几部分？对建筑地基的评价包括哪些内容？

参 考 文 献

[1] 刘俊民.工程地质与水文地质[M].北京：中国农业出版社，2004.
[2] 谢永亮，龙立华，张信.工程地质与土力学[M].武汉：华中科技大学出版社，2013.
[3] 陈南祥.工程地质及水文地质[M].北京：中国水利水电出版社，2012.
[4] 刘福臣，杨绍平.工程地质与土力学[M].郑州：黄河水利出版社，2009.
[5] 王启亮，刘亚军.工程地质与土力学[M].北京：中国水利水电出版社，2007.
[6] 务新超.土力学[M].郑州：黄河水利出版社，2003.
[7] 叶火炎.土力学与地基基础[M].郑州：黄河水利出版社，2009.
[8] 张力霆.土力学与地基基础[M].北京：高等教育出版社，2002.
[9] 龚晓南.土力学[M].北京：中国建筑工业出版社，2002.
[10] 张守民，张书俭.土力学[M].郑州：黄河水利出版社，2009.
[11] 陈仲颐，周景星，王洪瑾.土力学[M].北京：清华大学出版社，1994.
[12] 冯国栋.土力学[M].北京：水利电力出版社，1995.
[13] 中华人民共和国住房和城乡建设部.GB 50021—2001 岩土工程勘察规范[S].北京：中国建筑工业出版社，2002.
[14] 中华人民共和国住房和城乡建设部.GB 50007—2011 建筑地基基础设计规范[S].北京：中国建筑工业出版社，2012.
[15] 中华人民共和国住房和城乡建设部.GB 50010—2010 混凝土结构设计规范[S].北京：中国建筑工业出版社，2011.
[16] 国家质量技术监督局.GB/T 50123—1999 土工试验方法标准[S].北京：中国计划出版社，2000.
[17] 中华人民共和国水利部.SL 237—1999.土工试验规程[S].北京：中国水利水电出版社，2000.
[18] 国家能源局.DL/T 5129—2013.碾压式土石坝施工规范[S].北京：中国电力出版社，2002.
[19] 国家能源局.DL/T 5330—2015.水工混凝土配合比设计规程[S].北京：中国电力出版社，2006.
[20] 中华人民共和国国家发展和改革委员会.DL/T 5335—2006 水电水利工程土工试验规程[S].北京：中国电力出版社，2007.
[21] 中华人民共和国住房和城乡建设部.GB 50487—2008 水利水电工程地质勘察规范[S].北京：中国标准出版社，2009.